Frances Ashcroft

AM LIMIT

Frances Ashcroft

AM LIMIT

LEBEN UND ÜBERLEBEN IN EXTREMSITUATIONEN

Aus dem Englischen
von Henning Thies

Droemer

Originaltitel: Life at the Extremes
Originalverlag: HarperCollins, London

Besuchen Sie uns im Internet:
www.droemer.de

Die Folie des Schutzumschlags sowie die Einschweißfolie sind PE-Folien und biologisch abbaubar. Dieses Buch wurde auf chlor- und säurefreiem Papier gedruckt.

Umschlaggestaltung: ZERO Werbeagentur, München
Umschlagfotos: IMAGINE, Hamburg / Corbis, Düsseldorf
Satz und Umbruch: QuarkXPress im Verlag
Druck und Bindung: Franz Spiegel Buch GmbH, Ulm
Printed in Germany
ISBN 3-426-27261-X

2 4 5 3 1

Wir hören niemals auf zu erkunden
Und am Ende all unsrer Erkundungen
Werden wir ankommen, wo wir begannen
Und den Ort zum ersten Mal kennen.

T.S. Eliot, »Little Gidding«
(aus *Four Quartets*)

MEINEN ELTERN, JOHN UND KATHLEEN

INHALT

6. DIE LETZTE GRENZE 275

7. DIE ÄUSSERSTEN GRENZEN DES LEBENS 325

ANMERKUNGEN 369

DANKSAGUNG 379

EINLEITUNG

IM NOVEMBER 1999 standen in allen Zeitungen Berichte vom Tod des Golfchampions Payne Stewart, der mit vier anderen Menschen bei einem Flugzeugabsturz ums Leben kam. Ihr in rund 11300 Metern Höhe fliegender Lear-Jet hatte schon bald nach dem Start in Orlando, Florida, den Kontakt mit der Bodenkontrolle verloren. Aus Sorge, der Privatjet könnte über einem dicht bevölkerten Gebiet abstürzen, ließen die Verantwortlichen zwei Kampfflugzeuge der Air Force aufsteigen – mit dem Auftrag, den Jet, falls nötig, abzuschießen. Die Abfangjäger berichteten, sie könnten an Bord des Lear-Jets keinerlei Lebenszeichen entdecken. Die Kabinenfenster seien zugefroren – ein Zeichen dafür, dass es in der Kabine einen Druckabfall gegeben hatte und eiskalte Luft von außen in das Flugzeug eingedrungen war. Der Autopilot war eingeschaltet, und so flog der Jet weiter, bis er schließlich wegen Treibstoffmangels in South Dakota abstürzte. An Sauerstoffmangel waren die Insassen allerdings schon wesentlich früher gestorben. Es war nicht das erste und wahrscheinlich auch nicht das letzte Mal, dass sich eine solche Tragödie ereignete. Denn in so großer Höhe gibt es einfach nicht genug Sauerstoff zum Überleben. Eine undichte Tür oder ein undichtes Fenster können da schon tödliche Folgen haben.

Wie Stewart und seine Kollegen leben viele von uns in Grenzsituationen – oft ohne es überhaupt zu merken. Routinemäßig fliegen wir um die halbe Welt – in Höhen, in denen ohne Hilfsmittel kein Leben mehr möglich ist. Wir segeln in eiskalten Gewässern, setzen uns den Gefahren der Druckluftkrankheit aus, wenn wir im Urlaub zum Sporttauchen fahren, oder wohnen einfach an Orten, wo es im Winter so kalt wird, dass man nachts draußen ohne Hilfsmittel unmöglich überleben könnte. Extreme Umweltbedingungen sind nicht das Vorrecht von einigen wenigen Abenteurern – mit Hilfe der Technologie können wir alle auch harte Lebensbedingungen mit Gleichmut ertragen. Doch ohne angemessenen Schutz sieht die Sache schon ganz anders aus,

und jedes Jahr sterben tausende ganz normaler Menschen an Kälte- oder Hitzestress oder erliegen der Höhenkrankheit.
Doch trotz (oder vielleicht gerade wegen) der Gefahren waren die Menschen schon immer vom Leben unter Extrembedingungen fasziniert. 800 Millionen Menschen in 59 Ländern sahen Neil Armstrong zu, als er seinen Fuß auf den Mond setzte, und die Taten von Polarforschern, Bergsteigern und anderen Abenteurern schlagen uns noch immer in ihren Bann. Stellvertretend nehmen wir an ihrem gefährlichen Leben teil, und je enger sie am Tod vorbeischrammen, desto größer ist die Spannung. Tragödien haben eine schreckliche Faszination. Die schmerzliche Geschichte eines Bergsteigers, der im Gipfelbereich eines Berges ganz allein stirbt, weil er durch einen Wettereinbruch von jeglicher Hilfe abgeschnitten ist, der aber mit Hilfe seines Handys immerhin noch in der Lage ist, seiner Frau Lebewohl zu sagen, berührt uns mehr als der Tod von hunderten bei Überschwemmungen oder Erdbeben.
Die Gefahren eisiger Winter, zufrierender Gewässer und sengend heißer Sommer waren schon in der Antike bekannt, doch im späten 19. und frühen 20. Jahrhundert kamen neue Gefahren auf: Man nutzte nun Heißluftballons, Flugzeuge und Unterseeboote; man tauchte in der Tiefsee, und es wurden vermehrt Polar- und Hochgebirgsexpeditionen unternommen. Vertiefte Kenntnisse der menschlichen Physiologie waren erforderlich, um diesen Gefahren nicht zum Opfer zu fallen. Für viele Menschen, etwa Tiefseetaucher und Astronauten, sind diese Risiken unvermeidlicher Bestandteil ihres Berufes. Andere jedoch setzen ihr Leben zum Vergnügen aufs Spiel. Manche Männer – und in zunehmendem Maße auch Frauen – suchen ständig neue körperliche Herausforderungen. Unser eigenes Leben ist vor Gefahren und dem Tod so gut abgeschirmt, dass wir uns nach dem Abenteuer sehnen. Einem traditionellen Strandurlaub ziehen viele Leute den Adrenalinstoß bei Sportarten wie Tiefschnee-Skifahren, Bergwandern in den Gipfelregionen der Anden, Sporttauchen, Bungeespringen und Gleitschirmfliegen vor. Dabei hat sich unsere Fähigkeit, solche Unternehmungen relativ sicher zu bewältigen, aus einem bestimmten Zusammenspiel entwickelt – einer Partnerschaft zwischen Physiologen (mit einem Interesse daran, wie der Körper unter Extrembedingungen funktioniert) und unerschrockenen Abenteurern, die darauf aus waren, die Grenzen menschlicher Leistungsfähigkeit immer weiter voranzutreiben.

Im vorliegenden Buch geht es um die physiologischen Reaktionen des Körpers auf extreme Umgebungen und um die Grenzen der menschlichen Überlebensfähigkeit. Untersucht wird zum Beispiel, was geschehen würde, wenn Sie sich in einer Tiefkühltruhe einschließen würden, wenn Sie unter einer Eisdecke gefangen oder in einer Wüste ohne Wasser gestrandet wären. Untersucht wird, warum eine kleine Bergsteigerelite den Mount Everest ohne Sauerstoffgerät besteigen kann, während Flugzeugpassagiere in gleicher Höhe in Sekundenschnelle das Bewusstsein verlieren würden, wenn der Druck in ihrer Flugzeugkabine plötzlich abfiele. Ferner, warum es Astronauten bei der Rückkehr zur Erde schwer fällt zu stehen, ohne ohnmächtig zu werden; warum Tiefseetaucher unter einer Knochenkrankheit leiden; und dergleichen Rätsel mehr. Um diese Probleme zu lösen, mussten Physiologen etliche körperliche und intellektuelle Herausforderungen auf sich nehmen.

Der Philosoph Heraklit hat einmal gesagt, der Krieg sei der Vater aller Dinge. Was die Erkundung extremer Lebensbedingungen angeht, hatte er sogar Recht. Das Militär ist regelmäßig extrem unwirtlichen Bedingungen ausgesetzt – allein in den letzten Jahren haben wir erlebt, dass Kriege im eiskalten Balkanwinter, in der glühenden Wüstenhitze von Kuwait und auf den Hochgebirgspässen zwischen Indien und Pakistan ausgetragen wurden. Viele Untersuchungen über die Auswirkungen von Hitze, Kälte, Luftdruck- und Höhenverhältnissen auf den Menschen wurden direkt oder indirekt als Ergebnis solcher militärischen Anforderungen in die Wege geleitet. Es schadet auch nicht, sich in Erinnerung zu rufen, dass es nicht in erster Linie wissenschaftliche Gründe waren, die den Menschen in den Weltraum gebracht haben, sondern der Kalte Krieg und das Wettrüsten.

Auch der Sport – eine wesentlich akzeptablere Form des Wettbewerbs unter Nationen als der Krieg – hat das Interesse an den Gegebenheiten der menschlichen Physiologie gefördert. In den letzten Jahren hat sich die Sportphysiologie sogar zu einer eigenständigen Disziplin entwickelt. Viele von uns tun etwas für die Fitness ihres Körpers, und sei es nur, dass sie gelegentlich hinter dem Bus her rennen. Aber es gibt Grenzen, wie schnell wir selbst bei optimalem Training laufen können, und Training setzt den Körper überdies einem ganz eigenen Stress aus. Diese etwas andere, inhaltlich gleichwohl verwandte Art von Extrembedingungen wird im fünften Kapitel erörtert.

Das wissenschaftliche Studium der menschlichen Physiologie basiert auf kontrollierten Experimenten. Weil wir vielleicht nicht genug über potenzielle Gefahren und Überlebensgrenzen wissen, finden die ersten Experimente meistens in Form von Tierversuchen statt. Auf diese Weise lassen sich typische Gefahren identifizieren und die Grenzen der persönlichen Sicherheit eines Menschen prognostizieren. Letztlich ist der Mensch aber nicht zu ersetzen, und so haben Physiologen oft Selbstversuche durchgeführt – bis heute. Einige von ihnen haben sogar ihre Kinder einbezogen. Der herausragende Wissenschaftler John Scott Haldane hat einmal gesagt, sein Vater habe ihn schon immer, seit er vier Jahre alt gewesen sei, als Versuchskaninchen benutzt. Allerdings scheinen ihn diese Erfahrungen nicht übermäßig abgeschreckt zu haben, denn er wurde wie sein Vater ein bedeutender Physiologe.

Es gibt gute Gründe dafür, dass Physiologen an sich selbst und ihren Kollegen Experimente durchführen. Es ist nämlich oft leichter, etwas Selbsterlebtes zu verstehen als dasselbe Phänomen in der Beschreibung anderer. Besonders in der Vergangenheit war die Arbeit oft gefährlich und unvorhersehbar, so dass es viele Wissenschaftler vorzogen, das Risiko selbst auf sich zu nehmen, statt Freiwillige darum zu bitten. In einer engen, mit reinem Sauerstoff gefüllten Stahlkammer zu sitzen, während der Druck erhöht wird, und dabei genau zu wissen, dass Konvulsionen unausweichlich sind, die vielleicht sogar dauerhafte Schäden hervorrufen, andererseits aber nicht genau zu wissen, wann es so weit ist, das ist durchaus keine angenehme Erfahrung. Doch waren, wie im zweiten Kapitel erörtert wird, solche Experimente für die Sicherheit von Tiefseetauchern von lebenswichtiger Bedeutung.

Verschiedene Menschen können auf physiologischen Stress ganz unterschiedlich reagieren. Ihr Verhalten unter normalen Bedingungen lässt oft keine Rückschlüsse auf ihre Leistungsfähigkeit unter Stress zu: Harte, kampferprobte Soldaten können schnell unter der Höhenkrankheit leiden, während ihre zerbrechlicher wirkenden Begleiterinnen vielleicht überhaupt nichts davon merken. Auch wenn es zum unmittelbaren Verständnis der betreffenden wissenschaftlichen Prinzipien nicht unbedingt erforderlich sein sollte, müssen die Experimente in der Praxis mit einer größeren Zahl freiwilliger Versuchspersonen wiederholt werden.

Ohne Versuche am Menschen wird es auch weiterhin nicht gehen: Zum Beispiel müssen ständig neue Typen von Taucheranzügen für kalte Gewässer getestet werden, und auch Raumfahrtanzüge sind technisch immer noch nicht am Ende ihrer Entwicklung angelangt. Doch heutzutage werden solche Experimente unter strikten Sicherheitsvorkehrungen durchgeführt, und die äußersten Grenzen körperlicher Leistungsfähigkeit sind gut dokumentiert.

Die praktischen Anwendungsmöglichkeiten des Studiums der menschlichen Physiologie sind offenkundig, doch ist der wahre Antrieb für viele Wissenschaftler (vielleicht sogar für die meisten) die Neugier. Sie werden durch Kiplings »sechs ehrliche Diener« vorangetrieben: durch »Was und Wo und Wann, und Wie, Warum und Wer«. Folglich ist das Leben des Physiologen, wie das vieler experimenteller Wissenschaftler, durch eine seltsame Kombination von Hochstimmung und Frustration geprägt – Hochstimmung, wenn sich die Lieblingshypothese als korrekt erweist, und Frustration, wenn aus technischen Gründen ein Experiment nicht funktioniert und darum auch die Frage nicht beantwortet werden kann, derentwegen es überhaupt entwickelt worden war. Oft scheint Ersteres zu selten und Letztere zu häufig zu sein. Trotzdem kann es sehr lohnend sein, ein Puzzle zusammenzusetzen, eine intellektuelle Herausforderung zu lösen oder eine neue Tatsache herauszufinden – und die Entdeckerfreude, die einen plötzlich überkommt, ist eine aufregende Erfahrung wie keine andere, die ich kenne. Es ist dieses emotionale Hoch, das einem hilft, all die vielen harten Stunden durchzustehen, die zur Erzielung solcher Resultate benötigt werden.

Auch wenn viele Menschen es vielleicht schwierig finden, den Freuden des Wissenschaftlerlebens etwas abzugewinnen, werden die meisten doch in der Lage sein, das Hochgefühl zu verstehen, das mit dem Erreichen eines Berggipfels einhergeht, oder das Gefühl, etwas Großes geleistet zu haben, wenn man einen Marathonlauf hinter sich gebracht hat. Manche Physiologen sind in der glücklichen Lage, dass sie ihre intellektuellen und physischen Abenteuer miteinander verbinden können. Wer zum Beispiel Fragen über die Funktionsweise des Körpers beantworten will, begibt sich oft in Extremsituationen – auf Berggipfel, in Meerestiefen, ins antarktische Eis oder gar in den Weltraum –, um diese Antworten zu finden. Das dabei gewonnene Wissen hat sich als äußerst wertvoll erwiesen, denn die Physiologie ist, wie dieses Buch zeigen wird, nicht nur eine Laborwissenschaft, sondern etwas, das sich im alltäglichen Leben anwenden lässt. Wenn wir an den Grenzen ums Überleben kämpfen, sind physiologische Kenntnisse von zentraler Bedeutung. Denn in der Physiologie geht es um die »Logik des Lebens«.

Der Kilimandscharo, vom Amboseli-Park in Kenia aus gesehen

DER AUFSTIEG ZUM KILIMANDSCHARO

DER KILIMANDSCHARO IST einer der schönsten Berge der Welt. Dieser perfekt gebaute Vulkankegel an der Grenze zwischen Kenia und Tansania erhebt sich über den afrikanischen Ebenen bis zu einer Höhe von 5896 Meter. Zu seinen Füßen liegt das Amboseli-Wildreservat mit seinen großen Beständen an Weißschwanzgnus, Antilopen und Elefanten. Den Gipfel krönen Gletscher von atemberaubender Schönheit. Trotz der großen Höhe sind keine besonderen Fähigkeiten als Bergsteiger erforderlich, um den Gipfel des Kilimandscharo zu erreichen. Für den Weg vom Fuß bis zum Gipfel benötigt man nicht einmal dreieinhalb Tage. Leider hält dieser schnelle Aufstieg jedoch für Arglose erhebliche Gefahren bereit.

Wir begannen unseren Weg durch den Regenwald am frühen Morgen. Die warme, schwere, feuchte Luft war erfüllt von tropischen Gerüchen; es roch wie im Palmenhaus von Kew Gardens in London. Auf dem weichen, feuchten Waldboden machten unsere Füße fast keine Geräusche. Im Baumdach weit über unseren Köpfen turnten schnatternde Affen herum. Dass es den ganzen Tag bergauf ging, als wir uns unseren Weg durch den kühlen, dunklen Schatten des Urwalds bahnten, war kaum zu merken. Als wir am späten Nachmittag unter den Bäumen hervortraten, trafen wir auf eine kleine dreieckige Hütte, die sich an den Berg schmiegte, umgeben von Grasflächen, die an Alpenwiesen erinnerten. Die Sonne verabschiedete sich, und fast augenblicklich war es Nacht. Schließlich liegt der Kilimandscharo am Äquator.

Am nächsten Tag kletterten wir bis auf eine Höhe von rund 3700 Metern. Wir durchquerten eine Steppenlandschaft mit einer Vegetation, die in solcher Höhenlage einzigartig in ganz Afrika und Südamerika ist. Riesengreiskraut, eine Korbblütlerart, die mit dem normalen Kreuzstrauch verwandt ist, wuchs weit über unseren Köpfen. Riesige Lobelien, die wie große blaue Kerzen aussahen, standen wie Wachen

an unserem Weg. Die dünnere Luft machte mich euphorisch. Ich war überzeugt, gegen die Höhenkrankheit immun zu sein.
Der folgende Morgen war sehr kalt. Als wir weitergingen, ließen wir die Vegetation hinter uns und betraten einen hohen Bergsattel zwischen den beiden Gipfeln des Kilimandscharo. Zur Rechten erhob sich der Mawenzi, zur Linken der Uhuru, unser Endziel. Obwohl das Terrain ziemlich flach war, fühlte ich mich müde. Der Weg über den Sattel erschien mir weit, und noch weiter war es bis zu den Blechhütten am Fuße unseres letzten Anstiegs – einen riesigen Aschenkegel hinauf. Unsere dritte – kalte und unbequeme – Nacht verbrachten wir in 4600 Metern Höhe. An Schlaf war nicht zu denken. Mein Kopf schmerzte, und wenn ich die Augen schloss, drehte sich die Welt im Kreis. Obwohl ich keinen Appetit hatte, hatte ich eine kleinere Mahlzeit heruntergewürgt und lauwarmen Tee getrunken (in dieser Höhe kocht Wasser schon bei 80° Celsius), weil mir klar war, dass ich für den bevorstehenden Aufstieg Energie tanken musste. Doch jetzt fühlte ich mich krank. Meine Gefährten atmeten krächzend und keuchend, und dazwischen lagen so lange Pausen der Stille, dass ich sie am liebsten wach gerüttelt hätte – aus Angst, sie könnten ganz aufgehört haben zu atmen. Zitternd wartete ich darauf, dass die Zeit verging.
Um zwei Uhr morgens standen wir auf, um uns auf den langen Weg zum Gipfel zu machen. Unser Führer hatte uns überredet, den Sonnenaufgang über dem Mawenzi-Gipfel zu beobachten. Heute weiß ich, dass der wahre Grund für den frühen Aufbruch viel prosaischer war: Wir kletterten im Dunkeln, um die enorme vor uns liegende Aufgabe nicht zu sehen. Der Pfad wand sich in flachen Serpentinen den 1200 Meter hohen Kegel aus feiner grauer Asche und kleinen Steinen bis zum Rand des Kraters empor. Selbst auf Meereshöhe ist es harte Arbeit, eine Sanddüne hinaufzuklettern; in dieser Höhe aber war es die reinste Tortur. Immer wenn ich mühsam drei Schritte aufwärts getan hatte, rutschte ich zwei wieder hinab. Meine Stiefel waren mit feinem, scheuerndem Staub gefüllt. Meine Beine fühlten sich unsicher an; ich hatte sie nicht unter Kontrolle. Und so schwankte ich wild umher, was meine Fortschritte auf dem rutschigen Sand nur noch weiter behinderte. Einer meiner Gefährten brach zusammen; er konnte einfach nicht mehr weitergehen. Es lässt sich nicht leicht vorhersagen, wen die Höhenkrankheit erwischen wird. Er war wahrscheinlich der Fitteste und Stärkste aus unserer Gruppe, doch jetzt saß er da und schnappte nach Luft wie ein Fisch an Land.

Ihm blieb keine andere Wahl, als wieder abzusteigen. Wir gingen weiter. Unser Führer beleuchtete den Weg vor uns mit einer Sturmlaterne, die er seitlich nach unten hielt. Wir kamen nicht gut voran. Ich rang nach Atem und kämpfte mich zwischen immer längeren Ruhepausen jeweils einige Schritte voran. Nur mit reiner Willenskraft und aufgrund des (eigentlich dummen) Entschlusses, mich nicht unterkriegen zu lassen, schaffte ich die letzten hundert Meter. Oben auf dem Kraterrand brach ich zusammen. Mein Kopf fühlte sich an, als würde ständig mit Messern hineingestochen. Mir wurde schwindlig, und ich sah nur noch schwarze Punkte.

Ein ganzer Bilderreigen ging mir im Kopf herum. Ich saß in einem verstaubten Hörsaal in Cambridge, Sonnenstrahlen fielen schräg über die Pulte, und ich hörte eine Vorlesung über die Höhenkrankheit. Was genau hatte der Vortragende gesagt? Es schien wichtig zu sein, aber es entglitt mir immer wieder. Dafür marschierten Zacken in leuchtenden Farben majestätisch vor meinen Augen auf und ab. Die Luft zitterte, und ein Schneeleopard schlich um die Ecke der Eisschollen, die oben im Krater des Kilimandscharo treiben. Er starrte mich mit seinen gelben Augen an und zuckte mit dem Schwanz. Ich schaute weg und sah die Sonne aufgehen. Sie überflutete den Himmel mit einem zartrosa und orange gefärbten Glühen, vergoldete die Ränder der dünnen Wölkchen, und vor diesem Botticelli-Himmel erhob sich der Mawenzi-Gipfel als scharfe schwarze Silhouette. Ich saß oben auf dem Kraterrand des Uhuru, der kalte Wind blies mir durchs Haar, und ich wusste, dass die Illusionen ein Alarmzeichen waren. Wegen Sauerstoffmangels begann mein Gehirn seine Funktion langsam einzustellen. Es war höchste Zeit umzukehren.

Wie betrunken schlitterte und rutschte ich den steilen Abhang hinab. Plötzlich hatte ich Angst vor einem Gehirnödem, zugleich aber auch davor, kopfüber unkontrolliert den Abhang hinabzustürzen, wenn ich zu schnell ginge. Mit jedem Schritt fühlte ich mich nun lebendiger, als wieder Sauerstoff durch mein Gehirn flutete. Ich rannte die Geröllhalde hinab. Wie beim Skifahren ging es in großen Bögen bergab, im Slalom um Felsbrocken herum. Ich benötigte nur eine halbe Stunde für die Entfernung, die mich bergauf über fünf Stunden lang so viel Anstrengung und Schmerzen gekostet hatte.

Ich hatte Glück gehabt. In der Vorwoche waren zwei Menschen auf derselben Strecke an der Höhenkrankheit gestorben. Meine eigene Bekanntschaft mit dieser Erkrankung hinterließ zum Glück keine dauerhaften Spuren. Aber das Ganze war schon eine Dummheit gewesen. Wir waren viel zu schnell viel zu hoch hinaufgeklettert: 5896 Meter in dreieinhalb Tagen. Die höchsten Gipfel sind vielleicht nicht nur für die Götter reserviert, aber man sollte ihnen schon mit Respekt begegnen.

1

LEBEN IN DER HÖHE

Großes geschieht,
wenn Menschen und Berge zusammentreffen.
William Blake, *Gnomic Verses, I*

MIT 8848 METERN ist der Mount Everest der höchste Berg der Erde. Wenn es möglich wäre, in einem einzigen Augenblick von Meereshöhe auf den Gipfel des Everest zu gelangen, würde man wegen Sauerstoffmangels in Sekundenschnelle das Bewusstsein verlieren und in ein Koma fallen. Und doch erreichten 1978 Reinhold Messner und Peter Habeler den Gipfel des Mount Everest ohne ein Sauerstoffgerät; im folgenden Jahrzehnt taten es ihnen mehr als fünfundzwanzig andere nach. Wie lässt sich ihre scheinbar unmögliche Tat erklären? Die wissenschaftliche Detektivgeschichte, wie die Antwort auf diese Frage gefunden wurde, ist – mit allen Umwegen, Aufregungen, außerordentlichen Ausdauerleistungen und den dazugehörigen Akteuren – Gegenstand des vorliegenden Kapitels.

Berge faszinieren die Menschen schon seit vielen Jahrhunderten. Sie stellen eine Herausforderung dar. Weil sie so atemberaubend schön, aber auch abweisend sind, galten sie von alters her als Heimstatt der Götter. Für die alten Griechen war der Gipfel des Olymps, des höchsten Berges in Griechenland, Wohnsitz der Götter. Die hinduistischen Götter residieren im Himalaja. Und in den Anden hat man Belege für antike Menschenopfer gefunden, die wahrscheinlich den Berggöttern galten. Noch heute werden in vielen Kulturen Berge als heilig verehrt. Bei der Erstbesteigung des Mount Everest vergrub der Sherpa Tensing Norgay Kekse und Schokolade auf dem Gipfel – als Geschenk an die dort lebenden Gottheiten. Berge sind in Mythen und Legenden gehüllt, ihre Gipfel und Wände sind in der Fantasie nicht nur von Göttern bewohnt, sondern auch mit geheimnisvollen Monstern wie dem Yeti im Himalaja oder dem Trauco im Süden Chiles bevölkert (der sich von Menschenblut ernährt). Selbst die Namen der Berge können bezaubern: »Chimborazo, Cotopaxi, sie hatten mir meine Seele gestohlen!«[1] Und doch fühlten sich die Menschen trotz, oder gerade wegen solcher Geschichten schon immer von den Bergen angezogen –

sei es, weil sie dort geistige Erneuerung suchten, weil dort angeblich Schätze verborgen waren, weil sie dort politischer Unterdrückung entgehen konnten; sei es, weil sie die Erkundung neuen Terrains spannend fanden oder, prosaischer, neue Wege ins Gebiet jenseits der Berge suchten. Oft genügte es auch (wie in George Mallorys denkwürdig lakonischer Antwort auf die Frage, warum er denn den Mount Everest besteigen wolle), dass die Berge einfach »da« waren.

Folglich ist auch die Höhenkrankheit schon seit vielen Jahrhunderten bekannt. Ihre Ursachen blieben den Menschen der Antike aber ein Rätsel. Sie brachten die Symptome mit der Gegenwart der Götter (die die Menschen verrückt machten) und mit giftigen Pflanzenausdünstungen in Verbindung. Das führte zur alten europäischen Sicht der Berge als einem Ort der Gefahren und Geheimnisse. Doch irgendwann in der zweiten Hälfte des 19. Jahrhunderts entwickelte sich das Bergsteigen zum Sport. Die Menschen maßen sich mit den Elementen und miteinander; jeder wollte der Erste sein, der die höchsten Gipfel erreichte. Physiologen interessierten sich zunehmend für die Auswirkungen der Höhe auf den Körper. Damit wurden auch die Ursachen der Symptome immer klarer. Mit ihren Studien trugen die Physiologen wesentlich zur schließlich erfolgreichen Besteigung de Mount Everest im Jahre 1953 bei. Und doch mussten sie wiederholt mit Erstaunen zur Kenntnis nehmen, dass Bergsteiger in der Lage waren, viel höher zu klettern, als man es prognostiziert hatte.

Höhe ist in diesem Zusammenhang (etwas willkürlich) als eine Höhe von mehr als 3000 Metern über dem Meeresspiegel definiert. Viele Menschen, wahrscheinlich rund 15 Millionen, leben in den Hochgebirgsregionen der Welt ständig oberhalb dieser Grenze, die meisten davon in den Anden, im Himalaja und im äthiopischen Hochland. Und noch wesentlich mehr Menschen besuchen jedes Jahr Höhen von über 3000 Metern als Skifahrer, Bergwanderer und Touristen. Die höchsten permanenten menschlichen Siedlungen, einige Bergwerksorte am Aucanquilcha in den Anden, liegen 5340 Meter hoch. Die Schwefelminen liegen zwar auf einer Höhe von 5800 Metern, aber die Bergleute klettern lieber jeden Tag 460 Meter zur Arbeit hinauf und hinab, als auf Höhe der Minen zu übernachten. Auch die indische Armee soll monatelang Truppen auf 5490 Meter Höhe stationiert haben, um die Grenze zu China zu bewachen. Doch diese Höhe ist wahrscheinlich wirklich die Grenze für den Menschen, wenn er länger dort leben will, denn das Leben in solchen Höhenregionen ist mit beträchtlichen Schwierigkeiten verbunden. An erster

Paul Bert (1833-1886) gilt weithin als der Vater der Höhenphysiologie und der Luftfahrtmedizin. Der Schüler des berühmten französischen Physiologen Claude Bernard baute in seinem Labor in der Pariser Sorbonne eine so genannte Dekompressions- oder Höhenkammer, die groß genug war, dass ein Mensch bequem darin sitzen konnte. In seinem berühmten Werk La pression barométrique (Der Luftdruck) *legte er Beweise für seine Hypothese vor, dass die gesundheitsschädlichen Auswirkungen in großer Höhe auf Sauerstoffmangel zurückzuführen sind. Er war auch der Erste, der zeigen konnte, dass die Dekompressionskrankheit (Druckfallkrankheit), unter der vor allem Taucher leiden, damit zu tun hat, dass sich im Blut Bläschen bilden (siehe Kapitel 2).*

Stelle ist die Reduktion der Sauerstoffkonzentration in der Luft zu nennen, aber auch Kälte, Austrocknung und intensive Sonnenstrahlung sind als Probleme nicht zu unterschätzen.
Die geringere Dichte der Luft in der Höhe bedeutet auch, dass sie weniger Sauerstoff enthält. Das stellt für die meisten Organismen, auch für die Menschen, ein beträchtliches Problem dar, denn all ihre Zellen benötigen eine konstante Sauerstoffzufuhr. In jeder einzelnen Zelle werden zur Energiegewinnung Sauerstoff und Nahrungsbestandteile (zum Beispiel Kohlehydrate) verbrannt. Zellen, die viel Arbeit verrichten müssen, wie die Muskelzellen, benötigen im Verhältnis mehr Sauerstoff, und körperliche Arbeit steigert diesen Bedarf noch mehr. Als man 1775 den Sauerstoff »entdeckte« (siehe hierzu Kapitel 7), ver-

stand man seine wohltätigen Wirkungen sofort. Doch es dauerte fast noch einmal hundert Jahre, bis man – genauer gesagt der Franzose Paul Bert – erkannte, dass Sauerstoffmangel (Hypoxie) Hauptursache der Höhenkrankheit ist. Und bis sich dieser Gedanke allgemein durchgesetzt hatte, dauerte es sogar noch länger.

Frühe Berichte über die Höhenkrankheit

Die Chinesen waren die Ersten, die die Auswirkungen der Höhenluft in einem klassischen Text dokumentierten, dem *Ch'ien Han Shu*, in dem um 37–32 v.Chr. die Route zwischen China und dem heutigen Afghanistan beschrieben wurde: »Erneut bekommen beim Passieren des Großen Kopfschmerzberges, des Kleinen Kopfschmerzberges und des Fieberabhangs die Körper der Menschen Fieber; sie verlieren Farbe, bekommen heftige Kopfschmerzen und müssen sich übergeben. Die Esel und die Rinder sind alle in der gleichen Lage.« Der bedeutende Sinologe Joseph Needham hat die Ansicht vertreten, solche Erfahrungen hätten die Chinesen in der Überzeugung bestärkt, es sei besser für sie, in den natürlichen Grenzen ihres eigenen Landes zu bleiben. Auf ähnliche Weise zogen die Griechen, als sie merkten, dass sie auf dem 2900 Meter hohen Gipfel des Olymp Atemprobleme bekamen, die Schlussfolgerung, dass der Gipfel für die Götter reserviert und für Sterbliche tabu sei.

Zu den ersten klaren Beschreibungen der Symptome einer akuten Höhenkrankheit gehört der 1590 veröffentlichte Bericht des spanischen Jesuitenpaters José de Acosta, der als Missionar die Anden überquerte und einige Zeit auf dem etwa 4000 Meter hohen Altiplano lebte. Viele Mitglieder seiner Reisegruppe wurden krank, als sie den Hochpass am Pariacaca (4800 Meter) überquerten. Er selbst wurde »plötzlich von einem so schlimmen und seltsamen stechenden Schmerz überrascht, dass ich fast hingefallen wäre«, und kam zu dem Schluss, dass »die Luft hier so subtil und delikat ist, dass sie mit der Atmung des Menschen nicht mehr richtig vereinbar ist«. Er schrieb auch, dass auf diesem Pass und entlang der ganzen Bergkette »seltsame Unausgewogenheiten« bei den Menschen zu erkennen seien, »doch in manchen Gegenden mehr als in anderen, und eher bei jenen, die vom Meer her heraufklettern, als bei denen, die aus der Ebene kommen«. Aus dieser Passage hat man entnehmen wollen, Pater Acosta sei schon bewusst gewesen, dass Menschen, die sich durch den Aufenthalt in einer Hochebene wie dem Altiplano an die Höhenluft akklimatisiert hätten, weniger anfällig für die Höhenkrankheit seien als jene, die direkt von Meereshöhe aufgestiegen seien. Doch heute ist die Forschung eher der Meinung, dass diese Interpretation wohl nicht korrekt ist, weil der spanische Originaltext offenbar nicht richtig ins Englische übersetzt worden war.

Die dort lebenden Inkas waren sich der Auswirkungen der Höhenlage und der Tatsache, dass Akklimatisierung Zeit braucht, durchaus bewusst. Sie wussten, dass Menschen aus dem Flachland in großer Zahl starben, wenn man sie zur Arbeit in die Bergwerke in großer Höhe brachte. Die Inkas unterhielten sogar zwei getrennte Heere – eines, das sich permanent in der Höhe aufhielt, damit die Soldaten auf jeden Fall akklimatisiert waren, und eines, das in der Küstenebene kämpfte. Um dem Wüten der Conquistadores zu entkommen, zogen sich die Inkas höher und höher in die Berge zurück, wohin ihnen die spanischen Invasoren nur mit Mühe folgen konnten. Obwohl die Spanier schließlich im 4000 Meter hoch gelegenen Potosí eine Stadt gründeten, blieb diese weitgehend ein Pionierstädtchen. Frauen und Vieh mussten ins Tiefland zurückkehren, um Nachwuchs zur Welt zu bringen und ihn im ersten Jahr aufzuziehen. Fruchtbarkeit und Fortpflanzung der einheimischen Frauen blieben unbeeinträchtigt, doch spanische Kinder, die in dieser Höhenlage zur Welt kamen, starben bei der Geburt oder innerhalb der ersten zwei Lebenswochen. Das erste Kind spanischer Abstammung, das dort oben überlebte, kam erst 53 Jahre nach Gründung des Städtchens zur Welt: am Weihnachtsabend 1598. Dieses Ereignis wurde als das Wunder des Heiligen Nikolaus von Tolent gefeiert. Leider erreichte keines der sechs Kinder dieses »Wunders« das Erwachsenenalter. Gleichwohl löste sich das Problem nach zwei oder drei Generationen von selbst, wahrscheinlich durch Rassenmischung mit der einheimischen indianischen Bevölkerung. Rinder und Pferde blieben dort oben jedoch relativ unfruchtbar, und so verlegten die Spanier ihre Hauptstadt schließlich nach Lima. Die Höhenkrankheit der Kinder ist jedoch kein Problem, das einfach der Vergangenheit angehört, denn heutzutage sind zum Beispiel chinesische Kolonisten in Tibet betroffen, die aus dem Flachland kommen.

Wie schon die Inkas dankbar zur Kenntnis nahmen, tritt die Höhenkrankheit bei Leuten, die sich allmählich akklimatisieren, nur in abgeschwächter Form auf. Die dramatischen und oft tödlichen Folgen eines sehr schnellen Aufstiegs in große Höhen bekamen auch die ersten Ballonfahrer zu spüren. Den ersten Flug mit einem Heißluftballon unternahmen 1783 Jean-François Pilâtre de Rozier und der Marquis d'Arlandes – in einem Ballon, den die Gebrüder Montgolfier, Etienne und Joseph, gebaut hatten. Noch im selben Jahr erfand ein anderer Franzose, Jacques Charles, den Wasserstoffballon und erreichte bei seinem ersten Aufstieg eine Höhe von 1800 Metern, anscheinend ohne negative Auswirkungen. Ballons können jedoch in wesentlich größere Höhen aufsteigen, und dann sind ernsthafte Folgen nicht auszuschließen.

Die Symptome der Höhenkrankheit beim Ballonfahren wurden in einem berühmten Bericht des Meteorologen James Glaisher festgehalten, der den Ballonfahrer Henry Coxwell 1862 auf einem Flug von Wolverhampton aus begleitete. Innerhalb einer Stunde waren sie in eine Höhe aufgestiegen, in der sein Barometer 247 Millimeter Quecksilber anzeigte – also rund 8850 Meter. Sie stiegen noch weiter auf, aber die genaue Höhe, die sie erreichten, ist nicht klar, weil jenseits dieser Höhe Glaisher nicht länger in der Lage war, sein Barometer klar abzulesen. Auch ist nicht sicher, dass das Barometer korrekte Werte anzeigte. Wahrscheinlich waren es weniger als die von ihm angegebenen 11 000 Meter. Er beschrieb lebhaft, wie er feststellen musste, dass seine Arme und Beine gelähmt waren, dass er seine Uhr nicht mehr ablesen und auch seinen Gefährten nicht mehr klar erkennen konnte; wie er zu sprechen versuchte, aber feststellen musste, dass es nicht mehr ging, und wie er dann vorübergehend erblindete. Schließlich verlor er das Bewusstsein. Zum Glück war Coxwell nicht vollkommen bewegungsunfähig geworden und deshalb noch in der Lage, wenn auch nur unter großen Mühen, seinen Ballon wieder zur Erde zurückzubringen, indem er Wasserstoff abließ. Weil seine Arme gelähmt waren, musste er das Seil, welches das Ventil öffnete, mit den Zähnen ziehen. Auf dem Weg nach unten gewann Glaisher sein Bewusstsein zurück, und in einer Höhe, die er als rund 8000 Meter berechnete, war er auch wieder in der Lage, Notizen zu machen. Dieser Vorfall illustriert, wie schnell man sich von akuter Hypoxie wieder erholen kann.

Die ersten Todesfälle gab es einige Jahre später, 1875, als drei französische Wissenschaftler, Sivel, Tissandier und Croce-Spinelli, mit ihrem Ballon *Zenith* in eine Höhe von über 8000 Metern aufstiegen. Obwohl sie ein primitives Sauerstoffgerät an Bord hatten, stand ihnen nur wenig Sauerstoff zur Verfügung. Sie wollten ihn darum erst einsetzen, wenn sie das Gefühl hätten, dass dies unbedingt erforderlich sei.[2] Leider führten ihr übergroßes Selbstvertrauen und das euphorische Wohlbefinden, das bei akutem Sauerstoffmangel im

Der berühmte Ballonflug, den James Glaisher und Henry Coxwell von Wolverhampton aus unternahmen. Die Lithografie zeigt sie auf dem Höhepunkt ihres Aufstiegs, in einer geschätzten Höhe von rund 11 000 Metern. Glaisher ist bewusstlos im Korb zusammengebrochen. Coxwell, der seine Hände aufgrund von Hypoxie und Kältestarre nicht mehr benutzen kann, bemüht sich verzweifelt, das Gasventil zu öffnen, indem er mit seinen Zähnen am Seil des Ventils zieht. Hingegen scheinen die Tauben (im Käfig am Ring des Ballons) mit der Höhe keine Probleme zu haben.

Gehirn typisch ist, dazu, dass sie ihren Sauerstoff überhaupt nicht benutzten und alle drei das Bewusstsein verloren. Nur Tissandier überlebte. Er berichtete später, dass er versucht habe, das Sauerstoffgerät zu benutzen, aber nicht in der Lage gewesen sei, seine Arme zu bewegen. Doch er machte sich überhaupt keine Sorgen und schrieb: »Man leidet überhaupt nicht; im Gegenteil. Man empfindet eine innere Freude, als sei man von einer Flut strahlenden Lichtes erfüllt. Man wird gleichgültig und denkt nicht mehr an die gefährliche Situation oder an die drohende Gefahr.«

Die Besteigung des Mount Everest

Im Zeitalter des Bergsteigens wurden die Auswirkungen der Höhenkrankheit einer weiteren Öffentlichkeit bekannt und besser verstanden. Mitte der zwanziger Jahre des 20. Jahrhunderts ging man allgemein davon aus, dass Menschen bis zu 8000 Meter hoch klettern und sich dort einige Tage sicher aufhalten könnten, sofern sie viele Wochen in einer mittleren Höhenlage verbracht hätten, um sich ganz allmählich zu akklimatisieren. Dagegen verloren Menschen, die in einer Höhenkammer einem ähnlich geringen Luftdruck ausgesetzt wurden, innerhalb weniger Minuten das Bewusstsein.

Der 1953 von Sir John Hunt (später: Lord) geleiteten britischen Mount-Everest-Expedition war die Wichtigkeit der Akklimatisierung sehr bewusst. Für den langen Marsch von Kathmandu nach Solu Khumbu, der Region südlich des Everest, benötigten die Expeditionsteilnehmer mehrere Wochen. Das war zugleich die erforderliche Akklimatisierungszeit, weil der größte Teil des Weges auf einer Höhe von etwa 1800 Metern verlief und nur gelegentlich auf 3600 Meter anstieg. Sodann wurden weitere vier Wochen für die Akklimatisierung in Solu Khumbu (auf 4000 Meter Höhe) verwendet, bevor man versuchte, Höhencamps auf der Südseite des Everest zu errichten – in Höhen, in denen man gut schlafen und leicht essen konnte. Außerdem stiegen die Expeditionsteilnehmer zwischendurch immer wieder zum Basislager ab. Diese Prozedur, die auch von den meisten gegenwärtigen Expeditionen befolgt wird, beruht, wie wir noch sehen werden, auf gesicherten physiologischen Erkenntnissen.

Zum ersten Mal wurde auch systematisch und umfassend Sauerstoff ergänzend eingesetzt. Zuvor hatte man bei Hochgebirgstouren weitgehend auf Sauerstoffgeräte verzichtet, weil die meisten Bergsteiger kaum Vertrauen zu den neuartigen Geräten hatten und diese in der Frühphase auch noch sehr schwer waren. Oberhalb von 6500 Metern benutzte die Mount-Everest-Expedition Sauerstoff, sowohl beim Schlafen (1 Liter pro Minute) als auch beim Klettern (4 Liter/min). Selbst mit diesen Hilfsmitteln verursachten die Auswirkungen der Höhenlage eine allmähliche Abnahme der körperlichen Leistungsfähigkeit. Alle Mitglieder der Expedition verloren an Gewicht. Manchmal bewegten sie sich ernsthaft an der Grenze, wie Hunts Bericht anschaulich zeigt:

> *Wir kamen immer langsamer voran und wurden immer erschöpfter. Jeder Schritt war eine Qual und erforderte eine enorme Willensanstrengung. Nach wenigen Schritten im Tempo eines Leichenzugs mussten wir Pause machen, um genug Kraft zum Weitergehen zu sammeln. Ich fing schon an zu keuchen und nach Atem zu ringen. … Meine Lungen schienen fast zu bersten; ich stöhnte und kämpfte, um genug Luft zu bekommen – eine grimmige, scheußliche Erfahrung, in der ich keinerlei Kraft zur Selbstkontrolle mehr hatte.*

Der Grund für diese extremen Schwierigkeiten wurde erst später entdeckt: Der Schlauch, der Hunts Sauerstoffmaske mit den Sauerstoffflaschen verband, war total vereist, so dass Hunt gar keinen Sauerstoff in die Atemwege bekam. So schleppte er nicht nur die schwere Sauerstoffausrüstung, sondern profitierte nicht einmal davon! Trotzdem schrieb Hunt später in seinem Bericht über die Mount-Everest-Expedition: »Besondere Erwähnung verdient noch der Sauerstoff. … Meiner Meinung nach war allein dies für den Erfolg von entscheidender Bedeutung. Ohne Sauerstoff wären wir mit Sicherheit nicht bis auf den Gipfel gelangt.«
Die Nachricht von der erfolgreichen Besteigung des Mount Everest am 29. Mai 1953 durch Edmund Hillary und den Sherpa Tensing Norgay erreichte London am 2. Juni, gerade rechtzeitig zur Krönung von Königin Elisabeth II. Sie wurde entlang der Krönungsroute aus Lautsprechern verkündet und von den Massen mit wildem Beifall begrüßt. Im Basislager hörten die Mitglieder der erfolgreichen Expedition zu ihrer großen Verwunderung die Nachricht von ihrer Leistung im indischen Rundfunk – überrascht, weil der Reporter der *Times*, James Morris, das vorgeschobene Basislager erst am 30. Mai verlassen hatte, um seinen Artikel nach London zu übermitteln. Zur Feier des Tages feuerten sie zwölf Mörsergranaten, ein Geschenk der indischen Armee, in den Schnee.

Tensing Norgay auf dem Gipfel des Mount Everest am 29. Mai 1953 bei der erfolgreichen Erstbesteigung – fotografiert von Edmund Hillary.

Die Verwendung von Sauerstoffgeräten bei der Besteigung des Mount Everest führte zu dem Glauben, dass es nicht möglich sei, ohne dieses Hilfsmittel auf dem Gipfel zu überleben. Dr. Griffith Pugh, der als Physiologe an der ersten erfolgreichen Mount-Everest-Expedition teilnahm, behauptete sogar, dass »nur Ausnahmemenschen ohne Sauerstoffzusatz zur Atemluft über eine Höhe von 8200 Metern hinausgelangen können«. Seine Aussage wurde durch eine ganze Reihe tragischer Unglücksfälle gestützt, bei denen Elitebergsteiger, die ohne zusätzlichen Sauerstoff kletterten, gestorben waren – meistens, weil sie, erschöpft aufgrund von Hypoxie, ins Schwanken und Stolpern gekommen und dann abgestürzt waren. Indes widerlegten, wie so oft im Bereich der Höhenphysiologie, Widerstands- und Entschlusskraft der Bergsteiger die Thesen der Wissenschaftler: 1978 bestiegen Reinhold Messner und Peter Habeler den Mount Everest ohne Sauerstoffgerät. Seither wurde ihre bemerkenswerte Leistung von vielen anderen wiederholt, darunter 1988 auch von Lydia Bradey als erster Frau (deren Anspruch allerdings umstritten

ist, weil sie allein kletterte und somit nicht beweisen konnte, dass sie wirklich bis zum Gipfel vorgedrungen ist).
Aus den Berichten geht klar hervor, dass man zwischen den physiologischen Auswirkungen eines plötzlichen Aufstiegs in große Höhen, etwa bei einem Ballonflug oder wenn der Kabinendruck eines Flugzeugs plötzlich stark abfällt, und den Auswirkungen eines allmählichen Aufstiegs unterscheiden muss – typischerweise mit längeren Akklimatisierungsphasen. Die Auswirkungen eines Langzeitaufenthalts in großer Höhe sind dann noch ein dritter, gesonderter Fall.

Exkurs über den Luftdruck

Der Italiener Evangelista Torricelli stellte als Erster fest, dass auch Luft ein Gewicht hat. In einem 1644 datierten Brief an einen Kollegen schrieb er: »Wir leben untergetaucht auf dem Boden eines Ozeans aus dem Element Luft, von dem man aufgrund unbestrittener Experimente weiß, dass es ein Gewicht hat.« Dem Galilei-Schüler Torricelli schreibt man auch den Bau des ersten Quecksilberbarometers zur Messung des atmosphärischen Drucks zu (also des Drucks, den das Gewicht der Luft ausübt).
Nimmt nun die Dichte der Luft mit zunehmender Höhe ab, so bedeutet das auch, dass der atmosphärische Druck abnimmt – umso stärker, je höher man kommt. Das wurde erstmals 1648 von dem Franzosen Blaise Pascal in seinem »großen Experiment« gezeigt. Eine Gruppe um Pascals Schwager bestieg den Puy de Dôme, einen Berg im französischen Zentralmassiv, mit einem Barometer. Die gemessenen Luftdruckwerte wurden dann mit denen eines Kontrollbarometers am Fuß des Berges verglichen. Nur die Messwerte des Barometers oben auf dem Puy de Dôme veränderten sich; der Luftdruck sinkt nämlich, je höher man kommt, weil von oben durch die Luft immer weniger Druck auf die darunter liegenden Luftschichten ausgeübt wird.
Bis vor kurzem wurde der Luftdruck noch in Torr gemessen. Diese Maßeinheit, nach Torricelli benannt, ist ein Tribut an dessen Forschungsbeiträge. Offiziell wurde Torr als Maßeinheit jetzt durch eine neue, nach Pascal benannte Einheit ersetzt, doch war dieser Wechsel, wie man sich denken kann, nicht unumstritten. Weil in großen Teilen der älteren Literatur die Maßeinheit Torr verwendet wird und viele Physiologen weiter mit der alten Einheit arbeiten, habe ich mich dieser Praxis im vorliegenden Buch angeschlossen.

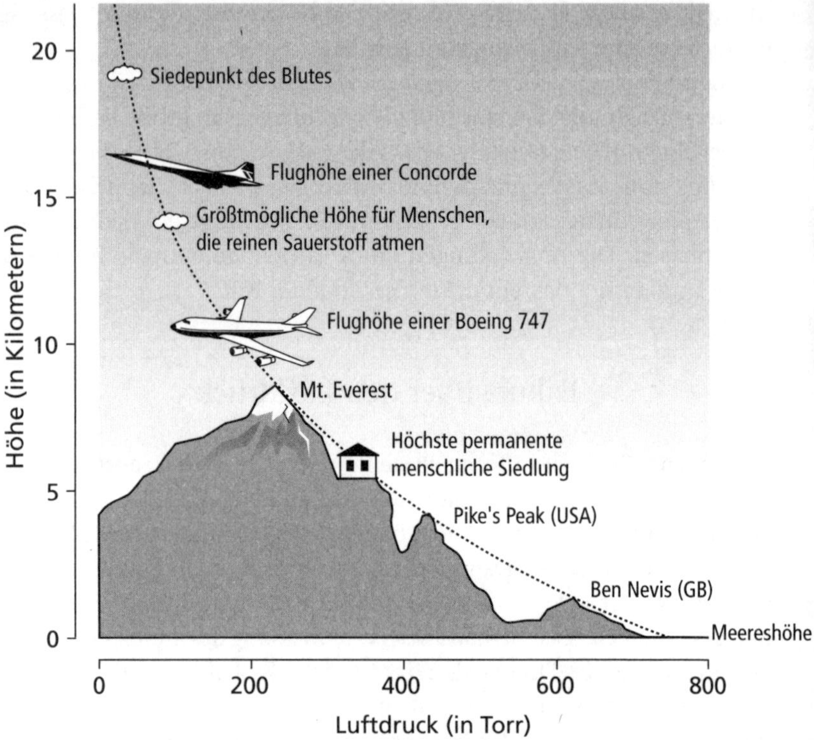

Auswirkungen der Höhe auf Luftdruck und Sauerstoffpartialdruck in der Luft. Bei zunehmender Höhe über dem Meeresspiegel nimmt der Luftdruck nicht linear ab, sondern exponentiell, weil die Luft durch das Gewicht der darüber liegenden Luftschichten immer weniger zusammengepresst wird. In Bodennähe nimmt der Luftdruck dagegen schneller zu.

Auf Meereshöhe beträgt der atmosphärische Druck ungefähr 760 Torr (gleich Millimeter der Quecksilbersäule im Barometer). Die Luft setzt sich zusammen aus 21 Prozent Sauerstoff, 0,04 Prozent Kohlendioxid[3] und einem Rest, der weitgehend aus Stickstoff besteht. Auf Meeresniveau beträgt der Druck des Sauerstoffanteils der Luft, der so genannte Sauerstoffpartialdruck, 159 Torr (21 Prozent von 760 Torr). Auf dem Gipfel des Mount Everest enthält die Luft denselben Prozentsatz an Sauerstoff, aber weil der Luftdruck dort nur noch rund 250 Torr beträgt, reduziert sich der Sauerstoffpartialdruck in der Luft proportional. Darüber hinaus ist der relative Abfall des Sauerstoffpartialdrucks in den Lungen sogar noch größer als in der Atmosphäre. Diese ziemlich überraschende Tatsache hat ihren Grund darin, dass der Körper in beträchtlichem Maße Wasserdampf produziert. Dessen Vorhandensein in den Alveolen – den kleinen Lungenbläschen, in denen der Gasaustausch zwischen der eingeatmeten Luft und den im Blut gelösten Gasen stattfindet – begrenzt den für Sauerstoff verfügbaren Raum, und dieses Phänomen wird mit zunehmender Höhenlage immer wichtiger.

Immer, in jeder Höhenlage, ist die Luft in den Lungen mit dem vom Körper produzierten Wasserdampf gesättigt. Das kann man an kalten Tagen sehr deutlich sehen, wenn der ausgeatmete Wasserdampf in der kalten Luft kondensiert und eine kleine Wolke bildet. Wasserdampf hat einen Partialdruck von 47 Torr. Das heißt, dass bei einem atmosphärischen Druck von 47 Torr, wie er in einer Höhe von 19 200 Metern anzutreffen ist, die Lungen nur noch voll Wasserdampf wären. Für Sauerstoff und andere Gase wäre dann kein Raum mehr. Der Anteil des Gasdrucks in den Lungen, der auf Wasserdampf zurückgeht, nimmt also mit zunehmender Höhe immer mehr zu – von 6 Prozent auf Meeresniveau bis 19 Prozent auf dem Gipfel des Mount Everest.

Das Vorhandensein von Wasserdampf in den Lungenbläschen trägt also zur Erklärung bei, warum der Sauerstoffpartialdruck in den Lungenbläschen geringer ist als in der Atmosphäre (es gibt aber noch andere relevante Faktoren, zum Beispiel die Sauerstoffentnahme des Körpers selbst). Der Wasserdampf begrenzt aber auch physisch die Höhe, bis zu der sich Menschen lebend erheben könnten, selbst wenn sie reinen Sauerstoff einatmeten. Der niedrigste Luftdruck, bei dem sich die normale Sauerstoffkonzentration in den Lungen (100 Torr) noch aufrechterhalten lässt, wenn man reinen Sauerstoff einatmet, ist in 10 400 Metern Höhe erreicht. Diese Höhe entspricht ungefähr der üblichen Reiseflughöhe der meisten Verkehrsflugzeuge. Man kann auch in größeren Höhen noch überleben, weil die dort verstärkte Atmung einen Teil des Kohlendioxids aus den Lungen befördert und dadurch mehr Raum für Sauerstoff schafft. Doch in größeren Höhen als 12 200 bis 13 700 Meter ist die Sauerstoffzufuhr auf jeden Fall unzureichend; man verliert dann das Bewusstsein. In Höhen über 18 900 Metern »kocht« das Blut bei Körpertemperatur (tatsächlich wird es zu Wasserdampf). Darum sind Druckanzüge oder Druckkabinen mit unabhängiger Luftzufuhr für alle Erkundungen erforderlich, bei denen es in sehr große Höhen oder gar in den Weltraum geht (siehe Kapitel 6).

Die Gefahren eines plötzlichen Druckabfalls

»Bei einem plötzlichen Druckabfall in der Kabine fallen Sauerstoffmasken aus der Ablage über Ihren Köpfen.« So oder ähnlich lautet ein Hinweis, dem die meisten von uns im Zeichen des enormen Anstiegs des Luftreiseverkehrs in den vergangenen 25 Jahren schon einmal begegnet sind. Doch zum Glück haben nur sehr wenige den hier angezeigten Notfall schon einmal in der Praxis erlebt. Die meisten Verkehrsflugzeuge fliegen in einer Höhe von rund 10 400 Metern. Wenn in dieser Höhe ein Fenster herausfliegen sollte, gäbe es einen lauten Knall, und die Luft würde explosionsartig aus der Kabine entweichen. Es fände ein Druckausgleich mit der Luft außerhalb der Kabine statt. Lose Objekte und nicht angeschnallte Passagiere würden wahrscheinlich durch den Sog nach draußen befördert, und die Kabine würde sich mit feinem Nebel füllen. Die Innentemperatur würde sich der Außentemperatur anpassen, und der Wasserdampf in der Luft würde in der Kälte kondensieren. In einer solchen Situation wäre es lebenswichtig, schnell die Sauerstoffmaske aufzusetzen, denn das Sauerstoffniveau in der Lunge würde schnell und sehr stark abfallen. In weniger als dreißig Sekunden würden Sie das Bewusstsein verlieren. Die »nutzbare« Zeit, in welcher der Pilot noch aktive Gegenmaßnahmen unternehmen könnte, ist sogar noch kürzer – ungefähr 15 Sekunden. In einem konkreten Fall wurde der Pilot ohnmächtig, weil er bei einem plötzlichen Druckabfall im Cockpit seine Brille fallen ließ und sich bückte, um sie aufzuheben, bevor er sich die Sauerstoffmaske aufsetzte. Zum Glück beging sein Kopilot nicht denselben Fehler.

Wenn man in 10 400 Metern Höhe unverdichtete Luft einatmet, beträgt der Sauerstoffpartialdruck etwa 20 Torr, und das ist zur Aufrechterhaltung des Lebens zu wenig. Atmet man jedoch reinen Sauerstoff ein, steigt der Druck auf 95 Torr an. Das reicht zum Überleben, wenn Sie ruhig sitzen, aber nicht, wenn Sie sich stark bewegen. Aus diesem Grund wird dem Kabinenpersonal in der Ausbildung beigebracht, sich hinzusetzen, bis sich das Flugzeug in einer passablen Flughöhe wieder gefangen hat; ein weiterer Grund ist, dass das Flugzeug in einer solchen Situation zu einem steilen Sinkflug ansetzt, um so schnell wie möglich an Höhe zu verlieren.

Wie gering die Bewegungsmöglichkeiten des Menschen in großer Höhe sind, wurde auf recht dramatische Weise in der Frühphase des Zweiten Weltkriegs demonstriert. Obwohl die Bordschützen, die am

Heck von Jagdbombern in einer Kanzel saßen, bei einer Flughöhe von 5500 Metern ziemlich wach und gespannt waren, solange sie auf ihrem Platz sitzen blieben, wurden viele von ihnen ohnmächtig, sobald sie versuchten, in den Rumpf des Flugzeugs zurückzukriechen. Der erhöhte Sauerstoffbedarf der arbeitenden Muskeln konnte dabei nämlich nicht mehr durch eine Erhöhung der Atemfrequenz ausgeglichen werden. In der Folge sank die Sauerstoffversorgung des Gehirns so weit ab, dass sie unter das für die Aufrechterhaltung des Bewusstseins erforderliche Niveau sackte. Wenn man jedoch ganz ruhig sitzt, kann man in Flugzeugen ohne Druckkabine auch in Höhen über 7000 Meter aufsteigen und ganz normale Luft einatmen. Erst darüber hinaus verliert man das Bewusstsein, wobei diese Höhe wohlgemerkt deutlich unter der Gipfelhöhe des Mount Everest liegt.

Viel gefährlicher als ein plötzlicher Druckabfall ist ein langsamer Verlust des Kabinendrucks, weil der allmähliche, stetige Rückgang der Sauerstoffkonzentration möglicherweise nicht erkannt wird. Der Pilot merkt vielleicht überhaupt nicht, dass etwas nicht stimmt, und unterlässt deshalb Korrekturmaßnahmen. Wie die frühen Ballonfahrer so lebhaft schilderten, kann gradueller Sauerstoffverlust Euphoriegefühle hervorrufen und zum Verlust der Konzentration und einer Beeinträchtigung der Urteilskraft führen. Letzten Endes sind die Folgen verringerte Muskelkraft, Verlust des Bewusstseins, Koma und Tod. Diese Auswirkungen rühren alle von der Unfähigkeit des Körpers her, sich schnell genug auf die geringere Sauerstoffkonzentration der Höhenluft einzustellen.

Die gesetzliche Grenze für Flüge ohne Sauerstoffmaske und Druckkabine liegt bei 3000 Metern. Meistens führt man jedoch schon in Höhen über 2400 Metern Sauerstoff zu, um eine genügend große Sicherheitsmarge zu haben. Der Kabinendruck in Verkehrsflugzeugen orientiert sich meistens an einer Höhe von 1500 bis 2400 Metern und nicht am Meeresniveau, weil das höhere Gewicht und die Kosten für eine stärkere Ausrüstung dem entgegenstehen – die Kabinenwand müsste dann ja einen wesentlich größeren Druckunterschied zwischen Innen- und Außenatmosphäre aushalten. Ein Kabinendruck, der den Druckverhältnissen auf Meeresniveau entspricht, ist auch deshalb überflüssig, weil der Sauerstoffpartialdruck der Luft in einer Höhe von 1500 bis 2400 Metern normalerweise völlig ausreicht, um sicherzustellen, dass das Blut komplett mit Sauerstoff gesättigt ist. Wer jedoch unter Herz- oder Lungenerkrankungen leidet, kommt mit dem reduzierten

Sauerstoffniveau vielleicht nicht aus und braucht während des Fluges eine ergänzende Sauerstoffzufuhr. Die Anpassung des Kabinendrucks an die Druckverhältnisse am Erdboden – sowie in umgekehrter Richtung – ist übrigens der Grund für den Druck auf den Ohren, den die Passagiere bei der Landung und beim Start im Flachland empfinden (dieses Phänomen wird im zweiten Kapitel ausführlicher erörtert).
Anders als Verkehrsflugzeuge sind viele Hochleistungskampfjets nicht mit Druckkabinen versehen, oder der Luftdruck ist nur auf eine Höhe von 7600 Metern eingestellt, weil das größere Gewicht, das ein voller Druckausgleich im Cockpit mit sich brächte, die Manövrierfähigkeit beeinträchtigen würde. Folglich muss der Pilot eine eng ansitzende Sauerstoffmaske tragen und eine Mischung aus Luft und reinem Sauerstoff einatmen. Die Mischung wird der Flughöhe automatisch angepasst. Damit ist sichergestellt, dass der Pilot immer genug Sauerstoff erhält, aber nicht so viel, dass er eine Sauerstoffvergiftung bekommt (siehe Kapitel 2). In Höhen über 11 500 Meter müssen sie mit reinem Sauerstoff unter Druck versorgt werden. Druckluft einzuatmen ist ein seltsames Gefühl: Im Gegensatz zur normalen Atmung, bei der das Einatmen ein aktiver Prozess ist und das Ausatmen spontan erfolgt, wenn sich die Muskeln im Brustkorb entspannen, füllt Druckluft die Lungen ohne eigenes Zutun; man muss aktiv wieder ausatmen. Darum kann die Druckluftatmung ziemlich schwere Arbeit sein. Ein weiteres Problem ist, dass die Lungen bersten können, wenn der Gasdruck zu sehr ansteigt. Dann geht es einem ungefähr so wie dem aufgeblasenen Frosch in Äsops Fabel, der sich so lange aufpumpte, bis er platzte. Wenn jedoch zum Schutz des Brustkorbs von außen Gegendruck ausgeübt wird, halten die Lungen auch einen höheren Gasdruck aus. Darum tragen Luftwaffenpiloten in größeren Höhen einen Druckanzug. Im Wesentlichen handelt es sich dabei um ein eng anliegendes Kleidungsstück, das sich bei geringem Luftdruck rund um Brustkorb und Bauch mit Luft füllt. Solche Anzüge tragen Kampfpiloten in Höhen über 12 000 Meter wegen der Gefahr eines explosiven Druckabfalls in der Kabine, wenn die Flugzeugkanzel bersten sollte (zum Beispiel durch ein Geschoss). Einen ähnlichen Anzug trug auch Judy Leden, als sie 1996 in 12 000 Meter Höhe über der jordanischen Wüste mit ihrem Drachenflieger von einem Fesselballon aus startete und damit den Höhenweltrekord für Drachenflieger brach.
Zivile Verkehrsflugzeuge sind so konstruiert, dass die Luft, sollte es Probleme mit einem Fenster geben, viele Sekunden benötigen würde, um zu

entweichen – ebenso der Druck, um in die Gefahrenzone abzusinken (das ist auch einer der Gründe, warum die nach der Absturz-Katastrophe von Paris zunächst außer Betrieb genommene Concorde so kleine Fenster hat). Wird dagegen ein Kampfflugzeug von einer Rakete oder einem Geschoss getroffen oder muss der Pilot einen Notausstieg vornehmen, indem er sich aus der Kanzel hinauskatapultiert, kann der Druckabfall sehr schnell vonstatten gehen. Darum trainieren die Piloten in der Ausbildung, bei schnellem Druckabfall ständig nur auszuatmen, damit die begleitende Luftexpansion ihre Lungen nicht zerplatzen lässt. Außerdem sind sie dem Risiko der Druckfallkrankheit ausgesetzt, bei der sie ihre Glieder nicht mehr bewegen können, weil bei geringem Luftdruck die in den Körperflüssigkeiten aufgelösten Gase Bläschen bilden. Denn die Probleme mit der Gasausdehnung beim Druckabfall in der Höhe ähneln jenen bei Tauchern, die aus der Tiefe aufsteigen. (Darum werden sie ausführlicher erst in Kapitel 2 behandelt.)
Im Gegensatz zu den meisten Verkehrsflugzeugen wurde die Concorde für eine Flughöhe von 15 000 bis 18 000 Metern ausgelegt. Selbst wenn man reinen Sauerstoff unter Druck atmen würde, läge diese Höhe weit über der Grenze, bei der es nach einem plötzlichen Druckabfall noch ein Überleben geben kann (sie liegt bei rund 14 000 Metern). Wie bereits erläutert, bedeutet der niedrige Luftdruck in diesen Höhenlagen, dass in den Lungen für den benötigten Sauerstoff einfach kein Platz mehr ist. Hier ist man auch schon sehr nahe an die Grenze herangekommen, jenseits deren sich die Körperflüssigkeiten bei Körpertemperatur in Dampf aufzulösen beginnen (18 900 Meter). Ein plötzlicher Druckabfall auf dieser Flughöhe wäre somit sehr wahrscheinlich tödlich.

Akute Höhenkrankheit

Auch wenn wahrscheinlich bisher nur wenige Menschen einen plötzlichen Druckabfall in einem Flugzeug erlebt haben, bedeuten zunehmende Reiseerleichterungen und die in den letzten Jahren steigende Popularität von Abenteuerurlauben, dass sicher viele Menschen inzwischen persönliche Bekanntschaft mit der Höhenkrankheit gemacht haben. Die Treckingtour zum Fuß des Mount Everest ist eine ganz normale Touristenwanderung geworden. Abertausende von Menschen, die über keine bergsteigerische Erfahrung verfügen, haben es bis zum Basislager hinauf geschafft. Von dort aus werden sogar regelmäßig Marathonläufe bis hinunter in den 3500 Meter hoch gelegenen Ort Namche Bazar veranstaltet. In den Anden begeben sich jedes Jahr zahlreiche Wanderer auf den Inkapfad von Cusco in die alte Stadt Machu Pichu, der sich über spektakuläre Pässe bis in eine Höhe von 4500 Metern hinaufwindet. Weil man die Hochanden direkt mit der Eisenbahn oder dem Flugzeug erreichen kann, ist die Höhenkrankheit hier weit verbreitet. Man rät Passagieren, die in die 3500 Meter hoch gelegene bolivianische Hauptstadt La Paz fliegen, sich bei der Ankunft und in der Zeit danach nicht zu sehr anzustrengen. Doch jedes Jahr sterben mehrere Geschäftsleute an Herzattacken oder Thrombosen, die auf die Höhenlage der Stadt zurückzuführen sind.

Symptome der Höhenkrankheit zeigen sich bei Menschen aus dem Flachland meistens, wenn sie über 3000 Meter hinausgelangen. Doch die meisten können sich, wenn sie sich genug Zeit lassen, an diese Bedingungen anpassen. Jenseits der Höhenlage von 4800 bis 6000 Metern indes, in der die höchsten Dörfer im Himalaja und in den Anden liegen, ist eine dauerhafte Akklimatisierung nicht mehr möglich. In diesen Bereichen lässt die menschliche Leistungsfähigkeit in jeder Hinsicht allmählich nach. Selbst für die bestangepassten Menschen ist der Aufstieg über die Höhe von 7900 Metern hinaus gefährlich und muss auf wenige Stunden beschränkt werden. Bergsteiger nennen diese Höhe die Todeszone, weil ein längerer Aufenthalt dort schnellen körperlichen Verfall nach sich zieht. Das ist der Grund, warum Expeditionen ihre Lager in geringerer Höhe aufschlagen und dann die letzte Etappe zum Gipfel schnell in Angriff nehmen. Im Bereich über 7900 Meter wollen sie sich so wenig wie möglich aufhalten.

Die Höhenkrankheit setzt zwischen 8 und 48 Stunden nach dem schnellen Aufstieg in große Höhen ein. Anfangs fühlt man sich nur etwas benommen und oft euphorisch, als wäre man betrunken von der dünnen Luft. Doch nach einigen Stunden lassen diese Gefühle nach, und man fühlt sich auf unerklärliche Weise müde. Ungewöhnliche Anstrengungen sind erforderlich, nur um zu gehen; an Laufen ist überhaupt nicht mehr zu denken. Die Schwierigkeiten beim Gehen werden noch vergrößert durch Schwindelgefühle, die dazu führen können, dass man das Gleichgewicht verliert. Es fällt schwer zu schlafen, und man wacht im Laufe der Nacht mehrfach abrupt auf, oft mit dem unangenehmen Gefühl, dem Ersticken nahe zu sein. Man hat starke Kopfschmerzen, verliert den Appetit, leidet unter Übelkeit und muss sich womöglich übergeben. Oft platzen kleine Adern in der Netzhaut

des Auges, aber von diesen Verletzungen bleiben meistens keine dauerhaften Schäden zurück.
Bei den meisten Menschen verschwinden die unangenehmen Symptome nach ein paar Tagen. Gelegentlich können sie sich jedoch zu einem lebensbedrohlichen Lungenödem entwickeln. Dann füllen sich die Lungen mit Flüssigkeit. In seltenen Fällen schwillt auch das Gehirn an: Bei einem Gehirnödem leidet man unter schrecklichen Kopfschmerzen und Gleichgewichtsverlust, hat nur noch das Verlangen, sich hinzulegen und nichts zu tun; ziemlich schnell folgen Koma und Tod. Obwohl Sauerstoffzufuhr die Symptome der Höhenkrankheit, eines Lungen- oder Gehirnödems lindern kann, besteht die einzige wirklich durchgreifende Kur darin, schnellstens die Höhe zu verlassen. Dagegen wäre es ein tödlicher Fehler, einen Träger zu engagieren, der einen noch weiter den Berg hinaufträgt, wie man es von einigen Himalaja-Touristen gehört hat.
Einen anschaulichen Bericht aus erster Hand über die gravierenden Auswirkungen der Höhenkrankheit hat uns Edward Whymper hinterlassen. Bei der Erstbesteigung des Chimborazo im Jahre 1879 wurden er und seine Führer, Jean-Antoine und Louis Carrel, durch die dünne Luft in einer Höhe von rund 5000 Metern außer Gefecht gesetzt.

Nach ungefähr einer Stunde fand ich mich selbst auf dem Rücken liegend vor, zusammen mit den beiden Carrels; ich war nicht in der Lage, auch nur die geringsten Anstrengungen zu bewältigen. Wir wussten, dass wir gerade unseren ersten Anfall von Höhenkrankheit durchmachten. Wir hatten Fieber, intensive Kopfschmerzen und waren außer Stande, unser Verlangen nach mehr Luft zu befriedigen, außer wenn wir mit weit geöffnetem Mund atmeten. Dadurch trocknete natürlich die Kehle aus. … Aber es war nicht nur unsere normale Atemfrequenz erheblich beschleunigt, sondern es war uns einfach unmöglich, unser Leben aufrechtzuerhalten, ohne dann und wann spasmodisch zu schlucken – wie Fische, die man aus dem Wasser genommen hat.

Rund 40 Prozent aller Bergwanderer, die sich in Höhen über 4000 Meter hinaufwagen, haben mehr oder weniger stark mit der Höhenkrankheit zu kämpfen, wenn auch nicht alle so massiv wie Whymper und die Carrels. Man kann nicht leicht vorhersagen, wen es erwischen wird, denn die individuelle Fitness spielt keine entscheidende Rolle – Elitesoldaten können von dieser Erkrankung außer Gefecht gesetzt werden, während ihre gebrechlichen Großmütter vielleicht davon verschont bleiben. Die Ursachen für eine akute Höhenkrankheit sind nicht ganz klar, aber sowohl die niedrige Sauerstoffkonzentration im Blut als auch der Rückgang der Acidität, des Säuregrades im Blut (siehe unten), spielen wahrscheinlich eine wichtige Rolle. Einige Forscher sind der Ansicht, dass es zu Verschiebungen innerhalb der Körperflüssigkeiten kommt, die zu einem milden Gehirnödem führen. Diese Sicht wird gestützt durch Messungen des Blutstroms im Gehirn, die bis hinauf in Höhen von 5300 Metern durchgeführt wurden.

Die Tatsache, dass sich bei einem Lungenödem die Lungen mit Flüssigkeit füllen, resultiert anscheinend aus einer Reaktion der Lungenblutgefäße auf das in Höhenlagen niedrige Niveau der Sauerstoffversorgung. Auf Meereshöhe signalisiert eine niedrige Sauerstoffkonzentration in einem Lungenbläschen normalerweise, dass die Luftzufuhr behindert ist. Weil es für den Gasaustausch natürlich ineffizient wäre, wenn Blut durch dieses Lungenbläschen hindurchströmte, ziehen sich die örtlichen Blutgefäße zusammen, klemmen den Blutstrom an dieser Stelle ab und leiten ihn in andere Regionen um, die besser ventiliert werden. Leider können die Lungenblutgefäße aber nicht zwischen den Ursachen einer niedrigen Sauerstoffkonzentration in den Lungenbläschen unterscheiden: ob diese also auf einem behinderten Luftaustausch beruht oder auf einem generellen Rückgang des Sauerstoffpartialdrucks in der eingeatmeten Luft. Unweigerlich ziehen sich die Gefäße daher in Höhenlagen zusammen. Manche Adern sind allerdings im Hinblick auf ein niedriges Sauerstoffniveau empfindlicher als andere. Darum zieht sich das Gefäßsystem ungleichmäßig zusammen; durch die noch offenen Kapillargefäße wird mehr Blut gepresst. Der auf diese Weise gestiegene Blutdruck in der Lunge ist dafür verantwortlich, dass Flüssigkeit austritt und sich in oder zwischen den Lungenbläschen ansammelt. Die Situation lässt sich mit der in einem teilweise verkalkten Duschkopf vergleichen: Der Druck der Wasserstrahlen, die aus den noch offenen Löchern kommen, ist wesentlich größer. Weil aus den überempfindlichen Kapillargefäßen keine Flüssigkeit austritt (sie sind ja durch Zusammenziehung geschlossen und blockiert), ist das Ödem ungleichmäßig verteilt. Ein Experte hat diesen Sachverhalt einmal anschaulich so zusammengefasst: »Die Lunge sieht aus, als wäre sie voll von Kanonenkugeln.«

Flüssigkeit in den Lungenbläschen behindert den Gasaustausch. Das Atmen wird dann sehr mühsam, und man kann im unteren Teil der

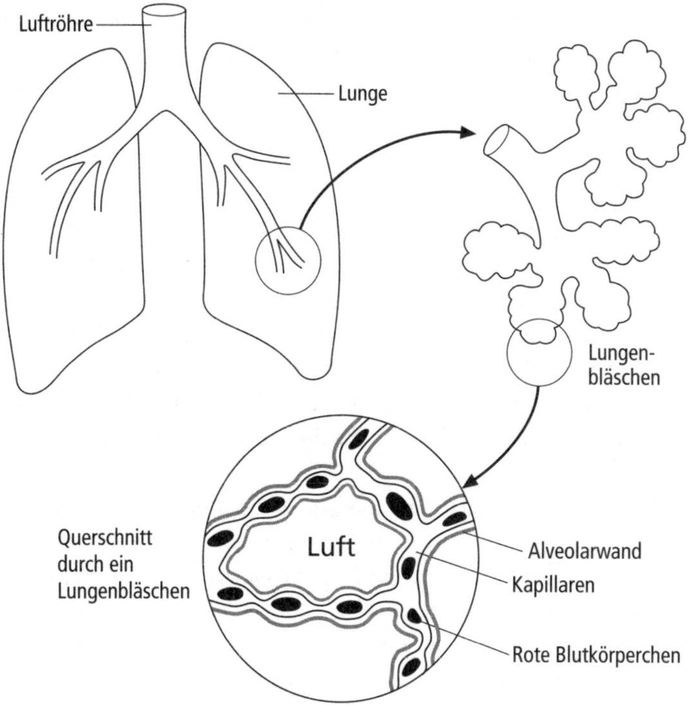

Die Lungen bestehen aus einer Serie sich immer weiter verzweigender Röhren, die immer feiner werden und in kleinen Bläschen enden, den so genannten Alveolen. In jeder Lunge gibt es rund 150 Millionen solcher Bläschen. Deren Wände sind sehr dünn und von einem Netz feinster Blutgefäße umgeben, den so genannten Kapillargefäßen. Man hat den Blutstrom in den Wänden der Lungenbläschen treffend mit einem Tuch verglichen, das diese Bläschen umhüllt. An dieser großen Oberfläche findet der Gasaustausch zwischen der eingeatmeten Luft (in den Alveolen) und dem Blut (in den Kapillaren) statt. Die Oberfläche aller Lungenbläschen ist zusammen genommen riesig – fast 70 m^2, was der Durchschnittsgröße eines Tennisplatzes entspricht.

Lungenflügel ein scharfes Rasseln und Gurgeln hören. Ursache dafür ist wahrscheinlich, dass beim Atemvorgang die Flüssigkeit in den Lungen herumschwappt. Wenn das Ödem nicht schnellstens behandelt wird, erstickt das Opfer an der Flüssigkeit. Wer schnell auf 3000 Meter Höhe steigt und dann gleich anstrengende körperliche Tätigkeiten ausübt, ist für ein Lungenödem besonders anfällig. Findet der Aufstieg hingegen allmählich statt und werden anfangs körperliche Anstrengungen vermieden, sind Ödeme eher selten.

Große Bedeutung hat für Bergsteiger und all jene, die permanent in größeren Höhen leben und arbeiten, ihre Fähigkeit zu arbeiten. Es versteht sich von selbst, dass man, je härter man arbeitet (und je schneller man klettert), umso mehr Sauerstoff benötigt. Bei Menschen aus dem Flachland nimmt die Arbeitsfähigkeit in der Höhe schnell ab: In 7000 Meter Höhe beträgt die Arbeitskapazität weniger als 40 Prozent der Leistungsfähigkeit auf Meeresniveau. Ohne zusätzlichen Sauerstoff kann sich die Klettergeschwindigkeit stark verlangsamen: 1952 brauchten Raymond Lambert und Tensing Norgay fünfeinhalb Stunden, um am Südgipfel des Mount Everest nur 200 Meter aufzusteigen. Und auf dem Weg zum Hauptgipfel des Berges musste Reinhold Messner feststellen, dass er und Peter Habeler vor Erschöpfung alle paar Schritte in den Schnee sanken, so dass sie mehr als eine Stunde für die letzten 100 Meter benötigten.

> *Alle paar Schritte kauern wir uns mit weit geöffnetem Mund über unseren Eispickeln zusammen und ringen heftig nach Luft, ausreichend Luft, um unsere Muskeln in Gang zu halten. … In der Höhe von 8800 Metern können wir uns beim Rasten nicht mehr auf den Beinen halten. Wir sinken auf unsere Knie und umklammern unsere Äxte. … Alle zehn oder fünfzehn Schritte fallen wir in den Schnee und müssen uns ausruhen. Dann kriechen wir weiter.*

Mit ähnlichen Schwierigkeiten haben nicht akklimatisierte Menschen schon in weit geringeren Höhen zu kämpfen. Wer immer in großer Höhe lebt, hat jedoch eine bemerkenswerte Leistungsfähigkeit. In La Paz ankommende Flugzeugpassagiere fühlen sich wegen der dünnen Luft meistens sofort erschöpft und müssen zu ihrer Überraschung (und Beschämung) feststellen, dass die Einheimischen gerade einen Marathonlauf veranstalten!

Wenn die Luft dünner wird

Wer in großer Höhe ankommt, merkt als Erstes, dass er schneller atmet. Die verstärkte Atemtätigkeit[4] ist eine unmittelbare und wichtige Reaktion auf den geringeren Sauerstoffpartialdruck in der Luft. Auf diese Weise wird mehr Sauerstoff in die Körpergewebe transportiert. Dieser Vorgang wird durch Chemorezeptoren in der Karotisdrüse der Halsschlagadern (Arterien) in Gang gebracht, die das reduzierte Sauerstoffniveau im Blut erfassen und daraufhin dem Atemzentrum im Gehirn signalisieren, dass die Atemfrequenz erhöht werden muss. Diese Arterienrezeptoren liegen an einer wichtigen Stelle, denn sie zeigen die Sauerstoffkonzentration des Blutes an, das das Gehirn versorgt.[5] Der genaue Mechanismus, mit dessen Hilfe die Sensoren die Veränderung des Sauerstoffniveaus feststellen, ist immer noch Gegenstand lebhafter Debatten.

Anfangs ist die Zunahme der Atmung nie sehr groß – keinesfalls mehr als das 1,65-fache der Atmung auf Meeresniveau, sogar noch in Höhen von 6000 Metern. Das hat damit zu tun, dass die Hyperventilation der Lungen nicht nur die Sauerstoffzufuhr vergrößert, sondern auch zur Folge hat, dass beim Ausatmen mehr Kohlendioxid ausgestoßen wird. Letzteres entsteht im Körper in beträchtlichen Mengen als Abfallprodukt des Stoffwechsels. Kohlendioxid bildet in Lösungen Kohlensäure, und die Menge des ausgeatmeten Gases entspricht täglich 12,5 Litern Säure in der industrieüblichen Konzentration (oder, korrekter gesagt, 12,5 Mol Wasserstoffionen). Das Kohlendioxid wird von seinem Entstehungsort im Gewebe durch das Blut in die Lungen transportiert und von dort in die Luft ausgeatmet. Seine Konzentration in den Lungenbläschen schwankt deshalb mit der Atemfrequenz: Wird schneller geatmet, wird auch mehr Kohlendioxid ausgestoßen und damit die Konzentration des Gases in den Lungenbläschen ebenso vermindert wie im Blut.

Das Kohlendioxid ist ein starker Regulierungsfaktor der Atmung (es wirkt auf eine zweite Gruppe von Chemorezeptoren ein, die im Gehirn sitzen). Darum wird die Atmung, wenn seine Konzentration im Blut sinkt, behindert. Das können Sie im Selbstversuch zeigen. Wenn Sie zuvor kurze Zeit sehr schnell geatmet haben, können Sie länger die Luft anhalten. (Sie sollten es aber trotzdem nicht länger als eine Minute tun, sonst wird Ihnen vielleicht schwindlig.) Die Ursache liegt darin, dass die Fähigkeit, den Atem anzuhalten, nicht durch Sauerstoffmangel begrenzt wird, sondern mehr noch durch den Anstieg der Kohlendioxidkonzentration im Blut. Ist hier ein kritisches Niveau erreicht, so wird die Atmung stimuliert. Wenn Sie vor dem Luftanhalten hyperventilieren, wird das Kohlendioxid aus dem Körper geblasen, und so können Sie länger mit dem nächsten Atemzug warten, bis sich die Kohlendioxidkonzentration wieder so weit aufgebaut hat, dass der Atemreflex einsetzt. Die gegenläufigen Impulse von Sauerstoff und Kohlendioxid erklären, warum in Höhen von weniger als 3000 Metern keine Veränderung der Atmung festzustellen ist.

Der Übergang vom Sauerstoffkontrollmechanismus der Atmung zu dem der Kohlendioxidkonzentration verläuft nicht immer reibungslos. Das kann zu Schwankungen wie bei einem schlecht eingestellten Zentralheizungssystem führen und äußert sich in wechselnden Perioden von Atemholen und Atemanhalten, die einen selbst stark verunsichern und den Begleitern große Sorgen machen können. Das geschieht ziemlich oft bei Nacht. Die Erklärung für dieses seltsame Atemmuster lautet, dass durch

Fliegen in großer Höhe

Auf dem Gipfel des Mount Everest kann ein Mensch ohne ergänzenden Sauerstoff nur überleben, wenn er sehr fit ist und sich für die Klimaanpassung viel Zeit genommen hat. Selbst dann bewegt er sich dort nur langsam und unter großen Schwierigkeiten. Demgegenüber ziehen Vögel wie die Streifengans *(Anser indicus)* regelmäßig über den Himalaja hinweg und fliegen dabei auf derselben Höhe wie der Mount-Everest-Gipfel oder gar noch höher. Überdies können sie ihren Flug auf Meereshöhe beginnen und in weniger als einem Tag Höhen von 9000 Metern erreichen – ohne Akklimatisierungszeit. Selbst ein ganz normaler Spatz ist wach und aktiv, wenn man ihn unvermittelt den Druckverhältnissen einer Höhe von 6000 Metern aussetzt, während Menschen unter solchen Bedingungen sofort ins Koma fallen würden. Was liegt der außerordentlichen Fähigkeit der Vögel, mit einem sehr niedrigen Sauerstoffniveau zurechtzukommen, zugrunde?

Einer der Gründe ist offenbar, dass die Vogellunge anders gestaltet ist als eine Menschenlunge und der Vogel deshalb der eingeatmeten Luft mehr Sauerstoff entnehmen und mit der ausgeatmeten Luft mehr Kohlendioxid ausstoßen kann. Die Lungen eines Vogels sind klein und kompakt, aber sie kommunizieren mit ausgedehnten Lufträumen, die sich zwischen den inneren Organen und bis in die Knochen des Schädels und des Skeletts erstrecken. Diese Lufträume dienen nicht als Atmungsoberflächen, sondern eher als Speichersäcke. Die feinen Röhren, die die hinteren und vorderen Luftspeicher verbinden, sind dann die Orte, an denen der Gasaustausch stattfindet (eigentlich sind also diese Röhren die Lungen).

Zwei volle Atemzüge sind nötig, damit die Luft vollständig durch die Lungen eines Vogels hindurchgelangt. Beim Einatmen werden zunächst die hinteren Luftsäcke gefüllt. Beim Ausatmen und während des folgenden Einatmungsvorgangs gelangt diese Luft dann zu den vorderen Luftsäcken, und auf dem Weg dorthin, beim Weg durch die Lungen, wird der Sauerstoff extrahiert. Schließlich wird die Luft beim nächsten Ausatmen aus dem vorderen Luftsack ausgestoßen. Bei dieser Variante des Atmungssystems fließt also die Luft kontinuierlich über die Atmungsoberflächen. Auf diese

die höhere Atemfrequenz infolge der geringen Sauerstoffkonzentration in der Luft zu viel Kohlendioxid aus dem Körper ausgestoßen wird, was wiederum zum Stillstand des Atemreflexes führt. Es folgen dann unterschiedlich lange Zeitspannen, in denen die Kohlendioxidkonzentration im Blut wieder zunimmt, was die Atemhemmung aufhebt. Zugleich nimmt aber in solchen Phasen der Sauerstoffbedarf immer mehr zu. Das

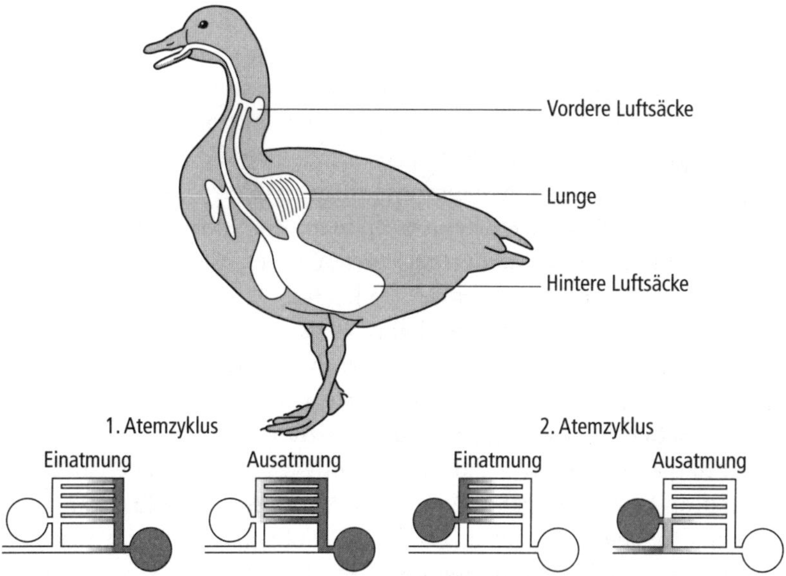

(nach K. Schmidt-Nielson, *Animal Physiology,* Cambridge [5]1997)

Weise können Vögel der Luft wesentlich mehr Sauerstoff entziehen als Säugetiere. Dass die Lungenbläschen bei Säugetieren eine Sackgasse bilden, bedeutet eben auch, dass die Luft nicht über die Gasaustauschoberfläche *gepresst* wird, sondern sich langsam darüber verteilen muss.
Ein weiterer Faktor, der es Vögeln gestattet, problemlos in großen Höhen zu fliegen, ist, dass sie viel unempfindlicher für den Abfall der Kohlendioxidkonzentration im Blut und die damit einhergehende geringere Acidität sind als Säugetiere. So erhalten sie eine höhere Atemfrequenz aufrecht, selbst wenn der Kohlendioxidspiegel im Blut absinkt. Vögel haben auch größere Herzen, die pro Herzschlag mehr Blut pumpen als die Herzen von vergleichbar großen Säugetieren. Das Hämoglobin von Vögeln, die in großen Höhen leben, bindet mehr Sauerstoff und kann somit auch mehr Sauerstoff aus der Luft extrahieren.

Atemanhalten geht ganz plötzlich über in ein Luftschnappen. Und weil dieser Vorgang so heftig ist, wacht man im Schlaf häufig davon auf. Dann geht der ganze Zyklus wieder von vorne los. Die ständigen Schlafunterbrechungen tragen ebenfalls zu den Schwierigkeiten des Lebens in großen Höhenlagen bei. Nicht umsonst heißt ein Sprichwort bei den Bergsteigern: »Wer hoch klettert, schläft flach.«

Die Reduktion der Kohlendioxidkonzentration im Blut infolge erhöhter Atemfrequenz führt dazu, dass die Zahl der Wasserstoffionen im Blut sinkt (anders gesagt: der Säuregrad des Blutes, die so genannte Acidität, nimmt ab, der PH-Wert steigt und damit der alkalische Anteil). Das ist so, weil sich Kohlendioxid mit Wasser zu Kohlensäure verbindet. Bei dieser Reaktion, für die als Katalysator ein bestimmtes Enzym, die Carboanhydrase, fungiert, entstehen auch Wasserstoffionen, und diese sind es wahrscheinlich, die die Atemfrequenz tatsächlich regulieren, nicht so sehr das Kohlendioxid selbst. Die Chemorezeptoren, die Veränderungen in der Wasserstoffionenkonzentration registrieren, sitzen an der Basis des Gehirns im verlängerten Rückenmark (Medulla).

Aber warum wird die Atmung beim Menschen hauptsächlich durch das Kohlendioxid geregelt und weniger durch den Sauerstoff? Evolutionsgeschichtlich gesehen entstand unser Leben auf Meereshöhe, und wir Menschen haben uns erst in einer relativ späten Phase weiter nach oben in die Berge bewegt. Auf Meereshöhe aber ist die Sauerstoffkonzentration in den Lungen weit größer als erforderlich, selbst wenn die Atmung substanziell nachlassen würde. Andererseits hat die Atemfrequenz sehr deutliche Auswirkungen auf die Kohlendioxidkonzentration in den Lungen und im Gewebe. Darum ist es sehr wichtig, die Atemfrequenz auf die Gaskonzentration im Körper abzustimmen. Hier liegt der tiefere Grund dafür, dass die Atmung weitgehend vom Kohlendioxidvolumen kontrolliert wird.

Akklimatisierung

Zunächst verstärkt sich die Atmung bei der Ankunft in großer Höhe vergleichsweise moderat. Die Ventilation wird jedoch im Lauf der nächsten etwa sieben bis zehn Tage immer stärker, bis sie nach zwei oder drei Wochen schließlich bis zum Fünf- oder Siebenfachen der normalen Werte angestiegen ist. Dieser Sekundäranstieg der Atmung ist die wichtigste Anpassung an die Höhenlage, und davon hängt schließlich auch ab, wie hoch ein Mensch überhaupt klettern kann. Je schneller und tiefer man einatmet, desto mehr Sauerstoff nimmt der Körper auf, und desto größere Höhen kann man sich zumuten.

Im Zuge der Akklimatisierung wird die Atmung, die infolge des reduzierten Kohlendioxidniveaus im Blut und der damit einhergehenden geringeren Acidität des Blutes zunächst gebremst wurde, wieder verstärkt. Eine Wiederherstellung des normalen Säuregehaltes im Blut ist in diesem Zusammenhang sicher hilfreich, und in der Tat sorgen dafür die Nieren.[6] Doch die Kompensationstätigkeit der Nieren, so wichtig sie für die langfristige Akklimatisierung auch ist, erklärt längst nicht alles. Dafür ist sie viel zu langsam und in ihrer Wirkung begrenzt. Die markante Zunahme der Atmung während der ersten Tage in großer Höhe lässt sich allein mit der Wiederherstellung der Acidität im Blut nicht erklären. Es muss noch einen weiteren – bisher nicht genau bestimmten – Prozess geben (man hat als Ursache sowohl eine verstärkte Sensibilisierung der Sensoren in der Karotisdrüse der Halsschlagadern für den niedrigen Sauerstoffgehalt angenommen als auch eine allmähliche Wiederherstellung der Acidität in der Flüssigkeit, die die zentralen Chemorezeptoren im Gehirn umgibt).[7] Wenn man bedenkt, wie wichtig dieser Vorgang ist, überrascht es vielleicht, dass der Mechanismus, der den sekundären Anstieg der Ventilation auslöst, noch nicht klar definiert ist. Doch so haben die Physiologen immer noch eine wunderbare Ausrede für Ausflüge ins Hochgebirge. Das Geheimnis muss doch zu lösen sein!

Hyperventilation also ist der entscheidende Grund dafür, dass ein akklimatisierter Bergsteiger ohne zusätzliche Sauerstoffzufuhr auf dem Gipfel des Mount Everest überleben kann. Wie es Reinhold Messner so denkwürdig ausgedrückt hat, war er »nur noch eine einzige nach Luft schnappende Lunge«, als er den Gipfel erreichte. Wenn man schneller atmet, wird mehr Kohlendioxid ausgestoßen, dadurch sinkt der Kohlendioxidpartialdruck in den Lungen, und es wird mehr Raum für Sauerstoff geschaffen. Wenn Elitebergsteiger höher und höher klettern, sinkt der Kohlendioxidpartialdruck in ihren Lungen dramatisch ab, bis er auf dem Gipfel des Mount Everest nur noch 10 Torr beträgt, statt 40 Torr auf Meeresniveau. Nicht jeder kann sich ausreichend akklimatisieren, um seine Atmungsfrequenz so enorm zu steigern, dass das Kohlendioxidniveau so weit sinken kann. Und auch nicht jeder kann das damit einhergehende Absinken der Acidität im Blut aushalten. Solche Menschen können es nie bis auf die höchsten Gipfel schaffen, weil ihre mangelnde Fähigkeit, ge-

Hämoglobin

Hämoglobin ist ein kugelförmiges Molekül, das aus vier Untereinheiten besteht. Jede dieser Untereinheiten besteht ihrerseits aus einer Hämgruppe, die an eine Polypeptidkette gebunden ist. In der Mitte der Häm-Ringgruppe sitzt ein Eisenatom, an das sich der Sauerstoff anlagert. Die Hämgruppe ist für die rote Farbe des Blutes verantwortlich. Mit Sauerstoff verbundenes Hämoglobin (Oxyhämoglobin) ist der leuchtend scharlachrote Farbstoff im Blut der Arterien. Er ist auch für die rosa Hautfarbe »weißer« Menschen verantwortlich, deren Haut in Wirklichkeit durchscheinend ist. Deoxyhämoglobin (Hämoglobin ohne Sauerstoff) ist die dunkelpurpurblaue Farbe, die das Blut in den Venen kennzeichnet. Man nennt diese Farbe auch Zyan – davon abgeleitet ist Zyanose, der Fachterminus für die bläuliche Färbung der Lippen und Extremitäten von Menschen mit zu geringem Sauerstoffgehalt im Blut. Für die braune Farbe von getrocknetem Blut oder altem Fleisch ist das Methämoglobin verantwortlich, oxidiertes Hämoglobin (nicht zu verwechseln mit Oxyhämoglobin). Dieser Farbstoff bildet sich, wenn das Eisenatom im Herzen des Hämoglobinmoleküls sich durch Oxidation von seiner Normalform (Fe^{2+}) in das Ion Fe^{3+} verwandelt, das keinen Sauerstoff mehr bindet. Die roten Blutkörperchen besitzen ein Enzym, das die sich spontan im Körper bildende kleine Menge Methämoglobin in normales Hämoglobin zurückverwandelt. Eine leuchtend kirschrote Färbung des Blutes ist dagegen ein sicheres Anzeichen für eine Kohlenmonoxidvergiftung. Dann nimmt das Kohlenmonoxidmolekül den Platz im Zentrum des Hämoglobins ein, der eigentlich für den Sauerstoff reserviert ist. Undichte Gasanschlüsse, aus denen Kohlenmonoxid entweicht, können die Fähigkeit des Blutes, Sauerstoff zu transportieren, dramatisch reduzieren oder gar beseitigen. Dann ist Hilfe nur noch möglich,

nügend Kohlendioxid auszuatmen, unweigerlich auch heißt, dass sie nicht genug Raum für den benötigten Sauerstoff in ihren Lungen haben. Und selbst für den in dieser Hinsicht Erfolgreichen ist eine beträchtliche Anpassungsphase erforderlich, bevor sein Körper dieses extrem niedrige Kohlendioxidniveau aushalten kann.

Der Partialdruck des *Sauerstoffs* in den Lungen eines gut akklimatisierten Bergsteigers beträgt auf dem Gipfel des Mount Everest rund 36 Torr. Das ist dann auch schon die Grenze des Menschenmöglichen. Es ist also ein außerordentlicher Zufall, dass der höchste Berggipfel der Erde ziemlich genau die Höhe hat, die Menschen ohne Atemunterstützung lebend er-

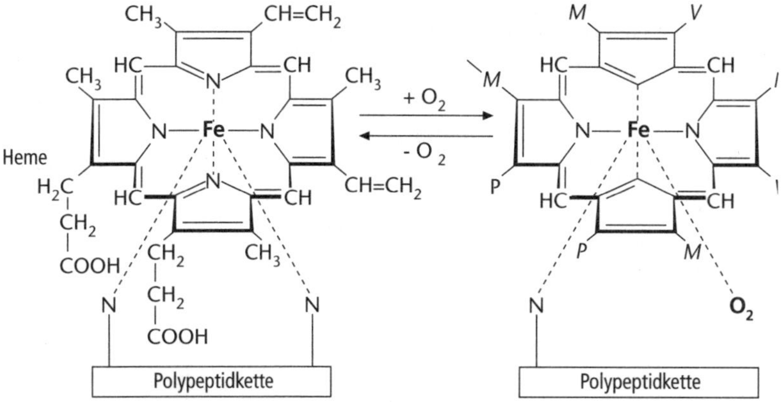

Hämoglobin ohne Sauerstoff

Oxyhämoglobin

wenn man dem Patienten reinen Sauerstoff zu atmen gibt. Noch besser wäre es, den Patienten zusätzlich in eine Überdruckkammer zu bringen, denn bei 3 Atmosphären Druck löst sich genug Sauerstoff im Blut, um die Zeit zu überbrücken, bis das Kohlenmonoxid seinen festen Zugriff auf das Hämoglobinmolekül wieder gelöst hat. Weil reiner Sauerstoff sehr feuergefährlich ist, wird die Überdruckkammer mit Luft gefüllt. Stattdessen bekommt der Patient eine Sauerstoffmaske.

Hämoglobin ist ein berühmtes Molekül, bei dem viele wissenschaftliche Erkenntnisse »zum ersten Mal« gelangen. Es war eines der ersten Proteine, die kristallisiert wurden, deren Molekulargewicht genau bestimmt wurde und deren spezifische physiologische Funktion (Sauerstofftransport) nachgewiesen werden konnte. Es war auch das erste Protein, dessen dreidimensionale Struktur bestimmt wurde: 1959 von Max Perutz durch Röntgenanalyse des Hämoglobinkristalls.

reichen können. In der Tat kommt die Gipfelhöhe des Mount Everest der höchsten vom Menschen erreichbaren Höhe so nahe, dass schon kleinere Schwankungen des Luftdrucks, wie sie zum Beispiel durch die Jahreszeiten verursacht werden, über Erfolg oder Misserfolg einer Besteigung ohne Sauerstoffmaske entscheiden können.

Eine andere nahe liegende Möglichkeit, mehr Sauerstoff in die Gewebezellen zu transportieren, wäre die Vergrößerung der Sauerstofftransportkapazität des Blutes. Bei einigen Tieren wird Sauerstoff einfach im Blut gelöst transportiert. Doch ist die auf diese Weise transportierbare Menge sehr gering. Darum benutzen die meisten Tiere wie auch der Mensch Proteine zum Sauerstofftransport. Weil diese Proteine meistens gefärbt sind, nennt man sie auch Atmungspigmente. Bei den meisten Säugetieren ist das Hämoglobin für den Sauerstofftransport zuständig. Es besteht aus vier identischen Untereinheiten, in deren Zentrum sich jeweils ein Eisenatom befindet. An jedes Eisenatom lagert sich jeweils in lockerer Bindung ein Sauerstoffmolekül an. Hämoglobin ist Bestandteil der roten Blutkörperchen und gibt ihnen ihre charakteristische Farbe. Es wird normalerweise von den Nieren aus dem Urin gefiltert, so dass roter Urin ein sicheres Krankheitsindiz ist, zum Beispiel für Blutkrankheiten (es sei denn, sie hätten kürzlich Rote Bete gegessen).

Eine langfristige Anpassung des menschlichen Organismus an Höhenlagen – sogar die erste, die in der Literatur beschrieben wurde – besteht in einem markanten Anstieg der Zahl der roten Blutkörperchen (und damit auch der Hämoglobinkonzentration). Verantwortlich dafür ist das Hormon Erythropoetin, das als Reaktion auf ein zu niedriges Sauerstoffniveau im Blut abgesondert wird. Es wird Sie vielleicht ein wenig überraschen, dass dieses Hormon in den Nieren produziert wird. Offenbar wird die Expression des Erythropoetin-Gens – und damit die Herstellung des Hormons – durch ein Absinken des Sauerstoffniveaus ausgelöst. Über den Mechanismus wissen wir noch nicht alles, aber das Gen selbst (die DNA) besitzt vermutlich ein Kontrollelement, das die Sauerstoffkonzentration in der Zelle auf direktem Wege registriert. Die durch Erythropoetin ausgelöste Zunahme der zirkulierenden roten Blutkörperchen beginnt drei bis fünf Tage nach der Ankunft in der Höhe und setzt sich so lange fort, wie das Individuum dort verweilt. Der Anteil der roten Blutkörperchen am Blutvolumen, der so genannte Hämatokritwert, beträgt bei Menschen im Flachland rund 40 Prozent, kann nach der Höhenakklimatisierung aber bis auf 60 Prozent steigen. Athleten trainieren oft in der Höhe, um die Zahl ihrer roten Blutkörperchen und damit auch die Sauerstofftransportkapazität ihres Blutes zu erhöhen. Heutzutage atmen zu diesem Zweck aber auch viele im Schlaf Luft mit reduzierter Sauerstoffkonzentration ein, oder sie nehmen stattdessen gentechnisch hergestelltes Erythropoetin (»Epo«) ein (siehe dazu Kapitel 5). Menschen mit chronischen Erkrankungen der Lunge, die Atemprobleme haben und darum unter Hypoxie leiden, weisen oft ebenfalls eine erhöhte Anzahl roter Blutkörperchen auf, selbst auf Meereshöhe.

Eine erhöhte Anzahl roter Blutkörperchen vergrößert zwar die Sauerstofftransportkapazität des Blutes und damit die Sauerstoffversorgung der Gewebe, aber sie macht das Blut auch zähflüssiger, so dass das

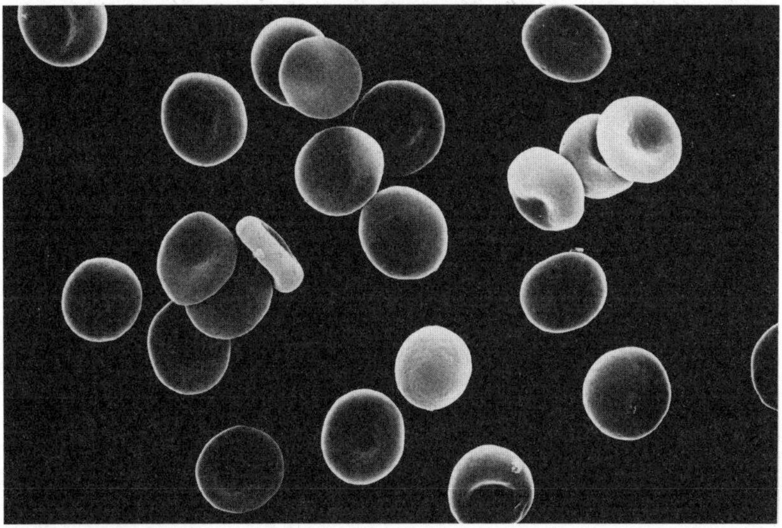

Rote Blutkörperchen sind randvoll mit Hämoglobin. 1 ml Blut enthält etwa 5 Milliarden rote Blutkörperchen, die wiederum 150 mg Hämoglobin enthalten. Rote Blutkörperchen haben keinen Zellkern, sehen aus wie bikonkave kleine Scheiben und sind so dehnbar, dass sie sich leicht durch die feinsten Kapillargefäße zwängen können. Ihre durchschnittliche Lebensdauer im Blutkreislauf beträgt 120 Tage, neue Körperchen werden permanent im Knochenmark gebildet.

Herz sich stärker anstrengen muss, um das Blut durch den Körper zu pumpen. Gegenwärtig ist man der Ansicht, dass unter dem Strich der Anstieg des Hämatokritwertes kaum etwas bringt (was man den Sportlern vielleicht einmal sagen sollte). Diese Ansicht wird zum Beispiel durch die Tatsache gestützt, dass Lamas und andere Tiere, die an das Leben in Höhenlagen angepasst sind, eine ähnliche Zahl von roten Blutkörperchen aufweisen wie Tiere im Flachland. In der Tat, wenn die Konzentration der roten Blutkörperchen ein bestimmtes kritisches Maß übersteigt, kann das schädliche Folgen haben. Carlos Monge hat 1925 als Erster bemerkt, dass einige Personen, die ihr ganzes Leben in großer Höhe verbrachte hatten, ähnliche Symptome entwickelten wie eine akute Höhenkrankheit. Sie klagten über Kopfschmerzen, Schwindelgefühle, Schläfrigkeit, chronische Ermüdung und wiesen in einigen Fällen sogar Anzeichen einer Herzinsuffizienz auf. Manche erlitten sogar einen Schlaganfall. Gleichzeitig hatten sie Hämatokritwerte von bis zu 80 Prozent. Noch heute kann man bei Einheimischen in Städten wie La Paz (3500 Meter hoch gelegen) blaue Lippen und Fingernägel beobachten, sowie die wulstigen Finger, die für die Monge-Krankheit typisch sind. Verursacht werden diese Symptome durch die Verklumpung der roten Blutkörperchen in den Kapillaren, wodurch die Blutzirkulation – und damit auch die Sauerstoffzufuhr – dramatisch reduziert wird. Ein Abstieg in niedrigere Lagen lindert die Probleme, und Opfer der Monge-Krankheit müssen hinfort im Exil auf Meereshöhe leben. Warum ihre Körper die Fähigkeit verlieren, sich an die Höhenlage anzupassen, und warum die Krankheit bei Männern häufiger auftritt als bei Frauen, bleibt ein Rätsel.

Die wichtigsten Anpassungsmaßnahmen des Körpers an große Höhenlagen bestehen also aus einer dramatischen Verstärkung der Atmung (Atemfrequenz wie Atemtiefe), der Regulierung der Blutacidität durch die Nieren und einer verringerten Empfindlichkeit für die Auswirkungen eines niedrigen Kohlendioxidpartialdrucks. Diese Anpassungen ermöglichen uns auf dem Gipfel des Mount Everest nicht nur das Überleben ohne zusätzliche Sauerstoffzufuhr, sondern sie sorgen auch dafür, dass wir uns dort sogar Anstrengungen zumuten können. Flachlandbewohner, die als Erwachsene ins Hochgebirge ziehen, erreichen niemals das Akklimatisationsniveau der Menschen, die schon ihr ganzes Leben in solchen Höhenlagen verbracht haben, auch nach vielen Jahren nicht. In großer Höhe besitzen die Einheimischen einen viel größeren, tonnenförmigen Brustkorb mit proportional größeren Lungen; sie sind außerdem kleiner, so dass überdies auch noch das Größenverhältnis von Lungenvolumen und Körpergröße günstiger ist. Ihre Herzen sind größer als die der Leute aus dem Flachland. Dadurch sind sie in der Lage, ihr Blut effizienter durch den ganzen Körper zu pumpen. Ihre Lungen und Gewebe haben mehr Kapillargefäße, was Sauerstoffaufnahme und Sauerstofftransport erleichtert. Diese anatomischen Anpassungen erklären, warum die Arbeitskapazität solcher Menschen wesentlich größer ist als die der Leute aus dem Flachland, selbst wenn Letztere gut akklimatisiert sind. Durchtrainierte junge Europäer, die in den Höhenlagen des Himalaja wandern, sind oft erstaunt (und peinlich berührt) über die enormen Lasten, die von alten Trägern und jungen Sherpamädchen ganz nonchalant getragen werden – Lasten, die sie selbst nur mit Mühe anheben, geschweige denn für längere Strecken tragen könnten.

Die von den Bewohnern großer Höhenlagen demonstrierten Anpassungen sind anscheinend zum Teil genetischer Natur, zum Teil entwicklungsbedingt: Kinder von Menschen aus dem Flachland, die in großen Höhen geboren und aufgezogen werden, bekommen größere Lungen, aber sie bekommen niemals den tonnenförmigen Brustkorb bestimmter Andenvölker.

Lehren aus der physiologischen Höhenforschung

Die Forschungsgeschichte der Höhenphysiologie ist voller Beispiele, die zur Vorsicht mahnen. Wiederholt haben Physiologen behauptet, es sei für Menschen nicht möglich, über ein bestimmtes Höhenniveau hinauszugelangen – nur um dann von Bergsteigern widerlegt zu werden, denen genau das gelang. Fragt man nach den Gründen, so kann man ein anschauliches Bild der Art und Weise zeichnen, wie naturwissenschaftliche und medizinische Forschung in der Praxis funktionieren.

Die ersten Irrtümer ergaben sich bei der Schätzung des Luftdrucks auf dem Gipfel des Mount Everest. Die frühen Forscher zeigten, dass sich der Luftdruck je nach Lufttemperatur verändert und dass er mit zunehmender Lufttemperatur steigt (weil der Gasdruck von der Geschwindigkeit abhängt, mit der die Gasmoleküle auf die Objekte ihrer Umgebung treffen). Mit Anbruch des Zeitalters der Luftfahrt wurde es erforderlich, eine Standardmethode für die Kalibrierung der Höhenmesser zu entwickeln. Aus Bequemlichkeit ging man dabei von einer Standardtemperatur auf Meereshöhe und von einer standardisierten Abnahme der Temperatur mit zunehmender Höhe aus. Dabei wurden weder die saisonalen Temperaturschwankungen berücksichtigt noch die Tatsache, dass sich die Dichte der Atmosphäre mit den Breitengraden verändert, dass sie am Äquator dichter ist als an den Polen.[8] Folglich prognostizierte man bei Zugrundelegung der Standardmethode für die Berechnung atmosphärischen Drucks einen geringeren Luftdruck auf dem Gipfel des Mount Everest (236 Torr), als dort tatsächlich herrscht. Daraus schlossen manche Wissenschaftler, es sei unwahrscheinlich, dass jemand ohne zusätzliche Sauerstoffzufuhr dort oben überleben könne. Die Scharfsinnigeren waren sich zwar bewusst, dass der geschätzte Luftdruck zu niedrig war, aber wie hoch er tatsächlich war, wussten auch sie immer noch nicht. Erst 1981 wurde er bei der Mount-Everest-Expedition der American Medical Research Association von Dr. Chris Pizzo tatsächlich zum ersten Mal gemessen: Es waren 253 Torr. Diese Geschichte illustriert, wie wichtig es bei Berechnungen ist, jede Variable so genau wie möglich zu definieren, und wel-

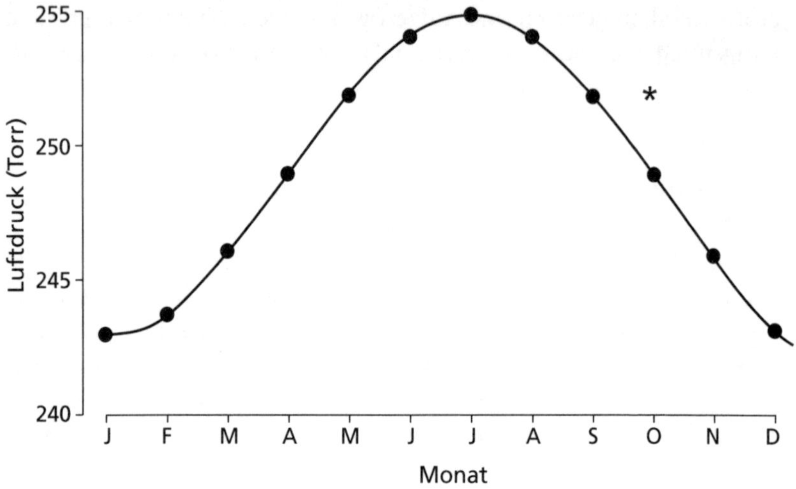

Der mittlere monatliche Luftdruck in einer Höhe von 8848 Metern (29 000 Fuß), wie er von in New Delhi aufgestiegenen Wetterballons gemessen wurde. Durch das Sternchen ist eine Messung gekennzeichnet, die im selben Jahr auf dem Gipfel des Mount Everest (8848 Meter) vorgenommen wurde. Der Luftdruck schwankt saisonal beträchtlich; im Sommer, wenn die Temperaturen ansteigen, ist er höher. Deshalb ist es leichter, den Gipfel des Mount Everest im Sommer zu erreichen, weil höherer Luftdruck auch heißt, dass die Sauerstoffkonzentration der Luft größer ist. Im Winter kommen zum geringeren Luftdruck, und damit zum geringeren Sauerstoffniveau, verschärfend noch die härteren Wetterbedingungen hinzu. Erst 1987 gelang dem Sherpa Ang Rita die Erstbesteigung im Winter ohne zusätzliche Sauerstoffzufuhr. Er ist bislang der Einzige geblieben, dem dies gelang, und möglicherweise wurde sein Erfolg durch das außerordentlich gute Dezemberwetter in jenem Jahr begünstigt.

che Irrtümer entstehen können, wenn Variablen nicht gemessen, sondern geschätzt werden. Auch der Hinweis, dass der Luftdruck, wenn der Himalaja an einem der beiden Pole statt in Äquatornähe läge, in der Tat zu niedrig wäre, um auf dem Gipfel ohne zusätzliche Sauerstoffzufuhr zu überleben, ist vielleicht nicht uninteressant.

Als weitere Quelle des Irrtums erwiesen sich die Schätzungen für die Sauerstoffkonzentration in den Lungen auf dem Gipfel des Mount Everest. Eine der ersten umfassenden Studien der Auswirkungen von Langzeit-Höhenanpassung wurde von Mabel Purefoy FitzGerald anlässlich einer Expedition der Universität Oxford im Jahre 1911 durchgeführt, die zum Pike's Peak in Colorado führte, mit 4302 Metern ei-

nem der höchsten Berge der USA. Leiter dieser Expedition, die sich zum Ziel gesetzt hatte, die Auswirkungen der Höhe auf den menschlichen Körper (realiter: die Körper der Expeditionsteilnehmer) zu erforschen, war der bedeutende Physiologe John Scott Haldane. Die Expedition war nicht ungebührlich anstrengend: Eine dampfgetriebene Bergbahn transportierte die Physiologen direkt auf den Gipfel, der von einer kleinen Hütte namens Summit House gekrönt wird. Hier verlebten die Männer einen relativ luxuriösen Aufenthalt. Mabel hingegen war – wahrscheinlich wegen der Schwierigkeit einer gemeinsamen Übernachtung in der Hütte – ausgeschlossen. Sie wurde auf einem Maultier bergab geschickt, um bei der dort ansässigen Bergarbeiterbevölkerung den Hämoglobingehalt des Blutes und die Kohlendioxidkonzentration in der ausgeatmeten Luft zu untersuchen.
Ihre Bemühungen wurden wissenschaftlich reich belohnt. Sie bestätigte ältere Beobachtungen, dass der Hämoglobingehalt des menschlichen Blutes, und damit auch die Anzahl der roten Blutkörperchen, bei akklimatisierten Individuen zunimmt. Ihre Messdaten zeigten außerdem eine überraschend eindeutige lineare Beziehung zwischen der Höhe und dem Kohlendioxidpartialdruck in der ausgeatmeten Luft. Als man diese Korrelation auf die Gipfelhöhe des Mount Everest (8848 Meter) extrapolierte, wurde ein Kohlendioxidpartialdruck in den Lungenbläschen von rund 15 Torr vorhergesagt (allerdings nicht von Mabel FitzGerald selbst). Bei diesem Kohlendioxidniveau ergibt sich ein Sauerstoffpartialdruck in den Lungen von ungefähr 20 Torr, und der liegt deutlich unter der Grenze für ein menschliches Überleben. Viele Jahre lang führte diese Berechnung zu der irrigen Ansicht, es sei unmöglich, den Gipfel des Mount Everest ohne zusätzliche Sauerstoffzufuhr zu erreichen. Im Rückblick ist leicht zu erkennen, wo die Fehlerursachen lagen. In Höhen über 5500 Meter ist nämlich die Beziehung zwischen der Höhe und dem Kohlendioxidpartialdruck in der ausgeatmeten Luft nicht länger linear, weil die Atemfrequenz dramatisch zunimmt. Folglich ist der Sauerstoffpartialdruck in den Lungenbläschen auf dem Gipfel des Mount Everest wesentlich höher als vorhergesagt (35 Torr statt 20 Torr) und ein Überleben ohne Sauerstoffmaske tatsächlich möglich. Das haben inzwischen zahlreiche Bergsteiger bewiesen. Die daraus zu ziehende Lehre lautet, dass es immer riskant ist, über die eigene Datenbasis hinaus zu extrapolieren (Mabel FitzGeralds Daten hören in einer Höhe von 4270 Metern auf). Es gibt nämlich keine Garantie, dass die festgestellte Korrelation immer gleich bleibt. Mabel FitzGerald verschwand um 1920 von der Bildfläche der Wis-

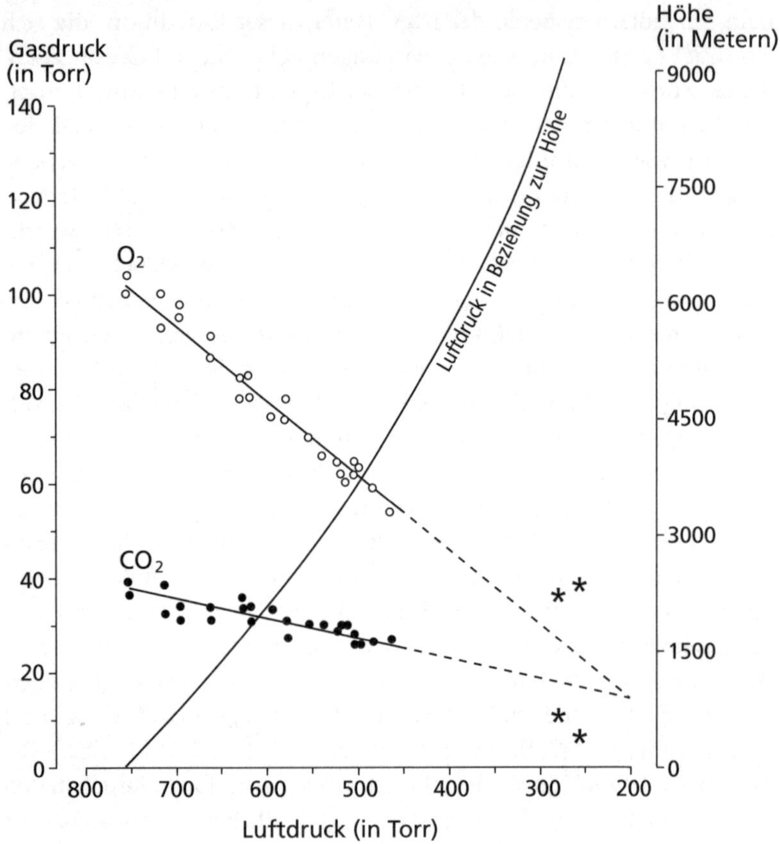

Die Beziehung zwischen dem Luftdruck und der Konzentration von Kohlendioxid (CO_2) bzw. Sauerstoff (O_2) in den Lungen akklimatisierter Personen verläuft bis zu einer Höhe von 5500 Metern (18 000 Fuß) linear. Der Luftdruck beträgt in dieser Höhe 400 Torr. Danach weicht die Beziehung von der Linearität ab, weil Frequenz und Tiefe der Atmung zunehmen und dadurch mehr Kohlendioxid aus den Lungen ausgestoßen und mehr Raum für Sauerstoff geschaffen wird. Die gestrichelten Linien zeigen das Kohlendioxid- bzw. Sauerstoffniveau an, das zu erwarten wäre, wenn die Korrelation linear bliebe. Die kleinen Kreise zeigen die Daten an, die Mabel FitzGerald auf ihrer Pike's-Peak-Expedition und bei anderen Gelegenheiten erhob. Die Sternchen geben die Daten wieder, die Dr. Chris Pizzo 1981 auf dem Gipfel des Mount Everest gemessen hat.

senschaft. Als sie 1972 hundert Jahre alt wurde, verlieh ihr die Universität Oxford endlich auch den Doktorgrad, den sie wissenschaftlich schon Jahrzehnte zuvor erworben hatte, aber nicht führen durfte, weil sie eine Frau war und Frauen damals zum medizinischen Examen noch nicht zugelassen waren.

Leben in der Höhe

Obgleich die geringe Sauerstoffkonzentration die Hauptschwierigkeit für jeden Bergsteiger ist, der auf dem Gipfel eines hohen Berges steht, gibt es natürlich noch andere problematische Faktoren bei einem solchen Unterfangen: etwa Kälte, Austrocknung oder Sonnenbrand. Die Sonnenstrahlung ist in der Höhe ungewöhnlich intensiv, weil die dünne Luft weniger Strahlen ablenkt oder absorbiert. Erschwerend kommt noch die Reflexion der Strahlen durch Eis und Schnee hinzu, so dass ein wirklich schwerer Sonnenbrand die Folge sein kann. Die Luftfeuchtigkeit nimmt ebenfalls mit der Höhe ab, denn das Absinken von Temperatur und Luftdruck heißt auch, dass der Wasserdampfgehalt der Luft abnimmt. Gefördert wird die Austrocknung auch durch vermehrte Schweißabsonderung. Damit sie nicht zum ernsten Problem wird, muss viel getrunken werden, denn der Wasserdampf, der beim Ausatmen aus den Lungen entweicht, muss ersetzt werden. Das ist gerade im Hochgebirge nicht immer leicht, wenn man Wasser oder ausreichend Brennstoff zum Schmelzen des Schnees selbst tragen muss. Am allerschwierigsten aber ist die Kälte. Pro 100 Höhenmeter fällt die Temperatur um rund 1 °Celsius, weil der Isolierungseffekt der Atmosphäre infolge der dünneren Luft immer geringer wird. So kann viel Wärmestrahlung ins All entweichen. Zur Abnahme der Temperatur kommt verschärfend noch der Höhenwind hinzu, und dieser eisige Wind lässt die Kälte subjektiv noch viel kälter erscheinen. Viele Bergsteiger haben schon Finger- oder Zehenspitzen durch Erfrierungen verloren. Bei der Expedition des Jahres 1988 zum Beispiel, die den Mount Everest über die berüchtigte Kangshung-Flanke bestieg, verlor Steve Venables drei Zehen; eine weitere musste teilweise amputiert werden. Ed Webster musste gleichfalls drei Zehen und darüber hinaus die äußeren Gelenke von acht Fingern amputieren lassen. Andere Bergsteiger sind den Kältetod gestorben. Warum das geschieht und wie der Körper mit extremer Kälte fertig werden kann, wird im vierten Kapitel ausführlicher beschrieben.

AUF IN DIE TIEFEN DES MEERES

ALS ICH NACH Puerto Rico kam, hatte ich zuvor noch nie meine Augen unter Wasser geöffnet, und erst recht war ich noch nie zum Meeresgrund getaucht. Doch das sollte sich ändern. Als ich abreiste, hatte ich meinen ersten Tauchausflug mit Atemgerät zu einem Korallenriff hinter mir, und diese Leidenschaft hat mich seither nie wieder losgelassen.

Mein Reiseziel war ein Forschungsinstitut in San Juan, der Hauptstadt von Puerto Rico. Untergebracht war es in einem alten Steinfort in der Stadtmauer auf einer Klippe hoch über dem Meer. Die Wissenschaftler forschten auf sehr unterschiedlichen Gebieten: Sie beschäftigten sich beispielsweise mit der Frage, wie Nervenzellen arbeiten, ob es Verbindungen zwischen Nerven- und Immunsystem gibt, aber auch welche seltenen, schönen Kreaturen die Insel und das sie umgebende Meer bevölkern. Neben den Labors gab es mehrere Wohnungen für Gastwissenschaftler wie mich. Die meiste Zeit verbrachte ich im Institut, aber bei zwei Gelegenheiten nahm man auch mich zu den Korallenriffen in der Nachbarschaft der Insel mit.

Bei meinem ersten Ausflug wurde ich mit einem Drucklufttank samt automatisch gesteuertem Ventil (einem so genannten Lungenautomaten) ausgestattet. Gemeinsam wateten wir im flachen Wasser am Rande eines Korallenatolls, während ich mich an die Ausrüstung gewöhnte. Ganz in die Beobachtung der kleinen Fische versunken, die über dem Sand dahinhuschten, musste ich plötzlich nach Luft ringen. Dass mein Begleiter immer wieder versuchte, meinen Kopf unter Wasser zu drücken, war in dieser Lage nicht gerade hilfreich. Ich war wütend – und der Lufttank leer. »Macht nichts«, sagte er. »Dann schnorcheln wir eben.«

Das war meine Einführung ins Paradies. Mein Haar schwebte horizontal um meinen Kopf. Träge bewegte es sich in die eine oder andere Richtung, wenn ich mich bewegte – wie ein Zeitlupenballett unter Wasser. Myriaden von Fischen in leuchtenden Farben, die wie Juwelen glänzten, schwärmten um mich herum. Kleine, lebhafte, gelb und blau gestreifte Fische mit abgeflachten Körpern – Körpern, die den Vorteil hatten, dass sie, von hinten betrachtet, unsichtbar wurden. Dann ganze Schwärme anderer Fische, die sich dahinschlängelten und synchron in die Kurve gingen, wenn sie sich ihren Weg durch die Vorsprünge des Riffs bahnten. Fische mit schwarzen und purpurnen Flecken – mit Augen, die von ihren Schwanzflossen starrten, und mit Rückenflossen, die sie wie wehende Fahnen hinter sich herzogen. Fische, die silbern und blau gefärbt waren, und solche, deren Oberflächen wie Patchworkmäntel in kräftigen, bunten Farben aussahen. Ein Schwarm großer Barsche, streng in Grau und Braun gekleidet, segelte mit kummervollen Gesichtern bedeutungsschwer vorüber. Ein korallenfarbener Fisch mit rosa und olivgrünen Flecken tauchte in Deckung. In meiner Hand hielt ich eine kleine Plastiktüte mit zerbröselten Käseresten; wenn ich sie nur ein wenig öffnete, umgab mich plötzlich eine ganze Wolke tatenfroher Fische, angelockt vom Käseduft. Seltsam, dass Fische sich so leidenschaftlich für Käse interessierten! Irgendetwas küsste meinen Fuß, und als ich dorthin blickte, sah ich einen kleinen Fisch mit gummiartigem Schmollmündchen, der sich an meinem Knöchel zu schaffen machte. Diese bezaubernde Unterwasserwelt nahm mich so gefangen, dass ich kaum merkte, dass ich von Zeit zu Zeit auftauchen musste, um Luft zu holen.

Drei Tage später war es am frühen Morgen grau und bedeckt – nicht gerade ein viel versprechender Start für meinen ersten Tauchausflug mit Atemgerät. Meine Kameraden wiederholten, als wir zum Hafen fuhren, in einem fort ihre Instruktionen. »Halt dich in unserer Nähe … wenn's Probleme gibt, tauch auf … und denk dran, beim Auftauchen immer ausatmen … und sieh zu, dass du nicht auskühlst.« Ich hörte aufmerksam zu. Als wir im Hafen ankamen, herrschte Sprühregen. Wir jagten über die Wellen zu unserem Riff und ankerten im Windschatten einer kleinen mit Bäumen bedeckten Insel. Das Boot schwankte in der Dünung, als sich über unseren Köpfen Gewitterwolken bildeten. Ich blickte über die Seite des Bootes angestrengt nach unten, um das Riff zu sehen, aber die Sicht war schlecht, weil der Sturm am Vortag zu viel Sand aufgewühlt hatte. Vorsichtig stieg ich ins trübe Wasser, platzierte die schweren Druckluftflaschen auf dem Rücken und legte den Gürtel mit den Gewichten um. Ich hatte erwartet, sofort abzusinken, aber anscheinend trieb ich überraschend gut und blieb an der Oberfläche.

»Mach dir keine Sorgen«, sagte man mir. »Halt dich einfach an der Ankerkette fest, und geh immer weiter in die Tiefe hinab. Wir kommen direkt hinter dir her.«
Ich versuchte, ihre Instruktionen zu befolgen, doch wie sehr ich mich auch bemühte, Handgriff für Handgriff an der Ankerkette nach unten zu gelangen, ich kam wie von Geisterhand getragen immer wieder an die Oberfläche. Außerdem schien ich keine Luft aus meinem Tank zu bekommen. Einer der Kameraden bemerkte meine Schwierigkeiten.
»Was ist los mit dir? Hast du Angst?«
»Ja«, sagte ich leise. Denn ganz plötzlich war mir klar geworden, dass ich schreckliche Angst hatte. All diese Vorsichtsmaßregeln, wie unbedingt wichtig es sei, bei einem Notauftauchen auszuatmen, um ein Platzen der Lungen zu verhindern, hatten doch tiefe Spuren hinterlassen.
»Na gut«, antwortete er. »Dann komm wieder ins Boot. Wenn du solche Angst hast, kannst du nicht tauchen.«
»Aber …«
»Nein, tut mir Leid. Geh bitte ins Boot zurück.«
Traurig wälzte ich mich über die Seite des Bootes. Ich schlitterte auf dem Bauch wie eine Robbe am Strand. Meine Freunde versammelten sich, nickten einander zu und ließen sich nach hinten über die Kante des Bootes kippen. Eine beiläufige Welle, und sie waren verschwunden. Weinend saß ich im Cockpit, und rund um mich herum platschte starker Regen ins Meer. Ich fühlte mich ausgeschlossen – da half auch das Bewusstsein nicht, dass alles meine eigene Schuld war. Man hatte mir ja die Möglichkeit gegeben, aber ich war zu ängstlich gewesen, sie zu nutzen.
Ein Schrei riss mich aus meinen Träumen. Eine schwarze Gestalt tauchte tropfend aus dem Meer auf, nahm das Mundstück ab und sagte: »Bist du jetzt bereit? Ich habe noch Luft für etwa eine Stunde. Willst du mitkommen und das Riff sehen?«
Diesmal fiel es mir leicht. Ich sank problemlos in die Tiefe, und auch die Atemprobleme kamen nicht wieder. Heute weiß ich, dass meine Lungen damals vor Angst mit Luft gefüllt waren, weil ich vergessen hatte auszuatmen. So war ich zur menschlichen Boje geworden. Und das Atmen war mir nicht deshalb unmöglich gewesen, weil keine Luft mehr im Tank war, sondern weil meine Lungen schon voll waren.
Jetzt sank ich unter die Oberfläche, und vor meinen Augen öffnete sich das Riff – für eine ausgebildete Zoologin wie mich ein atemberauben-

des Erlebnis. Stundenlang hätte ich mich in die Beobachtung eines kleines Riffabschnitts vertiefen können – und mit Hilfe meines Lufttanks war das sogar möglich. Polychäten (Borstenringelwürmer) expandierten und kontrahierten ihre Körper in einem fort, wobei sie die federleichten, blumenartigen Fächer an ihren Enden öffneten und wieder schlossen, um aus dem Wasser winzige Lebewesen herauszufiltern, von denen sie sich ernährten. Ein kleiner Krebs, kaum zu entdecken, saß bewegungslos unter den Würmern. Nur das Blinzeln seiner Augen verriet ihn. Seeanemonen ließen ihre Fangarme langsam und gesetzt in der Strömung treiben, bis irgendetwas plötzlich daran stieß. Sofort wurde das unglückliche Opfer eingerollt. Und im Schutz dieser Arme ein prächtiger Papageifisch, orange und weiß glänzend. Dann die Korallen selbst, Myriaden einzelner kleiner Polypen, die wie Blumen aussehen, in Wirklichkeit aber Tiere sind, durch protoplasmische Straßen verbunden, die durch den Schutzschild verlaufen, den die Kolonie aus ihren Sekreten gebaut hat. In ihren Zellen beherbergen diese Korallenpolypen einzellige blaugrüne photosynthetische Algen, die Kohlendioxid aus der Atmosphäre binden und ihrem Wirtsorganismus auf diese Weise Nahrung zuführen. Damit bestimmen sie aber auch, dass das Leben der Korallen in den hellen, oberen Gewässerschichten des Meeres stattfindet – eine Symbiose aus Pflanze und Tier, die auch für den Karbonzyklus der Erde von Bedeutung ist, denn der Korallenpolyp entzieht der Luft dauerhaft Kohlendioxid und verwandelt es in Kalk, aus dem sich dann die Riffe bilden. Außerdem Kolonien von Manteltieren, die sich gelb und dunkellila schmücken: Als junge Larven sind sie sehr aktiv und besitzen ein gut entwickeltes Nervensystem, doch im mittleren Alter geben sie ihre aktive Existenz auf, verankern sich an Felsen und bewegen sich nie wieder. In diesem sesshaften Stadium verlieren sie ihr Nervensystem. Es wird ja nicht mehr gebraucht. Vielleicht sollte uns das als ernste Warnung dienen – wenigstens all jenen von uns, die sich nicht genug bewegen!

2

LEBEN UNTER DRUCK

Die in Schiffen das Meer befuhren
Und Handel trieben auf großen Wassern,
Die dort die Werke des Herrn geschaut
Und seine Wunder in der Tiefe,
[Danken sollen sie dem Herrn.]
Psalm 107

Das legendäre Tauchen Alexanders des Großen in einem Glasfass im Bosporus

VOM WELTRAUM AUS gesehen ist die Erde eine schöne blau schillernde Kugel, die aus der Dunkelheit hervorragt. Wenn wir unseren Planeten aus dieser Perspektive sehen, wird uns klar, dass wir in einer Wasserwelt leben. Denn die vom Menschen bewohnten Landmassen bedecken nur einen kleinen Teil der Erdoberfläche, rund ein Viertel, und konzentrieren sich zum großen Teil auf einer Seite des Planeten. Auch Menschen, die noch nie in ihrem Leben ein Meer gesehen haben, werden von den Ozeanen beeinflusst, denn dort liegt die Wetterküche, und dort entstehen die Hurrikane. Ändern Meeresströmungen ihre Richtung, wie im Fall des berühmten El Niño, dann kann man ihren Einfluss auf dem ganzen Globus spüren: In manchen Gegenden bedeutet das Dürre und Hunger, in anderen sintflutartige Regenfälle. Meine Heimat England ist nicht zuletzt deshalb ein grünes Land mit einem angenehmen, milden Klima und ausgewogenen, langen Jahreszeiten, weil der Golfstrom seine Küsten wärmt. Doch trotz ihrer immensen Größe von insgesamt 260 Millionen Quadratkilometern, trotz ihrer großen Bedeutung wissen wir über die Ozeane immer noch recht wenig. Und das meiste, was wir wissen, beschränkt sich auf die flachen Schelfmeere am Rand der Kontinente. Selbst heute noch, da der Mensch längst seinen Fuß auf die Mondoberfläche gesetzt hat, sind die tiefsten Regionen der Meere weitgehend unerforscht.

Mit 10 914 Metern ist der Marianengraben im Pazifischen Ozean die tiefste bekannte Stelle auf dem Meeresboden – so tief, dass der ganze Mount Everest darin versinken könnte und trotzdem noch eine Wassertiefe von rund 2000 Metern darüber bliebe. So tief sind Menschen nur selten gekommen. Selbst die durchschnittliche Meerestiefe von rund 4000 Metern ist zu tief für uns; so weit hinab können wir nur mit U-Booten und Tauchkugeln gelangen. Und doch haben die Tiefen dieses Abgrunds, vielleicht gerade weil sie so unzugänglich sind, die Menschen schon immer fasziniert. Geschichten von mythischen Ungeheuern, die

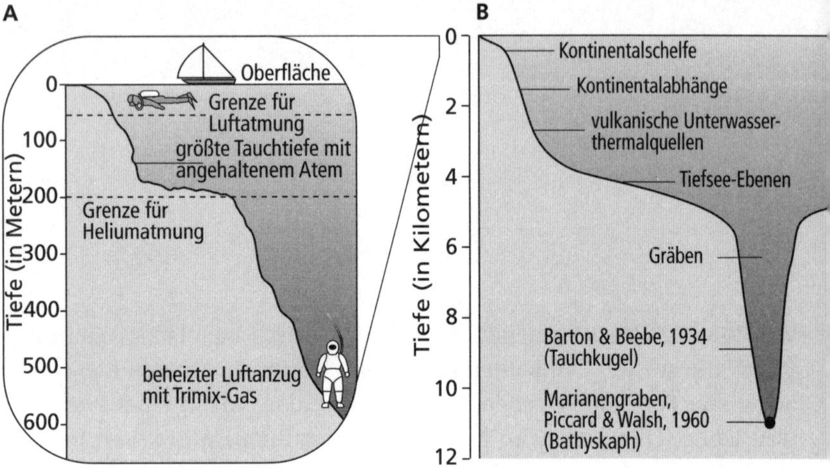

Die Kontinentalschelfe, die die Landmassen umgeben, bilden fruchtbare Unterwasserebenen, in die das Sonnenlicht noch vordringen kann; folglich gibt es dort ein reiches Tier- und Pflanzenleben. Sie senken sich allmählich bis zu einer Tiefe von 200 bis 300 Metern. Dann fällt der Meeresboden steiler ab, bis die Tiefsee-Ebenen in 3000 bis 6000 Meter Tiefe erreicht sind. Hier ist der Boden mit Schlick bedeckt. Unterbrochen werden diese Ebenen durch tiefe Spalten und Gräben wie den Marianengraben im Nordpazifik (10 914 m) oder den Puerto-Rico-Graben im Nordatlantik (8384 m).

weit unter der Wasseroberfläche leben, gibt es in vielen Kulturen mehr als genug. Hier liegen Poseidons Palast und die Heimat der Meerjungfrauen; hier schlummert der Krake;[1] und hier suchte der Leviathan (ein wildes Ungeheuer aus der phönizischen Mythologie) Zuflucht, als er vom Schöpfer besiegt worden war. Doch die Realität ist, wie so oft, noch viel seltsamer. Die wissenschaftliche Welt war 1938 höchst erstaunt, als ein lebender Quastenflosser, den man zuvor nur aus Fossilien kannte, entdeckt wurde. Und es gibt, obwohl sie noch niemals lebend gesichtet wurden, riesige Kopffüßer (»Tintenfische«), deren Arme bis zu 18 Meter lang sind, denn ihre Körper wurden aus der Tiefe gefischt und ihre Kiefer in Walmägen gefunden. Noch außergewöhnlicher sind allerdings die im siebten Kapitel beschriebenen Bakterien, die im Umfeld der kleinen vulkanischen Unterwasserthermalquellen (»black smokers«) auf verschiedenen Ozeanrücken bei Temperaturen von über 100 °C und bei einem Druck von über 1000 Atmosphären leben.

Obwohl es keine Menschen gibt, die permanent unter Wasser leben, verbringen doch manche, etwa die auf Nordsee-Bohrinseln stationierten Taucher, einen beträchtlichen Teil ihres Lebens unter Wasser. Etliche tausende mehr fahren im Urlaub zum Sporttauchen mit oder ohne Atemausrüstung, oder zum Schnorcheln. Mit welchen Problemen müssen diese Taucher rechnen, wie tief können sie ohne körperliche Folgeschäden tauchen? In diesem Kapitel geht es darum, wie eng unsere Kenntnisse der menschlichen Physiologie mit der Zunahme unserer Tiefenreichweite unter Wasser verbunden sind. Ferner wird erneut die Frage zu stellen sein, warum Tiere dasselbe anscheinend mit wesentlich weniger Anstrengung erreichen können.

Die physikalischen Gegebenheiten des Drucks

Außer dem Luftmangel ist die größte Schwierigkeit, der sich ein Taucher ausgesetzt sieht, der ständig zunehmende Wasserdruck. Je tiefer man in den Ozean taucht, desto stärker nimmt der Druck zu, weil das Gewicht des Wassers nach unten drückt. Und weil Wasser 1300 Mal schwerer ist als Luft, ist – bezogen auf dieselbe vertikale Distanz – der Druckunterschied im Wasser wesentlich größer als in der Luft. Zwischen Meereshöhe und dem Gipfel des Mount Everest (8848 Meter) reduziert sich der Luftdruck auf ein Drittel. Würde man jedoch dieselbe Distanz in die Tiefen des Ozeans tauchen, dann würde sich der Druck um das 885fache erhöhen. Generell bestimmt sich der Druck am unteren Ende einer Flüssigkeitssäule durch die Höhe der Säule, die Dichte der Flüssigkeit und das Wirken der Schwerkraft. In Meerwasser nimmt der Druck pro 10 Meter Tauchtiefe um 1 Atmosphäre zu. Taucher messen den Druck aber normalerweise in den Einheiten des Luftdrucks (bar). In einer Tiefe von 30 Metern beträgt der Druck also 4 bar, zusammengesetzt aus dem Luftdruck an der Wasseroberfläche (1 bar) und dem Wasserdruck (3 bar).
Das Volumen eines Gases verändert sich in Abhängigkeit vom Druck. Robert Boyle (1627-1691) fasste diesen Sachverhalt in einem berühmten Gesetz zusammen. Er zeigte, dass (bei einer gegebenen Temperatur) das Produkt aus Druck und Volumen immer konstant bleibt. Wenn also in einer Meerestiefe von 30 Metern ein Druck von 4 bar herrscht, reduziert sich das Volumen eines Gases auf ein Viertel seines Volumens an der Meeresoberfläche. Wie wir später noch sehen wer-

den, hat diese Kompression des Gases in der Tiefe und umgekehrt seine Expansion, wenn sich der Druck beim Auftauchen vermindert, für Taucher weitreichende Implikationen.

Die frühesten Taucher

Nach Nahrung, zur Bergung von Gütern oder aus militärischen Gründen zu tauchen hat uralte Tradition. Eine der ältesten literarischen Stellen über das Tauchen findet sich in Homers *Ilias*. Der griechische Krieger Patroklos vergleicht dort sarkastisch die Art und Weise, wie Hektors Wagenlenker, von einem scharfen Stein getroffen, von seinem Wagen stürzt, mit der Weise, wie ein Mann nach Muscheln taucht. In anderen frühen griechischen Schriften wird auf Schwammtaucher und die Bleigewichte und Seile Bezug genommen, mit deren Hilfe sie Ab- und Auftauchen beschleunigten. Mit Perlmutt geschmückte Ornamente legen den Schluss nahe, dass die Menschen in Mesopotamien schon um 4500 v.Chr. Muscheln geerntet haben. In Japan und Korea tauchen Frauen schon seit mindestens 2000 Jahren nach Perlen, Tang und Schalentieren. Denn sie werden im *Gishi-Wajin-Den* erwähnt, einem Werk, das wahrscheinlich um 250 v.Chr. geschrieben wurde. Wir wissen ferner, dass bei den Griechen Taucher für den offensiven Seekrieg schon um 400 bis 333 v.Chr. ausgebildet und eingesetzt wurden. Der berühmteste dieser Taucher war Skyllias, der laut Herodot von den Persern engagiert wurde, um Schätze aus gesunkenen Schiffen zu bergen, dann aber zu den Griechen desertierte und ihnen half, eine Seeschlacht gegen die Perser zu gewinnen, indem er ihnen wertvolle Informationen über die Flotte der Feinde lieferte und dem Feind unter Wasser die Ankertaue durchschnitt.

Auch die Benutzung von Taucherglocken und wasserdicht versiegelten Tauchgeräten ist schon sehr alt. In ihrer Rohform wurde die Taucherglocke im 16. Jahrhundert erfunden, aber erst als der Deutsche Otto von Guericke 1654 die Luftpumpe erfunden hatte, besaß man eine Methode, um die Luftzufuhr in Taucherglocken zu regeln und Luft nachzupumpen. Von da an war die Verwendung von Taucherglocken in der Praxis möglich. Das Prinzip der Taucherglocke lässt sich leicht demonstrieren, wenn man ein leeres Marmeladenglas nimmt und es umgedreht in ein Wasserbecken drückt. Sie werden sehen, dass die darin enthaltene Luft kein Wasser eindringen lässt. Ein Problem dieser

Wasserspinnen nutzen Tauchglocken, die aus Seidenfäden gesponnen und unter Wasser mit Halteseilen an den Stämmen von Wasserpflanzen befestigt sind. Die Luft für diese Taucherglocke holen sie von der Wasseroberfläche, indem sie kleine Luftbläschen zwischen ihren Hinterbeinen transportieren. Oft müssen sie mehrmals Luft heranholen, bis die Blase ausreichend gefüllt ist. Die Wasserspinne, ein Jäger, lauert in ihrer luftgefüllten Seidenblase und lässt nur die Vorderbeine ins Wasser ragen. Kommt ein nichts ahnendes Opfer vorbei, so packt sie damit zu.

primitiven Form einer Taucherglocke besteht allerdings darin, dass sie immer senkrecht gehalten werden muss, sonst entweicht an den Rändern Luft und eindringendes Wasser füllt die Räume auf (versuchen Sie einmal, das Marmeladenglas schräg zu halten). Ein weiteres Problem besteht darin, dass das Luftvolumen in der Glocke mit zunehmendem Druck abnimmt (Boyle-Mariottesches Gesetz): In einer Tiefe von 10 Metern hat sich zum Beispiel das Luftvolumen schon auf die Hälfte des Ausgangswertes reduziert. Darum muss man die Taucherglocke von der Oberfläche aus durch eine Luftpumpe mit neuer Luft versorgen.

Taucheranzüge wurden zuerst für Unterwasserbergungsarbeiten entwickelt. Unter den frühen Pionieren waren zwei Brüder, John und Charles Deane, die sich um 1832 in Portsmouth als »Unterwasseringenieure« etablierten. Die Vorgeschichte dazu ist freilich höchst unge-

Diese zeitgenössische Zeichnung veranschaulicht einen im August 1832 unternommenen Tauchgang von Mr. Deane, dem selbst ernannten »Unterwasseringenieur«, zum Wrack des 1782 vor der Isle of Wight gesunkenen Kriegsschiffs HMS Royal George. *Ausgerüstet mit seinem kurz zuvor erfundenen Tauchgerät, ist er dabei, eine der Ringbefestigungen des Bugspriets abzunehmen.*

wöhnlich. Als die beiden versuchten, eine Gruppe Pferde aus einer brennenden Scheune zu retten, hatten sie die kluge Idee, den Helm einer Rüstung als Atemgerät zu benutzen und ihm mittels eines Schlauches und einer Handpumpe Luft zuzuführen. Der Versuch verlief so erfolgreich, dass sie das Gerät für Feuerwehren patentieren ließen. Schon bald merkten sie, dass es auch zum Tauchen dienen konnte, und hatten bis 1828 ein Tauchgerät entwickelt, das aus einem schweren offenen Helm bestand, der auf den Schultern des Tauchers balanciert wurde und der über einen Lederschlauch durch eine Pumpe vom Deck des Versorgungsschiffes aus mit komprimierter Luft versorgt wurde. Unter der Voraussetzung, dass der Kopf des Tauchers aufrecht gehalten wurde, fungierte der Helm als tragbare Taucherglocke. Die von oben zugeführte Luft verhinderte, dass vom offenen unteren Ende des Helms her Wasser eindringen konnte.

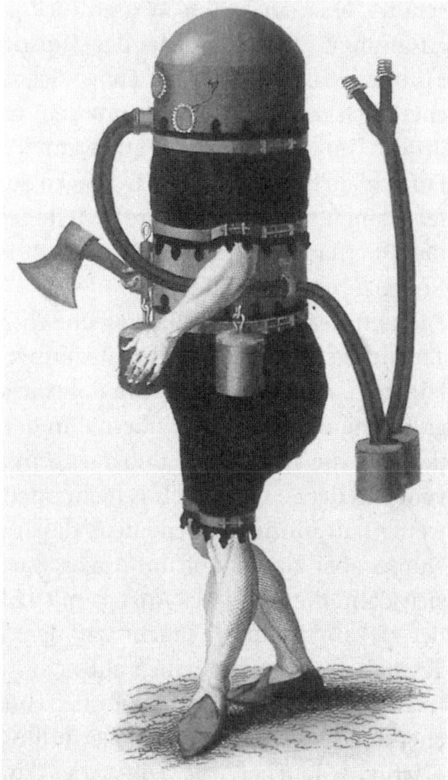

Ein eher ungewöhnlicher Typ eines frühen Tauchanzugs

Diese Ausrüstung wurde etliche Jahre lang erfolgreich benutzt, um in Tiefen bis zu 10 Metern höchstens eine halbe Stunde lang zu tauchen. Sie hatte jedoch einen offensichtlichen Nachteil: Wenn der Taucher hinfiel, füllte sich sein Helm mit Wasser, und er selbst ertrank mit großer Wahrscheinlichkeit. Die Einführung eines versiegelten Tauchanzugs, bei dem der Helm dicht verschlossen an einem wasserdichten Anzug befestigt wurde, löste zwar dieses Problem, schuf aber ein neues. Die von der Oberfläche gelieferte Luft füllte nun nicht nur den Helm, sondern auch den Anzug. Wenn der Taucher jetzt zu schnell oder unerwartet absank, war sein Assistent möglicherweise nicht in der Lage, den Luftdruck schnell genug dem Umgebungsdruck des Wassers anzugleichen, so dass das Luftvolumen im Anzug abnahm (bekanntlich bleibt das Produkt aus Druck und Gasvolumen immer gleich). Der Kopf des Tauchers war zwar durch seinen Kupferhelm geschützt, aber der äußere Wasserdruck presste den Anzug schmerzhaft zusammen. Dabei wurde der Brustkorb manchmal so sehr zusammengedrückt, dass die Lunge Schaden nahm. Oft hatte der Taucher auch das Gefühl, als würde sein ganzer Körper in den Helm gedrückt. Im schlimmsten Fall, wenn das Rückschlagventil zwischen Luftschlauch und Tauchanzug wegen zu starken Druckanstiegs versagte, »kamen sein Blut und große Teile seines Fleisches im Schlauch an die Oberfläche. Alles, was dann noch im Anzug saß, waren ein paar Knochen und Fleischfetzen.«

Die Luftmenge im Tauchanzug entschied auch über den Auftrieb des Tauchers; sie konnte leicht reduziert werden, um das Absinken zu erleichtern, oder vergrößert, um das Aufsteigen zu begünstigen. Die Regulierung der Luftmenge übernahm der Taucher selbst, indem er von der Luft, die konstant von oben zugepumpt wurde, durch ein Einwegventil an der Seite des Helms mehr oder weniger viel wieder abließ. Zu wenig Luft im Anzug bedeutete, dass der Taucher zusammengepresst wurde, aber zu viel Luft im Anzug war ebenfalls ein Problem. Wenn sich dann die Beine des Anzugs mit Luft füllten, wie es hin und wieder vorkam, wenn der Taucher auf dem Boden herumkroch, konnte es geschehen, dass er plötzlich auf dem Kopf stand, ohne es zu wollen. In dieser Position konnte die überschüssige Luft nicht mehr entweichen, und so wurde der Taucher hilflos an die Oberfläche getrieben. Erfahrene Taucher und Hilfsteams konnten solche Schwierigkeiten aber weitgehend vermeiden.

In zunehmendem Maße wurden Taucher auch für neue Aufgaben benötigt: nicht nur für militärische Aufgaben und Bergungsoperationen, sondern auch für Tiefbauarbeiten. Mitte des 19. Jahrhunderts leitete die Erfindung der Dampflokomotive den Beginn des großen Eisenbahnzeitalters ein. Als im ganzen Land Eisenbahnschienen verlegt wurden, begann sich nicht nur die Landschaft zu verändern. Bereits bestehende Städte wuchsen in zuvor unvorstellbare Dimensionen, neue Städte wurden gebaut. Plötzlich konnten Menschen und Güter mit großer Geschwindigkeit und in großen Mengen an andere Orte transportiert werden. Den Menschen jener Zeit muss das plötzliche Ausmaß der Kommunikationserleichterung so vorgekommen sein wie uns heute die explosionsartige Entwicklung des Internets. Was in Großbritannien begann, verbreitete sich über ganz Nordeuropa; um 1850 gab es bereits ein Eisenbahnnetz, das die wichtigsten Städte in Frankreich, Deutschland, Belgien und Großbritannien miteinander verband. Die Ingenieure gingen beherzt ans Werk: Sie bauten Tunnel durch Berge und unter Flüssen, und Brücken über große Flüsse und Meereseinbuchtungen. Bei den Bauarbeiten für solche Brücken und Tunnel entdeckten sie jedoch zum ersten Mal, dass ihre Arbeiter von einer seltsamen Krankheit befallen wurden, die bald unter den Namen Taucherlähmung, Caissonkrankheit (nach dem französischen Wort für »Senkkasten«), Druckfall- oder Druckluftkrankheit bekannt war.

Senkkästen (Caissons), die der französische Ingenieur Triger um 1840 einführte, benötigte man beim Brückenbau über größere Flüsse für die Grundierung von Brückenpfeilern. (Ein Senkkasten ist eine doppelwandige, wasserdichte, nach unten offene, runde oder eckige Stahlkammer, die am Ende des Bauvorgangs selbst Bestandteil des Fundaments wird.) Die innere Röhre diente den Arbeitern als Zugang und für den Abtransport von Material. Sie war mit Druckluft gefüllt, um das Wasser herauszuhalten, während die konzentrischen äußeren Wände von oben Schritt für Schritt mit Beton gefüllt wurden. Dabei sank der Caisson immer tiefer in das Flussbett. Für einfachere Arbeiten in Flussbetten und Hafenbecken wurden traditionelle Taucherglocken mit Arbeitern darin bis auf den Boden hinabgelassen und dann mit Druckluft versorgt. So konnten die Männer wie im Trockenen arbeiten. Und wann immer es nötig war, dass sich Menschen unter Wasser frei bewegten, beschäftigte man konventionelle Taucher. Druckluft wurde auch in Tunnel gepumpt, um zu verhindern, dass während der Bauphase aus porösem Gestein Wasser in den Tunnel sickerte. So arbeiteten an Brücken und Tunneln also viele Arbeiter in einer Druckluftatmosphäre, oft acht Stunden am Tag.

Von Anfang an bemerkte man, dass bald nach der Rückkehr in normale Luftdruckbedingungen Tunnel- und Caissonarbeiter häufig krank wurden. Klagen über Juckreiz auf der Haut waren weit verbreitet. Nicht ganz so häufig waren ernste Glieder- und Gelenkschmerzen, die dazu führten, dass die Arbeiter Arme und Beine nicht mehr strecken konnten. Sie sagten dann, sie hätten die »Beuge« (engl. »bends«). Diese Beschwerden traten niemals unter Überdruckverhältnissen auf, sondern erst nach der Rückkehr in normale atmosphärische Bedingungen. Daher auch die beziehungsreiche Floskel in der ersten medizinischen Beschreibung der Caissonkrankheit: »Bezahlt wird erst am Ausgang.« Erkrankungsrisiko und Schwere der Symptome nahmen mit der Höhe des Drucks und der Länge des Aufenthalts unter Überdruckverhältnissen zu. Taucher waren, da ständig stärkerem Druck ausgesetzt, auch stärker betroffen als Caissonarbeiter. In den schlimmsten Fällen fühlten sich die Opfer nach der Rückkehr an die Oberfläche blass und schwach. Schnell setzten Lähmungserscheinungen ein, sie verloren das Bewusstsein und starben – alles innerhalb weniger Minuten.

Blasen im Blut

Die Ursache der Caissonkrankheit fand der französische Wissenschaftler Paul Bert 1878 heraus. Er zeigte, dass sie immer dann auftrat, wenn Taucher oder Caissonarbeiter, die Druckluft eingeatmet hatten, sich für den Druckausgleich bei der Rückkehr nicht genug Zeit genommen hatten. Dann werden nämlich die im Blut und in den Geweben gelösten Gase schlagartig in Form von Bläschen freigesetzt, die wichtige Adern blockieren. Blut- und Sauerstoffversorgung wurden mehr oder weniger flächendeckend unterbrochen. Wird ein Gas nämlich unter erhöhtem Druck eingeatmet, löst sich mehr davon in den Körperflüssigkeiten: zum Beispiel ein zusätzlicher Liter Stickstoff pro 10 Meter Tauchtiefe (dieser Prozess braucht aber seine Zeit; siehe unten). Dass die Körperflüssigkeiten und Gewebe mehr Gas enthalten, ist so lange kein Problem, wie sie gelöst bleiben. Das Problem liegt vielmehr in der Geschwindigkeit, mit der man das gelöste Gas bei der Dekompression wieder aus dem Körper hinausbekommen kann. Wenn der Taucher langsam aufsteigt, wird das im Blut gelöste zusätzliche Gas problemlos durch die Lungen ausgestoßen. Erfolgt der Aufstieg jedoch zu schnell, wird der Gasausstoßmechanismus der Lungen überfordert: Gewebe und Blut werden mit Gas übersättigt. Irgendwann entschwindet das Gas dann aus der Lösung; es macht sich selbstständig und bildet Blasen.[2] Jeder, der einmal eine Flasche Sprudel oder Champagner geöffnet hat, ist mit dem Phänomen vertraut: Wird der Druck weggenommen, expandiert das gelöste Gas in überschäumenden Blasen. Dieser Vorgang fällt viel dramatischer aus, wenn man den Verschluss plötzlich abnimmt (schneller Druckausgleich), als wenn man das Gas allmählich entweichen lässt, indem man den Verschluss nur ein wenig aufdreht. Das in Mineralwasser oder Sekt aufgelöste Gas ist Kohlendioxid, doch bei einem Taucher, der Druckluft atmet, ist in erster Linie Stickstoff für die Blasenbildung verantwortlich, denn die Kohlendioxidkonzentration ist sehr gering, und Sauerstoff wird im Gewebe schnell verarbeitet.

Gasblasen im Blut stellen ein ernsthaftes Problem dar. Wenn sie sich erst

einmal gebildet haben, neigen sie dazu, immer größer zu werden, wenn immer mehr Gas hinzuströmt. Dann können die Blasen so groß werden, dass sie die feineren Blutgefäße blockieren und die Blutzirkulation in Teilen des Gewebes unterbinden. Damit wird aber die Sauerstoff- und Brennstoffzufuhr unterbrochen, und die Zellen können daran zugrunde gehen. Gasblasen können auch bestimmte Blutzellen aktivieren, die reagieren, wenn sie mit Luft in Verbindung kommen – zum Beispiel Blutplättchen, die im Gerinnungsprozess eine große Rolle spielen. Auch können Gewebepartien beschädigt werden, wenn sich darin Gasblasen bilden. Die Blasen deformieren dann die betreffenden Zellen oder drücken sie auseinander und verursachen dabei Funktionsstörungen.
Die Taucher haben besondere Begriffe geprägt, um die verschiedenen Symptome zu beschreiben, die mit der Bildung von Gasblasen in bestimmten Geweben einhergehen. »Gewürge« (»the chokes«) bezieht sich auf Atmungsprobleme, wenn sich große Gasblasen in den Kapillargefäßen der Lunge festgesetzt haben. Dabei wird die für den Gasaustausch verfügbare Oberfläche stark reduziert, und es entstehen Erstickungsgefühle und Kurzatmigkeit. Der »Taumel« (»the staggers«) entsteht, wenn sich Gasblasen im Labyrinthvorhof des Innenohrs bilden, wo die Gleichgewichtsorgane sitzen. Blasen in Knie- und Schultergelenken, den häufigsten Erscheinungsorten der Druckluftkrankheit, führen zur bereits erwähnten »Beuge«. Bilden sich die Blasen im Rückenmark, verursachen sie einen stechenden Schmerz oder Lähmungen; in besonders schweren Fällen können sie zur Degeneration von Nervenfasern führen. Luftblasen im Gehirn sind mit Seh- und Sprechstörungen verbunden und können zum Tod führen.
Es gibt eine schöne, wahrscheinlich apokryphe, Anekdote im Zusammenhang mit dem Bau eines der ersten Tunnel unter der Themse. Zur Halbzeit beschlossen die Direktoren, zur Feier des Tages ein Festessen im Tunnel zu veranstalten. Weil der Tunnel ja noch nicht fertig war, wurde dort immer noch unter Druckluft gearbeitet, und somit mussten auch die Gäste ihr Essen »unter Druck« einnehmen. Sehr zu ihrer Enttäuschung knallten weder die Sektkorken, noch sprudelte der Champagner, denn der Druck in den Flaschen war ja derselbe, der auch im Tunnel herrschte. Der Champagner schmeckte zwar flau, aber alle tranken davon. Das Sprudeln kam erst viel später, als die Direktoren und ihre Ehrengäste wieder an die Oberfläche und in normale Druckverhältnisse zurückgekehrt waren – alles Versäumte wurde nun im Körperinnern nachgeholt.

Warum bekommen Pottwale keine Druckluftkrankheit?

Viele Meeressäugetiere tauchen wesentlich tiefer, als Menschen es könnten. Einmal wurde ein toter Pottwal gefunden, der sich in 1134 Meter Tiefe mit dem Unterkiefer in einem transatlantischen Unterseekabel verfangen hatte. See-Elefanten sind noch bessere Taucher; die tiefste von ihnen nachweisbar erreichte Tiefe betrug 1570 Meter, und dort herrscht ein Druck, der 150mal größer ist als an der Meeresoberfläche. Derartiges könnte ein Mensch niemals aushalten. Überdies können alle Robbenarten ohne negative Folgen mehrfach hintereinander tauchen. In der Tat sollte man den See-Elefanten korrekt eigentlich nicht als tauchendes, sondern als *auf*tauchendes Tier bezeichnen, denn mehr als 90 Prozent der Zeit verbringt er unter Wasser. Man hat auf See schon Tiere beobachtet, die in einem Zeitraum von vierzig Tagen nur sechs Minuten an der Oberfläche verbrachten. Aber warum bekommen Robben und Wale keine Druckluftkrankheit?

Die Antwort lautet: weil Meeressäugetiere Möglichkeiten gefunden haben, die Menge des in ihren Geweben gelösten Stickstoffs zu reduzieren. Anders als die Menschen atmen Robben und Wale aus, bevor sie tauchen. Dadurch ist die Luftmenge, die sie in ihrem Körper mit sich herumtragen, begrenzt. In einer Tiefe von rund 50 Metern sind ihre Lungenbläschen völlig zusammengefallen, so dass keine weiteren Gase mehr in den Blutstrom gelangen. Der Druck in der Tiefe lässt die Wal-Lungen vollkommen kollabieren. Die ganze Luft wird in die verknorpelten oberen Luftwege gedrückt, die dem Druck besser standhalten. Auch der Blutstrom zu den Lungen ist dann deutlich reduziert. Diese Anpassungen stellen sicher, dass beim Tauchen aus den Lungen des Wals kein Gas in den Blutkreislauf gelangt. Auf diese Weise löst sich auch nur sehr wenig Stickstoff in den Körperflüssigkeiten auf. Er kann dann beim schnellen Auftauchen natürlich auch keine gefährlichen Blasen bilden.

Warum langsames Auftauchen wichtig ist

Arbeiter, die unter Druckluft arbeiteten, merkten schnell von selbst, dass sie ihre Symptome der Druckluftkrankheit dadurch lindern konnten, dass sie in die Druckverhältnisse zurückkehrten, unter denen sie gearbeitet hatten. So wurde Sir Ernest Moir zu dem Vorschlag angeregt, bei der Behandlung der Caissonkrankheit Druckkammern einzuset-

zen. Sie wurden erstmals um 1890 verwendet, in Verbindung mit dem Bau des Blackwall-Tunnels unter der Themse und des East-River-Tunnels in New York. Und diese Methode erwies sich als überraschend erfolgreich. Allerdings brauchte man oft mehrere Stunden, um jemanden, der an der Caissonkrankheit litt, wieder an die normalen Druckverhältnisse anzupassen. Dringend benötigt wurde also eine präventive Methode, die die Symptome von vornherein verhinderte. Auf der Basis von Paul Berts Arbeiten lag die Lösung auf der Hand: Man musste dafür Sorge tragen, dass Taucher oder Caissonarbeiter so langsam aufstiegen – oder den Druck so langsam abbauten –, dass das frei gewordene Gas durch die Lungen ausgestoßen werden konnte. Die Schwierigkeit lag in der Bestimmung, welche Druckausgleichsgeschwindigkeit noch sicher war. 1906 war das Problem so akut geworden, dass die britische Marine Professor John Scott Haldane von der Universität Oxford beauftragte, eine Lösung zu finden – einen Physiologen, der durch seine Arbeiten zu Atmungsvorgängen schon sehr bekannt geworden war (siehe Kapitel 1).
Gemeinsam mit Leutnant G.C.C. Damant und Professor A.E. Boycott führte Haldane im Lister Institute in London eine Serie von Versuchen durch. Dabei verwendete er eine große Stahlkammer, in der sich der Druck leicht kontrollieren ließ. Bei Versuchen mit Ziegen konnten sie keine negativen Folgen feststellen, wenn sie die Tiere einer plötzlichen Druckveränderung von 6 Atmosphären auf 2,6 Atmosphären aussetzten. Wenn sie indes den Druck um dieselbe absolute Differenz, jedoch von 4,4 Atmosphären auf 1 Atmosphäre (also den Druck auf Meereshöhe) reduzierten, sah die Sache völlig anders aus. Jetzt blieben nur noch 20 Prozent der Tiere unbeeindruckt, alle anderen litten unter Symptomen der Druckluftkrankheit; manche von ihnen so stark, dass sie eingingen. In Versuchsreihen nach dem Prinzip von Versuch und Irrtum fanden sie heraus, dass es sicher war, den absoluten Druck schnell auf die Hälfte abzusenken, während danach der Druck sehr viel langsamer reduziert werden musste. Daraus ergab sich, dass das Limit für einen Tauchgang ohne Druckausgleich eine Tiefe von 10 Metern war (2 Atmosphären Druck). Wie es seit jeher bei experimentellen Physiologen Sitte ist, wiederholte das Forscherteam anschließend alle Experimente im Selbstversuch – zum Glück ohne negative Folgen. Die letzten Stadien der Versuchsreihe wurden im Meer vor der Insel Bute an der schottischen Westküste vom Marineschiff HMS *Spanker* aus durchgeführt. Haldane machte aus der Aktion einen Familienur-

laub und erlaubte seinem dreizehnjährigen Sohn Jack sogar, ungefähr 12 Meter tief zu tauchen.[3] Haldane junior wurde später selbst ein großer Physiologe mit Interesse an der Erforschung von Atemvorgängen. Haldane senior stellte fest, dass das Ausmaß der Stickstofflösung in den Körpergeweben variiert. Fettzellen haben zum Beispiel eine weit höhere Speicherkapazität als Gehirnzellen (was übrigens auch bedeutet, dass Frauen und Korpulente mehr Zeit für die Dekompression benötigen als durchschnittliche Männer). Das Ausmaß der Stickstoffanreicherung hängt außerdem davon ab, wie reich das Gewebe mit Blut versorgt wird; in weniger durchbluteten Partien dauert der Vorgang länger. Insgesamt dauert es mehr als fünf Stunden, bis der menschliche Körper mit Stickstoff gesättigt ist. Beim Druckausgleich muss der gelöste Stickstoff dann durch den Blutkreislauf wieder beseitigt werden. Die sichere Beseitigung hängt also von der Speicherkapazität und Durchblutung der verschiedenen Gewebe ab. Grob gesagt, dauert es ungefähr genauso lange, das Gas wieder aus dem Körper zu transportieren, wie die Anreicherung im Körper in Anspruch genommen hat. Am besten gehen Taucher also so vor, dass sie schnell abtauchen, sich nur eine begrenzte Zeit am Grund aufhalten und anschließend langsam und in Etappen wieder an die Oberfläche kommen.

Das schnelle Abtauchen, das Haldane und seine Kollegen empfahlen, widersprach der bisherigen Praxis, war vom physiologischen Standpunkt aus aber sehr sinnvoll. Denn je kürzer die in der Tiefe verbrachte Zeit ist, desto weniger Gas löst sich unter Überdruck im Körpergewebe auf. Die Forscher spezifizierten auch, dass der erste Teil des Auftauchens schnell erfolgen solle, bis etwa zur Hälfte der erreichten Tauchtiefe. Denn sie wussten ja aus ihren Experimenten, dass dieses Tempo in der ersten Hälfte sicher war. Danach sollten die Taucher nur noch langsam auftauchen und eine bestimmte Zeit in bestimmten Zwischenstadien verweilen, damit der Druckausgleich ganz allmählich erfolgte. Der tiefere Grund für dieses Auftauchen in Etappen liegt darin, dass die Zunahme des Gasvolumens im Blut dieselbe ist, egal ob der Druck von 8 auf 4 Atmosphären reduziert wird oder von 2 auf 1 Atmosphäre (in jedem Fall bedeutet Halbierung des Drucks Verdoppelung des Volumens). Der große Vorteil der von Haldane empfohlenen Prozedur ist, dass der Taucher ohne gesundheitliche Gefahren aus großen Tiefen schnell aufsteigen kann, bis sich der Druck halbiert hat, und dass er sich dann in flacheren Tiefen mehr Zeit für den Druckausgleich nehmen kann. Haldane selbst sagte: »Ein uniformer Druck-

ausgleich ... ist anfangs unnötig langsam und gegen Ende meistens schon gefährlich schnell.«
Bis 1908 konnten Haldane und sein Team der Royal Navy detaillierte Dekompressionstabellen liefern, in denen genau festgehalten war, wie lange sich der Taucher beim Druckausgleich in jeder Tiefe aufhalten sollte, je nachdem wie tief und wie lange er getaucht war. Nach Einführung dieser Tabellen reduzierte sich das Vorkommen der Druckfallkrankheit erheblich. Die Symptome kamen, von Ausnahmefällen abgesehen, nur noch vor, wenn sich ein Taucher – aus welchen Gründen auch immer – nicht an die Tabellen hielt und schneller auftauchte. Doch nicht alle Instanzen waren von den Vorteilen, die Haldanes Ergebnisse brachten, sofort überzeugt. Haldane kommentierte die Lage nach etwa zehn Jahren so: »Es ist sehr bedauerlich, dass der stufenweise Druckausgleich in einigen Ländern nicht eingeführt werden kann, weil veraltete staatliche Regulierungen erfordern, dass der Druckausgleich kontinuierlich durchzuführen sei, oder gar, dass er sehr langsam zu beginnen habe und dann immer schneller erfolgen müsse, je näher man dem normalen atmosphärischen Druck komme.« Zum Glück sprachen die Resultate seiner Arbeit für sich; heute folgt man Haldanes Empfehlungen ganz selbstverständlich. Trotzdem gibt es immer noch Tragödien, wenn zum Beispiel Unfälle einen stufenweisen Druckausgleich verhindern. So ging zum Beispiel der Unfall von Chris und Chrisy Rouse, Vater und Sohn, durch die Medien – die beide sehr erfahrene Taucher waren, aber 1992 an der Druckluftkrankheit starben, während sie das Wrack eines deutschen U-Boots erkundeten.
Aufschlussreich ist ein Vergleich der Dekompressionszeit, die sich Caisson- und Tunnelarbeiter zuvor gegönnt hatten, mit der Zeit, die Haldane und sein Team empfahlen. Diese Arbeiter waren bei ihrer Arbeit meistens einem Druck von 3 Atmosphären (3 bar) ausgesetzt, und der anschließende Druckausgleich dauerte höchstens 10 Minuten. Demgegenüber empfahl Haldane nach einem Arbeitsaufenthalt von 3 Stunden bei einem Druck von 3 bar eine Gesamtzeit von 90 Minuten für die Dekompression. Kein Wunder, dass so viele Caissonarbeiter an der Druckluftkrankheit litten.
Auch sollten Taucher eine gewisse Zeit lang nach dem Auftauchen nicht fliegen, denn in Flugzeugen herrscht ein geringerer Druck als auf Meereshöhe (siehe Kapitel 1), und dieser zusätzliche Druckabfall könnte doch noch die Bildung von Gasblasen im Blut fördern. Emp-

fohlen wird, dass Taucher nach einem einzelnen Tauchgang zwölf Stunden lang nicht fliegen – und sogar noch länger, wenn sie mehrfach oder so tief getaucht sind, dass beim Auftauchen Zwischenstopps für den Druckausgleich erforderlich waren. Mit den Problemen des Druckausgleichs nicht vertraute Urlauber sind ebenfalls anfällig für die Druckfallkrankheit – etwa, wenn sie morgens vor dem Heimflug noch mit Atemgeräten in der Tiefe waren. Selbst Militärpiloten, die in Flugzeugen ohne Druckkabine fliegen, können trotz Druckanzug und Atemmaske die Druckluftkrankheit bekommen, wenn sie aus dem Flachland zu schnell in zu große Höhen aufsteigen.

Sporttaucher und die Druckfallkrankheit

Sporttaucher, die bei einzelnen Tauchgängen ziemlich tief tauchen, leiden normalerweise nicht an der Druckfallkrankheit, weil sie nur so kurz unter Wasser bleiben, dass sich nicht genug Stickstoff in ihren Körperflüssigkeiten lösen kann, um beim Auftauchen Probleme zu verursachen. Wiederholtes tiefes Abtauchen kann jedoch sehr wohl zum Problem werden, wie Dr. P. Paulev von der Royal Danish Navy zu seinem Leidwesen feststellen musste. Anfang der 1960er Jahre tauchte er im Abstand von ein bis zwei Minuten sechzig Mal jeweils zwei Minuten lang in einem U-Boot-Fluchttrainingsbecken bis zu einer Tiefe von 20 Metern. Etwa eine halbe Stunde nach seinem letzten Tauchgang spürte er in der linken Hüfte plötzlich starke Schmerzen, die er jedoch einfach ignorierte. Ungefähr zwei Stunden später bekam er starke Schmerzen im Brustbereich. Er konnte nicht mehr klar sehen, seine rechte Hand war gelähmt, und er hatte große Atemprobleme. Ein Kollege entdeckte ihn in seinem Schockzustand, brachte ihn schnell in eine Druckkammer und setzte ihn wieder unter einen Druck von 6 Atmosphären. Daraufhin verschwanden die Symptome schnell. Der anschließende Druckausgleich nahm über neunzehn Stunden in Anspruch, aber Paulev hatte Glück: Er wurde wieder völlig gesund und schrieb später einen Bericht über sein Erlebnis.

Die Perlentaucher des Tuamotu-Archipels im Südpazifik leiden unter einer – *taravana* genannten – Symptomkombination, die stark an diejenige erinnert, die Paulev beschrieb. *Taravana* bedeutet ungefähr »verrückt werden und umfallen«, und die Symptome reichen von Sehstörungen bis zum Verlust des Bewusstseins. Gelegentlich leidet das Opfer auch unter Lähmungserscheinungen oder stirbt sogar. (Anders als Paulev haben die Südseeinsulaner keinen Zugang zu Druckkammern.) Ein Besucher vermerkte sarkastisch: »Wenn du auf Inseln wie Barhein an Land gehst, liegt der größte Teil der Bevölkerung, den du sehen kannst, auf dem Friedhof für tote Taucher.« *Taravana* ist eine häufige und sehr gefürchtete Krankheit. Allein an einem Tag wiesen von 235 aktiv tätigen Perlentauchern 47 Symptome der Krankheit auf – einige davon sehr ernster Natur; sechs waren gelähmt, zwei starben. Zum Glück verlaufen nicht alle Tage so dramatisch, aber die Erkrankungsrate ist immer noch recht hoch.

Obgleich die *taravana*-Ursachen viele Jahre lang ein Rätsel blieben, legen die Berichte von Paulev und anderen den Schluss nahe, dass es sich auch hier um eine Form der Druckfallkrankheit handelt. Die Tuamotu-Perlentaucher verlangen ihren Körpern alles ab, denn sie tauchen jeweils rund 2 Minuten lang bis zu 40 Meter tief (wo ein Druck von 5 bar herrscht). In der Stunde wiederholen sie diesen Vorgang zwischen sechs und vierzehn Mal, wobei sie zwischen den einzelnen Tauchgängen nur 4 bis 8 Minuten Pause an der Oberfläche machen. Dieser Zeitraum reicht wahrscheinlich nicht aus, dass der Stickstoff, der sich während der Tauchgänge in ihrem Gewebe aufgelöst hat, über die Atemwege wieder entweichen kann. Der Stickstoff reichert sich also bei allen folgenden Tauchgängen weiter an, bis er schließlich beim Auftauchen zur Druckfallkrankheit führt (in der Tiefe kommt *taravana* niemals vor, sondern nur nach dem Auftauchen). Wer in kurzen Abständen häufig taucht, ist also am stärksten gefährdet. Interessanterweise ist auf der Nachbarinsel Mangareva *taravana* unbekannt. Aber dort schreiben traditionelle Regeln auch vor, dass die Taucher sich zwischen ihren Tauchgängen mindestens zehn Minuten an der Oberfläche ausruhen müssen.

Was beim Eintauchen ins Wasser geschieht

Die Druckfallkrankheit ist nicht die einzige Schwierigkeit, mit der Taucher zu kämpfen haben. Selbst wenn man nur bis zum Hals ins Wasser geht, werden physiologische Veränderungen eingeleitet. Wenn man aufrecht am Strand oder am Rand eines Schwimmbeckens steht, nimmt der Druck aufgrund der Schwerkraft körperabwärts zu. Dadurch sammelt sich das Blut in den Beinen. Geht man jetzt bis zum

Ama: Die japanischen Muscheltaucherinnen

Die berühmtesten aller Taucherinnen und Taucher, die ohne Anzug und Atemgerät tauchen, sind die Ama in Japan, die die Gärten auf dem Meeresgrund abernten und dabei Schalentiere (Muscheln, Krebse u.a.), Seeschnecken, Seeigel, Kopffüßer (Oktopus, Tintenfisch u.a.) und Seegras sammeln, ferner Perlmuttschalen (Akoya-gai genannt), die für die Perlenzucht verwendet werden. Ama, nach alter Tradition nur Frauen, gibt es schon seit mehr als zweitausend Jahren. Unsterblich wurden sie durch die Holzschnitte der Ukioye-Künstler, auf denen schöne junge Mädchen mit freiem Oberkörper zu sehen sind, die nach wertvollen Awabi (Ohrschnecken) tauchen. Diese Abbildungen täuschen jedoch, weil Ama noch mit über fünfzig Jahren ihrem Beruf nachgehen. Auch ist dieser Beruf nicht unbedingt angenehm. Sei Shonagon, eine Hofdame der japanischen Kaiserin Sodako, beschrieb ihn vor ungefähr tausend Jahren so: »Selbst im günstigsten Fall ist das Meer eine Furcht einflößende Sache. Wie viel schrecklicher muss es für diese armen Taucherinnen sein, die sich in die Tiefen stürzen müssen, um ihren Lebensunterhalt zu verdienen? Man fragt sich zum Beispiel, was geschehen würde, wenn das Seil um ihre Taille reißen würde. Nachdem die Frau ins Wasser gesenkt wurde, sitzen die Männer bequem in ihren Booten und singen muntere Lieder. Dabei werfen sie ein Auge auf das Seidenseil, das auf der Meeresoberfläche treibt. Das ist ein erstaunlicher Anblick, denn sie scheinen sich nicht die geringste Sorge wegen der Risiken zu machen, die die Frau auf sich nimmt. Wenn sie endlich auftauchen will, zieht sie an ihrer Leine, und die Männer ziehen sie mit einer Geschwindigkeit aus dem Wasser, die ich nur zu gut verstehen kann. Schon bald klammert sie sich an die Seite des Bootes, keuchend und unter Schmerzen nach Atem ringend. Dieser Anblick reicht, um selbst Außenstehenden die Tränen in die Augen zu treiben. Ich kann mir kaum vorstellen, dass dies eine Arbeit ist, um die sich irgendjemand reißen würde.«

Mädchen, die den Awabi-Taucherinnen in Enoshima bei der Arbeit zusehen (Ausschnitt aus einem Triptychon des großen Ukioye-Künstlers Utamaro, um 1789)

Diese Worte klingen erstaunlich modern, zumal wenn man bedenkt, in welch großer zeitlicher wie räumlicher Distanz sie geschrieben wurden.

Früher gab es in Japan viele tausend Ama – bei einer Volkszählung im Jahre 1921 wurden rund 13 000 registriert –, doch neuerdings ist ihre Zahl stark gesunken. 1963 war die Zahl schon auf 6000 gesunken, und heute sind es sicher nur noch weniger als 1000. Die meisten der gegenwärtig noch aktiven Ama sind alt, denn nur wenige jungen Frauen wollen noch einen derart anstrengenden Beruf ausüben. Außerdem lassen sich viele Muschelarten inzwischen kultivieren; dadurch werden die Taucherinnen überflüssig. Wahrscheinlich wird der Beruf der Ama bald der Vergangenheit angehören, ihr Name nur noch als Bestandteil von Ortsnamen wie Ama-machi überleben.

Traditionellerweise gibt es zwei Arten von Ama: *cachido* und *funado*. Die *cachido* sind junge Mädchen in der Ausbildung, die ohne Hilfe bis in Tiefen von 5 bis 7 Metern tauchen und dann etwa 15 Sekunden auf dem Meeresboden bleiben. Selbst wenn sie bis zu sechzig Mal pro

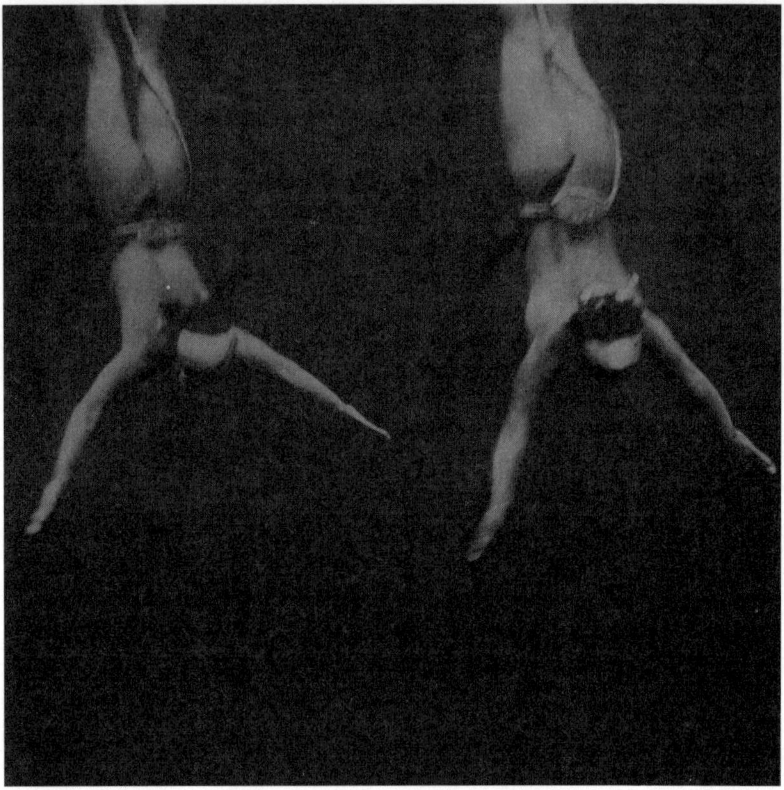

Japanische Ama, fotografiert vom Italiener Fosco Maraini in der Nähe der Insel Hekura an der Westküste Japans. Jede junge Frau hat sich ein Bleigewicht um die Taille gebunden sowie ein langes Seil, mit dem sie am Ende des Tauchgangs von ihrem Assistenten wieder hochgezogen wird. Das Messer im Gürtel um die Taille dient dazu, Ohrschnecken von den Felsen zu brechen.

Hals ins Wasser, wird dieser Effekt durch den äußeren Druck des Wassers ausgeglichen, so dass ungefähr ein halber Liter Blut aus den Beinen nach oben in den Brustkorb steigt. Die großen Adern und der rechte Herzvorhof dehnen sich aus, und die Herztätigkeit wird angeregt. Eine Folge der Ausdehnung der Herzvorhofwand ist, dass sich der Hormonspiegel jener beiden Hormone verändert, die die Wasseraufnahme durch die Nieren steuern; die Urinproduktion wird angeregt. Und hier liegt die Erklärung, warum man so oft – und sehr zum eigenen Ärger – pinkeln muss, kurz nachdem man ins Wasser gegangen ist.

Stunde tauchen, gehen die *cachido* wegen der geringen Wassertiefe nicht das Risiko der Taucherkrankheit ein. Die erfahrensten und kunstfertigsten Taucherinnen sind die *funado*, die wesentlich tiefer tauchen – im Durchschnitt 20 Meter. Wie Sei Shonagon schildert, hat jede *funado* einen männlichen Assistenten im Boot. Zunächst hyperventiliert sie, um ihre Lungen mit Luft zu füllen, dann taucht sie senkrecht in die Tiefe bis zum Meeresboden, wobei sie als Sinkhilfe ein schweres Gewicht umklammert und die Beine zusammenpresst, um den Wasserwiderstand zu verringern. Auf dem Meeresboden angekommen, lässt sie das Gewicht los und sammelt die Ernte in einem kleinen Netzkörbchen ein. Wenn sie zum Auftauchen bereit ist, signalisiert sie dies ihrem Partner, indem sie an dem Seil zieht, an dem das Gewicht hängt. Er zieht sie dann am Rettungsseil hoch, das um ihre Taille geknotet ist. Insgesamt dauert jeder Tauchgang rund eine Minute, ungefähr die Hälfte der Zeit wird auf dem Boden verbracht. Ehe sie wieder abtaucht, ruht sich die *funado* an der Seite des Bootes ungefähr eine Minute im Wasser aus. Jeden Morgen taucht sie normalerweise rund fünfzig Mal, und am Nachmittag nochmals fünfzig Mal, aber wie die *cachido* muss sie sich jeweils nach einigen Tauchgängen eine Zeit lang gut aufwärmen.

Die Ama leiden anscheinend nicht unter der Druckfallkrankheit, aber sie haben signifikant häufiger Probleme mit ihren Ohren als ihre nicht tauchenden Altersgenossinnen. Bei einer Erhebung im Jahre 1965 zeigte sich, dass 60 Prozent der *funado* im Alter über fünfzig unter Gehörschäden litten. Zu den geläufigen Beschwerden zählten auch Tinnitus und Risse im Trommelfell.

Es gibt physiologische Gründe dafür, dass Frauen bessere Taucher sind – sie können ihren Atem länger anhalten und sind widerstandsfähiger gegen die Kälte –, aber das ist wahrscheinlich trotzdem nicht der ausschlaggebende Grund dafür, dass Ama alle weiblich sind.

Selbst wenn Sie nur Ihr Gesicht ins Wasser tauchen, erfolgt eine physiologische Reaktion: Das Herz schlägt langsamer. Dieses Phänomen ist als Tauchreflex bekannt, der zwar beim Menschen nicht sehr hoch entwickelt ist, aber bei Meeressäugetieren, wie wir noch sehen werden, große Bedeutung hat. Sie können versuchen, den Tauchreflex an sich selbst zu demonstrieren, indem Sie einen Freund bitten, Ihre normale Pulsfrequenz mit derjenigen zu vergleichen, die sich ergibt, wenn Sie Ihr Gesicht in ein Becken mit kaltem Wasser tauchen. Dieses Experiment funktioniert jedoch nicht immer, weil bei Nervosität (oder

Aufregung) das Hormon Adrenalin ausgeschüttet wird, das die Herzfrequenz steigert.
Wenn Sie aus dem Meer kommen, wird Ihr Körper vom Wasser nicht länger getragen, und damit sinkt das Blut aus dem Brustkorb wieder in die Beine ab. Daraus ergeben sich wichtige Implikationen. Man weiß schon seit vielen Jahren, dass bei Menschen, die von einem Rettungshubschrauber aus dem Meer geholt wurden, das Risiko besteht, dass sie nach der Rettung einen Kollaps erleiden. Obwohl sie im Wasser lebendig wirkten und anscheinend nicht unter Stress standen, litten sie plötzlich, kurz nachdem man sie zum Hubschrauber emporgehievt hatte, unter Herzstillstand. Auch hier trugen Kenntnisse der menschlichen Physiologie zur Lösung des Problems bei. Man bemerkte, dass die Umverteilung des Blutes beim Eintauchen ins Wasser den Blutfluss in die unteren Extremitäten behinderte, so dass diese sich wesentlich stärker abkühlen konnten als die zentralen Körperteile. Bis vor wenigen Jahren noch wurden die meisten Menschen in aufrechter Haltung mit Gurt und Winde aus dem Meer gerettet, wobei der Gurt unter den Armen um den Brustkorb geschnallt wurde. Wurde das Opfer nun aus dem Wasser gezogen, ergoss sich sofort ein Blutschwall in dessen Beine. Doch wurde das Blut dort sehr stark abgekühlt, was dann bei der Rückkehr des Blutes zum Herzen einen Herzstillstand hervorrief. Die Lösung bestand darin, an den Beinen des Opfers noch einen zweiten Gurt anzulegen, so dass es in horizontaler Lage aus dem Wasser gezogen werden konnte. Auf diese Weise wurde die spontane Neuverteilung des Blutes im Körper des Opfers verhindert. Der Gerettete wurde so lange in Rückenlage gehalten, bis sich die Glieder allmählich wieder aufgewärmt hatten. Seitdem die meisten Seenotrettungsdienste so verfahren, haben sich die Fälle von Herzstillstand dramatisch reduziert.

Implodierende und explodierende Organe

Der menschliche Körper besteht weitgehend aus Wasser, das sich praktisch nicht zusammenpressen lässt. Darum herrscht im Körper derselbe Druck wie im Wasser der unmittelbaren Umgebung. Er wird in der Tiefe nicht zerquetscht. Leider gilt das nicht für die Gase, die in den Hohlräumen des Körpers (Lungen, Ohren, Nebenhöhlen) eingeschlossen sind: Weil sie zusammengepresst werden können, nehmen sie bei hohem Druck wesentlich weniger Raum ein. Das Zusammenschrumpfen der Luft in den Hohlräumen des Körpers hat allerdings eine Reihe von – durchweg unangenehmen – Folgen.

Das Luftvolumen in den Lungen eines Sport- oder Muscheltauchers wird immer kleiner, je tiefer er taucht, weil der Umgebungsdruck des Wassers ja steigt. Ursprünglich nahm man an, dass diese Tatsache der Reichweite eines Tauchers ohne Spezialausrüstung in der Tiefe unweigerlich Grenzen setzen müsse. Man argumentierte, dass an einem bestimmten Punkt, wahrscheinlich in rund 100 Meter Tiefe, der Brustkorb unter dem Druck zusammenfallen müsse – so, wie eine leere, wasserdicht verschlossene Dose oder ein leeres U-Boot in der Tiefe zerdrückt werden. Eine Alternativtheorie besagte, der Brustkorb werde zwar intakt bleiben, doch die Lungen müssten zusammenschrumpfen. Dabei würden die empfindlichen Membranen reißen, mit denen die Lungen im Brustkorb befestigt sind. Doch einige Taucher schlugen die Warnungen der Physiologen in den Wind, wagten sich in noch größere Tiefen vor und stellten fest, dass ihnen nichts Derartiges widerfuhr. Anscheinend sind Menschen wohl doch mehr wie Wale und Delfine – widerstandsfähiger, als man erwarten konnte.

Es gibt zahlreiche Geschichten von Flüchtlingen, die sich vor Entdeckung schützten, indem sie in einem Fluss oder See unter Wasser blieben und durch ein hohles Schilfrohr atmeten. Betrachtet man solche Geschichten aber genauer, dann hatten die Betreffenden wahrscheinlich großes Glück, dass sie nicht entdeckt wurden. Denn in sehr großer Tiefe können sie sich nicht aufgehalten haben. Es ist physikalisch einfach unmöglich, mehr als einen Meter unter der Wasseroberfläche noch normale Luft zu atmen. Den meisten Menschen gelingt dies nicht einmal, wenn sie nur einen halben Meter unter Wasser sind. Das liegt daran, dass der äußere Wasserdruck auf den Brustkorb das Einatmen erschwert. Außerdem muss ja die Luft in dem Atemrohr noch ausgetauscht werden. Nun reduziert sich zwar mit dem Durchmesser des Luftrohres auch die Luftmenge, zugleich aber erhöht sich der Widerstand. Das kann man selbst leicht ausprobieren, wenn man im Schwimmbad vergleicht, wie schwer es ist, unter Wasser zum einen durch einen Strohhalm und zum anderen durch ein Schnorchelrohr zu atmen. Schnorchelrohre reichen nur selten tief ins Wasser, denn sie dienen ja in erster Linie dazu, dass der Schwimmer sich mit dem Gesicht nach unten unter der Wasseroberfläche fortbewegen kann.

In Wassertiefen von mehr als einem halben Meter muss der Taucher

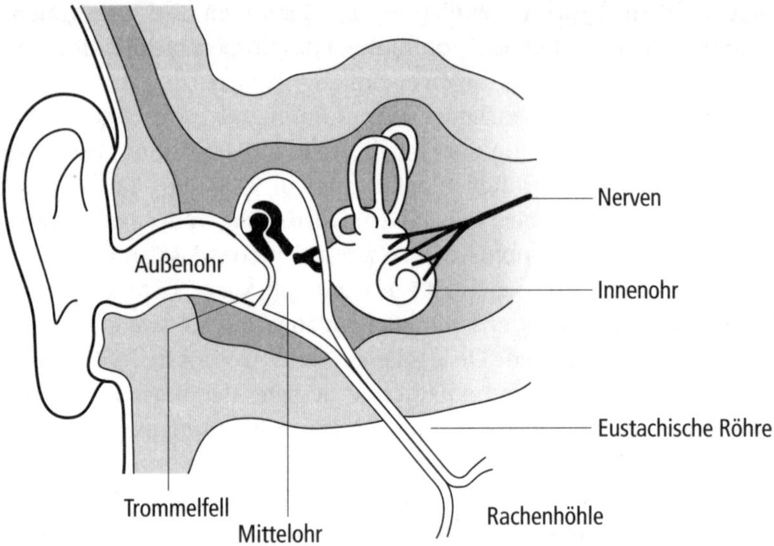

Das Mittelohr, ein von Knochen umgebener und mit Luft gefüllter Hohlraum, verbindet das Außenohr mit dem Innenohr. Vom Außenohr ist es durch das Trommelfell getrennt, vom mit Flüssigkeit gefüllten Innenohr durch das Vorhoffenster. Der Schall besteht aus Druckwellen in der Luft, die das Trommelfell in Schwingungen versetzen; diese werden durch drei Knöchelchen auf das Innenohr übertragen, wo der Schall identifiziert wird. Die Gehörknöchelchen tragen fantasievolle Namen: Hammer, Amboss und Steigbügel. Taucher können beim Sinken wie beim Aufsteigen Ohrenschmerzen bekommen: Zunächst zieht sich die Luft im Mittelohr zusammen, was zum Platzen des Trommelfells führen kann, und beim Aufstieg expandiert die Luft im Innenohr. Zum Glück ist dieser Hohlraum nicht völlig abgeschlossen. Die nach einem italienischen Anatomen benannte eustachische Röhre verbindet das Mittelohr mit Luftwegen hinter der Nase und fungiert als Leitung für den Druckausgleich zwischen Mittelohr und äußerem Luftdruck.

aber mit Luft versorgt werden, die unter einem Druck steht, der dem Umgebungsdruck des Wassers entspricht. Selbst dann atmet er wahrscheinlich nicht so effizient wie an Land, weil ja die Gasdichte mit der Tiefe zunimmt. Dadurch erfordert das Atmen mehr körperliche Anstrengung. Eine mögliche Lösung des Problems besteht darin, der eingeatmeten Luft anstelle des Stickstoffs ein chemisch reaktionsträges Gas mit geringerer Dichte als Stickstoff (etwa Helium) hinzuzufügen. Die Lungen sind indes nicht der einzige Hohlraum des Körpers, der mit Luft gefüllt ist. Eine der deutlichsten Auswirkungen des Tauchens, mit der viele Menschen vertraut sind, ist ein Druck- oder Schmerzgefühl in den Ohren. Das kommt daher, dass die Luft im Mittelohrbereich mit der Außenluft nicht frei kommunizieren kann. Folglich entsteht beim Abtauchen, wenn sich die Luft im Mittelohrbereich zusammenzieht, ein Druck aufs Trommelfell. Es wölbt sich nach innen, und damit es nicht platzt, muss ein Druckausgleich zwischen Mittelohr und Außenohr herbeigeführt werden – mit anderen Worten: zwischen Mittelohr und äußerem Wasserdruck. Dies geschieht, indem Luft durch die eustachische Röhre in den Mittelohrbereich eingelassen wird – eine Passage, die den Kehlkopf mit dem Mittelohr verbindet. Normalerweise ist die eustachische Röhre verschlossen, und man muss etwas unternehmen, um sie zu öffnen. Die häufigste Methode besteht darin, sich die Nase zuzuhalten und dabei zu schnauben. Es hilft auch, wenn man gähnt. Dass die Operation erfolgreich war, zeigt sich im Zurückspringen des Trommelfells, wenn Luft ins Mittelohr strömt. Schwierig gestaltet sich ein Druckausgleich eventuell, wenn Sie unter einem Katarrh leiden, der die eustachische Röhre blockiert. Daher der Rat, bei einer Erkältung nicht zu tauchen. Aus demselben Grund könnte auch ein Flug sehr unbequem werden, weil Verkehrsflugzeuge auf einen Luftdruck eingestellt sind, wie er in rund 2000 Meter Höhe herrscht. Erfolgt die Luftdruckerhöhung so schnell, dass ein Individuum den Druckausgleich in seinem Innenohr nicht mehr selbst vornehmen kann, so ergeben sich sehr unerfreuliche Konsequenzen. Als ein Taucher mit schweren Symptomen der Druckfallkrankheit in eine Druckkammer kam und der Druck innerhalb von dreieinhalb Minuten auf 6 Atmosphären erhöht wurde, platzten dem behandelnden Arzt prompt beide Trommelfelle.

Eine besonders unangenehme Überraschung kann es für den Taucher geben, wenn sich in einer Zahnfüllung oder in einem löchrigen Zahn eine Luftblase gefangen hat. Denn die Zusammenziehung des Gases in großer Tiefe kann dazu führen, dass die Füllung oder der ganze Zahn implodiert. Das Gegenteil kann in sehr großen Höhen geschehen, wenn extrem niedriger Luftdruck zur Explosion des Zahnes führt. Um solchen Problemen zu entgehen, ließ sich Judy Leden zum Beispiel bei der Vorbereitung für ihren Höhenrekord im Gleitschirmfliegen alle Zahnfüllungen ersetzen.

Auch die Expansion der Gase bei abnehmendem Druck kann zu Problemen führen. Bei Fischen, die in großen Wassertiefen leben, kommen die Eingeweide heraus, wenn sie an die Wasseroberfläche gebracht werden, weil das in ihren Schwimmblasen enthaltene Gas expandiert und die Eingeweide durch den Mund herausdrückt. Auch unvorsichtige Taucher, die mit Atemgeräten in der Tiefe unterwegs sind, können beim Auftauchen Probleme bekommen. In einer Tiefe von 10 Metern ist der Druck doppelt so hoch wie an der Wasseroberfläche, und die in dieser Tiefe eingeatmete Luft expandiert beim Erreichen der Wasseroberfläche auf das Doppelte. Wer also mit vollen Lungen auftaucht, dem zerplatzen sie dabei. Wenn einzelne Lungenbläschen platzen, kann das Gas in den Hohlraum des Brustkorbs entweichen oder, schlimmer noch, in den Blutkreislauf. Und weil Gas immer nach oben steigt, könnte es den Blutfluss ins Gehirn unterbrechen – mit möglicherweise tödlichen Folgen. Die Fähigkeit der Lungen, sich an expandierende Luft anzupassen, ist sehr begrenzt. Schon wenn Sie nur zwei Meter tief tauchen, kann Ihnen die Lunge platzen. Solche Verletzungen kommen zum Glück aber nur sehr selten vor. Denn wenn der Taucher beim Auftauchen normal ein- und ausatmet, passt sich das Luftvolumen in den Lungen ganz allmählich an. Im Fall eines schnellen Notaufstiegs jedoch ist es von lebenswichtiger Bedeutung, beim Aufsteigen kontinuierlich auszuatmen.

Das Atemanhalten

Wer ohne spezielle Ausrüstung taucht, muss zwei Hauptschwierigkeiten überwinden: das (durch den Auftrieb erschwerte) Absinken und das Atmen. Gegenwärtig liegt der Tiefenrekord für Sporttaucher mit angehaltenem Atem und ohne Hilfsmittel bei 72 Meter. Aufgestellt wurde er 1992 von dem Italiener Umberto Pelizzari. Noch größere Tiefen wurden von Tauchern erreicht, die beim Abtauchen schwere Gewichte und beim Auftauchen Druckluft als Schubkraft benutzten. Mit diesen Hilfsmitteln tauchte Pelizzari 1991 bis auf 118 Meter Tiefe. Doch sein Rekord wurde später von dem Kubaner Francisco Ferreras übertroffen, der die atemberaubende Tiefe von 133 Metern erreichte.

Von Natur aus besitzt der menschliche Körper Auftriebskräfte, weil seine Dichte der des Wassers ungefähr entspricht. Um zu tauchen, muss man aktiv nach unten schwimmen oder Gewichte benutzen, die einen nach unten ziehen. Zwischen Tauchtiefe und Auftriebskräften besteht ein positives Feedback, das mit der Rolle der Luft in den Lungen zu tun hat: Je tiefer ein Taucher gelangt, der den Atem anhält, desto größer wird seine Dichte, denn die Luft in seinen Lungen wird zusammengedrückt, was die Auftriebskräfte reduziert. Auf diese Weise sinkt er schneller ab. Umgekehrt expandiert, je weiter der Taucher aus der Tiefe nach oben kommt, die Luft in den Lungen umso stärker. Dadurch wird er leichter und steigt schneller auf. Das bedeutet, dass beim Absinken immer die ersten Meter die schwierigsten sind. Danach wird es allmählich leichter, bis der Taucher ab einer Tiefe von 7 Metern automatisch sinkt. Darum wird es immer schwieriger, aus größeren Wassertiefen nach oben zu schwimmen, und aus diesem Grund werden auch die meisten Tieftaucher (zum Beispiel die japanischen Muscheltaucherinnen) von einem Assistenten hochgezogen.

Das größte Problem, mit dem Sport- und Muscheltaucher zu kämpfen haben, ist natürlich der Luftmangel. Die meisten Menschen sind nicht in der Lage, ihren Atem länger als ein bis zwei Minuten anzuhalten; mit Training sind aber auch längere Zeiträume möglich. Der Weltrekord wurde 1993 von Alejandro Ravelo aufgestellt, der 6 Minuten und 41 Sekunden lang ruhig auf dem Boden eines Schwimmbeckens lag. Um solche Rekordzeiten zu erreichen, muss man vor dem Tauchen hyperventilieren. Wie bereits im ersten Kapitel erläutert, kommt der wichtigste Atemantrieb vom Kohlendioxid. Darum kann Hyperventilation, die zusätzliches Kohlendioxid aus dem Körper bläst, die Zeit verlängern, bevor die Kohlendioxidkonzentration wieder ein Niveau erreicht hat, das den nächsten Atemzug erforderlich macht. Allerdings ist es sehr gefährlich, vor dem Tauchen zu hyperventilieren, weil der Taucher dann vielleicht auch nicht merkt, wann das Sauerstoffniveau im Blut so sehr gesunken ist, dass ein normales Funktionieren des Gehirns nicht mehr sichergestellt ist. Die Folge der dann unausweichlichen Ohnmacht unter Wasser wäre der Tod durch Ertrinken. Noch heute gibt es immer wieder solche unnötigen tödlichen Badeunfälle, besonders wenn Kinder einen Wettbewerb austragen, wer es am längsten unter Wasser aushalten kann.

Menschen können ihren Atem nur für wenige Minuten anhalten, doch tauchende Säugetiere, Enten und Schildkröten können das für wesentlich längere Zeit. Den Rekord hält der See-Elefant, von dem ununterbrochene Tauchgänge von zwei Stunden Dauer zu Buche stehen – mehr als zwanzigmal so lange wie der menschliche Rekord. Die meisten Tauchgänge dauern jedoch bei weitem nicht so lange. Die enorme Ausdauer dieser Robbenart rührt jedoch nicht daher, dass sie mehr

Auftrieb und Schwimmblasen

Tiere verwenden viele wunderbare Hilfsmittel, um im Meerwasser ihre vertikale Position zu halten. Die meisten verschwenden dabei keine unnötige Energie, indem sie sicherstellen, dass ihre Dichte der des sie umgebenden Wassers ziemlich genau entspricht. Hier liegt die Funktion der Schwimmblase, eines silbrigen, mit Luft gefüllten Sacks, den man im Hohlraum des Fischkörpers sehen kann, wenn man einen Fisch ausnimmt. Mit Hilfe dieses Organs kann der Fisch seine Auftriebskraft an die Tiefen anpassen, in denen er lebt. Eine Neutralisierung des Auftriebs ist insofern von Vorteil, als der Fisch keine Energie dafür aufwenden muss, seine horizontale Position zu halten, aber sie hat unweigerlich auch einen Nachteil. Wie bei einem menschlichen Sporttaucher, der seine Lunge voll Luft hat, wird das Gas in der Schwimmblase des Fisches komprimiert, wenn er tiefer schwimmt als normal. Dann muss er beim Schwimmen größere Anstrengungen unternehmen, um nicht abzusinken. Umgekehrt gilt, dass, wenn der Fisch in geringerer Tiefe als üblich schwimmt, das Gas in der Schwimmblase expandiert und für zusätzliche Auftriebskräfte sorgt. Um nicht an die Oberfläche getrieben zu werden, muss der Fisch jetzt verstärkt nach unten schwimmen. Zwar kann er seinen Auftrieb dadurch regulieren, dass er Gas aus der Schwimmblase ablässt, doch das ist ein langsamer Prozess. Im wesentlichen sind die Fische also auf eine bestimmte Meerwasserschicht als Lebens- und Manövrierraum beschränkt. Jede Art hat ihre eigene Schwimmtiefe. Viele Fische haben geschlossene Schwimmblasen ohne äußere Öffnungen, und wenn diese Fische zu schnell an die Oberfläche gebracht werden, expandiert das Gas in ihrem Innern möglicherweise zu schnell. Dann platzt die Schwimmblase oder wird durch das Fischmaul nach außen gedrückt. Manche Fische (zum Beispiel Haie) haben überhaupt keine Schwimmblasen; sie müssen darum permanent in Bewegung sein, um ihre Position im Wasser zu halten. Wenn sie zu schwimmen aufhören, sinken sie ab. Der Riesenhai indes verbringt weniger Zeit damit, im Wasser umherzujagen; dafür hat er eine große ölige Leber, die ihm dabei hilft, eine natürliche Balance zu halten.

Die Schwimmblase ist fast vollständig mit Sauerstoff gefüllt, der sich nicht verflüchtigen kann, weil das Organ mit mehreren Schichten von Guaninkristallen eingefasst ist. Diese Kristallschichten schützen die Zellen vielleicht auch vor den giftigen Nebenwirkungen von Sauerstoff in der Tiefe. Das Guanin selbst ist ein hochinteressantes Molekül. Es sorgt dafür, dass Fischschuppen glänzen, es findet sich in Vogelexkrementen (Guano besteht weitgehend aus Guanin), und es ist – als eine der vier Basen, aus denen die DNA besteht – von zentraler Bedeutung für das Genom.

Der Nautilus (auch Perlboot) ist eine wunderschöne Kreatur, die mit den

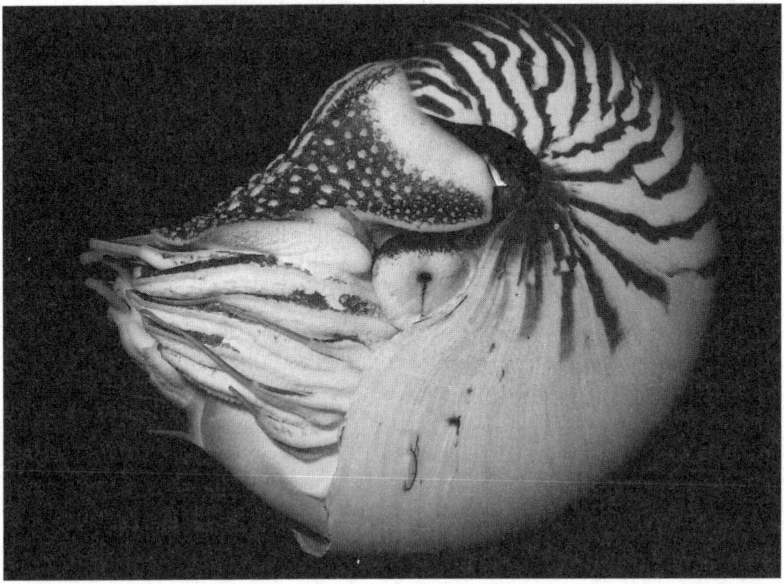

uralten Ammoniten und heute mit dem Oktopus und dem Tintenfisch verwandt ist. Er besitzt eine große Außenschale, die in mehrere Kammern eingeteilt ist. Wenn das Tier wächst, fügt es seiner Schale neue Kammern hinzu, etwa alle drei bis vier Monate eine. Jede Kammer ist von den ihr benachbarten durch Scheidewände (so genannte Septa) getrennt, die die Außenschale verstärken und verhindern, dass diese vom äußeren Wasserdruck zermalmt wird. Das Tier lebt in der letzten Kammer, die anderen sind mit Gas (bei einem Druck von 1 Atmosphäre) gefüllt und dienen der Steuerung des Auftriebs. Wenn sie sich bilden, sind die Kammern zunächst mit einer Salzlösung gefüllt, doch die Salze werden dann Schritt für Schritt nach außen gepumpt. Auf dem Weg der Osmose ziehen die Salze das Wasser nach sich, und auf diese Weise kann sich im Innern Gas verteilen und die Flüssigkeit ersetzen. Weil das für den Auftrieb benötigte Gas in einer festen Schale eingeschlossen ist, machen dem Nautilus Veränderungen der Tiefe nichts aus, und er kann im Ozean mal höher, mal tiefer im Wasser auf Jagd gehen. Seine Grenzen liegen allein bei dem maximalen Druck, den die Schale aushalten kann. Während des Tages sinkt der Nautilus auf bis zu 400 Meter Tiefe ab, doch bei Nacht steigt er in flachere Gewässer auf (150 Meter Tiefe), um sich zu ernähren. Man hat Nautilusse in Tiefen bis zu 600 Meter gefangen, doch haben Experimente gezeigt, dass die Außenschale durch den Außendruck des Wassers in einer Tiefe von 750 Metern zerdrückt werden würde. Hier also liegt für den Nautilus die absolute Grenze in der Tiefe.

Sauerstoff in ihren Lungen transportiert, denn der See-Elefant atmet ja, wie wir gesehen haben, vor dem Tauchen aus, um die Druckfallkrankheit beim Wiederauftauchen zu vermeiden. Relativ gesehen haben jedoch Robben und Wale ein größeres Blutvolumen und damit auch eine deutlich höhere Sauerstofftransportkapazität als der Mensch. Sauerstoff wird auch in den Muskeln gespeichert, gebunden an das Myoglobin, ein Molekül, das dem Blutfarbstoff Hämoglobin strukturell verwandt ist. Pottwale aber haben zehnmal mehr Myoglobin pro Kilogramm Muskelmasse als der Mensch. Darum ist das Walfleisch auch ganz dunkelrot. Außerdem enthalten die Muskeln der tauchenden Säugetiere eine große Menge Kreatinphosphat, das als Energiespeicher dient (siehe dazu Kapitel 5). Durch diese Anpassungen verfügen Weddellrobben und Wale über einen Sauerstoffvorrat, der für mindestens zwanzig Minuten reicht – etwas länger als ein durchschnittlicher Tauchgang.

Manchmal tauchen Weddellrobben bis zu einer Stunde lang. Möglich ist dies, weil die Muskeln, wenn der im Myoglobin gespeicherte Sauerstoff verbraucht ist, zum anaeroben (sauerstofflosen) Stoffwechsel übergehen (siehe dazu Kapitel 5). Beim anaeroben Stoffwechsel entsteht jedoch Milchsäure, die anschließend durch einen Prozess, bei dem Sauerstoff zwingend erforderlich ist, wieder aus dem Muskelgewebe entfernt werden muss. Je länger die Robbe also unter Wasser bleibt, desto mehr Milchsäure bildet sich, und desto größer ist anschließend an der Oberfläche die Sauerstoffmenge, die benötigt wird, um die Milchsäure wieder abzubauen. Hier liegt der Grund, warum Weddellrobben nach längerem Tauchen auch eine längere Regenerationszeit vor dem nächsten Tauchgang benötigen.

Der See-Elefant bleibt ein Rätsel. Wie bei der Weddellrobbe reichen seine Sauerstoffvorräte nur für etwa zwanzig Minuten. Und doch kann er weit länger als eine Stunde unter Wasser bleiben und anschließend sofort wieder abtauchen. Offenbar muss der See-Elefant also keine Milchsäure abbauen. Folglich muss er über einen weit größeren Sauerstoffvorrat verfügen als bisher angenommen. Niemand kann wirklich sagen, wie er das schafft; eine Hypothese lautet, dass der Stoffwechsel beim Tieftauchen dramatisch reduziert wird. Bei vielen tauchenden Tieren, auch beim See-Elefanten, sinkt die Herzfrequenz unmittelbar nach dem Eintauchen – dieses Phänomen ist als Tauchreflex bekannt. Die Blutgefäße, welche Haut und Eingeweide versorgen, ziehen sich zusammen. Dadurch konzentriert sich das Blut auf die le-

Der See-Elefant, das größte tauchende Säugetier

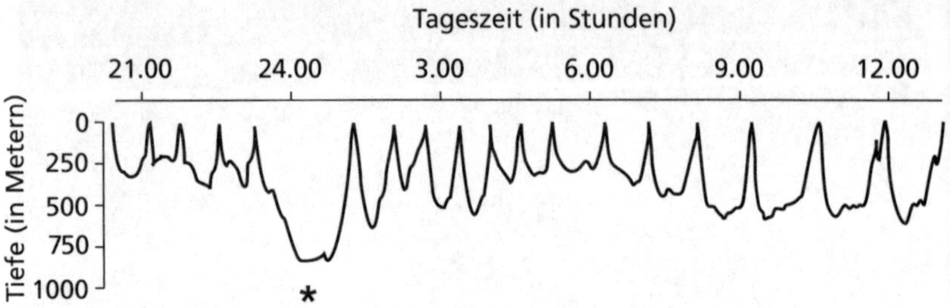

*Ausschnitt aus den Tauchaufzeichnungen einer mit einem Sender versehenen See-Elefantenkuh (Mirounga angusti) in freier Wildbahn. Die meiste Zeit verbrachte sie unter der Wasseroberfläche, und ein bestimmter Tauchgang (mit * markiert) dauerte geschlagene zwei Stunden.*

benswichtigen Organe wie Herz und Gehirn. In den weniger durchbluteten Geweben verlangsamt sich der Stoffwechsel, und damit wird auch weniger Sauerstoff gebraucht. Diese Umverteilung des Blutes könnte ein wesentlicher Faktor für den sparsamen Sauerstoffverbrauch sein. Doch das bleibt vorerst Spekulation; wie es der See-Elefant wirklich schafft, dass er so lange unter Wasser bleiben kann, ist weiterhin nicht klar.

Und das ist nicht das einzige Rätsel, das noch auf eine Erklärung wartet. Schnabeltiere meditieren anscheinend gern unter Wasser, denn sie legen ihre Bauten oft unter Baumwurzeln an und liegen recht lange still auf dem Boden von Bachbetten. Die grüne Schildkröte *Chelonia mydas* überwintert im Golf von Kalifornien auf dem Meeresboden: Mehrere Monate lang liegt sie dann schlafend unter Schlick und Seegras. Während des Winterschlafs ist der Stoffwechsel zwar stark reduziert, aber es ist trotzdem nicht klar, woher die Schildkröte genug Sauerstoff bekommt, um überleben zu können. Leider werden wir nicht mehr viel Zeit haben, um das herauszufinden, denn diese Winterquartiere, die einst nur der örtlichen Seri-Indianerbevölkerung bekannt waren und sorgfältig geschützt wurden, sind vor nicht allzu langer Zeit von mexikanischen Fischern entdeckt worden, die die Bestände nun mit moderner Ausrüstung schnell dezimieren.

Tauchen mit Atemgerät

Mitte des 20. Jahrhunderts wurde das Tauchen durch die Einführung einer neuen Atemausrüstung revolutioniert (im Englischen: SCUBA = self-contained underwater breathing apparatus, »unabhängiges Unterwasseratemgerät«). Entscheidend war dabei die Erfindung eines automatischen Luftanforderungsventils, des so genannten Lungenautomaten, im Jahre 1943 durch die Franzosen Jacques Cousteau und Émile Gagnan. Es versorgt den Taucher je nach Bedarf mit Luft, die denselben Druck hat wie das ihn umgebende Wasser (wobei die Dosierung durch den beim Atmen entstehenden Unter- und Überdruck automatisch gesteuert wird). Der Rest der Ausrüstung besteht aus einem oder mehreren Tanks mit Druckluft, die auf dem Rücken getragen werden, einer Gesichtsmaske und Schwimmflossen. Nebenbei gesagt erscheint es erstaunlich, dass Schwimmflossen erst 1935 eingeführt wurden, dazu noch zuerst in sehr elementaren Formen (wie Holz- und Metallpaddeln), weil sie die Effizienz des Schwimmers beim Tauchen erheblich steigern.

Diese Tauchausrüstung wurde zuerst verwendet, als es nach dem Zweiten Weltkrieg galt, feindliche Wasserminen zu orten und zu räumen. Doch in den 1960er Jahren wurde sie auch einem breiteren Publikum durch eine Serie wunderschöner Unterwasserfilme bekannt, die Jacques Cousteau sowie Lotte und Hans Hass drehten. Ihre Filme von Korallenriffen, Delfinen, Haien und vielen weiteren ungewöhnlichen Geschöpfen des Meeres vermittelten den Zuschauern die Vielfalt und Komplexität des Lebens in den Ozeanen. Die Menschen waren fasziniert von einer psychedelischen Welt, in der der Mensch anscheinend in der Lage war, mühelos zwischen Wolken aus Myriaden brillant gefärbter Fische dahinzugleiten; einer Welt, in der Tiere eher neugierig als ängstlich waren; in der Schätze auf dem Meeresgrund verstreut lagen, die man nur noch aufheben musste; einer Welt, die nur wenige zuvor erkundet hatten. Viele hatten nun den Wunsch, diese Welt selbst in Augenschein zu nehmen, und das förderte die Entwicklung der Tauchgeräteindustrie. Davon wiederum profitieren heute zahlreiche Sport- und Freizeittaucher. Doch ist die Unterwasserwelt, wie wir bereits gesehen haben, trotz all ihrer Schönheit nicht ohne Gefahren. Allen, die mit Tauchgeräten in die Tiefen vordringen wollen, sei deshalb dringend geraten, zuvor einen anständigen Trainingskurs zu absolvieren.

Die Sicherheitsgrenze für das Tauchen mit Druckluft, sei es mit Atemgeräten oder mit einer Luftversorgung von der Wasseroberfläche aus, liegt bei rund 30 Metern. Sie resultiert aus den Gasen, die man einatmet, denn unter entsprechendem Druck sind sowohl Stickstoff als auch Sauerstoff giftig.

Der Tiefenrausch

Unter mehreren Atmosphären Druck entwickelt Stickstoff giftige, berauschende Wirkungen, die Jacques Cousteau als »Tiefenrausch« bezeichnet hat. Die Symptome entwickeln sich erst allmählich und ähneln denen eines Alkoholrausches: Euphorie, vermeintliche mentale Agilität, Realitätsverlust, Verlust der manuellen Geschicklichkeit, irrationales Verhalten. Die Euphoriegefühle sind sowohl illusorisch als auch gefährlich, denn wenn der Taucher daraufhin im falschen Gefühl des Selbstvertrauens immer weiter in die Tiefe vordringt, lässt die Leistungsfähigkeit gleichwohl immer mehr nach. Ein milder Stickstoffrausch kommt meistens in Tiefen um 50 Meter vor. In größeren Tiefen werden die Symptome immer stärker, bis man schließlich das Bewusstsein verliert, meistens in Tiefen von rund 90 Metern. Beim häufigen Tauchen können sich Taucher ein wenig an die Wirkungen des Stickstoffrauschs gewöhnen und damit auch in der Lage sein, ohne ernsthafte Vergiftungserscheinungen bis zu einer Tiefe von 50 Metern zu tauchen. Trotzdem ist die Stickstoffnarkose schon für den Tod vieler Taucher verantwortlich gewesen, die sich in größere Tiefen vorgewagt hatten. Darum auch der gut gemeinte Rat, es bei 30 Metern zu belassen, wenn man Druckluft atmet.

Der Wissenschaftler John Burdon Sanderson Haldane, Sohn des Physiologen John Scott Haldane, hat 1941 mit Hilfe einer Druckkammer untersucht, welche Auswirkungen eine Stickstoffvergiftung hat. Seine Versuchspersonen, zu denen auch er und seine zukünftige Frau gehörten, hatten Rechenaufgaben und manuelle Geschicklichkeitstests zu erledigen, wobei Letztere darin bestanden, kleine Kugellager mit einer Pinzette von einem Glas in ein anderes zu befördern. Als sie Druckluft mit einem Druck von 10 Atmosphären (das entspricht dem in 90 Meter Tiefe herrschenden Druck) atmeten, wurden alle Versuchspersonen ziemlich verwirrt. Ein Teilnehmer des Experiments, bei normalen Druckverhältnissen ein absolut verantwortungsvoller Wissenschaftler, mogelte nun beim Geschicklichkeitstest. Ein anderer schwankte zwischen Depression und Hochgefühl: Mal wollte er unbedingt vom Überdruck befreit werden, weil er sich »beschissen« fühlte, dann lachte er nur noch und versuchte, seinen Kollegen beim Geschicklichkeitstest zu stören. Niemand konnte mehr richtig rechnen, und, wie Haldane lakonisch festhielt, »die Beobachtungen waren nicht so zufrieden stellend, wie man sich das gewünscht hätte«. Eine weitere Schwierigkeit bestand darin, dass die Versuchsleiter meistens genauso berauscht waren wie die Versuchspersonen: Sie konnten oft keine korrekten Notizen mehr machen oder die Stoppuhr drücken. Solche Studien lieferten indes den hinreichenden Nachweis, dass man bei unter Stickstoffnarkose leidenden Tauchern nicht mehr mit verantwortlichem Handeln rechnen konnte, sondern dass ihre Reaktionen wahrscheinlich für sie selbst und andere tödliche Gefahren heraufbeschworen hätten. Von manchen berauschten Tauchern mit Druckluftatemausrüstung weiß man sogar, dass sie vorüberziehenden Fischen ihre Mundstücke anboten.

Beim Druckausgleich erholt man sich vom Stickstoffrausch allerdings erstaunlich schnell. Bei Haldanes Experimenten war eine umgehende Befreiung von den Symptomen zu verzeichnen, sobald der Druck von 10 auf 5 Atmosphären reduziert worden war. Typische Reaktion der Versuchsteilnehmer: »Mein Gott, ich bin ja wieder nüchtern.«

Doch warum wirkt Stickstoff bei entsprechendem Druck narkotisch? Diese Frage kann immer noch nicht genau beantwortet werden. Die Ähnlichkeit der Symptome legt den Schluss nahe, dass der Mechanismus vielleicht derselbe ist wie bei einem Alkoholrausch, aber das hilft auch nicht viel weiter, weil wir über die genauen Wirkungsweisen des Alkohols ebenfalls nicht allzu viel wissen. Neuere Studien legen den Schluss nahe, dass Alkohol mit einer bestimmten Proteinklasse in Zellmembranen interagiert, den so genannten Ionenkanälen, die die Erregbarkeit von Nervenzellen regeln. Vielleicht hat ja auch Stickstoff ganz ähnliche Wirkungen.

Zu viel des Guten

Sauerstoff ist giftig – und zwar in zunehmendem Maße, je stärker der Druck erhöht wird. Obwohl die meisten Menschen bei einem Druck von 1 Atmosphäre reinen Sauerstoff bis zu 12 Stunden lang ohne negative Auswirkungen einatmen können, beginnen sie nach ungefähr 24 Stunden Lungenreizungen zu entwickeln, weil dann die Zellen, die die Lungenbläschen einsäumen, in zunehmendem Maße zerstört werden. Das erste Problemanzeichen ist der Husten, aber in schweren Fällen können sich ernsthafte Atembeschwerden ergeben, Flüssigkeitsansammlungen in der Lunge und sogar Blutergüsse in den Kapillargefäßen der Lunge. Dann füllen sich die Lungen mit Blut. Bei 2 Atmosphären Druck wird auch das Nervensystem beeinträchtigt, und der Betreffende kann unter Schwindelanfällen, Übelkeit und Lähmung von Armen und Beinen leiden. Innerhalb weniger Stunden setzen Konvulsionen ein, die einem heftigen epileptischen Anfall ähneln, bei körperlichen Anstrengungen sogar noch früher. Manchmal sind solche Anfälle so heftig, dass Knochenbrüche die Folge sind. Je stärker man den Druck erhöht, desto kürzer wird die Zeitspanne bis zum Ausbruch der Anfälle. Jede derartige Konvulsion unter Wasser ist natürlich potenziell tödlich und unbedingt zu vermeiden. Das ist auch das Ergebnis von ausgedehnten Versuchen, die während des Zweiten Weltkriegs, wiederum von John Burdon Sanderson Haldane, unternommen wurden. Er beobachtete: »Die Konvulsionen sind sehr heftig, und in meinem eigenen Fall sind die dadurch hervorgerufenen Rückenverletzungen auch nach einem Jahr noch sehr schmerzhaft. Die Konvulsionen dauern ungefähr zwei Minuten, dann folgt Schwäche durch Erschlaffung. Ich erwache in einem Zustand extremer Angst, die mich vielleicht zu vergeblichen Versuchen veranlassen könnte, aus der Stahlkammer zu entfliehen.«

Haldane und seine Kollegen fanden heraus, dass man bei einem Druck von 7 Atmosphären reinem Sauerstoff höchstens fünf Minuten ausgesetzt sein kann, bevor die Konvulsionen beginnen. Zu seiner Freude entdeckte Haldane auch, dass Sauerstoff nicht das geruch- und geschmacklose Gas war, das es bei normalem atmosphärischen Druck zu sein schien. Stattdessen hatte er einen recht eigenartigen süßsauren Geruch »wie schales Ingwerbier« oder »dünne Tinte mit etwas Zucker darin«. Er benutzte diese Entdeckung, um seinen Hinweis zu illustrieren, man solle nicht alles glauben, was man in Lehrbüchern lesen könne. Und dort steht ausnahmslos, Sauerstoff habe weder Geruch noch Geschmack.

Im Zweiten Weltkrieg benutzte die britische Marine (wie auch heute noch) ein in sich geschlossenes Beatmungssystem mit reinem Sauerstoff. Dieses Gerät besteht aus einer »Gegenlunge«, die man auf der

Brust trägt, und einem Sauerstoffzylinder. Die Gegenlunge ist ein großer, flexibler Gummisack, der sich, wenn der Taucher atmet, ausdehnt und dann wieder zusammenfällt. Zwischen Mund und Gegenlunge liegt ein mit Natronkalk gefüllter Kohlendioxidfilter, der das vom Taucher ausgeatmete Kohlendioxid auffängt. In die Gegenlunge wird dann Sauerstoff eingespeist, der den vom Taucher verbrauchten ersetzt. Ins Wasser gelangt dabei überhaupt kein Gas, und so gibt es keine verräterischen Luftblasen. Das ist bei Geheimoperationen, bei denen der Taucher nicht entdeckt werden darf, ein großer Vorteil – aber auch bei der Entschärfung von Unterwasserminen per Hand, denn Luftblasen könnten die Mine explodieren lassen. Ein weiterer Vorteil besteht darin, dass der Gaszylinder nur ein Fünftel der Größe eines Drucklufttanks hat (weil Atemluft nur 20 Prozent Sauerstoff enthält), wodurch der Taucher viel wendiger wird.[4] Würde der Taucher andererseits bei diesem System einen Tank von der Größe eines SCUBA-Tanks tragen, wäre seine Reichweite um das Fünffache größer. Als Ergebnis von Haldanes Experimenten wurde die Grenze für Tauchgänge mit reinem Sauerstoff auf 8 Meter Tiefe festgelegt (bei einem Druck von 1,8 bar). Doch selbst dann liegt die Toleranzgrenze bei wenigen Stunden. Manche Menschen sind anfälliger für Sauerstoffvergiftungen als andere. Darum testet die britische Marine gegenwärtig ihre neuen Taucherrekruten bei einem Druck von 2 Atmosphären, um zu sehen, ob sie dann beim Einatmen reinen Sauerstoffs Anfälle bekommen. Wer auf diesen Test positiv reagiert, bekommt eine andere Spezialausbildung angeboten.

In größeren Tiefen als 8 Meter kann reiner Sauerstoff nicht benutzt werden; dann muss man die Gegenlunge mit einer Gasmischung versorgen. In Tiefen bis zu 25 Metern sind es meistens 60 Prozent Sauerstoff und 40 Prozent normale Luft. In größeren Tiefen wird der Sauerstoffprozentsatz weiter reduziert; in 50 Meter Tiefe sind es nur noch 33 Prozent. Der Nachteil dieser Gasmischung ist, dass sich der Stickstoff aus der Luft in der Gegenlunge ansammelt; darum muss das System von Zeit zu Zeit gereinigt werden. Dabei entstehen dann zwar Blasen, aber nur in periodischen Abständen. So bleibt die Gegenlunge das bevorzugte System bei verdeckten Operationen – etwa wenn Minen an feindlichen Schiffen anzubringen sind. Die für den Druckausgleich erforderliche Zeit ist bei diesem System ebenfalls wesentlich kürzer, weil die Gasmischung nur wenig Stickstoff enthält.

Doch auch wenn man in der Tiefe geringere Sauerstoffkonzentrationen einatmet, die denen in normaler Atemluft ähneln, bleibt die Giftigkeit des Sauerstoffs ein Thema. Beim Abtauchen erhöht sich der Druck der eingeatmeten Luft parallel zum Wasserdruck. In einer Tiefe von 90 Metern beträgt der Druck zum Beispiel 10 Atmosphären. Weil normale Luft aus 20 Prozent Sauerstoff besteht, beträgt der Sauerstoffpartialdruck dann 2 Atmosphären. Das kann man zwar für kurze Zeit aushalten, aber für längere Tauchoperationen ist es nicht empfehlenswert. Dann muss die Zusammensetzung des eingeatmeten Gases geändert werden. Tief tauchende Tiere wie Wale und Robben leiden weder unter Sauerstoffvergiftungen noch unter Stickstoffnarkosen, weil sie nicht unter erhöhtem Druck atmen – tatsächlich verlässt bei einem Tauchgang keinerlei Luft die Lungen dieser Tiere.

Blackout und Tapferkeit

Wir sollten jetzt auch noch die Auswirkungen von Kohlendioxidgas unter hohem Druck betrachten. Sie sind vielleicht nicht so dramatisch wie die von Stickstoff und Sauerstoff, aber sie können trotzdem ernster Natur sein. Wie schon im ersten Kapitel erläutert, ist Kohlendioxid ein mächtiger Atemanreiz. Ein Anstieg des Kohlendioxidniveaus erhöht aber nicht nur die Atemfrequenz; wenn er zu lange andauert, kann er auch zu Kopfschmerzen, Verwirrung und Bewusstlosigkeit führen.

Anfang des 20. Jahrhunderts fand man heraus, dass eine Kohlendioxidvergiftung der Grund dafür war, dass so viele britische Marinetaucher in größeren Tiefen einfach nicht arbeiten konnten. Die Taucher wurden kontinuierlich von der Oberfläche aus mit Luft versorgt, die durch ein Entlüftungsventil an der Seite ihres Helms wieder entwich. Kohlendioxid, ein Abfallprodukt des Stoffwechsels, wird mit der Atemluft ausgeschieden. Durch das Ausatmen stieg aber der Prozentanteil des Kohlendioxids an der Luft im Taucheranzug über den Kohlendioxidanteil der eingeatmeten Luft hinaus an. Wie stark, das hing von der Geschwindigkeit ab, mit der die Luft durch das Entlüftungsventil wieder aus dem Anzug hinausbefördert wurde. Durch körperliche Arbeit wird der Stoffwechsel verstärkt – und damit auch die Kohlendioxidkonzentration in der ausgeatmeten Luft. Ein Kohlendioxidniveau von 2 Prozent hatte bei normalen atmosphärischen Druckbedingungen fast keine Auswirkungen auf die Leistungsfähigkeit des

Tauchers. Also wurde die Luftzufuhr von oben so eingestellt, dass dieser Wert im Anzug nicht überschritten wurde. Dabei hatte man jedoch nicht bedacht, dass sich die Wirkungen des Kohlendioxids bei erhöhtem Druck verschärfen. In einer Tiefe von 60 Metern, in der der Druck 5 Atmosphären beträgt, hat ein Kohlendioxidanteil von 2 Prozent dieselbe Wirkung wie ein Anteil von 10 Prozent unter normalen Druckverhältnissen an der Oberfläche. Wenn sich also die Taucher körperlich abmühten, mussten sie nicht nur stark nach Luft schnappen, sondern verloren obendrein oft noch das Bewusstsein. Als man jedoch die Ursache des Problems identifiziert hatte, ließ es sich leicht dadurch beheben, dass man die Atemluftzufuhr proportional zur Zunahme des äußeren Wasserdrucks verstärkte.

Kohlendioxidvergiftungen können auch die Folge sein, wenn in dem oben beschriebenen geschlossenen Beatmungssystem die Natronkalkfilter für das Kohlendioxid nicht richtig funktionieren. Hier könnte einer der Gründe dafür liegen, dass im Zweiten Weltkrieg eine ganze Reihe von Marinetauchern unter Wasser einen Blackout erlitten und anschließend ertranken, obgleich sie nur in relativ flachen Gewässern operiert hatten.

Als Resultat solcher Tragödien wurden weitere Untersuchungen über die Auswirkungen des Einatmens von Kohlendioxid unter erhöhtem Druck unternommen. Drei Monate vor dem Ausbruch des Zweiten Weltkriegs sank im Juni 1939 vor Liverpool das britische U-Boot *Thetis* bei Tests auf hoher See. 99 Opfer waren zu beklagen, bei nur vier Überlebenden. Abermals rief man Haldane zur Hilfe, um die Todesursachen zu untersuchen – diesmal von Seiten der Gewerkschaften, denen viele der Opfer angehört hatten. Haldane ließ sich von vier freiwilligen Assistenten unterstützen, die allesamt keine Wissenschaftler waren.[5] Um die Bedingungen in der Ausstiegskammer des U-Boots zu simulieren, wurden sie in einer kleinen Stahlkammer interniert. Innerhalb einer Stunde hatten alle heftige Kopfschmerzen, mehrere mussten sich übergeben – und zwar aufgrund der erhöhten Kohlendioxidkonzentration.

Rund 3 Prozent der ausgeatmeten Luft bestehen aus Kohlendioxid. Wenn also viele Menschen auf engem Raum zusammengedrängt sind und die verbrauchte Luft erneut einatmen müssen, steigt das Kohlendioxidniveau unweigerlich an. In einem in Not geratenen U-Boot kann dieser Anstieg schon erfolgen, bevor überhaupt klar ist, dass alle das Schiff verlassen müssen: Im Fall der *Thetis* war die Konzentration anscheinend schon auf 6 Prozent angestiegen (der Normalwert in der Atmosphäre beträgt 0,04 Prozent). Doch dies ist nicht das einzige Problem. Der Kohlendioxidpartialdruck in der Luft steigt nämlich auch dann noch weiter an, wenn die Ausstiegskammer benutzt wird. In einem U-Boot öffnen sich die Ausstiegsluken nach außen, so dass der externe Wasserdruck sie wasserdicht zudrückt. Damit man die Luken überhaupt öffnen kann, muss zunächst ein Druckausgleich zwischen innen und außen herbeigeführt werden; die Ausstiegskammer muss also mit Meerwasser geflutet werden. Sobald der Druckunterschied ausgeglichen ist und die Ausstiegsluken geöffnet werden können, legt die Besatzung ihre Atemausrüstung an und steigt zur Wasseroberfläche auf. Weil jedoch die Luft in der Ausstiegskammer beim Eindringen des Wassers komprimiert wird, steigt allmählich auch der Kohlendioxidpartialdruck immer weiter an.

In der Folge führte Haldane darum gemeinsam mit Dr. Martin Case extensive Tests zu den Auswirkungen eines Anstiegs der Kohlendioxidkonzentration unter erhöhtem Druck durch. Bei einem Druck von 1 Atmosphäre hatte der Anstieg von 0,04 auf 6 Prozent kaum Auswirkungen, bei einem Druck von 10 Atmosphären jedoch war als Folge eine markante Leistungsminderung bei Geschicklichkeitstests festzustellen. Alle Testpersonen wurden verwirrt, die meisten auch innerhalb von 5 Minuten ohnmächtig. Unter Wasser indes haben Verwirrung und Ohnmacht fast immer tödliche Konsequenzen. Haldanes Untersuchungen legen deshalb den Schluss nahe, dass, als der Druck in der Ausstiegskammer der *Thetis* plötzlich stark zunahm, die Kohlendioxidkonzentration in der verbleibenden Luft wahrscheinlich so hoch war, dass das Urteilsvermögen der Besatzungsmitglieder getrübt war und sie nicht mehr in der Lage waren, ihre Atemausrüstung sachgerecht anzulegen und anzupassen.

Inzwischen ist sicher klar geworden, dass John Burdon Sanderson Haldane ein Exzentriker war, der Spaß daran hatte, den eigenen Körper (und die Körper seiner Kollegen) in Extremsituationen zu testen. Aber er war auch ein sehr gründlicher Wissenschaftler. Darum untersuchte er anschließend auch die Auswirkungen von Kohlendioxid bei den kalten Temperaturen, die in der Tiefe herrschen. Er schrieb, bei einer Gelegenheit sei er 35 Minuten lang in Eisschmelzwasser eingetaucht gewesen und habe dabei Luft mit einem Kohlendioxidanteil von 6,5 Prozent eingeatmet, im zweiten Teil der Versuchsperiode sogar unter 10 Atmosphären Druck. »Ich wurde bewusstlos. Eine unserer Versuchs-

personen hat eine geplatzte Lunge, befindet sich aber auf dem Wege der Besserung; sechs haben einmal oder bei mehreren Gelegenheiten das Bewusstsein verloren; einer hatte Konvulsionen.«
Man fragt sich, was die Aufsichtsbehörden wohl heute zu solchen Versuchen sagen würden. Doch durch Haldanes persönlichen Mut – und den Mut seines Teams – liegen heute die Daten vor, die erforderlich sind, wenn man die Auswirkungen von Gasen auf den menschlichen Körper unter Druckbedingungen wissenschaftlich verstehen will. Das Wissen, das sie gewonnen haben, hat viele Menschenleben gerettet – und tut es auch weiterhin.

Wie weit können Sie gehen?

Weil die Gefahr einer Stickstoffnarkose besteht, kann man in größeren Tiefen als 30 Meter keine Druckluft mehr zum Atmen benutzen. In größeren Tiefen müssen der Stickstoff ersetzt und das Sauerstoffvolumen permanent angepasst werden, um sicherzustellen, dass der Sauerstoffpartialdruck niemals 0,5 bar überschreitet. Der Rest der eingeatmeten Luft muss durch Helium aufgefüllt werden. Darum atmen in größeren Tiefen als 30 Meter die Taucher meistens eine Helium-Sauerstoff-Mischung ein (»Heliox«). Als Inertgas (reaktionsträges Gas) hat Helium gegenüber Stickstoff verschiedene Vorteile. Erstens ist seine Narkosewirkung wesentlich geringer. Zweitens kann man es wegen seiner geringeren Dichte und Viskosität leichter einatmen: Die Molekularmasse des Heliums beträgt 4, die des Stickstoffs dagegen 28. Helium ist außerdem signifikant weniger wasserlöslich als Stickstoff. Damit sinkt auch der Gasanteil, der sich im Blut löst, und folglich auch die für den Druckausgleich beim Auftauchen benötigte Zeit. Negativ schlägt zu Buche, dass Helium ein wesentlich besserer Wärmeleiter ist. Das bedeutet, dass mit der ausgeatmeten Luft viel Wärme verloren geht und der Taucher möglicherweise ein zusätzliches Heizungssystem benötigt, um einer Unterkühlung vorzubeugen. Außerdem steigt wegen der geringen Dichte die Tonhöhe der Stimme; die Intonation wird so quakend wie bei Comicfiguren. Die »Donald-Duck-Stimme« entsteht, weil die Stimmbänder in der leichteren Luft schneller schwingen.
In Tiefen von mehr als 200 Metern (bei einem Druck von 21 bar) entwickeln Menschen und andere an Land lebende Tiere das Hochdruck-

nervensyndrom HPNS. Diese Nervenstörung führt zum Zittern; zu den weiteren Symptomen gehören Schwindelgefühle, Übelkeit und kurze, schlafähnliche Phasen von starker Konzentrationsschwäche. Die Ursachen der HPNS-Störungen kennt man nicht genau, es könnte sich aber um direkte Auswirkungen des Drucks auf das Nervensystem handeln. Denn isolierte Nervenzellen zeigen eine ähnliche Überreizung, wenn sie im Labor unter analogen Druckbedingungen wie in der Tiefe getestet werden. Bemerkenswerterweise interagieren die Auswirkungen des Drucks mit denen der Narkose. Wenn man Kaulquappen entweder einer niedrigen Alkoholkonzentration (2,5 Prozent) oder hohem Druck (20-30 bar) aussetzt, hören sie auf zu schwimmen. Wirken beide Faktoren aber gleichzeitig ein, so schwimmen sie glücklich und zufrieden umher. Auf ähnliche Weise wachen Mäuse aus einer Vollnarkose auf, wenn man den Druck erhöht, während umgekehrt die HPNS-Symptome nachlassen, wenn man eine Vollnarkose verabreicht. Dieses Experiment wurde noch nie direkt am Menschen durchgeführt, aber die Tierexperimente haben zu der Entdeckung geführt, dass HPNS teilweise überwunden werden kann, wenn man der Heliox-Mixtur noch etwas Stickstoff hinzufügt. Diese Mischung ist unter der Bezeichnung Trimix bekannt.

Durch HPNS wird jedoch die Tiefe begrenzt, die ein Taucher ohne künstliche Schutzumgebung erreichen kann. Wird Heliox eingeatmet, so liegt die Grenze bei einer Tiefe von 200–250 Metern. Tauchversuche legen allerdings den Schluss nahe, dass Menschen im offenen Meer noch in Tiefen bis zu 450 Metern operieren können (in einer Druckkammer sogar bis zu 600 Metern), wenn sie spezielle Gasmischungen wie Trimix einatmen. Doch solche Regionen sind den Testpiloten der Tiefe vorbehalten; normalerweise können Menschen nicht so weit vordringen. Demgegenüber werden größere Tiefen als 200 Meter routinemäßig von Meeressäugetieren aufgesucht: Pottwale können bis zu 1100 Meter tief tauchen und See-Elefanten haben sogar schon Tiefen von 1500 Metern erreicht. Viele andere Tierarten – Fische, Bakterien und Polychäten – leben in der Umgebung der heißen Quellen auf dem Meeresboden der Ozeanrücken sogar noch in wesentlich größeren Tiefen. Und warum leiden sie dann nicht an HPNS-Symptomen? Studien von Tiefseelebewesen haben ergeben, dass sie gegen Druck wesentlich widerstandsfähiger sind und HPNS folglich größeren Widerstand entgegensetzen können. Überdies scheinen sie für ihre normalen physiologischen Funktionen auf hohen Druck angewiesen zu sein, denn bei ihnen kann gerade die Dekompression zu Symptomen führen, die HPNS-Symptomen beim Menschen in der Tiefe ähneln. Sie sind also, wie man sagt, »barophile« Lebewesen. Gegenwärtig sind die Wissenschaftler noch dabei, das Rätsel zu lösen, wie ihre Zellen in der Lage sind, unter solch extrem hohem Druck zu funktionieren.

Leben in der Tiefe

Wie wir gesehen haben, löst sich wegen des höheren Drucks in der Tiefe mehr Gas in Körperflüssigkeiten auf. Darum beträgt beim Auftauchen aus extremen Tiefen die Dekompressionszeit manchmal auch bei kurzen Tauchgängen etliche Stunden; insofern wird eine direkte Rückkehr an die Oberfläche höchst unpraktisch. Taucher leben und arbeiten stattdessen dann mehrere Wochen in der Tiefe. Nach ihrer Arbeitsschicht kehren sie in einen Unterwasserwohncontainer zurück, der unter demselben Druck gehalten wird wie das Wasser der Umgebung. Die lange Dauer solcher Tauchschichten, die in den letzten Jahren immer üblicher werden, hat allerdings zur Folge, dass die Körpergewebe mit Stickstoff völlig gesättigt sind. Bei den Tauchern auf Nordsee-Bohrinseln, die damit beschäftigt sind, Pipelines auf dem Meeresgrund zu verlegen oder zu reparieren, ist zum Beispiel eine Verweildauer von einem Monat üblich.

Langzeittaucher, deren Gewebe gasgesättigt ist, atmen meistens Heliox ein, wobei die genaue Zusammensetzung des eingeatmeten Gases von der »Wohntiefe« unter Wasser abhängt. Ein erheblicher Nachteil von Heliox-Gas besteht in der Auswirkung auf die Stimmbänder (Donald-Duck-Stimme), doch kann man ein elektronisches Gerät als Gegenmittel einsetzen, das die Sprache wieder weitgehend dem Klang der Normalsprache annähert, damit sich der Taucher besser verständlich machen kann. Weil wegen der guten Wärmeleitfähigkeit des Heliums die Körpertemperatur beständig absinkt, müssen die Unterwasser-Wohnquartiere immer auf rund 30 °C beheizt werden. Ansonsten bereitet der Alltag unter Überdruckbedingungen aber kaum Schwierigkeiten. Am stärksten fällt vielleicht noch die Langeweile beim Druckausgleich ins Gewicht: Vier Tage sind dafür erforderlich, wenn man sich längere Zeit in 100 Meter Tiefe aufgehalten hat, und sogar zehn Tage, wenn es 300 Meter waren. In dieser Zeit kann der Taucher kaum etwas anderes tun, als herumzusitzen

Herausforderungen unter Wasser

Die Druckverhältnisse sind nicht das einzige Problem, das Taucher in der Tiefe bewältigen müssen. Hinzu kommen die starke Kälte und die Schwerelosigkeit im Wasser. Auch ihr Sehen, Hören und Orientierungsvermögen sind oft in Mitleidenschaft gezogen.
Fast alle Taucher tragen Schutzbrillen oder Gesichtsmasken. Sonst wären ihre Augen nicht in der Lage, unter Wasser scharf zu sehen; alles würde verschwommen bleiben. Denn ein Lichtstrahl, der von einem Medium zu einem anderen gelangt – in diesem Fall aus der Luft (oder dem Wasser) ins Auge – wird abgelenkt (gebrochen). Die gebrochenen Lichtstrahlen werden dann im hinteren Teil des Auges auf einer Schicht lichtempfindlicher Zellen, der Netzhaut, gebündelt und fokussiert. Das Ausmaß, in dem Lichtstrahlen an der Oberfläche des Auges gebrochen werden, ist jedoch im Wasser wesentlich geringer als in der Luft. Dann kann auf der Netzhaut kein scharfes Bild mehr entstehen. Wird jedoch in Augennähe durch Schutzbrillen oder Gesichtsmasken ein Luftraum erhalten, so erledigt sich das Problem von selbst. Allerdings werden nun die Lichtstrahlen an der Schnittstelle des Wassers mit dem Glas der Gesichtsmaske abgelenkt. Dadurch erscheinen Objekte unter Wasser rund 30 Prozent größer und näher als in der Luft. Es ist ganz nützlich, das im Gedächtnis zu behalten, wenn Taucher von Abenteuern mit riesigen Haien berichten.
Wasser absorbiert Licht. Dadurch nimmt die Lichtintensität in der Tiefe schnell ab. In rund 600 Meter Tiefe ist der Ozean völlig dunkel. Weil rotes Licht leichter absorbiert wird als blaues, fungiert Wasser auch als Farbfilter. Mit zunehmender Tiefe werden zuerst die Rot- und Gelbtöne »herausgespült«, dann die Grüntöne, bis schließlich nur noch Blautöne übrig bleiben. William Beebe, einer der Tauchpioniere, hat diesen Farbwechsel 1934 mit poetischen Worten beschrieben: In 15 Meter Tiefe sah er aus seiner Tauchkugel heraus einen »brillanten blaugrünen Dunst«, der beim weiteren Abstieg langsam durch eine »leichte Dämmerqualität und eine Abkühlung des Grüns« transformiert wurde, bis in 100 Meter Tiefe nur noch ein reines blasses Blau zu sehen war. In rund 200 Meter Tiefe war das Licht ein »undefinierbares, durchscheinendes Blau, ganz anders als alles, was ich in der oberen Welt je gesehen habe. Es erregte unsere Sehnerven auf höchst verwirrende Weise.« Die Leuchtkraft des Blaus wurde durch den Suchscheinwerfer noch verstärkt, dessen Licht Beebe als »das Gelbste erschien, was ich je gesehen habe«. Als die Tauchkugel weiter absank, verblasste Beebes schmerzhaft schönes Blau zu einer dunklen Tintenfarbe. Aber es hatte bereits einen bleibenden Eindruck hinterlassen. Andere

William Beebe (links) und Otis Barton (rechts) neben ihrer Tauchkugel (Bathysphäre), in der sie 1934 ihre legendäre Reise »eine halbe Meile in die Tiefe« antraten. Beebe war ein bekannter Naturforscher und Autor vieler populärer naturwissenschaftlicher Bücher, Barton ein wohlhabender junger Abenteurer mit Forscherehrgeiz. Barton entwarf und bezahlte die Tauchkugel, die fast 4 cm dicke Stahlwände hatte und mit einem 1067 m langen Stahlseil am Versorgungsschiff befestigt war. Die kreisrunde Einstiegsluke, durch die sich die Taucher hinein- und herauszwängen mussten, hatte einen Durchmesser von nur 35 cm. Die Fenster waren aus 7,5 cm dickem Quarzglas. Das im Innern installierte Schutzsystem umfasste Sauerstofftanks, Behälter mit Calciumchlorid (zur Absorption des Wasserdampfs) und mit Natronkalk (zur Absorption des Kohlendioxids). Bei ihrem Abstieg in die Tiefe konnten Beebe und Barton nicht nur Fischarten lebend beobachten, die zuvor nur tot aus Funden in Fischnetzen bekannt waren, sondern auch unbekannte phosphoreszierende Lebewesen. Beebe sagte, er fühle sich »wie ein Paläontologe, der plötzlich die Zeit außer Kraft setzen und Fossilien lebend sehen kann«.

Forscher berichten, dass sich das blaue Licht in ein intensives Violett verwandelt, ehe schließlich eine samtene Schwärze an seine Stelle tritt, die dunkler ist als die Nacht.
Faszinierend ist, nebenbei gesagt, dass Beebes Bericht mit Sicherheit auch von Thomas Mann gelesen und in seinen Roman *Dr. Faustus* eingefügt wurde. Dort fabuliert der Protagonist Adrian Leverkühn scherzhaft, er habe gemeinsam mit einem amerikanischen Wissen-

schaftler namens Capercailzie einen neuen Tiefseetauchrekord aufgestellt. Er berichtet dem Erzähler des Romans, »wie er mit Mr. Capercailzie eine kugelförmige Tauchergondel von nur 1,20 Meter Innendurchmesser und ausgerüstet ungefähr wie ein Stratosphärenballon bestiegen habe und sich mit ihm darin durch den Kran des Begleitschiffes in das hier ungeheuer tiefe Meer habe versenken lassen. ... Anfangs hatte das kristallklare von der Sonne durchleuchtete Wasser sie umgeben. Aber diese Erhellung des Inneren ... durch das obere Licht reicht nur etwa 57 Meter hinab.« Weiter ging es in die Tiefe. »Durch ihre Quarzfenster blickten die Reisenden nun in ein schwer zu beschreibendes Blauschwarz hinaus.« Dann »herrschte vollkommene Schwärze ringsum, die von keinem schwächsten Sonnenstrahl seit Ewigkeiten erlangte Finsternis des interstellaren Raumes«.
Grundsätzlich wird die Farbe eines Objekts durch die Wellenlänge des von ihm reflektierten Lichts bestimmt: Eine rote Rose erscheint uns als rot, weil sie das rote Licht reflektiert und alle anderen Wellenlängen absorbiert. Zwanzig Meter unter der Oberfläche des Mittelmeers sähe dieselbe rote Rose schwarz aus, weil in dieser Tiefe kein rotes Licht mehr reflektiert wird. In größeren Wassertiefen ist die Lichtintensität so gering, dass die farbempfindlichen Zellen der Netzhaut des Auges (die Zäpfchen) nicht mehr funktionieren. Alles erscheint dann als grau. Wenn es dunkel ist, wie in der Dämmerung oder in den Tiefen des Ozeans, benutzen wir eine andere Gruppe von Netzhautzellen, um Licht zu entdecken: die Stäbchen. Sie sind sehr lichtempfindlich, können aber keine Farben unterscheiden. Ihre Lichtempfindlichkeit ist sogar so groß, dass sie durch helles Tageslicht inaktiviert werden und 20 bis 30 Minuten zur Anpassung brauchen, wenn das Licht gedämpft ist. Jeder, der schon einmal einige Zeit in einem dunklen Zimmer gesessen und miterlebt hat, wie sich geheimnisvolle Schatten allmählich in erkennbare Objekte verwandeln, weiß, wovon die Rede ist. Die meisten Taucher verbringen aber nicht genug Zeit in der Tiefe, um sich völlig an die Dunkelheit anzupassen. Weil jedoch die Stäbchen gegenüber Rotlicht ziemlich unempfindlich sind, kann man eine rote Blende außen auf der Gesichtsmaske anbringen und diese schon vor dem Tauchen tragen (in der Tiefe muss sie allerdings abgenommen werden). Das könnte die Sehfähigkeit unter Wasser verbessern.
Zum Teil besteht die Attraktion des Tauchens, wenn man Filme und persönliche Erlebnisse zum Maßstab nehmen kann, darin, dass es in der Unterwasserwelt so lautlos zugeht. Unter Wasser fällt das Hören viel

schwerer als in der Luft, weil sich der Schall im dichteren Medium viel schneller verflüchtigt. Hinzu kommt, dass Schallwellen im Wasser viel schneller übertragen werden, so dass sie beide Ohren ungefähr gleichzeitig erreichen, was die räumliche Ortung der Schallquelle erheblich erschwert.

Die Ozeane sind viel zu kalt, als dass der Mensch darin ohne Wärmeisolierung lange überleben könnte (eine Ausnahme machen lediglich oberflächennahe tropische Gewässerschichten). Kaltes Wasser leitet Wärme sehr effizient aus dem Körper ab. Der Taucher muss sich also in irgendeiner Form gegen diesen Wärmeverlust schützen. Zur Isolierung dient in Feuchtanzügen eine dünne Wasserschicht zwischen Körper und Latexanzug, während in Trockenanzügen das Wasser komplett fern gehalten wird. Hier trägt man den Latexanzug dann über mehreren Kleidungsschichten. In Tiefen über 50 Meter wird der Wärmeverlust noch dadurch verschärft, dass Heliox-Gas eingeatmet werden muss. Helium ist ein sehr guter Wärmeleiter, so dass beim Atmen viel Körperwärme verloren geht. Oft benötigen Tiefseetaucher darum ihre eigene Heizung im Taucheranzug, indem etwa heißes Wasser in einem Leitungssystem durch den Anzug geleitet wird oder, in manchen Fällen, sogar die Gasvorräte erwärmt werden.

Aufgrund des Auftriebs im Wasser sind Taucher im Wesentlichen schwerelos. Diese Befreiung von den Begrenzungen der Schwerkraft ist eine der großen Freuden des Tauchens, aber sie hat auch ihre Kehrseiten. Zum Beispiel ist es sehr schwer, hier mit Werkzeugen umzugehen, die Drehungen erfordern, denn es dreht sich immer gleich der ganze Körper mit, wenn man mit einem Schraubenschlüssel eine Mutter losdrehen will: Der Körper bewegt sich, die Mutter nicht. Auch fällt es schwer, bei Strömungen am gleichen Fleck zu verharren. In größeren Tiefen erfordert die größere Wasserdichte auch größere Anstrengungen, um sich zu bewegen – ein Faktor, der die mögliche Arbeitsleistung in großer Tiefe nicht unwesentlich begrenzt.

An Land signalisieren uns die Schwerkraft und visuelle Zeichen die Position unseres Körpers. Diese Informationen stehen dem schwerelosen Taucher bei schlechter Sicht unter Wasser nicht zur Verfügung. Er könnte sich deshalb orientierungslos fühlen und es mit der Angst zu tun bekommen. Man kann leicht in Panik geraten, wenn man nicht mehr weiß, in welcher Richtung sich die Wasseroberfläche befindet. Doch gibt es zum Glück auch hier noch Orientierungszeichen: Blasen steigen immer nach oben, und ein Gürtel mit Gewichten sinkt immer nach unten, wenn man ihn in die Hand nimmt.

und zu warten. Selbst wenn schließlich wieder atmosphärische Druckverhältnisse erreicht sind, müssen sich Berufstaucher noch mehrere Stunden in der Nähe von Druckkammern aufhalten – für den Fall, dass die Druckfallkrankheit einsetzen sollte. Auch wenn man sich genau an die offiziellen Dekompressionstabellen hält, treten nach rund 1 Prozent der Tauchgänge Symptome der Caissonkrankheit auf, die eine Druckkammerbehandlung erforderlich machen.

Medizinische Notfälle stellen in Unterwasser-Wohnquartieren allerdings ein echtes Problem dar, denn es kann viele Stunden dauern, bis ein Arzt in der Tiefe angekommen ist. Alle Dauertaucher müssen darum mit den Symptomen der Druckluftkrankheit und ihrer Behandlung vertraut sein; in großen Taucherteams sind meist auch Einzelne weitergehend medizinisch ausgebildet, so dass sie einen Infusionstropf richtig legen oder eine lokale Betäubung durchführen können. Bei wirklich ernsten Problemen muss der betreffende Taucher jedoch evakuiert werden. Ihn in einer Überdrucktransportkammer unter jenem Druck zu halten, dem er im Wohncontainer ausgesetzt war, ist der schnellste und sicherste Weg. So verfährt man zum Beispiel mit den Tauchern auf den Ölplattformen der Nordsee, wenn sie ins National Hyperbaric Centre nach Aberdeen in Schottland gebracht werden. Mit Hilfe einer Einpersonenkammer wird der kranke oder verletzte Taucher aus dem Wohnquartier auf dem Meeresgrund an die Meeresoberfläche gebracht. Dann geht es weiter mit einem Hubschrauber, in dem diese Kammer mit einer größeren für zwei Personen verbunden wird, in welcher der behandelnde Arzt wartet, um das Opfer während des Fluges zu versorgen. Bei der Ankunft im Behandlungszentrum wird der Taucher, immer noch unter demselben Druck wie in der Tiefe, in eine große Druckkammer gebracht, wo man ihn dann sicher behandeln kann. Alle Unterwasser-Taucherquartiere in der Nordsee verfügen auch über Überdruckrettungsboote für mehrere Personen – für den Fall, dass das Quartier aus irgendeinem Grund evakuiert werden muss.

Langzeitgefahren

Die Langzeitfolgen der Arbeit unter Überdruckbedingungen entdeckte man schon vor über hundert Jahren bei Caissonarbeitern, die über starke Schmerzen in ihren Hüft- und Schultergelenken klagten, manchmal erst lange nachdem sie mit der Arbeit unter Druckluftbe-

Die Stellen, an denen bei Tauchern gehäuft Knochenschäden festzustellen sind (bei 72 von 131 Tauchern, die in einer Kieler Langzeitstudie untersucht wurden)

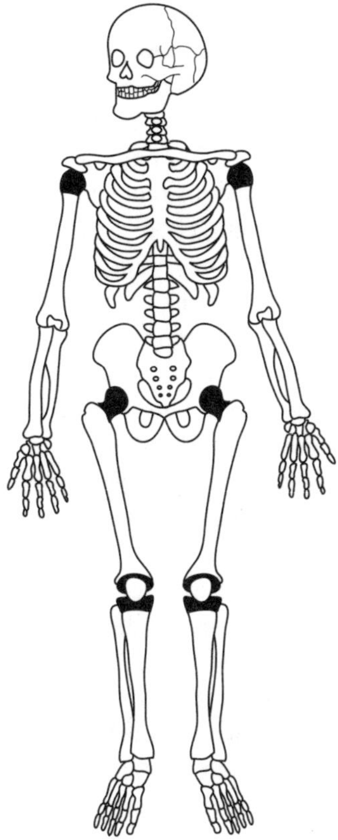

dingungen aufgehört hatten. Bei Röntgenuntersuchungen wurden dann an ihren Gelenken Degenerationserscheinungen festgestellt. Die ersten derartigen Knochenschäden wurden zwar erst rund drei Jahrzehnte nach der Einführung von Bauarbeiten unter Druckluftbedingungen wissenschaftlich beschrieben, aber seither reißen solche Berichte nicht mehr ab.

Mitte der 1960er Jahre waren die Belege endgültig hieb- und stichfest. In einer Zehnjahresstudie an 131 deutschen Tauchern wurden bei 72 von ihnen bei radiologischen Untersuchungen Knochennekrosen festgestellt; nur 22 der Untersuchten zeigten keine Krankheitssymptome.

Auch 20 Prozent der Caissonarbeiter, die beim Tunnelbau unter dem Clyde mitgewirkt hatten, zeigten Knochenverletzungen. Die Schäden waren hauptsächlich an den Enden der längeren Knochen in Armen und Beinen lokalisiert. Wahrscheinlich kommen sie daher, dass sich im Knochengewebe Gasbläschen bildeten, welche die kleinen Kapillargefäße, die die Knochenzellen versorgen, blockierten. Die unterversorgten Zellen starben daraufhin ab. Ein Grund, warum gerade Knochen für die Bläschenbildung und deren Folgeschäden anfällig sind, könnte darin liegen, dass sich Knochen als solche nicht ausdehnen können, wenn die lebenden Knochenzellen durch die Bläschen zusammengepresst werden. Bei einigen Menschen können auch die Knochengelenkflächen betroffen sein; die Folge ist dann eine schwere Arthritis in Hüften und Schultern.

Wie nicht anders zu erwarten, haben Häufigkeit und Schwere von

Knochenerkrankungen mit der Tauchtiefe zu tun – keine Schäden sind bei jenen zu finden, die niemals tiefer als 30 Meter getaucht sind, während rund 20 Prozent jener Taucher, die in Tiefen über 200 Meter verweilten, Nekroseanzeichen aufwiesen. Heute unterziehen sich Berufstaucher regelmäßig Knochenuntersuchungen, damit sie notfalls rechtzeitig mit dem Tauchen aufhören können, um dem Kollaps ihrer Knochen zu entgehen.

Taucher können auf lange Sicht auch unter Gehörverlust leiden. Die Ursache hierfür ist noch nicht geklärt. Eine Theorie geht davon aus, dass die Arbeit unter Wasser sehr stark mit Geräuschen verbunden sein kann, denn während des Kompressions- und Dekompressionsvorgangs strömt Druckluft in die Kammer und aus ihr hinaus, in den Taucherhelmen zirkuliert ebenfalls ständig Gas, und Bauwerkzeuge können unter Wasser genauso laut sein wie an Land. Doch Hörverlust durch dauerhafte Geräuschbelästigung ist nicht die einzig mögliche Erklärung. Ein durch Schwierigkeiten beim Druckausgleich im Mittelohr oder durch feine Bläschen bei der Dekompression verursachtes Gehörtrauma ist die andere Erklärungsmöglichkeit, und bei japanischen Muscheltaucherinnen ist dies sogar mit ziemlicher Sicherheit die Ursache der Gehörschäden.

In zahlreichen Studien wurde untersucht, ob beim Tauchen auch Gehirnschäden zu verzeichnen sind. Übereinstimmend ist man der Ansicht, dass Taucher in schweren Fällen von Druckfallkrankheit auch dauerhafte neurologische Schäden davontragen können. Nicht so einig ist man sich bei der Frage, ob leichte Schäden unterhalb des klinischen Niveaus bei Tauchern vorkommen können, die niemals Probleme bei Druckausgleich hatten. In manchen Studien ist die Rede davon, dass solche Taucher verstärkt zum Zittern neigen, dass ihre Füße und Hände gefühlloser werden oder sich andere Zeichen für Nervenstörungen finden, während andere Studien in dieser Hinsicht nicht mit eindeutigen Ergebnissen aufwarten können. Angesichts der zunehmenden Zahl von Sporttauchern ist jedoch eine wissenschaftliche Klärung dieser Frage dringend erforderlich.

1997 erschien ein Besorgnis erregender Beitrag im *British Medical Journal*. Demzufolge waren bei Kernspin-Untersuchungen winzige flächendeckende Gehirnverletzungen bei einigen Tauchern festgestellt worden, die mit Atemausrüstung getaucht waren. Hier waren also Nervenzellen abgestorben – wahrscheinlich, weil die Blutversorgung durch winzige Gasbläschen unterbrochen worden war. Aber nicht alle untersuchten Taucher hatten solche winzigen Löcher im Gehirn. Bei einer genaueren Untersuchung ergab sich nämlich, dass nur Menschen mit einem Loch in der Vorhofscheidewand zwischen rechter und linker Herzhälfte betroffen waren. Dieser Befund mag überraschend erscheinen, aber er ist relativ häufig und kommt bei rund einem Viertel der Bevölkerung vor. Ursache ist, dass während der Embryonalentwicklung der linke und rechte Herzvorhof – also die beiden Niederdruckkammern des Herzens – noch durch ein Loch *(foramen ovale)* miteinander verbunden sind, das sich nach der Geburt normalerweise schließt. Bei manchen Menschen bleibt jedoch eine winzige Öffnung zurück. Und bei diesen Menschen können die winzigen Gasbläschen, die sich bei der Dekompression bilden und die für sich genommen zu klein sind, um die Druckfallkrankheit auszulösen, in den Blutkreislauf des Gehirns gelangen (während sie sonst in den Lungenkapillargefäßen abgefangen werden, wo sie kaum Schaden anrichten können). Zwar zeigten sich bei der genannten Untersuchung keine offenkundigen neurologischen Schäden, aber als Vorsichtsmaßnahme sollten Menschen mit einem Loch in der Vorhofscheidewand lieber auf das Tauchen mit Atemausrüstung verzichten.

Hinab in den Abgrund

Taucher, die Heliox einatmen, können, wenn sie fit und gut ausgebildet sind, bis zu 200 Meter tief tauchen. Wenn sie in der Atemluft exotische Gase verwenden, kann man die Reichweite fast bis 400 Meter ausdehnen, doch dabei muss der Taucher einen Glasfiberhelm und einen beheizten Taucheranzug tragen. Wer jedoch noch weiter in die Tiefe vordringen will, muss seine Umwelt mitnehmen. Tauchboote haben den großen Vorteil, dass die Besatzung in normalen atmosphärischen Druckverhältnissen leben kann. Es entfallen die langen Druckausgleichszeiten, und das Gefährt kann schnell absinken oder auftauchen. Die Wände müssen jedoch stark genug sein, um dem großen Außendruck standzuhalten; sonst wird das Gefährt in der Tiefe zusammengedrückt. Auch benötigt man komplizierte Greifarme oder zumindest mechanische Hilfsmittel, wenn man Proben vom Boden mitnehmen will.

Das älteste funktionierende U-Boot der Welt wurde um 1620 von Cornelius van Drebbel gebaut. Entwürfe für Unterwasserfahrzeuge wurden allerdings schon wesentlich früher gezeichnet – zum Beispiel von

Das erste Unterseeboot der Welt

Das erste in der Praxis funktionierende U-Boot der Welt wurde um 1620 vom holländischen Alchimisten Cornelius van Drebbel (1572–1634) gebaut, der damals in London lebte. Er baute insgesamt drei Boote, von denen das letzte auch das größte und komplizierteste war. Bemerkenswerterweise fuhr es unter den Augen von König James I. auf der Themse von Westminster nach Greenwich. Es sah eher wie eine überdimensionale Walnuß aus und war mit eingefettetem Leder bedeckt, um das Wasser herauszuhalten. Zeitnahe Gemälde zeigen, dass dieses U-Boot mit je sechs Rudern auf beiden Seiten angetrieben wurde. Was jedoch unklar bleibt, ist die Frage, wie diese Ruder von innen bedient werden konnten, ohne dass Wasser eindrang. Ein weiteres Rätsel besteht darin, wie die Ruderer und Passagiere atmen konnten. Anscheinend konnte dieses Boot bis zu anderthalb Stunden unter Wasser bleiben – lange genug, um das Sauerstoffniveau unangenehm fallen und das Kohlendioxidniveau unangenehm ansteigen zu lassen.
Aus Hinweisen in zeitgenössischen Berichten ist klar zu entnehmen, dass die Luftqualität in Drebbels Maschine tatsächlich zu wünschen übrig ließ. Wie er das Problem löste, ist weniger klar. Ein Autor behauptet,

Cornelius van Drebbels Unterseeboot (Gemälde von G.H. Tweedale, einem Maler aus dem 20. Jahrhundert)

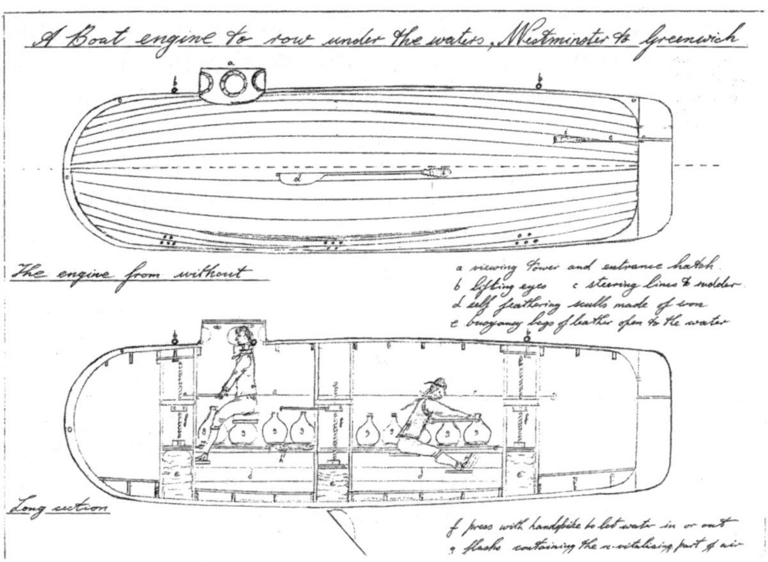

Konstruktionszeichnungen für den Bau einer Replik von van Drebbels U-Boot auf der Grundlage der damaligen Technologie durch den historischen Bootsbauer Mark Edwards

dass das U-Boot über einen Luftschlauch mit der Oberfläche verbunden gewesen sei. Doch der Naturwissenschaftler Robert Boyle, der 1660 (also vier Jahrzehnte später) Drebbels Schwiegersohn interviewte, schrieb, Drebbel habe »durch das Öffnen eines Gefäßes voll mit dieser chemischen Flüssigkeit in der problematischen Luft schnell einen solchen Anteil an lebenswichtigen Bestandteilen wiederhergestellt, dass sie eine ganze Zeit lang zum Atmen wieder geeignet war«. Welche Flüssigkeit das war, bleibt unklar, denn Sauerstoff wurde offiziell erst 150 Jahre später chemisch isoliert. Einen wichtigen Hinweis gibt jedoch die Tatsache, dass Drebbel 1610 in Prag den polnischen Alchimisten Sendivogius bei der Arbeit besuchte, der mit Salpeter (Kaliumnitrat) experimentierte. Er beschrieb diese Substanz als »geheimes Lebensfutter« und stellte fest, dass die »Nitratluft« (»ariel nitre«), die bei der Salpeterverbrennung entstehe, Menschen am Leben erhalte. Seine Beobachtung war korrekt, denn wenn man Kaliumnitrat erhitzt, wird Sauerstoff freigesetzt. Drebbel verwendete in seinem U-Boot wohl Flaschen mit »ariel nitre« oder verbrannte im Boot direkt Salpeter, um die Luft rein zu erhalten. Ungelöst bleibt jedoch die schwierige Frage, warum die Kohlendioxidkonzentration in der verbrauchten Luft nicht so weit anstieg, dass die Ruderer bewusstlos wurden. Vielleicht war dafür die Reise einfach zu kurz.

Leonardo da Vinci. Drebbel war seiner Zeit weit voraus; bis zur Mitte des 19. Jahrhunderts wurden kaum weitere Fortschritte beim U-Boot-Bau gemacht. Im amerikanischen Bürgerkrieg kamen dampfgetriebene U-Boote zum Einsatz, die so genannten Davids. Die Tiefsee-Erkundung ließ allerdings noch wesentlich länger auf sich warten. Der erste Unterwasserfahrzeugtyp, der geeignet war, dem immensen Druck der Tiefsee standzuhalten, war die Tauchkugel (Bathysphäre) – eine hohle Stahlkugel mit sehr dicken Wänden, die von einem Versorgungsschiff aus an Stahltrossen in die Tiefe gelassen wurde. In einer solchen Stahlkugel mit einem Durchmesser von nur 1,40 Meter unternahmen William Beebe und Otis Barton am 15. August 1934 vor den Bermuda-Inseln ihren Rekordtauchgang bis in 923 Meter Tiefe. Die Tauchkugel konnte allerdings nur direkt in die Tiefe gelassen und genauso senkrecht wieder hochgezogen werden. Auf diese Weise war nur ein flüchtiger erster Blick auf die Tiefen des Ozeans möglich.

Das von dem Schweizer Wissenschaftler Auguste Piccard in den 1940er Jahren erfundene Bathyskaph (»Tiefenschiff«) revolutionierte die Tiefsee-Erkundung, weil es von Versorgungsschiffen unabhängig und voll manövrierfähig war. Es funktionierte ähnlich wie ein den Bedingungen unter Wasser angepasstes Luftschiff. Ein mit rund 250 000 Litern Leichtbenzin gefüllter Tank saß als Tragkörper über einer Stahlkugel. Mit Hilfe des Tanks kann ein solches Unterwasserfahrzeug langsam aufsteigen, während zusätzlicher Ballast es absinken lässt. Wird der Ballast über Bord geworfen, gelangt das Fahrzeug wieder an die Oberfläche. Die runde, dickwandige Stahlkabine unter dem Tank beherbergt die Crew. Am 23. Januar 1960 landeten Jacques Piccard, Augustes Sohn, und Don Walsh, ein amerikanischer Marineleutnant, mit dem Bathyskaph *Trieste* auf dem Meeresboden des Marianengrabens. Mit 10 914 Metern ist dies der tiefste bekannte Punkt der Erde; der Druck beträgt dort unvorstellbare 1100 bar (auf jedem Quadratzentimeter lastet also ein Gewicht von rund 1100 Kilogramm). Diesen Rekord hat seither niemand eingestellt. Allerdings erreichte 1995 ein unbemannter japanischer Tauchroboter namens *Kaiko* ebenfalls den Meeresboden des Marianengrabens.

Die Reise der *Trieste* bewies, dass Menschen zum tiefsten Punkt des Meeresbodens hinab- und wieder aufsteigen können, ohne Schaden zu nehmen. Dieser Erfolg spornte an und führte zur Konstruktion einer neuen Generation von Tauchbooten. Der sperrige Tank wurde durch eine Druckhülle ersetzt, die in erster Linie für den erforderlichen Auftrieb sorgt. Japan, Frankreich, Russland und die Vereinigten Staaten – sie alle besitzen inzwischen solche neuartigen Tauchboote. Das vielleicht berühmteste ist die *Alvin,* die 1964 vom Woods Hole Oceanographic Institute in Betrieb genommen wurde. Dieses Vehikel benutzte man zum Beispiel, um eine Wasserstoffbombe zu orten, die vor der spanischen Küste versehentlich ins Meer gefallen war; aber auch, um die vulkanischen Thermalquellen auf den Ozeanrücken zu erkunden oder um das Wrack der *Titanic* im Nordatlantik zu untersuchen. Der neueste Typ solcher Spezial-U-Boote ist die *Deep Flight,* ein schnelles, sehr wendiges Gefährt, das einem geflügelten Torpedo ähnelt. Entworfen hat es Graham Hawkes. Bislang ist die *Deep Flight* jedoch nur in relativ geringen Tiefen getestet worden.

Leben unter Druck

Heutzutage erledigen Berufstaucher regelmäßig viele unterschiedliche Aufgaben unter Wasser, von Pipelineüberwachungen über die Wartung von Bohrgerät auf Bohrinseln oder die Reparatur von Schiffsrümpfen bis hin zur Bergung von Wracks oder kriminologischen Untersuchungen. Andere tauchen zu ihrem Vergnügen. Welche Tiefen sie dabei erreichen können, hängt weitgehend vom Atemgas ab, das sie benutzen. Indes, durch die Verwendung von exotischen Gasen kann man zwar Sauerstoffvergiftungen und Stickstoffnarkosen vermeiden, aber letztlich setzen die nervlichen Ausfallerscheinungen unter hohem Druck dem freien Tauchen irgendwann doch Grenzen. Außerdem haben Taucher in großen Tiefen stark unter der Kälte zu leiden, und die Druckluftkrankheit begrenzt die mögliche Auftauchgeschwindigkeit, weil man sich für den Druckausgleich genug Zeit lassen muss. Kurz und gut, Taucher können im Bereich der Kontinentalschelfe ziemlich sicher arbeiten, aber tiefer in den Abgrund können sie ohne schützende Tauchgeräte nicht gelangen. Für die Tiefsee-Erkundung benötigt man druckresistente Tauchboote oder ferngesteuerte Sonden. Gegenwärtig wird lebhaft darüber debattiert, welches die beste Lösung ist; wahrscheinlich wird man aber beide Wege weiter verfolgen. Zum einen ist der Lohn der Tiefsee-Erkundungen potenziell riesig – gewaltige Ölreserven und Bodenschätze, bakterielle Enzyme und Naturprodukte, die Biotechnologie und Medizin revolutionieren könnten, sowie ein einzigartiges Ökosystem, das wissenschaftlich bisher noch kaum untersucht werden konnte. Und zum anderen bleiben das Abenteuer und die Herausforderung, alles mit eigenen Augen sehen zu wollen.

HINEIN INS HEISSE WASSER

VOR EINIGEN JAHREN führte mich ein japanischer Kollege in eine fernöstliche Variante der Feuerprobe ein. Er nahm mich mit in eine Kleinstadt im Süden Japans, Ibuski, die für ihre Thermalquellen *(onsen)* berühmt ist. Von dort, am Rande des Meeres, hat man eine herrliche Aussicht auf einen aktiven Vulkan mit dem schönen Namen Sakura-jima, »Kirschberg«. Als ich, nur mit einem Baumwollkimono bekleidet, den weiten schwarzen Sandstrand betrat, begrüßte mich ein außerordentlicher Anblick. Gleichmäßig im Sand aufgereiht lagen da – wie seltsame Kohlköpfe oder herrenlose Fußbälle – hunderte menschlicher Köpfe. Es sah aus, als wäre hier irgendein alter Samurai Amok gelaufen und als lägen hier nun die Früchte seiner »Arbeit« am Strand und warteten darauf, vom Meer weggespült zu werden. Doch das Rätsel löste sich auf, als ich von einem alten Japaner herangewunken wurde, der eine Schaufel in der Hand hielt und sich nun daranmachte, mir ein Grab zu schaufeln. Ich legte mich in die lange, flache Mulde, und er bedeckte mich sorgfältig mit Sand, bis nur noch mein Kopf herausschaute. Doch am Strand eingegraben zu werden war hier nicht das feuchtkalte Erlebnis, das ich aus den Ferien meiner Kinderzeit in England noch in Erinnerung hatte. Hier durchtränkte das vom nahen Vulkan erhitzte Wasser den Strand, so dass der Sand heiß war. Seine Wärme hüllte mich ein, durchdrang das dünne Kleidungsstück aus Baumwolle und löste Muskelverspannungen, von denen ich zuvor gar nichts geahnt hatte. Eingelullt vom sanften Wellengeplätscher zu meinen Füßen, schlief ich ein. Geweckt wurde ich von meinen japanischen Freunden, die lebhaft gestikulierend auf die große Uhr verwiesen, die, auf einem Stab angebracht, wie ein riesiger Lutscher den ganzen Strand beherrschte. Unser Dampfbad am Strand dauerte bereits eine Viertelstunde und musste beendet werden.

Die folgenden zehn Minuten verbrachten wir in den benachbarten Gebäuden damit, den Sand abzuwaschen, uns energisch einzuseifen und abzuschrubben sowie Haare, Nägel und Haut zu reinigen, bis alles blank poliert war. Erst jetzt, nackt und peinlich sauber, waren wir bereit für *onsen*, das gemeinschaftliche heiße Thermalbad.

»Es ist sehr heiß«, hatte man mich gewarnt. Doch ich machte mir keine Sorgen. Ich war heiße Wannenbäder gewohnt. Ich trinke meinen Tee immer sehr heiß und habe angeblich Asbestfinger. Forsch marschierte ich ins Becken – und sprang sofort wieder hinaus. Es war furchtbar heiß. Mindestens 45 °C. Ich glaubte, mir schon Verbrennungen ersten Grades zugezogen zu haben – und starrte die feingliedrigen Japanerinnen an, die in dem Becken lagen. Wie konnten sie das nur aushalten? Sie lächelten, nickten aufmunternd und schnatterten miteinander in höchsten Tönen. Ich verstand das alles nicht; sie mussten doch längst gar gekocht sein. Gedanken an Kannibalen-Kochtöpfe und Scheiterhaufen für mittelalterliche Hexen schwirrten mir im Kopf herum. Ganz behutsam ging ich ins Wasser, Zentimeter für Zentimeter, und versuchte, die Hitze zu ignorieren. Ich streckte meine Arme am Rand des Bades aus, um eine möglichst große Fläche für die Verdunstungskälte zu schaffen. Ich sah mich um. Es war eher wie in einem riesigen Treibhaus voller tropischer Pflanzen und mit vielen verschiedenen Becken. Ich fühlte mich an den Ort zwischen den Welten in den *Chroniken von Narnia* von C.S. Lewis erinnert, wo jedes Becken in eine andere Welt führt. Hier nun waren sie mit Wasser in unterschiedlichen Temperaturen und mit unterschiedlichem Mineraliengehalt gefüllt. Als ich nach fünf Minuten aus meinem Pool wieder auftauchte, war ich krebsrot. Bei seinen verzweifelten Abkühlungsversuchen hatte mein Körper sein ganzes Blut an die Hautoberfläche geleitet – freilich vergebens, denn ich konnte nicht nur die Hitze nicht loswerden, die ich selbst erzeugte, sondern obendrein sammelte sich in meinem Körper in kurzer Zeit auch noch die Hitze des Bades. Schweißüberströmt saß ich am Beckenrand, aber ich fühlte mich großartig. Die Hitze hatte alle Schmerzen in Körper und Geist vertrieben. Fortan besuchte ich, wann und wo immer ich in Japan war, die örtlichen *onsen*-Bäder.

Eines der denkwürdigsten Erlebnisse dieser Art war ein *onsen*-Besuch im Winter, hoch oben im japanischen Gebirge. Es war der Zao, ein Berg, zu dem der Dichter Basho eine Pilgerreise unternommen hatte, die ihn zu einigen seiner berühmtesten Haikus inspirierte. Der Schnee verhüllte die Bäume so dicht, dass ihre Gestalt kaum noch zu erkennen war; sie sahen aus wie geschmolzene Wachskerzen. Schattige graue Berge reihten sich Kette an Kette bis zum Horizont; leichte, zarte Wölkchen milderten die Formen ab. Es war die sanfte, heiter-gelassene Landschaft der japanischen Malerei – alles in Schwarz-, Weiß- und Grautönen. Es war eine ätherische, fernöstliche Schönheit, die, wie ich geglaubt hatte, nur in der Vorstellungskraft des Künstlers existierte, die aber, wie ich jetzt zu meiner Überraschung sah, wirklich ein realistisches Porträt war. Kleine Holzhäuser drängten sich am Rande des Berges, geduckt im tiefen Schnee. Zwischen ihnen rannen heiße Rinnsale dampfend die Straßen hinab und hüllten den unvorsichtigen Passanten in warme Schwefelwolken ein.

Das *onsen* war ein uraltes Steinbad, teilweise von einer hölzernen Veranda geschützt, ansonsten aber den Elementen ausgesetzt. Es war von einem japanischen Garten eingerahmt, und von dort hatte man großartige Aussichten über die Berge. Aus einer natürlichen heißen Quelle lief kontinuierlich Wasser durch das Becken. Wir froren in der eisigen Luft, als wir nackt durch den Schnee zum *onsen* gingen – diesmal war ich froh über die Hitze des Bades. Weniger glücklich war ich allerdings mit dem Dampf, der aus dem Wasser aufstieg. Er hatte einen strengen Schwefelgeruch und fing sich in meinem Rachen. Als ich so, von der Hitze halb hypnotisiert, im Wasser lag, bat ich meinen Begleiter, mir doch bitte die kleine Notiz an der Wand zu übersetzen. Das Schild hieß nicht, wie ich gedachte hatte, »Rauchen verboten«, sondern riet uns stattdessen dringend, uns nach dem Bad im *onsen* gut abzuwaschen, weil das Badewasser so säurehaltig sei, dass es unsere Kleider verätzen würde. Schläfrig, wie ich war, fragte ich mich nur, was dieses Wasser denn dann meiner Haut antäte. Tatsächlich geht die größte Gefahr aber von der intensiven Hitze aus. Ein kurzes Bad mag zwar herrlich belebend wirken, doch würde man zu lange im Wasser verweilen, wäre das im wahrsten Sinne des Wortes tödlich.

3

LEBEN IN DER HITZE

Trocken wie Scherben ist mein Gaumen,
Und meine Zunge klebt an meinem Schlund;
In den Staub des Todes legst du mich.
Psalm 22

EINES MORGENS GEGEN Ende des 18. Jahrhunderts wagte sich der Sekretär der Royal Society of London, ein Mr. Blagden, in einen Raum, der eine Temperatur von 105 °C aufwies. Mit sich nahm er einige Eier, ein Stück rohes Fleisch und einen Hund. Eine Viertelstunde später waren die Eier gebraten und das Steak knusprig, aber Mr. Blagden und sein Hund kamen unversehrt heraus (allerdings musste der Hund in einem Körbchen bleiben, damit er sich die Füße nicht verbrannte). Ihre Fähigkeit, eine Temperatur auszuhalten, die über dem Siedepunkt des Wassers liegt, ist umso bemerkenswerter, wenn man bedenkt, dass bei Temperaturen über 41 °C Proteine denaturieren und an Zellen allmählich irreversible Schäden auftreten, dass bei Menschen eine Körpertemperatur von über 43 °C tödlich ist und dass fast alle Zellen absterben, wenn ihre Temperatur nur wenige Minuten 50 °C übersteigt. Und doch kann der menschliche Körper, wie Mr. Blagden so anschaulich demonstrierte, fast 15 Minuten lang eine Temperatur von 105 °C aushalten. Wie ist das möglich? Genau darum geht es in diesem Kapitel.

Unser Leben hängt von einem Kernreaktor ab, der 150 Millionen Kilometer von uns entfernt ist und unserem Planeten sowohl Licht als auch Wärme bringt: der Sonne. Sie hat eine Oberflächentemperatur von 6300 °C. Die der Erde ist zwar wesentlich niedriger, kann aber immer noch so heiß werden, dass sie für Menschen schwer zu ertragen ist. Als höchste je auf der Erde gemessene Lufttemperatur gelten sengende 58 °C im Schatten, abgelesen im September 1992 in Azizia in Libyen. Temperaturen über 45 °C kommen in den Sommermonaten regelmäßig in Zentralaustralien, den Golfstaaten und im Sudan vor. Der Sonne direkt ausgesetzte Objekte können sich sogar noch wesentlich stärker erhitzen. Metall wird dann so heiß, dass man es nicht mehr berühren kann, und Sand sorgt für Verbrennungen an den Füßen. Auch in kalten Umgebungen können die Auswirkungen der Sonnenerwärmung beträchtlich sein. Die Sonne heizt die Schneefelder des

Mount Everest auf 30 °C auf, Polarforscher können gleichzeitig an Sonnenbrand und Erfrierungen leiden, und selbst im eiskalten Vakuum des Weltraums können sich Objekte, die den Strahlen der Sonne ausgesetzt sind, schnell erhitzen.
Die höchsten Temperaturen der Erde treten in Wüstenregionen auf. Per Definition sind das Gegenden, in denen jährlich weniger als 25 Zentimeter Regen fallen, doch in vielen Wüsten liegt die Regenmenge weit darunter, und in manchen regnet es viele Jahre lang überhaupt nicht. Mangels Wolken sind dort die Sonnen- und Himmelsstrahlungen sehr intensiv; die Luft und der Boden heizen sich am Tage sehr schnell auf und kühlen nachts ebenso dramatisch wieder aus. Aufgrund von Wassermangel ist der Wüstenboden die meiste Zeit des Jahres trocken und unfruchtbar, doch die unbewegte heiße Luft des Mittags ruft Luftspiegelungen hervor, welche die ausgetrocknete Erde in Phantomseen verwandeln (Fata Morgana). Die Hitze kann extrem sein, und sie wird von trockenen, heißen Winden noch verschärft, die dem Körper weitere Flüssigkeit entziehen: Dann schrumpft die Haut, und die Nasenschleimhäute trocknen aus. Sand und Staub, von den Wüstenwinden aufgewirbelt, scheuern und nehmen einem die Luft. UV-Strahlen verursachen Sonnenbrand, und das harte Licht blendet unbarmherzig. Das Wüstenklima ist für Menschen sehr unangenehm. Und doch bewohnen Menschen die Wüste schon seit Jahrtausenden. Tausende von Reisenden erfreuen sich jedes Jahr an der spektakulären Schönheit der Wüste: den großen Dünen, die der Wind geformt hat, und den Felsformationen in grandiosen Farben. Um hier überleben zu können, muss man sich nicht nur körperlich anpassen, sondern auch mit seinem Verhalten.

Die Körperwärme

Wenn wir verstehen wollen, wie Menschen mit extremer Hitze fertig werden können, ist es zunächst ganz hilfreich, uns klar zu machen, was mit »Körpertemperatur« gemeint ist und wie sie unter normalen Bedingungen geregelt wird. Nicht alle Bereiche des Körpers haben dieselbe Regeltemperatur. Was man gemeinhin unter »Körpertemperatur« versteht, bezieht sich eigentlich nur auf den Kernbereich des Körpers, also die Organe im Innern von Schädel, Brustkorb und Unterleib. Hier liegt die Normaltemperatur bei rund 37 °C. Im Tagesverlauf schwankt sie allerdings um rund ein halbes Grad. Am späten Nachmittag ist sie

höher als am Morgen, und am tiefsten ist sie kurz vor dem Morgengrauen. Bei Frauen ist die Kerntemperatur auch vom Menstruationszyklus abhängig; kurz vor dem Eisprung steigt sie an und bleibt dann vom 15. bis zum 28. Tag (eines Monatszyklus von rund 28 Tagen) hoch. Diese Schwankung erlaubt auch die Bestimmung der fruchtbarsten Tage der Frau und ist deshalb Grundlage einer bestimmten Empfängnisverhütungsmethode (nach Knaus und Ogino).
Wie sich mit einer Wärmebildkamera eindeutig zeigen lässt, kann die Temperatur der äußeren Körperschale stark von der Kerntemperatur abweichen. Die Hauttemperatur einer nackten Person in einem kalten Raum kann bis auf 20 °C absacken; auch sind Arme und Beine meistens kälter als der Kernbereich. Umgekehrt kann die Temperatur bei Schwerarbeit in den beanspruchten Muskeln auf 41 °C steigen, während sich die Kerntemperatur nur um vielleicht 1 bis 2 Grad erhöht. Gut durchblutete Bereiche sind ebenfalls wärmer. Darum fühlt sich Ihr Gesicht zum Beispiel heißer an, wenn Sie erröten.
Normalerweise liegt die Kerntemperatur des Körpers zwischen 36 °C und 38 °C. Klinisch definiert man Hypothermie (Unterkühlung) als eine Temperatur von unter 35 °C im Kernbereich, Hyperthermie (Überhitzung, Fieber) als eine Temperatur von über 40 °C. Steigt die Kerntemperatur auf über 42 °C an, erfolgt meistens der Tod durch Hitzschlag. So können Menschen zwar unter besonderen Bedingungen extreme Kälte aushalten (siehe dazu Kapitel 4), aber ein Anstieg der Kerntemperatur um nur 5 °C hat tödliche Folgen. Spermien sind anscheinend besonders anfällig für hohe Temperaturen – weit anfälliger als der Rest des Körpers. Aus diesem Grund befinden sich bei Säugetieren die Hoden außerhalb des Körpers; dort lassen sie sich leichter kühl halten. Ironischerweise sehen enge Hosen zwar besonders sexy aus, aber de facto reduzieren sie die Fruchtbarkeit des Mannes. Denn enge Hosen bewirken einen Wärmestau, der wiederum die Samenproduktion reduziert.

Das Hitzegefühl

Die Frage, wie der Körper seine innere Temperatur erspürt, hat die Wissenschaftler viele Jahre beschäftigt. Subjektiv ist uns allen klar, dass die Nervenenden in der Haut das Wärme- und Kälteempfinden steuern. Doch bei etwas genauerem Nachdenken kommen wir darauf, dass die für unser Überleben wirklich wichtige Temperatur nicht die der Haut, sondern die des Gehirns ist. Es wäre deshalb logischer, die Gehirntemperaturen zu messen und aufzuzeichnen als die der Körperoberfläche, so wie ja unsere Zentralheizungssysteme auch durch einen zentralen Thermostaten geregelt werden und nicht durch viele hundert Einzelsensoren an den Außenwänden des Hauses.

Der Thermostat des Körpers wurde 1885 von E. Aaronsohn und J. Sachs entdeckt. Er liegt im Hypothalamus, einer Gehirnregion im Schädelbasisbereich. Doch noch lange nach seiner Entdeckung war umstritten, ob bei der Temperaturkontrolle des Körpers das Gehirn oder die Haut wichtiger sei. Ein für alle Mal geklärt wurde die Angelegenheit dadurch, dass sich ein Wissenschaftler freiwillig einen Temperatursensor ins Gehirn einpflanzen und testen ließ, ob die Reaktion seines Körpers auf einen Kältereiz durch die Gehirn- oder die Hauttemperatur bestimmt werde. Um Blut, das schnell zum Gehirn gelangte, abzukühlen, ohne dass die Haut daran beteiligt war, gab man der Testperson Eiskrem zu essen. Und als dabei die typische Reaktion auf Kälte ausgelöst wurde, war die Auseinandersetzung entschieden: Die wichtigste Kontrollinstanz der Körpertemperatur liegt tatsächlich im Gehirn.

Aber die Temperaturempfindlichkeit ist nicht auf das Gehirn beschränkt. Sie brauchen nur einmal unabsichtlich eine sehr heiße Tasse Kaffee zu trinken – und den Kaffee anschließend vor Schreck zu verschütten –, um gewahr zu werden, dass Haut, Zunge, Mund- und Rachenraum ebenfalls Hitzesensoren besitzen. Diese Sensoren registrieren indes nicht die tatsächliche Temperatur unserer Umgebung, sondern eher die Temperatur der Hautpartien, in die sie eingebettet sind. Das lässt sich mit einem einfachen Experiment zeigen: Der Luftstrom, den ein elektrischer Händetrockner über unsere Haut lenkt, fühlt sich kühl an, solange unsere Hände noch nass sind. Er wird aber unangenehm heiß, sobald sie trocken sind.

In unserer Haut besitzen wir zwei unterschiedliche Arten von Temperatursensoren, von denen die eine auf Temperaturen zwischen 13 °C und 35 °C anspricht und relative Kälte oder Wärme signalisiert. Weil die Frequenz der elektrischen Signale, die diese Sensoren dem Gehirn senden, mit sinkender Temperatur zunimmt, bezeichnet man sie als Kälterezeptoren. Am empfindlichsten sind sie bei ungefähr 28 °C. Daraus kann man schließen, dass sich der Homo sapiens wahrscheinlich in einer Umgebung entwickelt hat, in der dies die Durchschnittstemperatur war.

Die andere Rezeptorart löst, durch Hitze stimuliert, Schmerzempfindungen aus. Diese Rezeptoren wurden erst vor kurzem isoliert. Man konnte ihre DNA-Sequenz bestimmen, indem man ihre große Affinität zum Gewürz Capsaicin, dem aktiven Wirkstoff im Chilipfeffer, ausnutzte. Auch wenn dieser Wirkstoff scheinbar harmlos in strahlend roten Früchten daherkommt, explodiert Capsaicin im Mund geradezu wie ein Vulkan. Dabei entsteht jenes stark brennende Gefühl, das jeder, der einmal Gerichte aus der indischen oder mexikanischen Küche gegessen hat, nur allzu gut kennt. Wer versucht, dieses Feuer mit Wasser zu löschen, verbreitet es nur noch weiter im ganzen Mund. Auf die anfängliche Schmerzempfindung folgt oft ein Schweißausbruch, so als hätte das scharfe Gewürz die Körpertemperatur tatsächlich angehoben.
Capsaicin wirkt auf das Membranprotein ein, das auch für das Gefühl schmerzhafter Hitze zuständig ist, und hier könnte die Erklärung dafür liegen, warum scharfe Gewürze als »heiß« empfunden werden. Der Capsaicinrezeptor wird auch durch das Pflanzengift Resiniferatoxin aktiviert – den Wirkstoff in der giftigen Pflanzenmilch der Wolfsmilchpflanze *Euphorbia resinifera,* der für das starke Brennen und die Hautreizungen verantwortlich ist, die beim Kontakt mit dieser Milch hervorgerufen werden. Wer regelmäßig stark gewürztes Essen zu sich nimmt, wird gegen die Auswirkungen des Capsaicin immun, und solche Menschen können dann unbeeindruckt extrem scharfe Pfefferschoten (wie Peperoni oder Chili) essen. Möglicherweise führt eine langfristige Einwirkung von Capsaicin auch dazu, dass die Anzahl der empfindlichen Rezeptoren bei diesen Menschen abnimmt. Eine andere, allerdings eher beunruhigende Hypothese geht davon aus, dass die schmerzempfindlichen Neuronen abgetötet werden; hohe Capsaicin-Konzentrationen verursachen im Labor den Tod von Nervenzellkulturen. Was auch immer der Grund für die Abnahme der Schmerzempfindlichkeit bei Langzeiteinwirkung von Capsaicin sein mag, diese Reduktion ist die Grundlage für die Anwendung des Gewürzes als Betäubungsmittel bei Arthritis (es wird dann als Creme örtlich aufgetragen).
Verschiedene Arten von Pfefferschoten haben einen unterschiedlich hohen Capsaicin-Gehalt. Diese Tatsache regte Wilbur Scoville 1912 an, eine Skala für die Würzkraft zu entwickeln, um die Qualität der Importe in die USA zu standardisieren. Dabei wurde gemessen, wie stark der jeweilige Pfeffer verdünnt werden musste, damit er auf der Zunge noch gerade wahrnehmbar war. Auf dieser Scoville-Skala hat die mil-

Die Entwicklung des Thermometers

Galileo Galilei, der durch seine astronomischen Beobachtungen mit dem Teleskop berühmt wurde, war auch der Erste, der um 1610 ein Thermometer konstruierte. Galilei, Mathematikprofessor an der Universität Padua, besserte sein eher mageres Gehalt dadurch auf, dass er wissenschaftliche Instrumente baute und verkaufte. Sein Thermometer war einfach eine lange, hohle Glasröhre, die zum Teil mit Wasser gefüllt und am einen Ende geschlossen war, während das andere in einen Becher mit Wasser getaucht war (vielleicht handelte es sich auch um einen Becher mit Wein). Wenn nun die Temperatur anstieg, dehnte sich die Luft in der Glasröhre aus und drückte das Wasser nach unten: je höher die Temperatur, desto niedriger der Wasserspiegel. Quantitative Messungen wurden durch das Eingravieren einer Skala an der Seite der Röhre ermöglicht. Die Hauptschwierigkeit dieses Instruments lag jedoch darin, dass der Flüssigkeitspegel auch vom Luftdruck abhängig ist. So kamen auch bei konstanten Temperaturen Fluktuationen vor. Gelöst wurde dieses Problem dadurch, dass man auch das andere Ende der Röhre verschloss.

Den nächsten größeren Fortschritt machte Gabriel Daniel Fahrenheit, ein deutscher wissenschaftlicher Instrumentenbauer, der in Amsterdam arbeitete. Er führte 1724 die Verwendung von Quecksilber anstelle von Wasser oder Alkohol in Thermometern ein. Quecksilber hat den Vorteil, dass es mit steigender Temperatur gleichmäßiger expandiert, nicht verdunstet und leichter zu erkennen ist. Fahrenheits Temperaturskala, eine Abwandlung derjenigen, die ein weniger bekannter Wissenschaftler namens Réaumur verwendet hatte, basierte auf drei Fixpunkten: dem Gefrierpunkt des Wassers (32 °F), dem Siedepunkt des Wassers (212 °F) und der Temperatur in der Achselhöhle eines gesunden Mannes (98,4 °F). Diese Temperaturskala wird noch heute in den USA benutzt. Fahrenheit berichtete auch als einer der Ersten, dass der Siedepunkt des Wassers je nach Luftdruck variiert.

Außer Fahrenheit und Réaumur erfanden noch verschiedene andere Wissenschaftler Thermometer, aber man verwendete dabei unterschied-

de grüne Paprika weniger als eine Hitzeeinheit, der schärfere Jalapeno-Pfeffer 1000, der feurige Habanero 100 000 und reines Capsaicin gigantische 10 Millionen Hitzeeinheiten.

So wie Chilipfeffer die Hitzerezeptoren stimuliert, interagieren andere Chemikalien mit den für das Kälteempfinden zuständigen Rezepto-

liche Skalen. Überdies glaubte man weithin, dass in unterschiedlichen Teilen der Welt nicht dieselben Fixpunkte galten. Dieses Durcheinander beseitigte Anders Celsius 1742, indem er die 100-Grad-Skala bei Temperaturmessungen einführte. Er war an der ältesten schwedischen Universität in Uppsala tätig. Sein Thermometer mit seiner handschriftlichen Skala ist dort im Universitätsmuseum noch heute zu besichtigen. Mit Hilfe dieses Instruments zeigte Celsius, dass der Schnee immer am selben Punkt der Skala zu schmelzen begann – ganz gleich, ob im kalten Norden Lapplands oder im milderen Klima Südschwedens. Außerdem zeigte er unter Verwendung eines Thermometers von Réaumur, dass der Gefrierpunkt des Wassers in Schweden derselbe war wie in Paris, wo ihn Réaumur gemessen hatte. Celsius selbst fixierte diesen Gefrierpunkt bei 100 °C und den Siedepunkt des Wassers bei 0°, doch nach seinem Tode wurde die Skala umgedreht, und so benutzen wir sie noch heute.
Etliche Jahre nach diesen frühen Pionieren erfand der britische Physiker Lord Kelvin (1824–1907) die Temperaturskala, die heute in der Wissenschaft benutzt wird. Sie startet am absoluten Gefrierpunkt, der kältestmöglichen Temperatur. Sie ist als 0 °K (Kelvin) definiert und entspricht –273 °C.
Wissenschaftlich bestimmte die Körpertemperatur als Erster der Venezianer Santorio Santorio, der 1612 ein bedeutendes medizinisches Lehrbuch veröffentlichte, die *Ars de medicina statica*. Er passte Galileis Instrument so an, dass Temperaturveränderungen nicht der Luft, sondern des Körpers gemessen werden konnten. Seine Instruktionen lauten dort: »Der Patient nimmt die Kugel [des Thermometers] in die Hand oder bläst seinen Atem in eine Kapuze darüber, oder er nimmt die Kugel in den Mund, damit wir sagen können, ob es dem Patienten besser oder schlechter geht.« Santorio fügte auch eine Skala hinzu, die allerdings nur den Arzt in die Lage versetzen sollte festzustellen, ob die Körpertemperatur des Patienten von demjenigen Wert abwich, der bei guter Gesundheit des Patienten gemessen worden war. Es war also kein Vergleich mit einem fixen Normwert intendiert. Zu Santorios Zeit hatte man nämlich noch nicht erkannt, dass unter normalen Umständen alle Menschen eine ähnliche Körpertemperatur haben.

ren; dabei suggerieren sie dem Körper, die betreffende Substanz sei kalt: etwa Menthol, der Hauptbestandteil des Pfefferminzöls. Einst war man davon überzeugt, dass Menthol beträchtliche Heilkräfte enthalte. So gab es zum Beispiel in den 1930er Jahren in England große Pfefferminz-Anbauflächen, aber auch in Frankreich, Piemont und in anderen europäischen Regionen. Selbst die Japaner waren vom Wert der Pfefferminze überzeugt; sie trugen Menthol in kleinen Silberdosen mit sich herum, die sie am Gürtel hängen hatten. Auch heute noch wird Menthol in manchen Zigaretten verwendet, um den Rauch »abzukühlen«. In Zahnpasta und in Kaugummi soll Menthol für einen »frischen« Geschmack sorgen.

Die von den Hautsensoren für Hitze und Kälte ausgehenden Signale können lokale Reaktionen hervorrufen. Wenn Sie zum Beispiel Ihre Hand in kaltes Wasser halten, wird sie rot werden; es wird jetzt mehr Blut in die Haut geleitet, um sie zu wärmen, obwohl sich die Kerntemperatur Ihres Körpers überhaupt nicht verändert hat. Was aber noch wichtiger ist: Die Signale werden an das Gehirn weitergeleitet und dort mit den Informationen der zentralen Wärmerezeptoren im Hypothalamus verbunden. So werden Wärmeproduktion und Wärmeverlust des Körpers letztlich zentral gesteuert.

Anders als der Mensch haben zahlreiche Tiere spezielle Hitzeempfindungsorgane, die in der Lage sind, Infrarotstrahlen zu entdecken, und die als natürliche Wärmebildkameras fungieren. Am genauesten sind bisher die entsprechenden Organe von Schlangen untersucht worden. Grubenottern, zum Beispiel Klapperschlangen, haben zwei Temperatursinnesorgane, die so genannten Gruben, in der Mitte zwischen Nasenloch und Auge. Es handelt sich um zwei winzige Eingänge, die sich zu größeren Höhlen von mehreren Millimeter Durchmesser weiten. Die Grubenorgane sind in der Lage, warmblütige Beutetiere zu orten und selbst in der Dunkelheit akkurat zuzuschlagen. Wie die Grubenorgane genau funktionieren, ist immer noch nicht ganz klar, vor allem wohl, weil Grubenottern zur Aggressivität neigen und ihr Biss tödlich ist. Auch die Boa constrictor, die Anaconda und die Pythonschlange besitzen äußerst empfindliche Wärmesensoren – die einer Boa constrictor sind in der Lage, fast umgehend geringe Wärmemengen von nur einer zehnmillionstel Kalorie pro Quadratzentimeter zu entdecken. Das entspricht ungefähr der Fähigkeit, die Wärme einer 100-Watt-Birne (oder eines Menschen) auf eine Entfernung von rund 40 Metern zu entdecken. Spezielle Infrarotsensoren finden sich auch auf der Unterseite des Feuerkäfers *Melanophila,* der seine Eier in frisch verkohltem Holz ablegt. Die erwachsenen Käfer werden in großer Zahl von Waldbränden angezogen, wobei ihnen ihre Hitzesensoren den Weg weisen. Sie sind so empfindlich, dass sie ein Feuer entdecken können, das bis zu 50 Kilometer entfernt ist.

Der Gang auf glühenden Kohlen und Ähnliches

Feuer ist ein wunderbarer Freund des Menschen, aber auch sein Todfeind. Ein Kind lernt schnell, dass die leuchtend züngelnden Flammen Gefahr bedeuten. Und die Angst vor dem »Feuerofen« dient in zahlreichen Religionen dazu, Gehorsam und Unterwerfung der Gläubigen zu sichern – in dieser wie in der nächsten Welt. Während der spanischen Inquisition herrschte der Glauben vor, dass der Tod auf dem Scheiterhaufen nötig sei, um hartnäckige Sünder von ihren Sünden zu reinigen und ihre Seelen vor der ewigen Verdammnis zu retten. Schon die bloße Erwähnung der Hölle beschwört Bilder des ewigen Feuers herauf. Und wenn wir davon fasziniert sind, dass Menschen barfuß unversehrt über glühende Kohlen gehen können, dann beruht diese Faszination nicht nur auf den lebhaft vorgestellten (vermeintlichen) Schmerzen, sondern auch auf derartigen kulturellen Assoziationen. Der Gang durchs Feuer könnte tatsächlich als »Feuerprobe« begonnen haben – also als ein Mittel, die Schuld eines Sünders festzustellen, oder als Test der Aufrichtigkeit und spirituellen Stärke eines Novizen.
Indes, der Gang auf heißen Kohlen hat nichts Übernatürliches an sich, er erfordert auch keinen besonderen »Geisteszustand«. Das Geheimnis liegt in der niedrigen Wärmeleitfähigkeit des Holzes und in der relativ kurzen Zeit, in der die Füße des Betreffenden mit den heißen Kohlen in Berührung kommen. Holz ist ein sehr schlechter Wärmeleiter (darum haben zum Beispiel viele Pfannen Holzgriffe), und Holzkohle isoliert nochmals fast viermal besser. Das bedeutet, dass kaum etwas von der Hitze aus der heißen Asche an die Füße gelangt. Darum kann man auf fast 800 °C heißer Holzkohlenglut bis zu 52 Meter weit gehen. Der Gang auf heißen Kohlen hat also viel mehr mit Physik als mit Physiologie zu tun.
In Schutzkleidung können Menschen extreme Hitze aushalten. Beim Militär gibt es Spezialanzüge aus mehreren Lagen Filz, die ursprünglich zum Schutz von Kesselheizern vor Funkenflug entwickelt worden waren. Später wurden diese Anzüge so adaptiert, dass sie Soldaten Schutz vor Verbrennungen oder kurzzeitigen extremen Hitzewellen nach Explosionen gewährten. Mit entsprechenden Schutzhandschuhen kann man sogar ein glühend heißes Metallstück anfassen. Feuerresistente synthetische Materialien wie Nomex werden von Autorennfahrern oder Arbeitern bei Ölbohrungen getragen, damit sie vor plötzlichen Feuerausbrüchen geschützt sind. Stuntmen haben ähnliche An-

Geschöpfe des Feuers

Der Phönix, ein Zaubervogel aus der arabischen Märchenwelt, der nach seiner großartigen purpurroten Farbe benannt ist, hatte angeblich eine Lebensdauer von mehr als 500 Jahren. Wenn sein Tod nahte, baute er sich einen nach Weihrauch und Myrrhe duftenden Scheiterhaufen und ging, das Gesicht zur Sonne gewandt, in Flammen auf. Neun Tage später erhob sich aus der Asche des alten ein neuer Phönix. In der Antike unterstützte das Bild vom Phönix nachhaltig den Gedanken der Auferstehung Christi: Wenn schon ein einfacher Vogel die Fähigkeit hatte, zu sterben und aufzuerstehen, wie konnte man dann daran zweifeln, dass auch der Sohn Gottes dazu in der Lage war?

Der Ursprung des Phönix-Mythos ist allerdings weitgehend unklar. T.H. White meinte, er könnte aus dem zeremoniellen Opfer eines purpurfarbenen Reihers durch die ägyptischen Priester in Heliopolis entstanden sein. Denn das heilige Symbol der Sonne – die abends stirbt und am nächsten Morgen wieder aufersteht – ähnelte einem Reiher. Ein anderer Erklärungsversuch geht davon aus, dass einige Krähenvogelarten sich gelegentlich am Rande eines kleinen Feuers niederkauern und ihre Flügelfedern in den kühleren Bereich der Flammen halten. Wahrscheinlich sollen auf diese Weise Parasiten verbrannt werden, während die Haut des Vogels durch das Federkleid vor der Hitze geschützt ist.

Während der Phönix nur ein – allerdings großartiger – Mythos ist, handelt es sich beim Feuersalamander um eine tatsächlich lebende Kreatur. Seine feucht glänzende Haut weist ein auffälliges Fleckenmuster aus hellgelben und schwarzen Bestandteilen auf. In alten Zeiten begegnete man diesem großartigen Lurch mit einer Mischung aus Schrecken und Ehrfurcht, denn man hielt ihn für hochgiftig und glaubte, dass er Feuer löschen könne. Weil er sich im Tageslicht nur nach heftigem Regen blicken ließ, verband man seine Erscheinung mit Nässe und Feuchtigkeit, und dies könnte, im Verbund mit der Tatsache, dass man Feuersalamander auch aus feuchten Holzscheiten kommen sah, die man aufs Feuer legte, zu dem antiken Glauben geführt haben, dass Feuersalamander Feuer löschten. In einem lateinischen Bestiarium aus dem 12. Jahrhundert heißt es: »Der Salamander trägt seinen Namen, weil er gegen das Feuer bestehen kann. … Dieses Tier ist das einzige, das die Flammen löscht wie eine Feuerwehr. Tatsächlich lebt es inmitten der Flammen, ohne dabei verletzt oder verbrannt zu werden – und zwar nicht nur, weil das Feuer ihn nicht verzehrt, sondern weil er das Feuer tatsächlich selber löscht.«

Aristoteles behauptete Ähnliches. Plinius hingegen verließ sich eher auf Experimente. Er testete die Hypothese, indem er einen Salamander in die Flammen warf. Natürlich verbrannte die unglückliche Kreatur zu

Asche. Doch trotz des gegenteiligen Augenscheins verbreitete auch Plinius weiterhin den Mythos, der Feuersalamander sei in der Lage, Feuer zu löschen.

In einer Fußnote zu seiner wunderbaren Übersetzung des genannten mittelalterlichen Bestiariums berichtet uns T.H. White, der »Kaiser von Indien« habe sich aus tausend Salamanderhäuten einen Anzug anfertigen lassen. Papst Alexander III. habe eine Tunika aus Salamanderhäuten getragen, Prester John eine Robe. Wahrscheinlich glaubten sie wie Caxton, dass »dieser Salamander Wolle trägt, aus der man Tuch und Gürtel machen kann, die im Feuer nicht brennen«. In der Tat glaubte man, als das Asbest entdeckt wurde, es handele sich dabei um die Wolle des Feuersalamanders.

Der Bombardierkäfer zeichnet sich nicht nur durch seine Feuertoleranz aus, sondern auch dadurch, dass er Hitze als Waffe verwendet. Wird er aufgeschreckt, so versprüht er auf den ahnungslosen Angreifer ein stark ätzendes heißes Dampfgemisch, in dem auch Wasserstoffperoxid enthalten ist. Der brennende Dampf wird in einem Drüsenpaar am Unterleib des Käfers produziert. Jede dieser Drüsen hat zwei Kammern. In der einen befindet sich eine wässrige Lösung aus Wasserstoffperoxid und Hydrochinon, in der anderen eine Mischung von Enzymen. Im Alarmzustand injiziert der Käfer Enzyme, die als Katalysatoren bei einer chemischen Reaktion zwischen Wasserstoffperoxid und Hydrochinon fungieren, aus der einen Kammer in die andere. Die bei dieser Reaktion entstehende Wärmeenergie erhitzt die Lösung bis zum Siedepunkt. Indem der Käfer nun die Spitze seines Unterleibs auf den Angreifer richtet, kann er diesen punktgenau anspritzen. Das lebhafte Schwarz und Orange in der Färbung dieses Insekts und die hörbare Explosion, die jedes Verspritzen des ätzenden Dampfes begleitet, dienen dazu, Feinde daran zu erinnern, dass man diesen Käfer besser nicht behelligen sollte.

züge an, wenn sie Filmszenen drehen, bei denen Personen in einem Flammenmeer umkommen. In solchen Schutzanzügen kann man mehrere Sekunden lang dem Feuer widerstehen und seine normale Körpertemperatur halten.
Ohne Schutz jedoch tötet selbst moderate Hitze die Zellen ab. Sie brauchen nur versehentlich mit Ihren Fingern heißes Eisen zu berühren, und schon wird Ihr Fleisch versengt, bis es weiß ist, weil die darüber liegenden Hautzellen getötet wurden. Solche kleineren Oberflächenverbrennungen vernichten die obere Hautzellenschicht. Bei längerer Hitzeeinwirkung kann es auch zu Verletzungen der darunter liegenden Gewebeschichten kommen. Selbst wenn die betroffenen Gewebepartien nicht mehr dem Feuer ausgesetzt sind, können die Verletzungen aufgrund der im Gewebe gespeicherten Hitze noch weitergehen. Hier liegt der Grund, warum schnelle Kühlung mit kaltem Wasser oder Eis die beste Behandlungsmethode für kleinere Verbrennungen ist.
Obgleich alle Säugetierzellen sterben, wenn sie länger als einige Minuten lang Temperaturen über 50 °C ausgesetzt sind, können Menschen für kurze Zeit auch wesentlich höhere Temperaturen aushalten – vorausgesetzt, die Luft ist sehr trocken. Das hatte Mr. Blagden ja seinerzeit so anschaulich demonstriert. Viele Menschen werden dies auch aus eigener Erfahrung wissen – die Temperaturen in einer Sauna betragen normalerweise rund 90 °C. In Experimenten konnte gezeigt werden, dass bei trockener Luft Temperaturen von bis zu 127 °C 20 Minuten lang auszuhalten sind. Überdies gibt es zahlreiche Anekdoten über sogar noch höhere Temperaturen, die Menschen kurze Zeit lang ausgehalten haben. Das ist so, weil Schwitzen die Hautoberfläche auf beträchtlich niedrigere Temperaturen abkühlt. Und das erklärt auch, warum sehr heiße Luft Haare und Augenbrauen versengen kann, während die Haut unversehrt bleibt. Extrem hohe Temperaturen wie bei einem plötzlichen Feuerausbruch sind jedoch äußerst gefährlich, weil die heiße Luft das empfindliche Lungengewebe beschädigt und das Kühlsystem der Haut außer Kraft setzt; schwere Verbrennungen sind die Folge. Zum Glück überschreiten die Lufttemperaturen auf der Erde nur selten 50 °C, und eine Hitze, die so intensiv ist, dass sie die Haut verbrennt, gibt es normalerweise nur bei Feuersbrünsten.
Zwar können Menschen für kurze Zeit trockene Lufttemperaturen aushalten, die höher liegen als der Siedepunkt des Wassers, aber eben auch nur für kurze Zeit. Dann steigt die Körpertemperatur unweiger-

lich an. Gehirnzellen sind überaus hitzeempfindlich – mehr als 42 °C halten sie nicht aus – und ein Anstieg der Bluttemperatur um nur wenige Grade kann auf die Gehirnfunktionen profunde Auswirkungen haben. Langfristig beruht darum unsere Fähigkeit, Hitze auszuhalten, auf den Wärmeregulierungssystemen des Körpers, die dafür sorgen, dass die Körpertemperatur unter 42 °C bleibt.

Heißblütigkeit?

Wärme ist ein Nebenprodukt des Lebensprozesses, wie man aus der schnellen Abkühlung des Körpers nach dem Tode ersehen kann. Um 1666 schrieb der Philosoph John Locke: »Niemand wird wärmer, wenn er zu atmen aufhört.« Die biochemischen Reaktionen, die unseren Zellen Energie zuführen, sind nicht hundertprozentig effektiv; wie bei der Verbrennung in einem Automotor entsteht als Nebenprodukt eine kleinere Wärmemenge. Und so reicht, wenn man in warmem Klima körperliche Anstrengungen meidet, die vom Körper produzierte Wärme aus, um die benötigte Körpertemperatur zu erreichen. In kaltem Klima kann der Wärmeverlust an die Umgebung jedoch so groß werden, dass eine ergänzende Wärmezufuhr erforderlich ist. Umgekehrt kann körperliche Anstrengung die Wärmeproduktion des Körpers um mehr als das Fünffache steigern; dann ist eine wesentlich verstärkte Wärmeabgabe von entscheidender Bedeutung. Überdies gibt es zahlreiche Orte auf der Erde, an denen die Umgebungstemperatur höher als die Körpertemperatur ist; dann muss die Wärmeaufnahme aus der Umgebung auf ein Minimum beschränkt werden.

Ehe man Wege gefunden hatte, die Körpertemperatur zu messen, glaubte man, sie variiere in verschiedenen Teilen der Welt: In den Tropen hätten die Menschen höhere Körpertemperaturen als im frostigen Norden. 1578 hielt Johannes Hasler sogar in einer Tabelle fest, wie viel Wärme oder Kälte bei den Menschen auf unterschiedlichen Breitengraden zu erwarten sei. Im mittelalterlichen Europa basierte die medizinische Praxis auf der klassischen Theorie Galens, der behauptet hatte, der Körper enthalte vier zentrale Körpersäfte: Blut *(sanguis)*, Schleim *(phlegma)*, schwarze Galle *(melancholer)* und gelbe Galle *(choler)*. Die Temperatur eines jeden Menschen (im Sinne von »Mischung, Stimmung« und synonym mit »Temperament« verwendet) werde durch das individuelle Mischungsverhältnis seiner Körpersäfte be-

stimmt. Herrsche das Blut vor, so sei das Ergebnis ein sanguinisches Temperament, beim Phlegmatiker bestimme der Schleim das Wesen, beim Melancholiker die schwarze und beim Choleriker die gelbe Galle. Gesund sei ein Mensch dann, wenn sich die vier Körpersäfte im Gleichgewicht befänden. Weil es sich jedoch immer um ein individuelles, einzigartiges Gleichgewicht handele, könne es auch keine für alle geltende normale Körpertemperatur geben: Was beim einen als Fieber erscheine, sei bei einem anderen die ganz normale Körpertemperatur. »Es ist evident«, schrieb Sir Walter Raleigh 1618, »dass sich die Menschen in der Temperatur ihrer Körper sehr stark voneinander unterscheiden.« Und mit ähnlichen Worten pflichtete ihm Sir Francis Bacon bei: »Es gibt Personen mit allen möglichen Temperaturen.« Wenn wir heute immer noch von heißblütigen oder kaltblütigen Menschen sprechen oder vom Temperament einer Person, ist all das letztlich auf diese antike Überzeugung zurückzuführen.
Doch der Mensch ist wie andere Säugetiere ein homöothermes Wesen, das unabhängig von den Außentemperaturen eine stabile Körpertemperatur aufrechterhält. Das heißt, das Ausmaß der Wärmeproduktion muss mit dem des Wärmeverlustes ausbalanciert werden. Lebt man in einer Hitzezone, kommt es letztlich darauf an, die eigene Wärmeproduktion zu reduzieren und den Wärmeverlust zu steigern. Die dritte Möglichkeit – die Hitze im Körper bis zur späteren Verwendung zu speichern, indem ein vorübergehender Anstieg der Körpertemperatur zugelassen wird – steht den Menschen als Option leider nicht zur Verfügung. Sie wird jedoch, wie wir später noch sehen werden, von anderen Tieren durchaus genutzt.

Ab- und Auskühlung

Alle Tiere, auch die Menschen, reduzieren Hitzestress durch Verhaltensanpassungen, etwa durch Inaktivität oder Aufsuchen schattiger Plätze. Man nimmt weniger Nahrung zu sich, weil beim Stoffwechsel Wärme entsteht, und Nahrung mit hohem Wassergehalt wird immer attraktiver: im Sommer bevorzugt Eis, Obst, Gurken und kühle Limonade. Weil Muskelaktivität beträchtliche Wärme erzeugt, wird körperliche Arbeit auf die frühen und späten Stunden des Tages beschränkt, wenn es kühler ist. Mittags machen viele eine lange Siesta.
In heißen Klimazonen passen die Menschen auch ihre Kleidung, ihre

Wohnverhältnisse und das Ausmaß ihres Aufenthalts im Freien den klimatischen Umständen an. Anders als die Touristen tragen die Einheimischen in der Wüste oft mehrere Lagen locker sitzender Kleidungsstücke übereinander, die den ganzen Körper bedecken. Auch Kamele und andere Wüstentiere tragen einen dicken Pelz, besonders auf dem Rücken. Spontan mag das zunächst unsinnig erscheinen, aber es gibt eine ganz einfache Erklärung dafür. Pelze und Kleidungsstücke sind sehr wirksame Schutzschilde, weil sie eine Hitze abweisende Isolierschicht bilden, wenn die Umgebung heißer ist als der Körper. Ein kurz geschorenes Kamel braucht viel mehr Wasser, weil es die Hitze körperlich viel schneller aufnimmt. Wenn Sie in der Wüste Ihre Kleidung ablegen, bringt das gerade keine Erleichterung, sondern Sie erhitzen sich nur umso schneller. Locker sitzende Kleidung ist am besten, weil dann die Luft in den Kleidern zirkulieren und den Schweiß trocknen kann, während die Kleidung gleichzeitig Schutz vor der sengenden Wüstensonne bietet.

Tiere haben viele bemerkenswerte Verhaltensweisen entwickelt, um Hitzestress zu vermeiden. So sitzt die namibische Kröte, eine der wenigen Amphibien, die in der Wüste leben, den ganzen Tag über unter einer Schicht von rund 10 Zentimeter Sand, weil dort die Temperaturen wesentlich erträglicher sind als an der Oberfläche, in der Sonne. Erst in der Kühle der Nacht kommt sie hervor. Die Bienen nutzen dagegen Verdunstungskälte, um die Temperatur der sich entwickelnden Larven konstant bei 35 °C zu halten. Wenn es im Bienenstock zu heiß wird, verbreiten sie kleine Wassertropfen auf der Oberfläche der Honigwaben und schlagen dann mit den Flügeln, um eine Luftbewegung zu erzeugen, die die heiße Feuchtluft durch kühlere, trockenere ersetzt. Andere Tiere überleben die intensive Sommerhitze dadurch, dass sie in einen Zustand extremer Starre, in den so genannten Sommerschlaf, verfallen, in dem der Stoffwechsel drastisch reduziert wird. Sie ziehen sich an ein schattiges Plätzchen oder in eine kühle unterirdische Höhle zurück und warten einfach ab, bis sich die Lebensbedingungen wieder verbessert haben.

Als elektrische Klimaanlagen noch nicht so weit verbreitet waren, bauten sich auch die Menschen unterirdische Wohnungen, um der Hitze zu entgehen: In Indien zogen sich die Menschen zur Zeit der Moguln in kühle *tykhana* (Keller) zurück; die Matmata-Häuser in der Sahara liegen zehn Meter unter der Oberfläche; und die Bewohner der wegen ihrer Opalminen berühmten australischen Wüstenstadt Coober Pedy

Wie die meisten Wüstenvölker tragen die Tuareg lange Gewänder, die ihren Körper vollständig bedecken.

lebten ebenfalls in unterirdischen Häusern (manche noch heute). Auch in weniger sengend heißen Klimazonen reflektiert die Alltagsarchitektur die Notwendigkeit, den Hitzestress zu reduzieren. Einst fanden sich auf den Dächern von Hyderabad in Pakistan Windfänger, die die kühle Nachmittagsbrise in die Räume lenkten. Traditionelle japanische Häuser sind so eingerichtet, dass man die Wände aufschieben kann, um im Haus kühlen Durchzug zu ermöglichen. Und im ländlichen Dorsetshire in England, wo ich aufgewachsen bin, baute man die – oft bis 30 Zentimeter dicken – Wände der Häuser aus Lehm und Stroh. Soweit ich mich an die heißen Sommertage meiner Kindheit erinnern kann, isolieren solche Wände so gut, dass man immer ein kühles Refugium vor der Hitze hat.

Ausschwitzen

Während Sie durch Ihr Verhalten das Ausmaß der Wärmeaufnahme aus Ihrer Umgebung beeinflussen können, muss die überschüssige Wärme, die Sie im eigenen Körper produzieren, unbedingt abgeführt werden. Beim Menschen ist die Haut das wichtigste Wärmeregulierungsorgan. Die durch die Muskeln und andere innere Organe entstehende Hitze wird durch das Blut an die Hautoberfläche transportiert, wo die Wärmeabgabe an die Umgebung dadurch geregelt wird, dass die durch ein ganzes Netzwerk feiner Blutgefäße an der Körperoberfläche zirkulierende Blutmenge variiert. Ein Anstieg der Körpertemperatur führt zur Weitung dieser Blutgefäße, damit der warme Blutstrom noch näher an die Hautoberfläche gelangen kann, was den Wärmeverlust verstärkt. So erklärt sich auch die Rötung der Haut, wenn man erhitzt ist. Umgekehrt ziehen sich bei einem Absinken der Körpertemperatur die Blutgefäße an der Körperoberfläche zusammen; das Blut wird dann bevorzugt durch tiefer liegende Gefäße transportiert, wodurch die Wärme im Körper gehalten wird. Das Wärmeregulierungssystem des Körpers ist einfach eine etwas kompliziertere Version des Kühlsystems eines Automotors: Das Herz tritt an die Stelle der Wasserpumpe, das Blut dient als zirkulierendes Kühlmittel und die Haut fungiert als Kühler.

Die Wärmeabgabe an der Haut erfolgt durch vier Vorgänge: Abstrahlung, Ableitung, Konvektion und Schweißverdunstung. Im Ruhezustand und bei Windstille ist die Abstrahlung für rund 60 Prozent des Wärmeverlusts verantwortlich, Konvektion und Ableitung für rund 20 Prozent (wobei dieser Anteil bei Wind steigt). Solange die Hauttemperatur niedriger ist als die Kerntemperatur des Körpers, reichen Abstrahlung, Ableitung und Konvektion aus, um den Körper abzukühlen. Diese Prozesse sorgen dafür, dass bei Windstille und Temperaturen unter 32 °C die Kerntemperatur stabil bleibt.

Doch an vielen Orten ist die vorherrschende Außentemperatur wesentlich höher als die des Körpers. Durch Wärmestrahlung und Wärmeleitung wird dann Hitze vom Körper aufgenommen, wodurch sich der Hitzestress erhöht. Als während des ersten Golfkriegs viele Schiffe durch die Straße von Hormuz in den Persischen Golf fuhren, betrug dort die Außentemperatur bei sehr hoher Luftfeuchtigkeit brennende 47 °C. Unter freiem Himmel war die Hitze bei blendendem Sonnenschein und massiver Lichtreflexion durch das Wasser unerträglich. So

Die Physik der Wärmeübertragung

Wärme ist molekulare Bewegungsenergie. Die Temperatur eines Gases bestimmt sich aus der Durchschnittsgeschwindigkeit seiner Moleküle: Je schneller diese herumschwirren, desto heißer ist das Gas; je langsamer, desto kälter. In Festkörpern dagegen sind die Moleküle aneinander gebunden. Wissenschaftler vergleichen diese Molekularbindung oft mit einem System von miteinander verbundenen »Sprungfedern«: je höher die Temperatur, desto größer die Schwingungsamplitude der »Federn«; je kälter, desto kleiner die Ausschläge. Am absoluten Nullpunkt (–273 °C) gibt es fast überhaupt keine Wellenbewegungen mehr. Vielleicht wundern Sie sich über die Einschränkung »fast«, denn am absoluten Nullpunkt sollte es definitionsgemäß eigentlich überhaupt keine Molekularbewegungen mehr geben. Der Grund dafür, dass dies trotzdem nicht sicher ist, liegt in den Unwägbarkeiten der Quantenphysik. Demnach ist es unmöglich, gleichzeitig die Position eines Elementarteilchens und sein Bewegungsmoment präzise zu bestimmen und vorherzusagen (Heisenbergs berühmte »Unschärferelation«). Je genauer man vorherzusagen versucht, wo sich ein Teilchen tatsächlich befindet, desto größer wird die Unsicherheit bezüglich seines Bewegungsmoments, und umgekehrt. Daraus folgt auch, dass die Moleküle eines Festkörpers immer ein wenig vibrieren, selbst am absoluten Nullpunkt.

Wärme wird von einem Objekt auf ein anderes durch Leitung, Konvektion und Strahlung übertragen. Bei der Wärmeleitung findet die Übertragung zwischen zwei Objekten statt, die in direktem Kontakt miteinander stehen – zum Beispiel Haut und Luft. Besteht zwischen beiden ein Temperaturunterschied, dann fließt die Wärme vom wärmeren Objekt zum kälteren. Ganz einfach gesagt: Die Moleküle im wärmeren Objekt stoßen jene im kälteren an und vergrößern deren Bewegungsintensität, während sie gleichzeitig ihre eigene Geschwindigkeit reduzieren. Unter Wärmeleitfähigkeit versteht man die Leichtigkeit, mit der Wärme durch ein Objekt hindurchfließt: Holz ist ein schlechterer Wärmeleiter als Kupfer, weshalb Kupferpfannen und -kochtöpfe meistens Holzgriffe haben. Isolierung – der dem Wärmefluss entgegengesetzte Widerstand – ist das Gegenteil von Wärmeleitung. Luft und Federn haben eine niedrige Wärmeleitfähigkeit (sie sind, anders gesagt, zur Isolierung gut geeignet); darum sind Federn mit Luftzwischenräumen als Material für Bettdecken so gut geeignet.

Die Wärmeübertragung in Flüssigkeiten (Wasser oder Luft) wird durch Konvektion noch vergrößert. Stellen Sie sich vor, Sie würden plötzlich in ein kaltes Wasserbad getaucht. Dann wärmt sich beim Kontakt mit Ihrer Haut das Wasser allmählich auf. Wird nun aber das erwärmte durch neu-

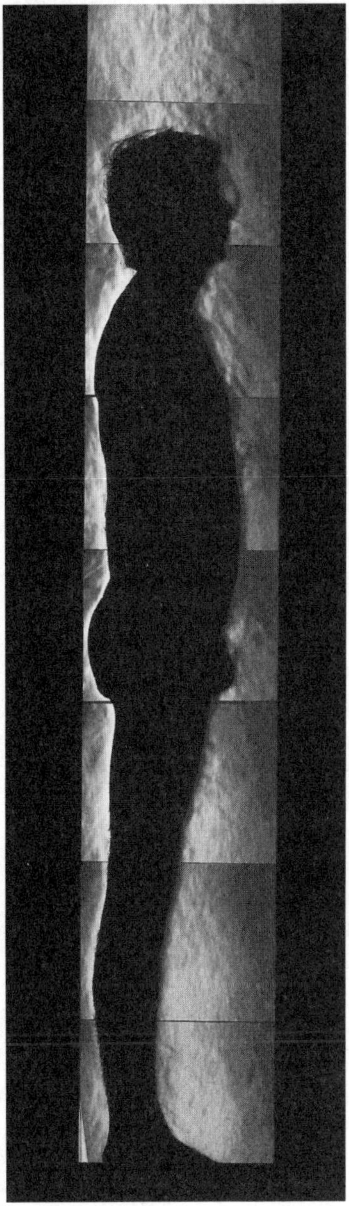

Schlierenfotografie eines nackten Mannes. Die Säule aufsteigender warmer Luft, die uns Menschen ständig umgibt, ist gut zu erkennen.

es kaltes Wasser ersetzt, dann beginnt derselbe Prozess von vorn: Es wird noch mehr Wasser erwärmt (und Ihr Körper weiter abgekühlt). Diesen Prozess, bei dem das Wasser an Ihrer Haut ständig erneuert wird, bezeichnet man als Konvektion. Er resultiert aus der Tatsache, dass warmes Wasser (weil es leichter ist als kaltes) ständig nach oben steigt. Die Temperaturunterschiede im Badewasser führen zu einer ständigen Wasserzirkulation, wobei das warme Wasser aufsteigt und das kalte absinkt. Diese Zirkulationsströmung ersetzt in einem fort das Wasser an Ihrer Hautoberfläche und beschleunigt so den Wärmeaustausch.

Während sich Wärmeleitung und Konvektion relativ leicht erklären lassen, hat das Wesen der Wärmestrahlung den Wissenschaftlern jahrhundertelang Rätsel aufgegeben. Alle Objekte geben elektromagnetische Strahlen ab, und je wärmer diese sind, desto größer ist das Ausmaß der Strahlung. Die Strahlen werden über die ganze Bandbreite des elektromagnetischen Spektrums abgegeben, aber der Emissionshöhepunkt hängt von der Oberflächentemperatur des Objekts ab. Wenn sich das Objekt erwärmt, werden die Wellenlängen kürzer.

Die Wellenlänge entscheidet nun aber darüber, ob wir die Strahlen als Farben sehen oder als Wärme empfinden. Strahlungen mit großer Wellenlänge sind unsichtbar, und wir können sie nur als Wärmeenergie spüren: Zum Beispiel kann man die Wärme eines Feuers noch lange, nachdem es zu glühen aufgehört hat, spüren. Diese Strahlen

bezeichnet man als Infrarotstrahlen. Steigt die Temperatur eines Objekts an, so verschiebt sich die vorherrschende Wellenlänge der Strahlen in den sichtbaren Bereich: Das Objekt beginnt zu glühen. Die Farbe, zunächst ein stumpfes Rot, verschiebt sich über ein leuchtendes Orange und Gelb zum Weiß (»Weißglut«), je heißer das Objekt und je kürzer damit die Wellenlängen der Strahlen werden. Vielleicht würden Sie erwarten, dass sich die Farben nach dem Regenbogenspektrum verändern, also von Gelb über Grün nach Blau. Dass dies jedoch nicht der Fall ist, können Sie selbst feststellen, wenn sie einen Feuerhaken im Ofen zum Glühen bringen. Und es ist nicht der Fall, weil die Lichtstrahlungen des Feuerhakens, wie schon gesagt, das gesamte elektromagnetische Spektrum abdecken; lediglich die Wellenlänge des Spitzenbereichs der Emissionen verschiebt sich mit der Temperatur. Darüber hinaus verstärkt sich die Gesamtstrahlung mit dem Temperaturanstieg dramatisch, so dass auch mehr Langwellenstrahlen abgegeben werden. Somit ist das vom glühenden Feuerhaken ausgestrahlte Licht eine Mischung von Strahlen unterschiedlicher Wellenlängen; es erscheint weiß wie das Sonnenlicht. Ein weiß glühender Feuerhaken fühlt sich erheblich heißer an als ein rot glühender oder gar als die verglühenden Kohlen in einem Ofen.
Die Sonne hat eine Oberflächentemperatur von rund 6300 °C. Sie strahlt sichtbare Strahlen mit einem Maximum bei Wellenlängen von rund 0,5 Mikrometern aus; darum sind sie so blendend hell. Die Sonne sendet aber auch Strahlen mit größerer Wellenlänge aus und liefert damit die Wärme, die zur Aufrechterhaltung des Lebens auf der Erde benötigt wird. Ein menschlicher Körper mit einer Körpertemperatur von 37 °C strahlt mit einem Maximum bei Wellenlängen von 10 Mikrometern. Diese Frequenz liegt deutlich außerhalb des als Licht sichtbaren Spektrums. Gleichwohl ist es in einer gut isolierten Umgebung möglich, die Wärme zu spüren, die ein anderes menschliches Wesen abstrahlt (zum Beispiel im Bett). Übrigens ist es interessant, dass die Temperatur der Sonne nach der Kelvin-Skala ungefähr zwanzigmal so hoch ist wie die des menschlichen Körpers (6600 °K gegenüber 300 °K) und dass die Wellenlänge des Strahlungsmaximums der Sonne etwa zwanzigmal kürzer ist als die des

taten die Geschützbesatzungen, angetan mit Feuerschutzausrüstung und Kampfanzügen, nur ganze zehn Minuten Dienst an Deck, ehe sie abgelöst wurden. Auch Zivilisten kommen in diesen Gegenden nicht ungeschoren davon. Jedes Jahr gehen tausende Pilger auf Pilgerfahrt nach Mekka, wo die Durchschnittstemperatur der Luft bei 40 °C liegt. Diese Hitze fordert immer wieder zahlreiche Opfer.
Ist die Lufttemperatur höher als die des Körpers, so bleibt als einzige

Menschen. Das zeigt, dass die Wellenlänge des Strahlungsmaximums direkt proportional zur Temperatur ist.
Wie Licht kann man sich auch Wärme als Wellen oder Partikel vorstellen (die so genannten Photonen). Zum besseren Verständnis, wie der Transfer von Wärmestrahlungen funktioniert – und warum diese beispielsweise den leeren Weltraum zwischen Sonne und Erde überwinden können –, ist es ganz hilfreich, wenn man in Wärmeenergie einfach Photonen sieht, die von den Atomen des eigenen Körpers absorbiert oder ausgesandt werden. Ein Atom ähnelt einem Sonnensystem en miniature. Im Zentrum sitzt der Atomkern, den ein oder mehrere Elektronen auf Kreisbahnen umrunden. Positioniert sind diese Elektronen in unterschiedlichen Abständen vom Kern; auch hier ergeben sich Ähnlichkeiten zu den Umlaufbahnen der Planeten. Doch damit enden die Ähnlichkeiten auch, denn die Umlaufbahnen der Elektronen hängen von ihrer Energie ab, und Elektronen können zwischen verschiedenen Umlaufbahnen hin und her springen, je nachdem, ob sie Energie absorbieren oder abgeben. Diese Energie nun können wir uns als Photonen oder Lichtpartikel vorstellen. Der Elektronensprung in eine äußere Umlaufbahn wird durch die Absorption eines Photons hervorgerufen, während ein Photon abgegeben wird, wenn das Elektron wieder in eine tiefere Umlaufbahn zurückfällt.
Moleküle unterscheiden sich von Atomen in der Art und Weise, wie sie Strahlung absorbieren oder aussenden: Bei ihnen wird das Ausmaß ihrer Schwingungen größer oder kleiner. Durch ein Vakuum rasen Photonen mit Lichtgeschwindigkeit – mit 300 000 Kilometern pro Sekunde. Die von der Sonne kommenden Photonen werden durch die Moleküle in unserer Haut absorbiert; diese verstärken ihre Schwingungen und erwärmen uns. Wärmeverlust entsteht durch die Abstrahlung von Photonen, wenn das Ausmaß der molekularen Schwingungen geringer wird. Während Sie dies lesen, strahlt Ihr Körper Photonen in Ihre Umgebung aus. Sie stehen also in einem permanenten stillen Austausch mit den Menschen und Objekten in dem Raum, in dem Sie sitzen: Sie tauschen Photonen aus.

Möglichkeit der Wärmeabgabe das Schwitzen. Dieser Vorgang funktioniert nach demselben Prinzip wie ein Weinkühler aus Ton – ausgenutzt wird die Tatsache, dass die Konversion von Wasser in Wasserdampf sehr viel Wärme erfordert. Bei normaler Körpertemperatur werden rund 2400 Kalorien benötigt, um 1 Milliliter Wasser in Dampf zu verwandeln – ungefähr die gleiche Energiemenge, die benötigt wird, um dieselbe Menge Wasser vom Gefrierpunkt bis zum Siedepunkt zu erhitzen.[1] Der größte Teil dieser Wärme kommt aus dem Körper selbst, so dass die Verdampfung des Schweißes die Haut abkühlt. Dabei wird auch das durch die Haut zirkulierende Blut abgekühlt; wenn es anschließend in den wärmeren Kernbereich fließt, hilft es, die Körpertemperatur zu senken.

Unser Körper hat ungefähr 3 Millionen Schweißdrüsen, davon ungefähr die Hälfte in der Haut im Brust- und Rückenbereich. In großer Zahl sitzen Schweißdrüsen auch auf der Stirn und in den Innenflächen der Hände. Wo die einzelnen Poren sitzen, lässt sich relativ leicht erkennen, wenn Sie Ihre Haut mit Sonnenöl einreiben und sich ein paar Minuten lang in die Sonne setzen. Wenn sich die Haut aufheizt, erscheinen kleine Schweißperlen, jeweils an der Öffnung einer Schweißdrüse. Der Ölfilm auf der Haut verringert das Ausmaß der Wasserverdunstung, so dass der Schweiß leichter sichtbar wird (mit einer Lupe können Sie die Schweißdrüsen sogar noch deutlicher erkennen).

Das Schwitzen wird durch das Hormon Adrenalin stimuliert, das abgesondert wird, wenn die Körpertemperatur steigt. Der Adrenalinausstoß steigt auch bei Stress an. Darum bekommen wir beispielsweise, wenn wir Angst haben, Schweißhände und eine feuchte Stirn. Eine alte englische Redensart besagt, dass »Pferde schwitzen, Herren transpirieren und Damen einen sanften Glanz bekommen«. Meistens sieht man in dieser Differenzierung nur einen Beleg für den euphemistischen Geist des Viktorianischen Zeitalters, aber der Spruch enthält auch viel Wahres, denn Frauen produzieren, wenn sie derselben Hitze ausgesetzt sind, wirklich nur halb so viel Schweiß wie Männer. Überdies gibt es zwischen verschiedenen Rassen beträchtliche Unterschiede: Die Eingeborenen von Neuguinea etwa schwitzen weniger als Nigerianer oder Schweden.

Schwitzen kann den Wärmeverlust auf das etwa Zwanzigfache steigern, doch nur auf Kosten starker Flüssigkeitsverluste – bis zu 3 Liter pro Stunde. Ein solches Ausmaß der Schweißabsonderung lässt sich allerdings nicht lange aushalten. Der durchschnittliche Feuchtigkeitsverlust bei jemandem, der in der Hitze arbeitet, beträgt am Tag 10 bis 12 Liter. In trockener Wüstenluft kann der Schweiß so schnell verdunsten, dass die Haut trocken wirkt; wenn Sie jedoch eine Handfläche auf Ihren Arm legen, werden Sie merken, dass der Arm schnell mit Schweiß bedeckt ist. Selbst wenn Ihnen gar nicht heiß ist, wirkt bei Ihnen die Verdunstungskälte, in einem Ausmaß von rund 0,8 Liter Wasser pro Tag.

Bei Sportlern hat die Verdunstungskühlung große Bedeutung. Die Radsportler bei der grausam schweren Tour de France sind so in der Lage, bis zu zwölf Stunden lang ohne Pause in einem fort bergauf zu fahren. Im Labor sind sie dann oft überrascht und unangenehm berührt, dass sie dieselbe Belastung nicht einmal eine einzige Stunde lang durchhalten. Auf der Straße beseitigt der Fahrtwind schnell die erhitzte Luftschicht direkt über der Haut; dadurch wird die Verdunstungskühlung deutlich verstärkt. Auf einem stationären Rad jedoch wird diese Konvektion erheblich reduziert. Entsprechend geringer ist der Wärmeverlust, und so wird der Radsportler viel schneller erschöpft. Erzeugt man jedoch durch Aufstellung eines Ventilators eine künstliche Brise, lässt sich die körperliche Belastung wesentlich länger aushalten. Die plötzliche Reduktion der Verdunstungskälte könnte einer ganzen Reihe von Unfällen zugrunde liegen, bei denen Radfahrer oder Läufer plötzlich einen Hitzschlag bekamen, nachdem sie mit dem Training aufgehört hatten. Möglicherweise führte das abrupte Aussetzen der Luftbewegung unmittelbar am Körper dazu, dass die Wärmeabgabe nicht mehr ausreichte, um einen signifikanten Anstieg der Körpertemperatur zu verhindern. Dies ist vielleicht auch einer der Gründe für die bewährte Reitermaxime, dass Pferde sich nach der Arbeit allmählich auslaufen und abkühlen müssen und dass sie nicht plötzlich mit der Bewegung aufhören dürfen.

An einem heißen Tag bleiben, wenn Sie einmal schnell ins Schwimmbecken springen oder sich unter der Dusche abkühlen, auf der Haut viele Wassertropfen zurück, welche die Abkühlung fördern, weil sie den Wärmeverlust durch Verdunstung steigern. Elefanten verfolgen eine ähnliche Strategie, wenn sie sich selbst oder einander mit Wasser bespritzen. Eine Reihe australischer Tiere hat eine arbeitsintensivere Kühlungsstrategie mit Hilfe der Verdunstung entwickelt: Statt zu schwitzen, lecken sie sich intensiv ab und vertrauen darauf, dass die Verdunstung ihres Speichels zur Abkühlung führt. Wie man sich leicht vorstellen kann, ist diese Kühlungsmethode nicht sehr effizient; sie scheint mehr ein letzter Notbehelf zu sein. Auf andere Weise versucht sich der Waldstorch zu helfen: Er uriniert im Minutentakt auf seine Beine und verstärkt so die Verdunstungskühle. Und in unseren Breiten lassen die Hunde ihre feuchten Zungen aus dem Maul hängen, um den Wärmeverlust zu vergrößern. Außerdem hecheln sie, um ihre Nasenpartien zu kühlen und die Verdunstungsabkühlung der oberen Luftwege zu erleichtern.

Menschen können bequem in Umgebungstemperaturen leben, die deutlich über ihrer Körpertemperatur liegen, sofern die Luft trocken genug ist. Beträgt die Luftfeuchtigkeit jedoch mehr als 75 Prozent, dann tropft der Schweiß als Flüssigkeit von der Haut ab, ohne zu verdunsten. Dann verursacht das Schwitzen nur Austrocknung, während der Abkühlungseffekt nicht zustande kommt. Hier liegt die Erklärung dafür, dass die Kombination von hoher Luftfeuchtigkeit und extremer Hitze so schwer auf einem lastet. Governor Ellis kam, als er über das Klima der Westindischen Inseln und Jamaikas schrieb, zu dem Schluss: »Das kann man kaum noch Leben nennen, wenn man nur noch nach Luft schnappt und einen energielosen Körper herumschleppt; doch ebendas ist meistens von Mitte Juni bis Mitte September unsere Situation.« Der australische Dichter Les Murray formulierte den gleichen Sachverhalt sogar noch beredter:

… Wir wurden zurückgepresst in die ranzigen,
Salzigen Mitternächte des Flussmündungswetters,
In die feuchte Sandigkeit, wo man sich die Luft von der Haut
wischt …

Die Häute, sich berührend, befeuchten einander. Haut,
Die irgendeine Oberfläche berührt, nässt diese und sich selbst –
Eine Art wechselseitiger Verdauung.
In pochenden Köpfen gedeihen Girlanden des Unsinns.[2]

Den meisten Menschen fällt es schwer, Temperaturen von 50 °C auszuhalten, wenn die Luft mit Feuchtigkeit gesättigt ist; trockene 90 °C empfinden sie jedoch für kurze Zeit sogar als angenehm. Obwohl sich die Temperatur in einem Dampfbad vielleicht genauso heiß anfühlt, ist sie stets niedriger als die in einer Sauna. Aus dem bisher Gesagten folgt natürlich auch, dass Schwitzen keinen positiven Effekt für die Wärmeregulierung des Körpers haben kann, wenn man im Wasser sitzt. Mithin kann es – im wahrsten Sinne des Wortes – tödlich sein, wenn man zu lange in einem Bad sitzt, dessen Wassertemperatur höher ist als die Körpertemperatur. Die heißesten japanischen *onsen* haben eine Temperatur von 46–47 °C und selbst die Unempfindlichsten können es darin nicht länger als 3 Minuten aushalten. Die meisten Menschen kommen höchstens mit Wassertemperaturen von 43 °C zurecht.

Obgleich man sich bei der Ankunft in einer tropischen Umgebung zunächst meistens erschöpft fühlt, findet ein gewisser Anpassungsprozess statt. Als Soldaten aus Nordeuropa während des Golfkriegs per Luftbrücke nach Saudi-Arabien gebracht wurden, fühlten sie sich in den ersten Tagen ermattet und müde. Körperliche Aktivität verschlimmerte ihre Lage nur noch weiter, und so waren sie schnell der Erschöpfung nahe – nicht gerade das, was man von Soldaten erwartet. Doch nach ungefähr einer Woche hatten sie sich akklimatisiert und ihr Durchhaltevermögen wiedererlangt. Akklimatisierung heißt in solchen Fällen weitgehend, dass die Schweißproduktion des Körpers markant erhöht wird; zugleich sinkt der Salzgehalt des Schweißes.

Einen kühlen Kopf bewahren

Antilopen haben ein spezielles Problem. Sie leben in den heißen, trockenen Ebenen Afrikas, wo es kaum Schatten gibt. Zugleich besteht ihre einzige Chance, den Beutejägern zu entkommen, darin, schneller als ihre Verfolger zu laufen. Beim Laufen aber entsteht beträchtliche Hitze – vierzigmal mehr als im Ruhezustand. Folglich besteht bei den laufenden Gazellen die ernste Gefahr eines Hitzschlags.
Wie wir bereits gesehen haben, sind Säugetiergehirne besonders hitzeempfindlich. Dieses Organ stirbt als Erstes, wenn die Kerntemperatur des Körpers einen bestimmten Punkt überschritten hat. Eine Möglichkeit, mit Überhitzung fertig zu werden, besteht deshalb darin, das Gehirn kühl zu halten, während man die Körpertemperatur im Rest des Körpers ansteigen lässt. Nach dieser Strategie verfahren Spießbock und Gazelle; sie halten Körpertemperaturen von 45 °C problemlos aus. Diese Tiere besitzen ein besonderes Gefäßsystem zum Wärmeaustausch, das so genannte *rete mirabile* (»wunderbares Netz«); es kühlt das Blut ab, das das Gehirn versorgt. Ehe die Halsschlagader das Gehirn überhaupt erreicht, verzweigt sie sich bei diesen Tieren in ein ganzes Netzwerk kleiner Äderchen. Diese verschlingen sich mit einem anderen Netzwerk feiner Adern, die das abgekühlte Blut aus dem Nasenraum zum Herzen zurücktransportieren. So wird die Wärme aus den warmen Arterien in die kühlen Venen geleitet. Das ins Gehirn gelangende Arterienblut hat somit eine deutlich geringere Temperatur: Bei einem Anstieg der Körpertemperatur um mehr als 4 °C beschränkt sich der Temperaturanstieg im Gehirn auf weniger als 1 °C. So kann

eine laufende Gazelle ihr Gehirn kühl halten und die überschüssige Wärme in ihrem Körper speichern, bis die Gefahr vorüber ist. Nachts entweicht die gespeicherte Hitze dann durch Ableitung oder Konvektion. Dabei wird im Körper sogar noch Wasser gespart, weil der Zwang zum Schwitzen wesentlich geringer bleibt.

Die Bedeutung von Körpergröße und Gestalt

Die Körpergröße ist für die Wärmeregulierung wichtig. So wie ein großer Eisblock, wenn er intakt bleibt, wesentlich langsamer schmilzt, als wenn er aufgebrochen wird, weil er eine im Verhältnis zu seinem Volumen wesentlich kleinere Oberfläche behält, verliert auch ein großes Tier seine Wärme wesentlich langsamer als ein kleines. Kleine Tiere wie Spitzmäuse oder Kolibris verlieren ihre Wärme manchmal so schnell, dass sie des Nachts ihre Körpertemperatur nicht mehr aufrechterhalten können. Umgekehrt stehen große Tiere immer in Gefahr, einen Hitzschlag zu erleiden, wenn sie sich in heißem Klima viel bewegen. In den afrikanischen Savannen bestehen Verfolgungsjagden darum meistens aus recht kurzen Sprints.

Ethnologen und Archäologen haben schon lange festgestellt, dass die Dimensionen des menschlichen Körpers zu den Umgebungstemperaturen in Beziehung stehen, in denen sich die unterschiedlichen Rassen der Menschheit entwickelt haben. Die natürliche Selektion hat unsere Körper so geformt, dass Menschen, die es gewohnt sind, in kalten Klimazonen zu leben – wie die Eskimos in der Arktis –, klein und stämmig sind, mit kurzen Armen, Beinen, Fingern und Zehen. So kann die Körpertemperatur besser gehalten werden, denn das Verhältnis von Oberfläche und Körpervolumen ist dafür günstig. Rassen, die sich im trockenen, heißen Klima entwickelt haben – wie in Afrikas äquatorialen Hochebenen –, sind groß und schlank, mit langen Gliedmaßen. Nicht nur die heutigen Massai- und Samburu-Völker sind so gebaut, sondern auch einige der frühen Hominiden, die in derselben Gegend Ostafrikas lebten, hatten dieselbe Gestalt. Wie Alan Walker und Pat Shipman in *The Wisdom of Bones* (1996) anschaulich beschrieben haben, hatte der Junge von Nariotokome, das vollständigste jemals gefundene Skelett eines *Homo erectus*, sogar noch längere Gliedmaßen als die heutigen Afrikaner. Eine beträchtliche Körpergröße erleichtert den Wärmeverlust, weil die für die Schweißabsonderung verfügbare

Körperoberfläche proportional größer ist als bei kleinen Menschen; auch die Wärmeableitung aus den tiefer liegenden Gewebeschichten des Körpers funktioniert besser, wenn die Fettpolster unter der Haut gering sind. Eine große, schlanke Gestalt ist deshalb für heißes Klima optimal. Überdies kommt sie der Existenzweise als Jäger entgegen, weil man dabei zur Nahrungsgewinnung schnell laufen können muss. Auch die Tiere haben im Lauf der Entwicklungsgeschichte Wege gefunden, ihre Körperoberfläche zu vergrößern, damit die Wärmeabgabe leichter fällt. Hier liegt zum Beispiel die Funktion der riesigen Elefantenohren, aber auch die der langen federlosen Vogelbeine.
Weil in der Wüste das Futter oft knapp ist, legen Menschen und andere Tiere hier Fettreserven an, wenn reichlich Nahrung vorhanden ist. Fett ist jedoch ein sehr gutes Isoliermaterial und würde, direkt unter der Haut verteilt, die Wärmeabgabe des Körpers behindern. Darum neigen Wüstenbewohner dazu, ihr gesamtes Fett an einem einzigen Ort zu speichern. Diesem Zweck dient beispielsweise der Kamelhöcker, der nicht, wie oft behauptet wird, ein Wasserspeicher ist. Aber auch die Hottentotten Südafrikas speichern ihr Fett im Wesentlichen in ihrem Hintern (Fachausdruck: Steatopygie), wohingegen sie schlanke Gliedmaßen haben, um den Wärmeverlust zu erleichtern. Auch bei übergewichtigen Europäern und Nordamerikanern ist Steatopygie häufig anzutreffen, ohne dass sie bei diesen wohlgenährten Völkern in einem kühleren Klima noch einen Anpassungswert hätte.

Hitzschlag

In den USA sterben jedes Jahr rund 250 Menschen am Hitzschlag. In schlechten Jahren können es sogar mehr als 1500 sein. Im Juli 1998 stiegen die Temperaturen im Mittleren Westen auf über 38 °C und verharrten dort, selbst nachts, ununterbrochen 24 Tage lang. Daran starben 150 Menschen. Bei einer ähnlichen, doch kürzeren Hitzewelle im folgenden Jahr starben allein in Chicago in einer einzigen Nacht 50 Menschen. Unter solch extremen Bedingungen können Menschen anscheinend gesund zu Bett gehen und am nächsten Morgen tot oder schwer krank aufgefunden werden. Wer dann aus Angst vor Einbrechern die Fenster schließt, könnte stattdessen eine gesundheitliche Krise infolge eines Hitzschlags heraufbeschwören. Alte Menschen sind überdurchschnittlich gefährdet, weil sie weniger schwitzen. Darum gab man während der Hitzewelle von 1998 Älteren und Armen den Rat, tagsüber in klimatisierten Einkaufszentren Zuflucht zu suchen. Die Kinder mussten drinnen bleiben, und wer im Freien zu arbeiten hatte, tat dies bevorzugt in Nachtschichten.

Anfang des 20. Jahrhunderts galt der Hitzschlag noch als Sonnenstich, als eine besondere Form des Schlaganfalls durch Sonneneinwirkung. Man meinte, dass das Sonnenlicht gefährliche Strahlen enthielte, die den Schädel durchdringen und das Gehirn erreichen könnten, wo sie dann einen Sonnenstich hervorriefen. Folglich waren Sonnenhelme mit Nackenpolster populär, um den Eintritt der Sonnenstrahlen zu verzögern. Manche sprachen sich sogar dafür aus, oben auf dem Sonnenhut noch eine dünne Platte aus Leichtmetall anzubringen. Elspeth Huxley schrieb in *The Mottled Lizard* (Die gefleckte Eidechse), einem lebhaften Bericht über ihr Leben als junge Frau in Kenia nach dem Ersten Weltkrieg, dass Reisende

> *Nackenpolster aus gestepptem Tuch trugen, die mit einem roten Material durchsetzt waren und außen auf den Hemdkragen geknöpft wurden. Die Sonne galt immer noch als eine Art wildes Tier, das einen niederschlagen würde, wenn man nicht zwischen neun und vier Uhr am Tage jede Minute sehr wachsam war.*

Ihre Beschreibung der Ankunft ihres Onkels Hilary bietet uns ein sogar noch bemerkenswerteres Bild. Er war in mehrere Lagen von Schutzkleidung eingehüllt, darunter

> *ein riesiger Tropenhelm, an dem ein langer purpurner Schal befestigt war, der den Rücken hinab wallte. Darunter befand sich ein ausgedehntes Nackenpolster aus Kongonifell, das mit rotem Flanell eingefasst war. Sein Gesicht verbarg sich hinter einer großen schwarzen Sonnenbrille, und über all dem trug er noch einen riesigen gestreiften Sonnenschirm. Er klammerte sich an den Sonnenschirm und eilte sofort in den Schatten der Veranda. Dort begann er sich vorsichtig einiger seiner Schutzhüllen zu entledigen. »Strohdach über Wellblech«, sagte er. »Das ist ein Schritt in die richtige Richtung, aber man sollte noch zwei Lagen von mit Pech getränktem Filz zwischen Stroh und Blech legen. Ich glaube jedoch, dass ich mich jetzt auf eine leichtere Kopfbedeckung beschränken kann.«*

Stapel von Tropenhelmen bei der Qualitätskontrolle, bevor sie 1942 an die britischen Truppen ausgeliefert wurden

Onkel Hilary machte sich nicht nur Sorgen um sich selbst. Er ermahnte auch seine Cousine, Elspeths Mutter:

> *»Hältst du es denn für sicher, ohne Hut auf dieser Veranda zu stehen? Und diese Bluse! Bezaubernd, steht dir gut, aber da ist doch gar nichts dran, um die gefährlichen aktinischen Strahlen abzuwehren! … Du solltest vorsichtiger sein, Tilly; du weißt doch, dass die Sonne die Rückenmarksflüssigkeit angreift, die Nervenknoten schädigt und dich am Ende mit Sicherheit verrückt machen wird!«*

Mit seiner Angst vor den hinterhältigen Sonnenstrahlen stand Onkel Hilary durchaus nicht allein da. Die britischen Truppen in Indien hatten Anweisung, während des Tages ständig Tropenhelme oder Sonnenhüte zu tragen. Die Strafen für eine Missachtung dieser Vorschrift waren recht drakonisch – zwei Wochen Hausarrest in der Kaserne.

Erst 1917 kam man dahinter, dass ein Sonnenstich eher ein Hitzschlag war und mehr mit einem Versagen des Temperaturausgleichs im Körper zu tun hatte als mit direkten Auswirkungen tropischer Sonnenstrahlen. Bis der weit verbreitete Glaube an die aktinische Wirkung von Sonnenstrahlen ausgestorben war, verging aber noch einmal beträchtliche Zeit; noch 1927 hielt man diese schädliche Wirkung der Sonnenstrahlen für durchaus plausibel. Heutzutage aber spricht man nicht mehr von Sonnenstich, sondern von Hitzschlag, um die Ursache korrekt zu benennen.

Sportliche Anstrengung bei heißem Wetter ist eine verbreitete Ursache für den Hitzschlag. Zu den Risikofaktoren gehören dabei mangelnde körperliche Fitness, zu geringe Flüssigkeitsaufnahme bei langer Dauer und ein zu schneller Endspurt. Amateurläufer bei Marathonrennen sind besonders gefährdet, und die Veranstalter solcher Läufe stehen oft vor der schwierigen Entscheidung, ob sie ein Rennen absagen sollen, weil das Wetter einfach zu gut ist. Auch Profisportler sind von diesen Dingen nicht ausgenommen. Im Juni 1999 brach Jim Courier nach dem Gewinn des zweitlängsten Tenniseinzels, das je in Wimbledon gespielt wurde, zusammen: Austrocknung und Hitzekollaps nach viereinhalb Stunden Tennis. Die vielen hundert Zuschauer, die das Match verfolgt hatten, blieben unbeeinträchtigt, denn in England ist der Sommer selten heiß, und auch an diesem Tag war es nicht ungewöhnlich warm. Es war die innere Erhitzung des Körpers infolge der Intensität dieser legendären Tennisbegegnung, die zu Couriers Zusammenbruch führte.

Courier benötigte wenig mehr als eine intravenöse Injektion und Ruhe. Da war der Filmstar Martin Lawrence schon deutlich schlechter dran, als er nach einem Hitzschlag drei Tage im Koma auf der Intensivstation verbringen musste. Für eine neue Rolle hatte der Schauspieler unbedingt Gewicht verlieren wollen und war deshalb bei Temperaturen von 38 °C dick angezogen zum Joggen gegangen. Die Sommerhitze von Los Angeles forderte ihren Tribut, und so brach er vor seinem Haus zusammen, weil die Kerntemperatur in seinem Körper 42 °C erreicht hatte. Er hatte Glück, dass er am Leben blieb.

Wenn keine Verdunstungskühlung möglich ist, besteht ein besonders großes Hitzschlagrisiko. Wenn es feuchtwarm ist, fühlt man sich nicht nur schlecht, sondern dann ist das Wetter auch gefährlicher. Die Schweißverdunstung könnte aber auch durch die Kleidung behindert werden. Die neuen »atmenden« Fasern, die bei moderner Regenschutzkleidung verwendet werden, ermöglichen, dass der Schweiß entweichen kann. In ihnen fühlt man sich, wenn man sich bewegt, viel wohler als in altmodischer Regenschutzkleidung aus Gummi. Luft- und schweißundurchlässige Kleidung kann gefährlich werden, wenn man sich darin intensiv körperlich verausgabt. Ein junger britischer Soldat starb bei einem Querfeldein-Trainingslauf an Überhitzung, weil er dabei einen Taucheranzug aus Gummi trug. Diese Kleidung behinderte den Feuchtigkeitsverlust massiv; der ausströmende Schweiß sammelte sich in seinem Taucheranzug und verhinderte praktisch den weiteren Wärmeverlust durch Verdunstung. Weil der Junge trotzdem auf jeden Fall durchhalten und sich etwas beweisen wollte, endete die Sache tragisch.

Bei der eher sitzenden Bevölkerung ist ein Hitzschlag meistens das Ergebnis der verringerten oder fehlenden körperlichen Fähigkeit zum Schwitzen. Menschen, die an cystischer Fibrose leiden, sind besonders anfällig für einen Hitzschlag, weil sie nicht in der Lage sind zu schwitzen. Mit dem Temperaturspektrum in Mitteleuropa kommen sie zwar ohne weiteres zurecht, aber in tropischem Klima könnten sie schnell unter Überhitzung leiden. Interessanterweise trug die erhöhte Hitzeanfälligkeit von Patienten, die unter cystischer Fibrose leiden, sogar wesentlich dazu bei, das Wesen dieser Krankheit zu erkennen und zu bestimmen. Während einer Hitzewelle in New York im Jahre 1951 stellte der Kinderarzt Paul di Sant'-Agnese fest, dass viele Kinder, die mit einem Hitzschlag ins Krankenhaus eingeliefert wurden, auch an cystischer Fibrose litten. Weil ihm die Signifikanz dieser Beobachtung klar war, analysierte er den Schweiß der Patienten und fand heraus, dass dieser abnorm salzhaltig war. Seine Entdeckung ist noch heute die Grundlage des klinischen Schweißtests zur Diagnose dieser Krankheit. Wir wissen inzwischen, dass die cystische Fibrose auf einen genetischen Defekt bei einem Membranprotein zurückzuführen ist, das am Abtransport von Chlorid-Ionen aus den Zellen beteiligt ist. Schweiß besteht aus einer schwachen Kochsalzlösung (Natriumchlorid), und die Unfähigkeit, Chlorid auszuscheiden, behindert auch den Wasserfluss in die Schweißdrüsen und damit die Schweißbildung.

Selbst bei normalen Menschen kann, wenn sie länger einem heißen Klima ausgesetzt sind, die Schweißbildung behindert sein. Meistens geht eine Entzündung der Schweißdrüsen voraus, das so genannte Hit-

Zitternde Schweine und Menschen: Bösartige Überhitzung

Unter 20 000 Menschen leidet einer an einer seltenen Erbkrankheit: an bösartiger Hyperthermie (Überhitzung). Gibt man solchen Menschen eines der üblichen Narkosegase, etwa Halothan, steigt ihre Körpertemperatur sehr schnell an – in manchen Fällen im Fünf-Minuten-Takt um jeweils 1 °C. Dies geschieht, weil das Betäubungsmittel spontane Kontraktionen der Skelettmuskulatur auslöst. Einfach gesagt: Die Opfer zittern sich heiß. Diese Krankheit ist der Albtraum eines jeden Narkosearztes, denn wenn man sie nicht ganz schnell in den Griff bekommt, ist der Tod unausweichlich.

Die Muskelkontraktion wird durch einen Anstieg der Kalziumionen-Konzentration in den Zellen in Gang gesetzt, denn diese aktivieren die Proteine, welche die Muskeln zusammenziehen. Normalerweise wird das Kalzium in einem speziellen, durch Membranen abgeschlossenen Speicher in den Muskelzellen separiert und nur auf einen entsprechenden Nervenimpuls hin freigesetzt. Patienten, die unter bösartiger Hyperthermie leiden, haben einen Defekt in der Proteinpore, die die Abgabe von Kalziumionen aus ihrem Speicher innerhalb der Zelle reguliert. Bei solchen Patienten öffnet die Anästhesie den Verschluss dieser Pore, so dass Kalzium in die Zelle herausströmen und die Zellkontraktionen auslösen kann. Die Wissenschaftlerin Shirley Bryant hat aus muskelphysiologischer Sicht als Erste vorgeschlagen, Dantrolen, ein Mittel, das die Kalziumfreisetzung blockiert, zur Bekämpfung der bösartigen Hyperthermie einzusetzen. Heutzutage wird dieses Medikament in allen Operationssälen der Welt für entsprechende Notfälle bereitgehalten.

Unter bösartiger Hyperthermie können auch Schweine leiden. Hier bezeichnet man die Krankheit aber als Schweinestresssyndrom, denn bei Schweinen kann sie, anders als beim Menschen, durch Stress ausgelöst werden. Körperliche Anstrengung, Sex, Geburt und Transportstress, ja sogar die Tierhaltungsbedingungen können bei Schweinen einen töd-

zejucken. Dabei bilden sich juckende rote »Pickelchen auf jedem Zentimeter der Körperoberfläche, so dass zwischen die Pickel nicht einmal eine Stecknadel passt«. Ungefähr jeder Dritte ist in heißem Klima davon betroffen, aber auch Bergarbeiter und Kesselheizer. In den Tagen der britischen Herrschaft in Indien litten die Briten während der heißen Jahreszeit auf dem Subkontinent schrecklich unter diesen juckenden Hitzepickeln. Ein Beobachter berichtete:

lichen Anstieg der Körpertemperatur auslösen. Dessen Vermeidung hat auch beträchtliche wirtschaftliche Implikationen, denn das Fleisch von Tieren, die am Schweinestresssyndrom gestorben sind, wird zäh und unverkäuflich. Bis vor kurzem war das Schweinestresssyndrom ziemlich weit verbreitet, weil man Schweine gezielt auf mageres Fleisch hin züchtete. Doch wie sich herausstellte, war dieses Merkmal mit einer Anfälligkeit für bösartige Hyperthermie verbunden. Bei Schweinen, die unter dem Schweinestresssyndrom leiden, sind die Muskeln unterhalb einer bestimmten Schwelle ständig aktiv (so als würden die Tiere in einem fort isometrische Übungen machen). Das führt zu gut ausgebildeten Muskeln und magerem Fleisch, macht die Tiere aber, wie gesagt, auch anfällig.
Nebenbei waren die Schweine aber auch gute Versuchsobjekte, um die Krankheit beim Menschen besser zu verstehen. 1991 konnte man das für das Schweinestresssyndrom verantwortliche Gen identifizieren und zeigen, dass es die Informationen für die Kalziumöffnungspore in Muskelzellen enthielt. Man fand in diesem Protein Mutationen, die zur Muskelkontraktion führten, wenn man dem betreffenden Schwein Halothan zur Betäubung gab. Alle Schweine mit Schweinestresssyndrom haben in diesem Gen dieselbe Mutation. Demzufolge sind sie alle Nachkommen eines einzigen Tieres, das diese Mutation irgendwann in der Vergangenheit spontan entwickelte. Inzwischen ist dieses Gen durch Züchtung ausgemerzt worden, nachdem die anfälligen Tiere durch einen einfachen Test identifiziert worden waren. Den jungen Ferkeln verabreichte man eine schnelle vorübergehende Dosis von dreiprozentigem Halothan. Die Tiere mit dem geschädigten Gen entwickelten dann eine vorübergehende Muskelverhärtung (von der sie sich wieder erholten) und wurden anschließend von der Fortpflanzung ausgeschlossen.
Nach der Klonierung des betreffenden Schweinegens konnte man relativ direkt auch das menschliche Gen isolieren und zeigen, dass es für die bösartige Hyperthermie verantwortlich war. Für Menschen, die im Verdacht stehen, unter dieser Krankheit zu leiden, steht mittlerweile ein entsprechender Gentest zur Verfügung.

Jemand fing beim Kartenspiel an, sich leicht zu kratzen. Doch bis zum Ende des Abends hatte er sich so sehr gesteigert, dass er wie ein Verrückter herumrannte, sich die Haut in Stücke riss und versuchte, den Juckreiz zu stillen. Ich habe ein oder zwei Leute erlebt, die sich selbst zerfetzt haben, die an ihrer Brust so lange herumzerrten, bis die ganze Haut in Fetzen und Schichten herunterhing.

Letztlich lässt die Entzündung zwar nach, aber weil die Schweißdrüsen möglicherweise zu funktionieren aufhören, wird der oder die Betreffende für Hitzschläge anfällig. Zum Glück hört dieser Zustand aber wieder auf, wenn man in kühlere Klimaverhältnisse zurückkehrt.

Bestimmte Drogen können die Überhitzung fördern. Notorisch ist in dieser Hinsicht zum Beispiel die »Partydroge« Ecstasy, die oft bei »Raves« genommen wird.[3] In Verbindung mit körperlicher Anstrengung kann Ecstasy zu einem potenziell tödlichen Anstieg der Körpertemperatur führen. Doch über das Problem der möglichen Überhitzung unter Ecstasy-Einfluss weiß man inzwischen so gut Bescheid, dass in manchen Clubs eigens besondere Abkühlungszonen angeboten werden.

Ein Hitzschlag ist die Folge, wenn das normale Wärmeregulierungssystem des Körpers versagt und die Kerntemperatur auf 41 °C oder mehr ansteigt. Ein Hitzschlag kann bemerkenswert schnell einsetzen. Erste Warnzeichen sind zum Beispiel ein hochrotes Gesicht, trockene, heiße Haut, Kopfschmerzen, Schwindelgefühle, Energieverlust und gesteigerte Reizbarkeit. Es folgen geistige Verwirrung und unkoordinierte Bewegungen. Trotz gestiegener Körpertemperatur hört das Schwitzen auf, und damit kann die Temperatur sogar noch weiter ansteigen. Übersteigt die Kerntemperatur 42 °C, so tritt in der Regel der Tod ein. Ein Hitzschlag ist ein medizinischer Notfall; er muss sofort behandelt werden. Unterbleibt die Behandlung, so entstehen irreversible Hirnschäden, die zum Tod führen. Selbst bei behandelten Fällen liegt die Sterblichkeitsrate bei über 30 Prozent.

Am besten kühlt man Opfer eines Hitzschlags dadurch ab, dass man sie mit lauwarmem Wasser beträufelt. Die Verdunstungskälte senkt die Hauttemperatur wesentlich wirkungsvoller, als wenn man dem Opfer ein kaltes Vollbad verabreichen würde. Ein kaltes Bad bewirkt nämlich, dass sich alle Adern an der Körperoberfläche zusammenziehen und so das Blut aus der Haut ableiten, um den Wärmeverlust zu begrenzen. In ernsten Fällen kann man auch Eisbeutel auf Körperstellen platzieren, an denen große Blutgefäße an die Hautoberfläche kommen: etwa im Nacken, unter den Armen oder in der Leistengegend.

Fieber!

Normalerweise steht der menschliche Thermostat im Hypothalamus auf rund 37 °C; bei Fieber kann er auch zwei bis drei Grad höher eingestellt sein. Dann wird die Temperatur mit gleich bleibender Empfindlichkeit von dieser neuen Einstellung aus reguliert. Die Neueinstellung des Thermostats hat mit der Synthese chemischer Botenstoffe, so genannter Prostaglandine, durch das Gehirn zu tun. Diese werden als Reaktion auf Bakterien, genauer gesagt auf die von Bakterien ausgeschiedenen, Fieber erzeugenden Substanzen, abgesondert. Die Wirkung von Aspirin als Fiebersenker beruht darauf, dass es die Prostaglandinsynthese blockiert.

Jahrhundertelang hat man darüber debattiert, ob das Fieber bei Infektionskrankheiten irgendeine heilsame Wirkung habe. Eine Richtung, zu der im 17. Jahrhundert auch Thomas Sydenham gehörte, vertrat die Ansicht, dass »Fieber ein mächtiges Mittel ist, das die Natur in die Welt bringt, um ihre Feinde zu besiegen«. In heutiger Terminologie hieße das: Fieber ist ein natürlicher Bestandteil der Abwehrstrategie des Körpers gegen Infektionen, welche darauf beruht, dass manche Bakterien auf höhere Temperaturen empfindlicher reagieren als unsere eigenen Körperzellen. Die Alternativtheorie besagt, Fieber sei lediglich ein Symptom für die Schwere der Infektion und weit davon entfernt, therapeutischen Wert zu haben; vielmehr behindere es sogar die Fähigkeit des Patienten, die Infektion abzuwehren. Diese Debatte ist indes nicht nur von akademischem Interesse, denn im Kern geht es um die Frage, ob man sich bemühen sollte, das Fieber zu senken, also die Körpertemperatur des Patienten auf den Normalwert zu reduzieren, oder nicht.

Das Thema ist immer noch nicht ganz ausdiskutiert, und es gibt für beide Seiten der Kontroverse gute Belege. Gleichwohl neigen die meisten Menschen der Ansicht zu, ein Anstieg der Körpertemperatur um 1–2 °C verursache keine ernsthaften Schäden und fördere bei Erwachsenen vielleicht sogar die Heilung.[4] Für diesen Gedanken spricht auch die Tatsache, dass die Überlebensrate bei Eidechsen, die unter Bakterieninfektionen leiden, bedeutend höher ist, wenn sie sich in einer warmen Umgebung befinden, als wenn sie die Infektion im Kalten abwehren müssen. Weil Eidechsen ihre Körpertemperatur an der Umgebungstemperatur ausrichten, lässt sich aus dieser Erkenntnis ableiten, dass eine höhere Körpertemperatur die Infektionsabwehr begünstigt. In der Tat setzte man, ehe es Antibiotika gab, die Fiebertherapie erfolgreich bei der Behandlung von

Geschlechtskrankheiten wie Gonorrhoe und Syphilis ein. Dabei wurde das künstliche Fieber auf mehrere verschiedene Weisen induziert: am dramatischsten durch Infektion mit dem Malariaparasiten, der dann anschließend mit Chinin abgetötet wurde. Wenn man dieses Martyrium überlebt hatte, war das Syphilisbakterium manchmal abgetötet – mit Glück, bevor der betreffende Patient gestorben war – und dieser kuriert. Man könnte das Ganze freilich auch als ungewöhnliche Form der Feuerprobe bezeichnen.

Leben ohne Wasser

So wie ohne Nahrung ein Überleben in der Kälte unmöglich ist, ist Wasser der entscheidende Überlebensfaktor in der Hitze. Die Fähigkeit, durch ausgiebiges Schwitzen für Abkühlung zu sorgen, hängt davon ab, dass ausreichend Wasser zur Verfügung steht, und die Hauptschwierigkeit für das Leben in der Wüste besteht nicht darin, dass es dort so heiß ist. Nein, es ist einfach zu trocken. Der Mensch kann viele Tage ohne Essen überleben, aber ohne Wasser ist ein längeres Überleben unmöglich. Hungerstreikende verweigern charakteristischerweise niemals das Wasser, denn wahrscheinlich würde ihre Lage ohne Wasseraufnahme viel zu schnell kritisch, als dass sie mit ihrem Hungern genug Eindruck auf die Öffentlichkeit machen könnten.

Wird das durch den Schweiß verlorene Wasser nicht durch Trinken ersetzt, erfolgt die Austrocknung des Körpers. Dann werden Hormone abgesondert, die dafür sorgen, dass zum einen Flüssigkeit bewahrt wird, indem beispielsweise der Wasseranteil am Urin reduziert wird, und dass zum anderen durch Erzeugung von Durstgefühlen die Wasseraufnahme verstärkt wird. Hält der Wasserverlust aber weiter an, so nehmen Gesicht und Augen einen ausgemergelten Ausdruck an; sie wirken eingesunken. Damit einher geht dann auch ein Gewichtsverlust. Diesen Umstand machen sich Jockeys und Boxer zunutze, wenn sie ein Gewichtslimit erreichen müssen. Sie schwitzen die überzähligen Pfunde in der Sauna ab. Die meisten Menschen können den Verlust von 3 bis 4 Prozent des Wassers im Körper problemlos verkraften. Bei einem Verlust von 5 bis 8 Prozent treten Müdigkeit und Schwindelgefühle auf, bei über 10 Prozent aber physische wie geistige Desorientierung in Verbindung mit schweren Durstgefühlen. Beträgt der Verlust mehr als 15 bis 25 Prozent des Körpergewichts, ist die unweigerliche Folge der Tod.

Menschen sterben meistens schon, wenn der Wasserverlust 15 Prozent ihres Körpergewichts ausmacht; bei Kamelen liegt die kritische Schwelle bei mindestens 25 Prozent Verlust. Darum können sie sieben Tage lang ohne Wasser und Nahrung auskommen. Einer der Gründe für die bemerkenswerte Resistenz der Kamele gegen Austrocknung besteht darin, dass sie in der Lage sind, auch bei einem signifikanten Wasserverlust ein Absinken des Blutvolumens zu vermeiden. Auch wenn ein Kamel ein Viertel des Wassers in seinem Körper verloren hat,

Messung des Sauerstoffverbrauchs bei einem Kamel. Das Tier ist an das Leben in der Wüste hervorragend angepasst. Sein dichtes Fell isoliert gut. Dadurch wird die Wärmeaufnahme reduziert, und seine langen schlanken Beine bieten eine große Oberfläche für den Wärmeverlust. Wenn das Wasser knapp ist, kann das Tier seine Körpertemperatur um bis zu 6 °C ansteigen lassen, ehe es zu schwitzen anfängt. Auf diese Weise wird Wasser gespart. Die gespeicherte Hitze wird nachts abgegeben, wenn die Luft erheblich kälter ist; auch so kann Verdunstungswasser gespart werden. Die Speicherung der Hitze während des Tages vermindert nicht nur den Wasserverlust, sondern verringert auch den Wärmeunterschied zwischen Umgebungs- und Körpertemperatur an der Oberfläche; und das bedeutet geringere Wärmeaufnahme. Das Kamel kann ein beträchtliches Wasserdefizit ohne erkennbare Schäden aushalten. Sein Höcker fungiert als Fettspeicher für Zeiten der Futterknappheit. Seine Ohren und Nüstern sind mit feinen Härchen besetzt, die als Filter für den Wüstenstaub dienen. Auch eine Doppelreihe langer Augenwimpern dient demselben Zweck.

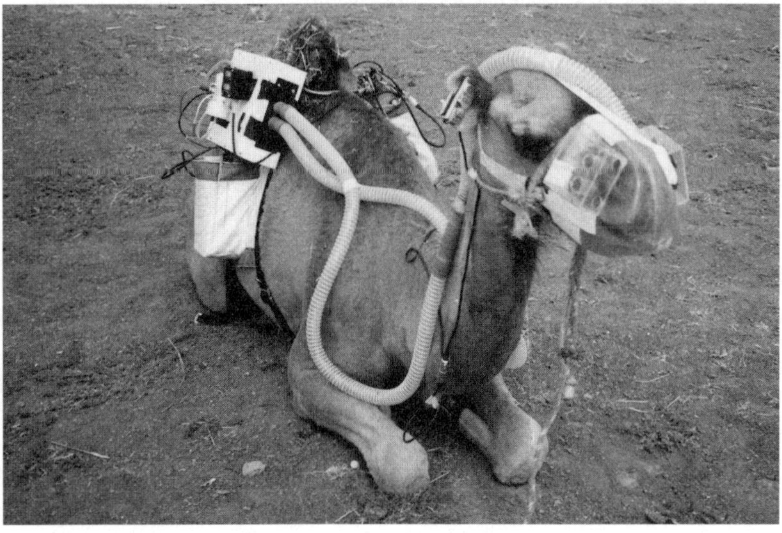

sinkt das Blutvolumen um weniger als 10 Prozent. Demgegenüber würde das Blutvolumen eines Menschen um ein Drittel absinken; außerdem würde das Blut wesentlich dickflüssiger werden. Dickeres Blut aber fließt langsamer und lässt sich schwerer pumpen; dann wird aber auch weniger Wärme durch die Hautoberfläche abgeleitet und es kommt zum tödlichen Anstieg der Körpertemperatur. Austrocknung vergrößert auch das Risiko eines Schlaganfalls. Überdies senkt der Wassermangel im Körper nicht nur das Blutvolumen und das der Körperflüssigkeiten außerhalb der Zellen. Den Zellen wird obendrein noch Wasser entzogen, was sie zusammenschrumpfen lässt. Außerdem entstehen Schäden an Zellmembranen und Zellproteinen.

Der Tod durch Austrocknung ist alles andere als leicht und angenehm, denn das Opfer leidet ständig unter brennendem Durst. Mit bemerkenswerter Tapferkeit haben mehrere Menschen ihre diesbezüglichen Erfahrungen für die Nachwelt aufgezeichnet. Einer von ihnen war Antonio Viterbi, ein Ankläger und Richter in der ersten französischen Republik. Während der Restauration war er wegen seiner politischen Überzeugungen von einem Gericht in Bastia auf Korsika zum Tode verurteilt worden. Um sich die Schande eines Todes auf dem Schafott zu ersparen, entschied er sich für den Tod durch Nahrungs- und Wasserentzug. Er benötigte siebzehn qualvolle Tage und eine ganz außerordentliche Willenskraft. In seinen Tagebüchern enthüllte er, dass ihn die Hungergefühle schon nach wenigen Tagen verließen, dass der gnadenlose Durst aber bis ans Ende unerträglich blieb.

Kommt zum Wassermangel noch eine intensive Hitze hinzu, so erfolgen Austrocknung und Tod wesentlich schneller als im Falle Viterbis – fast die Hälfte der Opfer sind innerhalb von 36 Stunden tot. Die Berichte von Wüstenreisenden, denen – mit tödlichen oder fast tödlichen Folgen – das Wasser ausging, sind Legion. Ein erfahrener Wüstenreisender merkte dazu an:

> *Bei diesen schrecklichen Temperaturen muss die Feuchtigkeit des Körpers ständig erneuert werden, denn Feuchtigkeit ist so lebenswichtig wie die Luft zum Atmen. Man fühlt sich, als stünde man im Brennpunkt eines riesigen Brennglases. Die Kehle trocknet aus und scheint sich zu schließen. Die Augen brennen, als wären sie einem verzehrenden Feuer ausgesetzt. Zunge und Lippen werden dick, sie brechen auf und werden schwarz.*

Einer der berühmtesten und bemerkenswertesten Fälle eines Überlebens in der Wüste ist der des Mexikaners Pablo Valencia, der im Sommer 1905 in der Gegend von Tinajas Atlas im Südwesten Arizonas die Orientierung verlor. Er verbrachte sieben Tage und Nächte ohne Wasser bei Temperaturen von 30 °C bei Nacht und 35 °C am Tage. Als man ihn auffand, war er splitternackt und von der Sonne schwarz gebrannt. Seine zuvor muskulösen Beine und Arme waren geschrumpft und verschrumpelt, »seine Lippen waren verschwunden, als habe man sie amputiert; übrig gebliebenen waren nur noch schmale Ränder geschwärzten Gewebes ... Seine Augen starrten ausdruckslos vor sich hin ... und er war praktisch taub. Nur laute Geräusche konnte er noch hören, und er vermochte nur noch zwischen Hell und Dunkel zu unterscheiden. Ansonsten war er blind.« Ebenso konnte er nicht mehr sprechen oder schlucken, weil sein Mund vollkommen ausgetrocknet war. Und doch hatte Pablo auch Glück, denn bei ihm waren weder ein Delirium noch die wilden Bewegungen aufgetreten, die einem epileptischen Anfall ähneln – Symptome, die manchmal jene noch zusätzlich plagen, die unter extremer Austrocknung leiden, und die zu ihrem beschleunigten Verfall beitragen. Pablo war dagegen noch in der Lage, sich langsam und voller Schmerzen weiterzuschleppen und eine vertraute Landmarke zu erkennen, als er ihr begegnete. Er hatte es tatsächlich fast bis ins Lager zurück geschafft, als er gefunden wurde. Seine Retter übergossen ihn mit Wasser und flößten ihm Wasser und verdünnten Whisky ein. Innerhalb einer Stunde war er wieder in der Lage zu schlucken, innerhalb eines Tages konnte er wieder sprechen. Am dritten Tag vermochte er wieder zu sehen und zu hören, und nach einer Woche war er wieder wohlauf und guter Dinge: Er hatte 8 Kilo zugenommen.

Nicht jeder hat eine so eiserne Konstitution wie Pablo Valencia. Dann kann der Tod infolge einer Kombination aus Austrocknung und Hitzschlag viel schneller erfolgen. Lowell und Diana Lindsay berichten, wie sich ein in Wüstenfahrten erfahrener Motorradfahrer bei einem heißen Nachmittagsausflug in die Wüste von Anza plötzlich unwohl fühlte. Er schickte seine Begleiter voraus, um Hilfe zu holen. Als er nun allein war, trocknete er aus und verfiel ins Delirium. Er gab den ursprünglichen Plan auf, dass er nur still sitzen und auf Hilfe warten sollte, und machte sich auf den Weg, um seinen Helfern entgegenzugehen (in einer Landschaft, die passenderweise »Arroya Seco del Diabilo« hieß, »das ausgetrocknete Flussbett des Teufels«). Vier Stunden später wurde seine Leiche von einem Rancher gefunden. Leider sind solche Geschichten gar nicht so selten, auch heute noch. Überdies kommen sie nicht unbedingt nur in abgelegenen Gegenden vor: Wenn Sie eine Panne auf einer Wüstenstraße haben oder bei einem Tagesausflug die Orientierung verlieren, kann das bereits tödliche Konsequenzen haben, sofern Sie kein Wasser mit sich führen.

Wer bei Hitze sehr aktiv ist, verliert dabei meistens mehr Wasser, als er freiwillig zu sich nimmt. Meistens trinkt man einfach nicht genug, um der Austrocknung vorzubeugen, und es ist durchaus möglich, dass man durch Wassermangel schon ernsthaft beeinträchtigt ist, wenn man noch gar keinen unerträglichen Durst verspürt.[5] Nur wenn Sie ausgeruht sind und genug gegessen haben, trinken Sie meistens genug Wasser, um den Wasserverlust durch das Schwitzen auszugleichen. Darum ist es, wenn Sie sich in einem heißen Klima körperlich betätigen, unbedingt erforderlich, dass Sie Flüssigkeit zu sich nehmen, auch wenn Sie noch gar keinen Durst verspüren. Wenn das Wasser jedoch knapp wird, liegt die beste Strategie darin, körperliche Aktivitäten möglichst einzustellen und sich ruhig in den Schatten zu setzen. Körperliche Aktivitäten führen zur Erhitzung; darum sollte man zum Beispiel erst nachts weitergehen, weil die Luft dann kühler ist. Versuchen Sie nicht, Ihren Wasservorrat dadurch zu strecken, dass Sie nicht trinken: Wenn Sie Durst verspüren, müssen Sie unbedingt trinken. Eine der wichtigsten Maximen für das Leben in der Wüste lautet: »Es ist besser, Wasser im Körper zu speichern als in der Flasche.« Das Kamel führt dieses Prinzip perfekt vor. Es kann, wenn es an einer Wasserstelle ist, in zehn Minuten bis zu 120 Liter Wasser trinken. Demgegenüber müssen ernsthaft ausgetrocknete Menschen Wasser zunächst in ganz kleinen Dosen zu sich nehmen – trotz ihres quälenden Durstes. Wer nach einer Zeit der Entbehrung zu viel zu sich nimmt, gibt es nur spontan gleich wieder von sich.

Geschöpfe, die in der Wüste leben, müssen jeden Tropfen Wasser nutzen, dessen sie habhaft werden können, und sie haben dafür außerordentliche Mittel und Wege entwickelt. Wüstenkäfer sammeln Kondenswasser, indem sie sich auf dem Kamm einer Sanddüne aufreihen und ihren Körper auf die kühle Morgenbrise ausrichten. Die Brustfedern des männlichen Flughuhns saugen die Feuchtigkeit wie Löschpapier auf; nach dem Trinken taucht der Vogel seine Brust noch ins Wasser und tränkt die Federn mit Wasser, bevor er zu seinen Küken zurückfliegt. Auf diese Weise kann das Flughuhn tief in der Wüste brüten, viele Kilometer von Wasserstellen entfernt. Die Kröten im australischen Outback speichern, wenn es reichlich Wasser gibt, dieses in ihrer Blase und transportieren es in eine von ihnen gebaute wasserdichte unterirdische Kammer, in der sie dann auch bei Wasserknappheit jahrelang überleben können. Diese Wasservorräte können auch die Aborigines im Notfall für sich nutzen.

Säugetiere haben auch besondere Verfahren entwickelt, um den Wasserverlust zu reduzieren. Kängururatten besitzen in ihren Nasenpartien ein spezielles Wärmeaustauschsystem, das die ausgeatmete Luft auf eine Temperatur abkühlt, die unter der Körpertemperatur liegt, damit der in der ausgeatmeten Luft enthaltene Wasserdampf in den Nasengängen kondensiert. So lassen sich die Wasserverluste bei der Verdunstung reduzieren. Manche Vögel verwenden eine ähnliche Strategie. Menschen besitzen diese Fähigkeit dagegen nicht und verlieren deshalb kontinuierlich Wasser an den Oberflächen ihrer Atmungsorgane (sehr viel Wasser wird zum Beispiel durch die Lungen verloren). Beim Stoffwechsel entstehen Abfallprodukte, zum Beispiel Harnstoffe, die für ihre Ausscheidung Wasser benötigen. Menschen können keinen sehr konzentrierten Urin produzieren. Darin sind Wüstentiere wesentlich besser, von denen manche während eines kurzen Lebens niemals trinken, sondern alles benötigte Wasser aus ihrer Nahrung beziehen. Solche Tiere haben äußerst effiziente Nieren; sie benötigen nur ein Viertel der Wassermenge, die eine menschliche Niere braucht, um dieselbe Menge an Harnstoffen aus dem Körper zu transportieren. Vögel sind sogar noch effizienter, denn sie scheiden Harnsäure aus, die zur Eliminierung nur sehr wenig Wasser benötigt. Die dabei entstehenden festen oder halbfesten Exkremente sind allen vertraut, die schon einmal in einen Möwen- oder Taubenschwarm geraten sind.

Auch Ozeane sind in dieser Hinsicht Wüsten, denn Meerwasser kann man bekanntlich nicht trinken, wenn man überleben will. Es hat einen höheren Salzgehalt, als die Nieren ausscheiden können. Wenn man trotzdem Meerwasser trinkt, wird die Austrocknung sogar noch beschleunigt. Sollten Sie einmal einsam auf einem Rettungsfloß mitten im Ozean treiben, während die heiße Sonne gnadenlos auf Sie niederbrennt, dann ist das Beste, was Sie tun können, sich mit Meerwasser zu nässen, damit Verdunstungskälte entsteht. Auf diese Weise kann der Körper Wasser sparen, das nicht für die Schweißbildung benötigt wird. Aus ähnlichen Gründen schlief John Fairfax, als er 1969 nonstop allein im Einer über den Atlantik ruderte, während der Hitze des Tages, während er nachts unter den Sternen ruderte, wenn es kühler war.

Das Salz der Erde

Schweiß hat einen beträchtlichen Salzgehalt. Je mehr man schwitzt, desto größer wird der Salzverlust des Körpers, und in heißen Gegenden kann er wirklich beträchtlich sein – bis zu 12 Gramm am Tag, was ungefähr drei Teelöffeln voll Salz entspricht. Der Körper behilft sich dann, indem er ein Hormon ausscheidet, das dafür sorgt, dass die Nieren nicht so viel Salz in den Urin abgeben. Außerdem wird ein gewisser Salzhunger geweckt, so dass man mehr Salziges isst.
Mein Großvater arbeitete als Vorarbeiter in einer Fabrik, in der Lokomotivräder hergestellt wurden. Aus gigantischen Hochöfen floss geschmolzener Stahl in riesige offene Kessel, die das weiß glühende Metall in einen anderen Teil der Fabrik transportierten, wo es in die Radformen gegossen wurde. In der intensiven Hitze schwitzten die Arbeiter enorm, so dass sie in Gefahr standen, Wasser- und Salzdefizite in ihren Körpern zu entwickeln. Meine Mutter war als Kind fasziniert davon, wie leidenschaftlich gern ihr Vater Salzbrote aß – ein Geschmack, der für ein kleines Kind zweifellos unerklärlich war, der physiologisch jedoch wohlbegründet ist. Denn was im Schweiß an Salz verloren wird, muss durch die Nahrung wieder zugeführt werden. Bei Salzmangel sind schmerzhafte Muskelkrämpfe in Armen und Beinen die Folge, die manchmal so genannten »Heizerkrämpfe«. Sie waren unter den Kesselheizern auf Dampfschiffen besonders verbreitet. Aber auch andere, die in der Hitze arbeiten, wie Bergleute oder bestimmte Sportler, können darunter leiden. Solche Krämpfe treten aber nur auf, wenn Salzmangel und heftige Muskelbetätigung zusammentreffen. Bei weniger aktiven Menschen verursacht Salzmangel eher Müdigkeit, Lethargie, Kopfschmerzen und Übelkeit. Die Behandlung ist einfach: Man muss nur mehr Salz zu sich nehmen. Hier liegt einer der wenigen Fälle vor, wo Mediziner Derartiges empfehlen.

Eine heiße Wiege der Menschheit

Das Schwitzen ist in heißen Klimazonen überlebenswichtig. Menschen können eine beträchtliche trockene Hitze aushalten, wenn sie über genug Wasser (und Salz) verfügen, um wieder aufzufüllen, was durch den Schweiß abgesondert wird. Nicht so sehr die hohen Temperaturen sind es, die die Wüste zu einem gefährlichen Lebensraum machen, sondern Wasser- und Schattenmangel. Treffen aber intensive Hitze und hohe Luftfeuchtigkeit zusammen, dann ist eine Abkühlung durch Verdunstungskälte fast unmöglich, und damit steigt das Risiko eines Hitzschlags dramatisch an. Physiologisch gesehen sind die Menschen an solche Bedingungen schlecht angepasst. Unser Überleben in feuchtheißen Umgebungen hängt von einer Kombination aus Verhaltensanpassungen und Technologienutzung ab (zum Beispiel Klimaanlagen). Dagegen sind wir für trockene Hitze ganz gut gerüstet, weil mit Schweißdrüsen bestens ausgestattet. Menschen haben unter allen Säugetieren mit die größte Schweißabsonderungsfähigkeit: Wir haben fast keine Behaarung und relativ lange, schlanke Gliedmaßen. Daraus lässt sich der Schluss ziehen, dass sich die Menschen in einem heißen Klima entwickelt haben, in dem die erste Sorge die war, Wärme zu verlieren, statt Wärme zu speichern. Auch unsere Physiologie unterstützt – wie die Fossilienfunde – die Annahme, dass der Homo sapiens in den heißen Savannen Afrikas seinen Ursprung hatte.

Die großartige Eislandschaft der Antarktis, die urtümlichste Wildnis der Erde

KALTWASSERBLUES

ES WAR EIN bitterkalter Osternachmittag. Wir hatten die letzte Woche damit verbracht, die inneren Hebriden-Inseln zu umsegeln, und lagen jetzt wieder sicher vor Anker in der Bucht von Dunstaffnage in der Nähe der schottischen Hafenstadt Oban. Wir machten uns bereit, an Land zu gehen, und waren froh darüber, weil sich ein Sturm zusammenbraute. Schwere graue Wolken türmten sich über uns und gaben dem Meer eine bleierne Farbe. Der Wind heulte durch die Takelage und zerrte an meiner Kleidung. Schwere Wellen folgten einander in kurzen Abständen, und der Wind blies einen dünnen Gischtschleier von den Wellenkämmen über uns hinweg. Wir waren in feinen gefrierenden Nebel gehüllt. Verdrießlich zerrten Wind und Wellen am Bug unseres Bootes herum, gaben ihm ständig neue Richtungen, stellten die Ankerkette auf die Probe. Zugleich machte sich die Ebbe stark und schnell bemerkbar, so dass unser Boot auch deshalb ziellos im Wasser herumgezerrt wurde – mal vom Wind bedrängt, mal von den Gezeiten. Als ich so auf dem schwankenden Deck herumstolperte, um unsere Habseligkeiten einzusammeln, zog ein unerwartetes Geräusch meine Aufmerksamkeit auf sich. Als ich aufblickte, sah ich einen Mann mittleren Alters, der in einem kleinen Beiboot auf die Jacht am benachbarten Liegeplatz zuruderte. Er kämpfte mit Wind und Wellen, und als er an seinem Ziel angekommen war, führten die beiden Boote einen komplizierten Tanz nebeneinander auf. Der Mann hatte erhebliche Schwierigkeiten, sein Beiboot sauber an die windgeschützte Seite der Jacht zu manövrieren. Ruckartig griff er nach der Ankerkette seiner Jacht, verfehlte sie jedoch – ein folgenschwerer Fehler. Das leichte Glasfiberboot reagierte auf die plötzliche Gewichtsverlagerung, neigte sich zur Seite und ließ den Insassen langsam ins Meer gleiten, so wie man ein Ei aus der Schale in einen Topf oder eine Pfanne gleiten lässt. Das Beiboot lief mit Wasser voll und sank augenblicklich, während der Gezeitensog den Mann sofort erfasste, ihn herumwirbelte und aufs offene Meer hinauszog.

Tim, mein Begleiter, reagierte schneller als ich. Er rief mir zu, ich solle ihm ein Tau zuwerfen und das andere Ende an der Seilwinde festzurren. Er sprang in das am Heck unseres Bootes befestigte Beiboot aus Gummi und ruderte sofort energisch in Richtung des Mannes in der Ferne. Quälend lange schien es zu dauern, bis Tim sein Ziel erreicht hatte, aber wahrscheinlich waren es nur ein paar Minuten. Trotzdem war das Opfer, als Tim es erreichte, schon so ausgekühlt, dass es sich kaum noch bewegen konnte. Der Mann klapperte heftig mit den Zähnen; seine Worte waren nicht mehr zu verstehen, und er konnte bereits nicht mehr mit den Händen zugreifen. Weil er keine Schwimmweste trug, sank er bei dem schweren Wellengang immer wieder unter die Wasseroberfläche. Er war bereits viel zu erschöpft und desorientiert, um bei seiner Rettung noch aktiv mitwirken oder gar ins rettende Boot klettern zu können. Darum blieb seinem Retter nichts anderes übrig, als den sprichwörtlichen Kartoffelsack aus dem Wasser zu ziehen, noch dazu einen völlig mit Wasser voll gesogenen. Erschwerend kam der Gezeitensog hinzu, der unser Beiboot immer weiter aufs Meer hinaustrieb. Die Leine, die ich zu bewachen hatte und an deren Ende das Dingi auf den Wellen tanzte, war schon sehr straff gespannt. Das Gewicht des halb bewusstlosen Mannes hing schwer an der Seite des Bootes. Es drohte zu kentern. Erst nach etlichen Minuten war Tim in der Lage, den Mann ins Dingi zu ziehen, und anschließend dauerte es noch wesentlich länger, ihn (und seinen Retter) wieder aufzuwärmen. Aber das Opfer hatte großes Glück gehabt. Denn wer in kaltes Wasser fällt, kann schnell zu Tode kommen; außer uns war niemand in der Bucht, der ihn hätte retten können; und der Gezeitensog war stark. Außerhalb der Bucht, auf dem offenen Meer, hätte der Mann keine Überlebenschance mehr gehabt.

Als ich später am Abend dieses Tages über die Ereignisse nachdachte, musste ich an meinen Großvater Walter Blackburn denken und an seine noch weit mehr an ein Wunder grenzende Errettung aus der Unterkühlung.

Beim Ausbruch des Ersten Weltkriegs 1914 war Walter 23 Jahre alt gewesen. Jung und voller Idealismus wollte er, ohne zu wissen, was ihm in den Schützengräben alles bevorstand, seinem Vaterland dienen und meldete sich schon früh als Freiwilliger. Er wurde als Sanitäter dem Royal Armoured Medical Corps zugeteilt und dort schnell mit den harten Realitäten des Krieges vertraut. Als er bei seiner ersten Operation in einem überfüllten Lazarettzelt assistierte, schleuderte ihm ein genervter Chirurg ein amputiertes Bein entgegen und herrschte ihn an: »Da, Junge, sieh zu, dass du das loswirst!« Mein Großvater erlitt einen Schock und fiel in Ohnmacht.

Nur wenige Monate nach seiner Ankunft an der Front erhielt Walter eine Schusswunde im Knie, die ihn kampfunfähig machte. Schlimmer noch, die Wunde entzündete sich. Damals, als es noch keine Antibiotika gab, hatte man für solche Fälle keine Behandlungsmöglichkeit. Die Blutvergiftung breitete sich aus, und so wurde er in kritischem Zustand nach England evakuiert. Das Schiff, das ihn über den Kanal bringen sollte, war derart mit Verwundeten überbelegt, dass unter Deck längst nicht für alle Platz war. Jene, deren Überleben unwahrscheinlicher war, mussten an Deck bleiben, Kälte, Wind und Regen ausgesetzt. Zu ihnen gehörte auch Walter. Obwohl das Lazarettschiff im Schutz der Dunkelheit fuhr, wurde es torpediert und sank. Und als es allmählich unterging, neigte sich der Rumpf zur Seite. Dabei wurde mein Großvater, im Fieberdelirium und fest an seine Bahre geschnallt, ganz sanft ins Meer gekippt. Doch die Bahre aus Holz und Segeltuch schwamm auf dem Wasser. Niemand weiß, wie lange Walter im kalten Wasser trieb, bevor er endlich gerettet wurde, aber es waren mit Sicherheit viele Stunden.

Zu dieser bemerkenswerten Überlebensgeschichte trugen sicher mehrere Faktoren bei. Erstens konnte sich Walter nicht bewegen, weil seine Arme und Beine an der Bahre festgeschnallt waren. Folglich war auch das Ausmaß des Wärmeverlustes durch Konvektion reduziert, denn die dünne erwärmte Wasserschicht um seinen Körper wurde durch keinerlei hektische Aktivitäten aufgewühlt. Zweitens war er ein stattlicher Mann mit einem recht gut isolierenden Fettpolster unter der Haut. Drittens hatte das Fieber seine Stoffwechselaktivität erhöht und damit auch das Ausmaß der körpereigenen Wärmeproduktion. Wie dem auch sei, er hatte Glück, denn in jener Nacht starben viele Kameraden, darunter auch gesunde Männer, an Unterkühlung im Wasser.

Meine Mutter besitzt noch ein nostalgisches Erinnerungsstück an die Katastrophe jener Nacht. Als Walter halb bewusstlos im Wasser trieb, erblickte er auf einmal ein kleines blaues Taschentuch, das direkt neben ihm dahintrieb. Später sagte er immer wieder, er habe damals das Gefühl gehabt, er würde überleben, wenn es ihm nur gelänge, dieses kleine Stück blauen Seidenstoff in die Hand zu bekommen und festzuhalten. Bei seiner Rettung hielt er das blaue Zaubertüchlein fest in der Hand.

4

LEBEN IN DER KÄLTE

Nun kamen beide: Dunst und Schnee,
's ward grausig kalt mit eins.
Und masthoch trieb das Eis vorbei,
Smaragdengrünen Scheins.
Samuel Taylor Coleridge, *Der alte Seemann*

KALT IST ES in der Höhe, an den Polen und in den Tiefen des Ozeans. Die halbe Landfläche der Erde und ein Zehntel der Meeresoberfläche sind einen Teil des Jahres mit Schnee und Eis bedeckt. Der Winter verwandelt unsere Landschaften in ein gefrorenes Paradies von zauberhafter Schönheit, doch unsere Körper sind nicht gut gerüstet, wenn es darum geht, mit der Kälte zurechtzukommen – und Kälte kann tödlich sein. Die meisten Tiere, auch der Mensch, finden Kälte schrecklich. Und so ist es kaum überraschend, dass Dante, als er sein *Inferno* schrieb, die Kreise des Eises noch unter denen des Feuers ansiedelte.

Die kälteste jemals auf der Erde gemessene Lufttemperatur beträgt –89 °C, aufgezeichnet am 21. Juli 1983 in der russischen Forschungsstation Vostok im ewigen Eis der Antarktis. Im Vergleich zu den Temperaturen, die auf den äußeren Planeten unseres Sonnensystems herrschen, sind solche Temperaturen sogar noch ziemlich warm. Die Oberflächentemperatur auf dem Pluto zum Beispiel beträgt eisige –220 °C. Obwohl es in der Arktis nicht ganz so kalt ist wie in der Antarktis, gibt es auch dort regelmäßig strenge Kälte – in den Gebirgsgegenden und andernorts, wo normalerweise Menschen leben. In Sibirien sinken zum Beispiel die Temperaturen im Winter oft unter –60 °C. Da hat es Großbritannien schon wesentlich besser. Mit nur –27 °C gilt Braemar im schottischen Hochland als kälteste Stadt der Insel.

Pro 100 Meter Höhenunterschied fällt die Temperatur um 1 °C, darum sind die hohen Berggipfel ständig mit Eis und Schnee bedeckt; sie wetteifern mit den Polarregionen um die »Auszeichnung«, kältester Ort der Erde zu sein. Auf dem Gipfel des Mount Everest herrschen regelmäßig Temperaturen von unter –40 °C, und scharfe Winde sorgen dafür, dass diese Temperaturen noch wesentlich kälter wirken. Die Ozeane sind deutlich weniger kalt als die Landmassen. In weiten Bereichen beträgt in den Tiefen des Ozeans die Temperatur konstant 2 °C, obwohl in der Antarktis die Oberflächentemperatur des Wassers auf –2 °C fallen kann, ehe sich Eis bildet, weil die hohe Salzkonzentration dieses Wassers den Gefrierpunkt senkt.

Der Kampf gegen die Kälte

Jedes Jahr erleben auf der ganzen Welt Millionen von Menschen Wetterbedingungen, bei denen sie in Gefahr sind, Kälteschäden davonzutragen. Solange sie gut »verpackt« und gut genährt sind und angemessene Schutzbehausungen haben, können Menschen auch beträchtliche Kälte überstehen. Darum leiden sie in Friedenszeiten nur selten unter ernsten Kältefolgen, es sei denn, sie werden Opfer von Naturkatastrophen wie Erdbeben oder Lawinen. Polarforscher, Bergsteiger und Skifahrer können Kälteschäden erleiden, wenn sie ohne ausreichenden Proviant oder ausreichenden Kälteschutz unterwegs sind, ebenso Menschen, die nach einem Unglück oder absichtlich in kaltem Wasser schwimmen. Doch im Allgemeinen gibt es in Friedenszeiten nur wenige Kälteopfer.

Im Krieg indes sieht die Sache ganz anders aus. Die Kälte hat im Lauf der Geschichte immer wieder verheerende Auswirkungen auf Feldzüge gehabt und damit den Gang der Ereignisse beeinflusst. Von den 90 000 Fußsoldaten, 12 000 Reitern und den berühmten 40 Kriegselefanten, die 218 v. Chr. mit dem karthagischen Feldherrn Hannibal zum Marsch über die Alpen aufbrachen, erreichte nur die Hälfte Norditalien. Der Rest starb unterwegs an Kälteauswirkungen. 1812 marschierte Napoleon mit einer Armee von mehr als einer halben Million Soldaten auf Moskau. Das Land, von der zurückweichenden russischen Armee verheert, konnte diese riesigen Invasionstruppen nicht ernähren, und so starben viele tausende an Hunger. Russlands traditioneller Alliierter, der Winter, vollendete die Katastrophe. Die Temperaturen sanken auf –40 °C, starke Winde wirbelten den Schnee auf, Eis machte der Armee überall zu schaffen. Weitere tausende starben. Zurück kamen weniger als 20 000 Mann. Wie ein Überlebender berichtete, war »die Armee in ein einziges riesiges Schneetreiben gehüllt«. Hitler lernte aus Napoleons Erfahrungen nichts, denn auch die Wehrmacht verlor im Zweiten Weltkrieg viele tausende an den russischen Winter. Im November und Dezember 1941 erlitten 10 Prozent der

Ranulph Fiennes und Mike Stroud bei ihrer denkwürdigen Durchquerung der Antarktis

deutschen Streitkräfte, rund 100 000 Mann, schwere Erfrierungen; 15 000 Amputationen wurden erforderlich. Auch im amerikanischen Bürgerkrieg, in den Schützengräben des Ersten Weltkriegs, im Koreakrieg und im Falkland-Feldzug gab es infolge kalten Wetters beträchtliche Opfer zu beklagen.

Flüchtlingsbevölkerungen können schwer unter der Kälte leiden, denn ihnen fehlt es oft sowohl an Behausungen als an Nahrung. Das Elend von tausenden albanischstämmiger Flüchtlinge, die im Frühjahr 1999 aus dem Kosovo flohen, wurde durch gefrierenden Regen noch verschärft, und viele Alte und Kleinkinder, die gezwungen waren, nachts im Freien zu übernachten, starben an Unterkühlung.

Eine Schlüsselerfahrung aus militärischen Feldzügen und Polarexpeditionen lautet, dass Hunger und Unterkühlung Hand in Hand gehen. Der menschliche Körper kann nur dann genug Wärme produzieren, wenn er genügend Nahrung erhält. Bei starker Kälte kann die Erhöhung des Kalorienbedarfs dramatische Ausmaße erreichen. 1991 durchquerten Sir Ranulph Fiennes und Dr. Mike Stroud die Antarktis, wobei sie ihren gesamten Proviant auf Schlitten mitführten, die sie selber zogen. Stroud, ein Arzt mit starken Interesse an Physiologie, kalkulierte, dass sie wohl 6500 Kalorien pro Tag benötigen würden. Ihre Schlitten wären dann jedoch unerträglich schwer geworden; deshalb einigten sie sich auf einen Kompromiss von 5500 Kalorien pro Tag, der allerdings unweigerlich zu einem Verlust an Körpergewicht führen musste. Dies bedeutete jedoch immer noch, dass sie jeweils einen Schlitten von 220 Kilogramm Gewicht ziehen mussten.[1] Ihre Reise war jedoch weit anstrengender als erwartet, denn die Temperaturen waren so kalt, dass die Schlitten nicht reibungslos über die raue Eisoberfläche glitten. Während Schlittenkufen und Schlittschuhe normalerweise auf einem dünnen Wasserfilm dahingleiten – er entsteht, weil die Eisoberfläche unter Druck schmilzt –, war es bei den Bedingungen, die Fiennes und Stroud antrafen, viel zu kalt, als dass das Eis unter den Kufen geschmolzen wäre. Die Schlitten blieben stecken, als liefen sie auf Sand. Zusätzlich hemmten schreckliche Winde und die mit den antarktischen Witterungsbedingungen verbundene Orientierungslosigkeit (weil Himmel und Erde ineinander übergehen) ihr Vorwärtskommen. Als sie den Südpol endlich erreichten, waren sie abgemagert, krank, sehr hungrig und hatten jeder mehr als 20 Kilo abgenommen – was einem täglichen Energieverbrauch von über 7000 Kalorien entspricht. Stroud kalkulierte, dass er an einem einzigen Tag erstaunliche 11650 Kalorien verbraucht hatte – und das war der höchste je bei einem Menschen beobachtete Energieverbrauch. Zum Vergleich: Die meisten Menschen, die weitgehend sitzende Tätigkeiten verrichten, benötigen pro Tag höchstens 2500 (Männer) oder 2000 Kalorien (Frauen).

Wie viel Kälte können wir vertragen?

Welches die niedrigsten Temperaturen sind, die Menschen aushalten können, hängt ganz davon ab, wie lange und in welchem Ausmaß sie der Kälte ausgesetzt sind. Wenn man nackt ist, friert man unter Umständen schon, wenn die Umgebungstemperatur unter 25 °C sinkt. Unternimmt man dann nichts dagegen (indem man sich beispielsweise bekleidet oder die Heizung wärmer stellt), setzen physiologische Reaktionen ein. Und diese körperlichen Reaktionen ermöglichen es gut genährten Erwachsenen sogar, leicht bekleidet und bei Windstille ihre normale Körpertemperatur auch dann aufrechtzuerhalten, wenn die Lufttemperatur nur 0 °C bis 5 °C beträgt. Ist die Luft kälter oder wird der Wärmeverlust durch Wind, Regen oder den Aufenthalt in kaltem Wasser verstärkt, dann sinkt die Körpertemperatur ab, und es kommt letztlich zur Unterkühlung (Hypothermie). Warm angezogen können Sie jedoch auch extreme Kälte aushalten. Sie müssen allerdings darauf achten, dass Ihre Extremitäten niemals kälter als –0,5 °C werden, denn dann ist der Gefrierpunkt des menschlichen Gewebes erreicht. Frostschäden sind die Folge.

Bekanntlich verschärft der Wind die Auswirkungen der Kälte deutlich. Der Begriff Windabkühlungsfaktor (»wind-chill factor«) wurde von dem amerikanischen Forschungsreisenden Paul Siple geprägt, um die Tatsache zu beschreiben, dass Wind das Ausmaß des körperlichen Wärmeverlustes deutlich verstärken kann (weil er die dünne warme Luftschicht über der Haut wegbläst und sie durch eine kalte ersetzt, wobei die kalte Umgebungsluft direkt auf die Haut trifft). Als Siple und Charles Passel 1941 zu Forschungszwecken in der Antarktis weilten, führten sie eine Reihe von Experimenten durch. Sie verglichen unter anderem die Zeit, die bei verschiedenen Temperaturverhältnissen benötigt wurde, bis mit Wasser gefüllte Konservendosen gefroren waren – zum einen bei Windstille und zum andern bei starkem Wind. Sie stellten bemerkenswerte Unterschiede im Ausmaß der Eisbildung fest und entwickelten anschließend eine Formel, um die Abkühlungskraft des Windes zu bestimmen – in Form einer Vergleichstabelle zwischen Lufttemperatur und der durch den Wind verstärkten Abkühlung, mithin dem Temperaturäquivalent, das tatsächlich empfunden wird (»wind-chill equivalent temperature«).

Wenn Windstille herrscht, besteht bei einer Temperatur von –29 °C für angemessen bekleidete Menschen kaum eine Gefahr. Bei einer Windgeschwindigkeit von nur 16 Stundenkilometern sinkt die Temperatur jedoch auf das Äquivalent von –44 °C. Dann erfriert die Haut innerhalb von ein bis zwei Minuten. Nimmt die Windgeschwindigkeit auf rund 40 Stundenkilometer zu, sinkt die Temperatur auf das Äquivalent von –66 °C; dann wird es sehr gefährlich: Schon nach 30 Sekunden kommt es zu Erfrierungen. Durch starke Windabkühlung kann es sogar bei Lufttemperaturen um 0 °C zu Erfrierungen an Füßen und Händen kommen. Die weit verbreitete Anwendung von Siples Formel zur Berechnung des »wind-chill factor« führt jedoch manchmal zu übermäßig dramatischen Werten, soweit es um Menschen geht. Denn an windigen Tagen tragen wir normalerweise ohnehin wärmere Kleidung, und nur unsere äußersten Gliedmaßen verhalten sich bei Wind und Kälte wie Siples mit Wasser gefüllte Konservendosen.

Um Erfrierungen zu verhindern, muss die Haut ausreichend mit warmem Blut versorgt sein. Das hat leider aber auch den offenkundigen Nachteil, dass mehr Wärme an die Umgebung verloren wird und dass der ganze Körper abkühlt. Darum gibt es im Gesamtsystem des Körpers eine Art Kompromiss zwischen dem Verlust von Körperwärme und Erfrierungen der Gewebe an der Peripherie. An Händen, Füßen, Nase, Ohren und so weiter ist der Wärmeverlust wegen des ungünstigen Verhältnisses von Oberfläche und Volumen besonders hoch. Sinkt nun die Umgebungstemperatur besonders stark ab, so werden diese Randbereiche vom Körper geopfert. Er lässt sie erfrieren, damit sein Kernbereich warm bleibt. Durch Erfrierungen ein paar Finger zu verlieren ist zwar nicht gerade angenehm, aber die Überlebenschancen des ganzen Körpers steigen auf diese Weise.

Bei starker Kälte kann selbst eine insgesamt gute Blutversorgung das Erfrieren der Haut nicht mehr verhindern. Bei –50 °C etwa erfriert bloße Haut innerhalb von einer Minute. Eisige Winde, die einem ins Gesicht blasen, können auch die Oberflächenschichten des Auges zum Gefrieren bringen; manchmal widerfährt Skiläufern solches, wenn sie vergessen, bei Abfahrten Sonnen- oder Schutzbrillen zu tragen. Die Augenwimpern frieren zusammen und verkleben die Augen. Kleine Eisklumpen aus gefrierendem Atem sammeln sich in den Bärten der Männer, und bei extremer Kälte verwandelt sich der Atem schon während des Ausatmens in Eiskristalle.

Zwar lässt sich der größte Teil der Körperoberfläche durch Kleidung schützen, aber die Lungen sind der gefrierenden Luft unweigerlich ausgesetzt. Weil die Luft jedoch beim Eintritt in die Atemwege angewärmt wird, leiden die Lungen unter der Kälte normalerweise nicht. Wenn die Luft jedoch sehr kalt und zugleich sehr trocken ist, können Zellen an den Atemwegen zerstört und abgestoßen werden. Der Chirurg T.H. Somervell, der daran bei seiner Besteigung des Mount Everest im Jahre 1936 beinahe erstickt wäre, beschreibt dieses Phänomen sehr anschaulich:

> *Als es allmählich dunkel wurde, hatte ich einen meiner Hustenanfälle und beförderte dabei etwas in meinen Hals, das stecken blieb, so dass ich weder ein- noch ausatmen konnte. Natürlich konnte ich Norton kein Zeichen geben oder ihn anhalten, weil wir nicht mehr*

am Seil hingen. Also setzte ich mich zum Sterben in den Schnee, während er weiterging. Ich unternahm einen oder zwei Atemversuche, aber es geschah nichts. Schließlich presste ich meinen Brustkorb mit beiden Händen zusammen und unternahm mit aller Kraft einen allerletzten Pressversuch – und das Hindernis kam nach oben.

Berichte über Lungenerfrierungen gibt es auch von Pferden und Schlittenhunden. Aber von Menschen, die in der Antarktis arbeiteten, wurde Derartiges noch niemals berichtet.
Zu schnellen Erfrierungen kann es kommen, wenn nackte Haut mit Metall in Berührung kommt, denn Metalle sind exzellente Wärme- und Kälteleiter. Während des Zweites Weltkriegs trugen die Bordschützen an Bord der amerikanischen B-17- und B-24-Bomber teilweise schreckliche Erfrierungen davon. Ihre Flugzeuge flogen in Höhen von 7600 bis 10 700 Metern, wo die Außentemperatur zwischen –30° und –40 °C beträgt. Um ihre Maschinengewehre zu bedienen, mussten diese Schützen Bordluken öffnen, durch die eiskalte Luft nach innen strömte und im Flugzeuginnern herumwirbelte. Weil sie das Gefühl hatten, mit Handschuhen in ihrer Beweglichkeit und Geschicklichkeit stark eingeschränkt zu sein, legten viele Schützen ihre Handschuhe ab und bedienten ihre MGs mit bloßen Händen. Der Kontakt mit dem offenen Metall verschärfte – in Verbindung mit Sauerstoffmangel, Angst und Erschöpfung – die Wirkungen der Kälte noch mehr, und so waren, obwohl die Aktionen nur ein bis zwei Minuten dauerten, schwerste Erfrierungen die Folge.
Bei solch extremer Kälte frieren die bloßen Hände mit ihrer Feuchtigkeit am Metall fest, und wenn man die Hand dann losreißt, können Hautfetzen zurückbleiben. Der Vater meiner Schulfreundin hatte als Arzt an einer Antarktisexpedition teilgenommen, und ich kann mich noch gut daran erinnern, wie wir eines Tages auf ihrem Dachboden Verhaltensinstruktionen für die Expeditionsteilnehmer fanden. Darin hieß es, man solle, falls die Haut unglücklicherweise an offenem Metall festgefroren sei, auf die betreffende Stelle urinieren. Der warme Urin werde das Eis zum Schmelzen bringen, und dann könne man die Hand unverletzt wegnehmen. Uns Mädchen wurde dabei schlagartig klar, dass diese Expedition – wie viele andere zuvor – ausschließlich männliche Teilnehmer hatte. Wie hätte eine Frau wohl diese Instruktionen befolgen sollen?
Wasser entzieht dem Körper viel schneller die Wärme als Luft; darum

sind die Überlebenszeiten im Wasser wesentlich geringer als jene in Luft von gleicher Temperatur. Und weil die kalten Gewässer der Antarktis wegen ihres hohen Salzgehalts oft erst bei Wassertemperaturen unter –2 °C gefrieren, kann man dort schon Erfrierungen an den Händen davontragen, wenn man seine ungeschützte Hand ins offene Wasser hält. Fische, die in antarktischen Gewässern leben, haben in ihrem Blut Substanzen, die als natürliche Gefrierschutzmittel wirken und die Bildung von Eiskristallen verhindern.

Selbst milde Kälte hat offenkundige Auswirkungen auf den Körper. Sie behindert die Nervenfunktionen, senkt die Empfindungsschwelle und beeinträchtigt die manuelle Geschicklichkeit. Sollte es Ihnen an einem kalten, frostigen Morgen schwer fallen, Ihren Mantel zuzuknöpfen, so hat das damit zu tun, dass die Nervensignale vom Gehirn zu den Fingern langsamer übertragen werden. Hinzu kommt, dass kalte Muskeln langsamer arbeiten: Die Finger werden steif und unbeholfen. Die für manuelle Geschicklichkeit kritische Lufttemperatur beträgt 12 °C, die für die Berührungssensibilität 8 °C. Niedrige Temperaturen senken auch die Schmerzempfindlichkeit; darum kühlt man einen verstauchten Knöchel oder Brandwunden mit Eis.

Die anästhetischen Eigenschaften der Kälte wurden während des großen Rückzugs vor Moskau im Jahre 1812 von Napoleons Soldaten ausgenutzt, indem sie ihre Pferde als lebendige Speisekammern benutzten. Um die Tiere zu schlachten und zu verzehren, war es zu kalt, denn die Hände der Männer waren steif gefroren und unbeweglich, und die toten Pferdekörper wären sofort eisenhart gefroren. Was sie Soldaten stattdessen taten, berichtete Auguste Thirion, ein Unteroffizier des Zweiten Kürassierregiments, sehr anschaulich:

> *Wir schnitten Pferden, die immer noch auf den Beinen waren und weitergingen, Fleischscheiben aus den Schenkeln, und diese armen Tiere verrieten nicht den geringsten Schmerz. Das war der zweifelsfreie Beweis dafür, welch betäubende Wirkung extreme Kälte hat. Unter jeder anderen Bedingung hätte diese Entnahme von Fleischstücken schwere Blutungen und den Tod ausgelöst, aber bei 28 Grad Frost geschah dies nicht. Das Blut gefror augenblicklich, und diese Blutklumpen brachten die Blutungen zum Stillstand. Einige dieser armen Pferde sahen wir noch mehrere Tage lang weitergehen, obwohl ihnen aus beiden Schenkeln schon große Fleischstücke herausgeschnitten waren.*

Manche Menschen leiden unter einer seltenen Erbkrankheit namens *Paramyotonia congenita,* die ihre Muskeln besonders kälteanfällig macht und lähmt, wenn die Temperatur unter einen bestimmten Punkt sinkt. Oft bemerken diese Menschen ihr Problem erstmals bei kaltem Wetter, wenn sie zum Beispiel ihre verkrampften Hände nicht mehr vom Fahrradlenker oder Schneeschieber nehmen können. Andere merken es, wenn sie nach dem Genuss von Eiskrem oder eisgekühlten Getränken plötzlich eine steife Zunge bekommen und nicht mehr deutlich sprechen können. Patienten mit *Paramyotonia congenita* weisen eine bestimmte Genmutation auf. Es geht dabei um den so genannten Natriumkanal, ein Protein, das für die Weiterleitung elektrischer Signale in Muskelfasern von Bedeutung ist. Diese Signale sind für die Einleitung von Muskelzusammenziehungen unverzichtbar, und wenn sie ausfallen, ist der Betreffende in diesem Bereich gelähmt. *Paramyotonia congenita* ist nicht lebensbedrohlich (weil die Muskeln des Atmungssystems nicht betroffen sind), aber zweifellos sehr lästig.

Den meisten Menschen ist sicher bewusst, dass Kälte noch einen weiteren Effekt hat: vermehrte Urinproduktion. Generell steht der Urinausstoß in Beziehung zum Volumen der zirkulierenden Körperflüssigkeiten, und jeder Anstieg dieses Volumens wird von Blutdruckrezeptoren wahrgenommen, die die Urinproduktion stimulieren. Wenn sich nun infolge der Kälte die Blutgefäße an der Körperoberfläche zusammenziehen, wird zwar das Volumen im Blutkreislauf reduziert, aber der Blutdruck steigt trotzdem an – und damit, von den Rezeptoren gesteuert, auch die Urinproduktion. Bei sehr niedrigen Temperaturen versagt überdies die Fähigkeit der Nieren, konzentrierten Urin zu produzieren, was wiederum hohen Wasserverlust bedeutet. So wird Austrocknung infolge übermäßigen Flüssigkeitsverlustes zum signifikanten Problem für alle, die längere Zeit der Kälte ausgesetzt sind – beispielsweise Bergsteiger.

Mit dem Leben in der Kälte sind auch viele praktische Schwierigkeiten verbunden. Bei –55 °C können keine Flugzeuge mehr fliegen. Treibstoff und Kühler frieren ein und müssen aufgetaut werden, ehe man zum Beispiel einen Lastwagen in Gang bekommt. Batterien können ihre Ladung bei so tiefen Temperaturen nicht mehr halten. Darum müssen in weiten Teilen Kanadas an Wintertagen draußen geparkte Autos an eine Stromquelle angeschlossen werden, damit sie startbereit sind, wenn die Besitzer nach der Arbeit damit wieder nach Hause fahren wollen. Die Grenzen moderner Transportmöglichkeiten bei Temperaturen weit unter dem Gefrierpunkt wurden im Winter 1998 sehr deutlich demonstriert, als man merkte, dass viele sibirische Dörfer, die nur während der kurzen Sommermonate von der Außenwelt her zugänglich sind, nicht genug Nahrungsmittel und Brennstoffe erhalten hatten, um problemlos durch den Winter zu kommen. Selbst unter Aufbietung modernster Technologien waren diese Orte nun im Winter nur sehr schwer zu erreichen, und so hatte die Bevölkerung unter Hunger und Kälte zu leiden. Bei intensiver Kälte können synthetische Fasern reißen, so dass Pelze unverzichtbar sind. Stromleitungen aus Metall hängen unter dem Gewicht von Eiszapfen durch und reißen schließlich; dann ist die Energiezufuhr unterbrochen. Ohne ein Alkoholthermometer ist es nicht einmal mehr möglich, überhaupt zu messen, wie kalt es ist, denn Quecksilber gefriert bei –39 °C. Aber es gibt auch kleine Vorteile bei großer Kälte: Milch kann in handlichen Eisblöcken verkauft werden, und Kühlschränke werden überflüssig, wenn man seine Lebensmittel im Freien auf der Veranda lagern kann.

Die körperliche Bewältigung der Kälte

Sollten Sie einmal versuchen, an einem verschneiten Wintertag in kurzen Hosen und nur mit einem T-Shirt bekleidet ins Freie zu gehen, so wird Ihnen die Kälte den Atem verschlagen. Ihre Haut wird bleich werden, Sie bekommen eine Gänsehaut auf den nackten Armen und werden heftig zu zittern beginnen. Ihr Körper reagiert nämlich auf die Kälte, indem er sich bemüht, den Wärmeverlust zu reduzieren und die Wärmeproduktion zu verstärken.

Wärme fließt immer vom Heißen zum Kalten. Darum verlieren alle Tiere, die eine höhere Körpertemperatur als die Umgebungstemperatur aufrechterhalten, konstant Wärme. Da macht der Mensch keine Ausnahme. Wie schon im dritten Kapitel ausführlich dargestellt, hängt das Ausmaß des Wärmeverlustes davon ab, wie viel warmes Blut in der Nähe der Hautoberfläche fließt: je mehr Blut, desto größer der Wärmeverlust. Darum besteht eine Schlüsselstrategie zur Wärmekonservierung darin, den Blutfluss an die Hautoberfläche zu reduzieren. Ohne Schäden lässt sich das jedoch nur eine begrenzte Zeit durchhalten, weil dann nämlich dem Oberflächengewebe Sauerstoff und Nährstoffe ausgehen.

Wenn die Lufttemperatur sinkt, ziehen sich die Blutgefäße in der Haut

zusammen; dadurch wird das warme Blut von der Hautoberfläche verdrängt. Die Haut wird weiß, die Wärme bleibt dem Körper erhalten. Paradoxerweise weiten sich jedoch, wenn die Lufttemperatur unter 10 °C sinkt, die Blutgefäße in der Haut, statt sich zusammenzuziehen, und wenn die Temperatur noch weiter absinkt, wechseln sich Perioden der Gefäßerweiterung mit solchen der Gefäßzusammenziehung ab. Dieses Schwanken verhindert, dass die Haut durch massive Kälteeinwirkung Schaden nimmt, und stellt sicher, dass die Sauerstoffversorgung in angemessener Form, wenn auch nicht ununterbrochen, weitergeht. Dieses Phänomen erklärt auch die bei Frostwetter typischen roten Nasen und Hände – besonders ausgeprägt bei jenen, die in der Kälte draußen arbeiten, zum Beispiel bei Fischern. Sie können diese Reaktion aber auch ganz einfach an sich selbst testen, wenn Sie eine Hand in kaltes Wasser legen. Zuerst bringt der Temperaturabfall die Blutgefäße dazu, sich zusammenzuziehen; dann wird Ihre Haut weiß. Allmählich aber wird Ihre Hand dann anfangen wehzutun, und die Schmerzen werden immer mehr zunehmen. Dieser Schmerz ist wahrscheinlich das Ergebnis eines Staus giftiger Stoffwechselprodukte infolge einer Unterbrechung des Blutstroms. Doch nach etwa fünf bis zehn Minuten wird sich die Haut wieder röten, und gleichzeitig wird der Schmerz nachlassen. Die Blutgefäße weiten sich, und die Blutzirkulation in der Haut wird wieder aufgenommen.
Wenn es sehr kalt ist, kann der Wärmeverlust der Haut ein Übermaß erreichen, selbst wenn der Blutfluss vorübergehend unterbrochen ist. Dann ziehen sich die Blutgefäße dauerhaft zusammen. Die blutlosen Gewebepartien kühlen sich auf die Umgebungstemperatur ab, und dabei kann es zu Erfrierungen kommen.
Gänsehaut ist ein untrügliches Zeichen, dass jemand fröstelt. Sie entsteht, wenn sich die Muskeln an den Haarwurzeln zusammenziehen. Dann »stehen die Haare zu Berge«. Beim Menschen nützt diese Operation zwar nicht viel, weil wir zu wenige Haare haben, als dass ihre Aufrichtung eine isolierende Funktion haben könnte. Aber bei anderen Säugetieren sieht die Sache ganz anders aus, wie wir in der Folge noch sehen werden.
Neben seinen Maßnahmen zur Reduktion des Wärmeverlustes reagiert der Körper auf Kälte auch dadurch, dass er mehr Wärme produziert. Die wichtigste Erwärmungsquelle beim erwachsenen Menschen ist die Muskelaktivität. Denn bei der – in ihrer Energieausnützung von Natur aus recht ineffizienten – Muskelkontraktion entsteht als Nebenpro-

dukt Wärme: Letztlich wird also beim Zittern gespeicherte chemische Energie in Wärme verwandelt. Wenn sich an einem kühlen Sommernachmittag die Sonne vorübergehend hinter Wolken verkriecht, beginnen wir zu frösteln. Dieses Frösteln ist das Ergebnis unwillkürlicher Muskelkontraktionen, die ein Zittern hervorrufen. Dieses Zittern beginnt in den Muskeln des Rumpfes und der Arme, setzt sich aber schließlich bis zu den Kaumuskeln fort. Dann klappern wir mit den Zähnen, und unser ganzer Körper zittert heftig.

Dieses Zittern kann die Wärmeproduktion um das Fünffache erhöhen, doch wird seine Effizienz dadurch beeinträchtigt, dass der Wärmeverlust an die Umgebung durch erhöhte Konvektion deutlich zunimmt. Dieser Effizienzverlust fällt besonders bei Kindern ins Gewicht, weil bei ihnen das Verhältnis der Körperoberfläche zum Körpervolumen ungünstiger ist als bei Erwachsenen. Freiwillige körperliche Bewegung schafft ebenfalls große Mengen körperlicher Wärme. Wir alle wissen, dass uns wärmer wird, wenn wir auf und ab springen, mit den Füßen aufstampfen oder unsere Arme gegen den Rumpf schlagen. Man muss sich nur einmal ansehen, was Fußballfans im Stadion tun, wenn ihnen kalt ist. Ihre Grenzen findet die unwillkürliche oder willentlich forcierte Wärmeproduktion jedoch im Brennstoffvorrat des Körpers. Wie lange und wie effizient wir vor Kälte zittern können, hängt nicht zuletzt vom Traubenzuckervorrat in unseren Muskeln ab: höchstens ein paar Stunden. Körperliche Fitness, Ausdauer und Brennstoffreserven setzen auch unseren bewussten körperlichen Aktivitäten Grenzen. Letztlich hängt die Wärmeproduktion nämlich immer von den verfügbaren Nahrungsreserven ab.

Weil Babys eine im Verhältnis zum Körpervolumen wesentlich größere Körperoberfläche als Erwachsene haben, verlieren sie leichter Wärme. Sie sind äußerst kälteempfindlich, aber sie zittern nicht vor Kälte. Stattdessen besitzen sie ein spezielles Wärmeerzeugungssystem. An den Schultern, im oberen Rückenbereich und um die Nieren der Babys finden sich dicke Fettpolster, die rund 4 Prozent des gesamten Körpergewichts ausmachen. Dieses braune Fettgewebe unterscheidet sich vom normalen Depotfett des menschlichen Körpers. Während weißes Fettgewebe wie eine isolierende, wärmende Decke wirkt, kann man die Funktionsweise von braunem Fettgewebe eher mit der einer elektrisch beheizten Bettdecke vergleichen. Die charakteristische braune Farbe rührt daher, dass diese Zellen eine große Zahl pigmentierter Organellen enthalten, so genannter Mitochondrien. Normalerweise fungieren Mitochondrien als biochemische Verbrennungskraftwerke, die

in den Zellen chemische Energie erzeugen. Die Mitochondrien brauner Fettzellen hingegen sind sozusagen Wärmekraftwerke; sie produzieren nicht chemische, sondern Wärmeenergie. Dafür sorgt ein spezielles Protein, das den Verbrennungsstoffwechsel von der Energieproduktion abkoppelt. Dieses Trennprotein reguliert auch bei einigen erwachsenen Tieren den Energiehaushalt und schützt sie vor Kälte; Mäuse, denen dieses Protein fehlt, sind zum Beispiel wesentlich kälteempfindlicher als normale Mäuse.
Die Wärmeproduktion in braunen Fettzellen wird durch das Stresshormon Adrenalin stimuliert. Ein ausgedehntes Netz feiner Blutgefäße durchzieht dieses Gewebe und transportiert die Wärme ab, um den Rest des Tierkörpers zu wärmen. Beim Menschen findet sich braunes Fettgewebe fast ausschließlich bei Babys. Hat ein Kind das Erwachsenenalter erreicht, so ist das braune Fettgewebe meistens fast völlig verschwunden. In weißem Fettgewebe verstreut besitzen die meisten Erwachsenen nur noch wenige braune Fettzellen. Bei vielen kleinen Säugetieren bleibt das braune Fett jedoch erhalten, besonders bei Tieren, die einen Winterschlaf halten (wie Fledermäusen, Backenhörnchen, Igeln und Murmeltieren), die die von ihren brauen Fettzellen erzeugte Wärme dazu benutzen, ihren Körper wieder anzuwärmen, wenn sie ihren Winterschlaf beendet haben.
Übrigens könnte man sich vorstellen, dass zum Abnehmen die Aktivitäten des besagten Trennproteins effizient genutzt werden könnten. Tatsächlich ist auch die Theorie aufgestellt worden, dass bei dünnen Menschen eine höhere Basisaktivität der Trennproteine zu verzeichnen ist: Überschüssige Kalorien werden in Wärme verwandelt und nicht wie bei den meisten anderen Menschen in Fettgewebe, das dann gespeichert wird. Das könnte als Erklärung dienen, warum von zwei Menschen, die genauso viel essen, der eine fett wird, der andere aber nicht. Erwachsene Menschen verfügen zwar wie gesagt nicht mehr über signifikante Mengen braunen Fettgewebes, aber bei neueren Forschungen hat man herausgefunden, dass es verwandte Trennproteine auch in anderen Gewebepartien gibt. Mutierte Mäuse zum Beispiel, denen in ihren braunen Fettzellen das Trennprotein fehlt, sind zwar sehr kälteempfindlich, aber sie werden auch nicht dicker als normale Tiere. Daraus ist zu schließen, dass sie möglicherweise noch über anderes Trennprotein verfügen, das bei der Regulierung des Körpergewichts eine wichtige Hilfsfunktion übernimmt.
Eine weitere Form eines biologischen Heizsystems findet sich bei

Schwert-, Fächer- und Speerfischen (einer Gruppe von Hochseefischen, zu denen auch der Blaue und der Schwarze Marlin gehören, die Sportfischern so viel bedeuten, weil sie, an Angel und Leine gefangen, so herrlich akrobatische Sprünge ausführen). Bei diesen Fischen ist das Wärme produzierende Gewebe ein modifizierter Augenmuskel, der unter dem Gehirn liegt und Augen und Hirn relativ konstant auf einer Temperatur von 28 °C hält, während die Temperatur im Rest des Körpers fluktuiert und sich der Umgebungstemperatur des Wassers anpassen darf. Im Winter kann die Körpertemperatur bei tiefen Tauchvorgängen sogar bis auf 8 °C absinken. Der größte Teil des für das Gehirn bestimmten Blutes wird durch das Heizorgan geleitet und dabei erwärmt. Ehe sie in das Heizorgan gelangen, verzweigen sich die Blutgefäße in ein umfangreiches Netz feiner Arterien, die in direkter Nachbarschaft der kleinen Venen liegen, welche aus dem Gehirn kommen. Auf diese Weise gibt das warme Venenblut seine Wärme an das kalte zuströmende Arterienblut ab und entlastet so das Heizgewebe. Das Wärme produzierende Organ besteht aus modifizierten Muskelzellen, die fast kein Kontraktionsgewebe mehr enthalten und dafür mit Mitochondrien voll gepackt sind. Anders als in braunen Fettzellen scheint es hier keine Trennung der Wärmeenergieproduktion von der Stoffwechselproduktion chemischer Energie zu geben. Vielmehr wird die beim Stoffwechsel erzeugte Energie sofort in eigentlich funktionslosen biochemischen Zyklen verbraucht, deren einzige Aufgabe es ist, als Nebenprodukt Wärme zu erzeugen.

So überraschend es auch erscheinen mag: Selbst Pflanzen regulieren ihre Temperatur durch Steigerung der Wärmeproduktion. In meinen Kindheitstagen in der Grafschaft Dorset war in Hecken häufig der Gefleckte Aronstab *(Arum maculatum)* zu sehen, dessen phallisch geformter Blütenkolben den Blütenstaub trägt. Dieser Blütenkolben erzeugt so viel Wärme, dass dabei Chemikalien freigesetzt werden; diese ziehen mit ihrem starken Duft Fliegen und andere Insekten an, welche die Pflanze dann, im Kessel ihres glatten Hüllblattes gefangen, befruchten. Die Temperatur im Innern des Pflanzenkessels kann auf bis zu 45 °C steigen. Erstaunlicherweise gart sich die Pflanze dabei nicht selbst; offenbar ist der Blütenkolben an die Hitze angepasst. Noch außergewöhnlicher ist das Alpenglöckchen (auch Alpentroddelblume, lat. *Soldanella montana*). Diese attraktive kleine Pflanze erzeugt genug Wärme, um den Schnee in ihrer Umgebung zu schmelzen und sich selbst vor dem Erfrieren zu schützen.

Zu Tode gefroren

Jedes Jahr wird überall auf der Welt die Bergwacht gerufen, um Menschen zu retten, die unerwartet im Schneesturm gefangen, von einer Lawine verschüttet oder durch Unfälle und Stürze verletzt wurden und nun in unzureichender Kleidung bewegungsunfähig auf Hilfe warten. Die meisten dieser Opfer tragen Erfrierungen davon.

Der älteste bekannte Fall tödlicher Unterkühlung ist wahrscheinlich der Gletschermann »Ötzi«, ein Hirte, der vor über 5200 Jahren am Schnalstaler Gletscher (Südtirol) starb. Seine mumifizierte Leiche wurde 1991 von Wanderern gefunden, nachdem sie am Rande des Gletschers durch Abschmelzen des Eises teilweise freigelegt gelegt worden war. »Ötzi« war für seinen Weg durch den Schnee gut gerüstet, er trug einen Regenmantel aus Gras, Lederhosen, eine Pelzkappe und eine Jacke. Aber er hatte auch drei gebrochene Rippen und führte keinen Proviant bei sich. Darum spekulierte man, ob er vielleicht übereilt seine Behausung verlassen hätte und Opfer eines Angriffs geworden sei, bevor ihm dann die Kälte den Rest gab.

Die normale Kerntemperatur des Körpers, in der Tiefe von Brust- und Bauchraum, beträgt zwischen 36° und 38 °C. Im klinischen Sinne spricht man von Unterkühlung (Hypothermie), wenn die Kerntemperatur auf unter 35° sinkt, wobei sich mit weiter sinkender Körpertemperatur die Unterkühlungssymptome ändern.

Eine milde Unterkühlung zeigt sich im Kälte bedingten Zittern, in steifen, gefühllosen Händen und in Einbußen an manueller Geschicklichkeit. Komplizierte Aktivitäten wie das Skifahren fallen einem schwerer, und man fühlt sich ermüdet, ausgekühlt. Man sucht Streit und ist weniger geneigt, mit anderen zu kooperieren. Eine milde Unterkühlung ist unter Umständen nicht leicht zu erkennen. Oft bestreitet das Opfer heftig, dass es sich um eine solche handele; sie kann aber trotzdem bereits gefährlich werden. Wenn man seine Jacke mangels Geschicklichkeit nicht mehr richtig zumachen oder Handschuhe nicht mehr richtig anziehen kann, sind weitere Auskühlung und Erfrierungen vielleicht die Folge. Selbst wenn die Kerntemperatur Ihres Körpers nur um ein Grad absinkt, wird Ihre Reaktionszeit langsamer, Ihre Urteilsfähigkeit geringer – ja, eine milde Unterkühlung kann sogar zu Verkehrsunfällen führen. Motorradfahrer, die im Winter bei langen Fahrten auskühlen, oder Markthändler, die den ganzen Tag in der Kälte stehen und anschließend im Auto heimfahren, sind besonders anfällig.

Der berühmteste Fall von Unterkühlung: der prähistorische Gletschermann »Ötzi«, der nach über 5000 Jahren tiefgefroren im Eis entdeckt wurde. Er wurde mit zahlreichen Gegenständen aufgefunden, darunter einer Kupferaxt, einem unfertigen Bogen und Stiefeln, die zur Isolierung mit Gras ausgestopft waren. Tierhaare an seinen Werkzeugen belegen, dass er Rotwild, Gämsen und Steinböcke getötet hatte. Erstaunlicherweise wuchsen aus dem Gras, als es im Labor kultiviert wurde, noch Pilze.

Von einer moderaten Hypothermie spricht man, wenn die Kerntemperatur unter 35 °C sinkt. Sie ist mit heftigem Zittern verbunden. Nicht nur die feinmotorischen Fertigkeiten, sondern auch die allgemeine Fähigkeit zur Muskelkoordination lassen nach. Man geht nur noch langsam und angestrengt, stolpert häufig und fällt vielleicht der Länge nach hin. Auch die mentalen Fähigkeiten sind beeinträchtigt. Die Aussprache wird undeutlich, das Denken träge, und die Fähigkeit, rationale Entscheidungen zu treffen, lässt nach; man möchte sich am liebsten in den Schnee legen und einschlafen oder den Rucksack absetzen, weil er zu schwer ist. Oder man fängt gar an, sich zu entkleiden, weil einem die Kälte gar nicht mehr bewusst ist. Bergsteiger sichern sich nicht mehr richtig – mit potenziell tragischen Folgen. Die Opfer werden apathisch, lethargisch, unkooperativ, verschlossen und antworten auf Fragen nicht mehr richtig. Oft können sie sich auch gar nicht mehr an Dinge erinnern, die erst vor kurzem geschehen sind.
Sinkt die Körpertemperatur unter 32 °C, dann hört das Zittern auf, weil die Energiereserven aufgebraucht sind. Jetzt sinkt die Temperatur

noch schneller ab, weil die Wärmeerzeugung durch Muskelaktivität aufhört. Schließlich kann der oder die Betreffende auch nicht mehr weitergehen und rollt sich halb bewusstlos am Boden zusammen, ohne andere Menschen noch zu beachten. Bei Kerntemperaturen um 30° tritt meistens Bewusstseinsverlust ein. Ein gerettetes Opfer berichtete später: »Ich spürte, wie ich immer kälter und kälter wurde. Mein Gesicht fror, meine Hände froren. Ich fühlte, wie ich immer mehr abstumpfte, und dann wurde es wirklich sehr schwierig, noch weiter konzentriert zu bleiben. Ich glitt allmählich ins Vergessen ab.«

Bei massiver Unterkühlung verlangsamt sich der Herzschlag, der Pulsschlag ist fast nicht mehr messbar, und der Atem wird so flach und unregelmäßig, dass man fast keine Atemtätigkeit mehr entdecken kann. Das Opfer atmet vielleicht nur noch einmal oder zweimal pro Minute; genauso langsam schlägt möglicherweise das Herz. Die Haut ist blass und fühlt sich bei Berührung eiskalt an; die Gliedmaßen sind steif und fest; die Pupillen sind geweitet und reagieren nicht mehr auf Lichteinfall. Die betreffende Person sieht jetzt wie tot aus, obwohl sie tatsächlich vielleicht noch lebt. Man spricht dann von einem Tiefkühlstadium des Stoffwechsels, weil dieser sich so sehr verlangsamt hat, dass der oder die Betreffende scheintot ist.

Die Kälte verlangsamt den Pulsschlag, weil sie die Schrittmacherfunktion des Herzens reduziert. Bei Körpertemperaturen unter 28 °C können auch Herzrhythmusstörungen auftreten, darunter ernsthafte wie das Herzflimmern – ein unkoordiniertes Zucken des Herzmuskels, das den normalen Pumpvorgang behindert und tödlich endet. Selbst wenn es nicht zum Herzflimmern kommt, setzt die Herztätigkeit normalerweise aus, wenn die Unterkühlung bis zu einer Körpertemperatur von 20 °C fortgeschritten ist.

In arktischen Gewässern

Am 13. Januar 1982 startete Flug Nr. 90 der Air Florida zu einem ganz normalen Flug vom National Airport in Washington, DC. 28 Sekunden später stürzte das Flugzeug auf die Brücke der 14th Street über den Potomac River. 78 Menschen kamen um. Doch nicht alle Opfer wurden bei dem Absturz schwer verletzt; viele starben an Unterkühlung, weil sie zu lange im eiskalten Wasser des Potomac ausharren mussten. Schneetreiben, Eis und Dunkelheit behinderten die Rettungsarbeiten.

Es war eine Tragödie – und eine Stunde der Helden: Einige Opfer hatten darauf bestanden, dass zunächst andere gerettet werden sollten, aber als die Helikopter dann zurückkehrten, um auch sie zu retten, waren sie nicht mehr aufzufinden.
Jedes Jahr sterben im kalten Wasser viele tausende – eher an Unterkühlung als durch Ertrinken. Im Wasser verliert der Körper seine Wärme viel schneller, weil Wasser ein ausgezeichneter Wärmeleiter ist (dessen Wärmeleitfähigkeit 25 Mal größer ist als die der Luft). Wer in Wasser mit einer Temperatur von unter 20 °C getaucht wird, verliert Körperwärme und stirbt am Ende an Unterkühlung. Je kälter das Wasser, desto schneller der Tod. In Großbritannien beträgt die durchschnittliche Wassertemperatur des Meeres im Juli 15 °C; bei solchen Wassertemperaturen ist ein nackter Mann nach wenigen Stunden bewegungsunfähig. Im Januar sinkt die Wassertemperatur auf 5°; dann ist dieser Zustand bereits nach einer halben Stunde erreicht. Wer bei Temperaturen um den Gefrierpunkt ins Wasser fällt, ist innerhalb von 15 Minuten völlig unterkühlt; innerhalb von 30 bis maximal 90 Minuten ist er tot. Ohne Schwimmweste oder in rauer See stirbt man meistens noch schneller, weil man ertrinkt, sobald man das Bewusstsein verloren hat. Die britische Marine zeigt ihren neuen Rekruten ein Video der Schwimmerin Sharon Davies, die an den Olympischen Spielen teilnahm. Gezeigt wird, wie sie in eiskaltem Wasser schwimmt. Ziel der Demonstration ist es, deutlich zu machen, wie schnell selbst eine Weltklasseschwimmerin der Kälte Tribut zollen muss (und natürlich verfehlt auch Sharons Attraktivität ihren Eindruck nicht).
Die Tatsache, dass Unterkühlung, und nicht nur Ertrinken als Todesursache in Frage kommt, haben sensible Beobachter schon seit der Antike gewürdigt; von offizieller Seite war man indes nicht immer bereit, das auch so zu sehen. Die Überlebenden des Untergangs der *Titanic* etwa vertraten die Meinung, dass viele der Toten, die mit Schwimmwesten im ruhigen (aber eiskalten) Wasser dahingetrieben waren, an Unterkühlung gestorben seien; gleichwohl wurde als offizielle Todesursache Tod durch Ertrinken festgestellt. Wissenschaftliche Untersuchungen zu den Todesursachen in kaltem Wasser wurden während des Zweiten Weltkriegs sowohl von der britischen als auch von der deutschen Marine in Auftrag gegeben. Anlass waren die zahlreichen Matrosen, die ums Leben gekommen waren, obwohl sie sich von den sinkenden Schiffen hatten retten können. Die genauesten (und abstoßendsten) Experimente dieser Art wurden von den Nazis an KZ-Insas-

Ein mit Öl bedeckter Schwimmer vor der Durchquerung des Ärmelkanals. Wie alle erfolgreichen Langstreckenschwimmer ist er recht stämmig gebaut, was sicher dabei hilft, es länger im kalten Wasser auszuhalten.

sen in Dachau durchgeführt. Die dort gewonnenen Daten über die Temperaturgrenzen menschlichen Überlebens werden noch heute zitiert; sie ermöglichen die relativ sichere Durchführung von Experimenten mit Freiwilligen (etwa bei Tests von Rettungsanzügen). Doch die Verwendung dieser Daten rückt ein ernsthaftes moralisches Dilemma in den Blick: Ist die Benutzung angesichts der schrecklichen Umstände der Dachauer Experimente moralisch zulässig, selbst wenn auf diese Weise bei anderen Menschen der Kältetod im Wasser vermieden werden kann? Schließlich wurden die Versuchspersonen ermordet, um solche Daten zu bekommen.

Es gibt viele Erzählungen von Individuen, die eine beträchtliche Zeit im kalten Wasser überlebt haben – oft wesentlich länger, als man erwarten konnte. Manche dieser Fälle sind eindeutig statistische »Ausreißer« und betreffen Menschen, die – zu ihrem großen Glück – außergewöhnlich unempfindlich gegen Kälte waren. In anderen Fällen lässt sich leichter verstehen, wie diese Menschen dem Tod entkamen. Tony Bullimore nahm 1997 an einer Segelregatta rund um die Welt teil; als sein Boot in einem entlegenen Teil der Südsee kenterte, wurde er darunter eingeklemmt. Es dauerte vier Tage, bis Hilfe kam, und bei Wassertemperaturen knapp über dem Gefrierpunkt gab kein Mensch mehr etwas auf sein Überleben. Doch als die Taucher der australischen Marine an den auf dem Wasser treibenden Rumpf der Jacht klopften, schwamm Tony hervor, um seine Retter zu begrüßen. Er war zwar nicht mehr taufrisch, aber die Kombination aus wasserdichtem Rettungsanzug, Schutz durch den Rumpf und einer guten Fett-Isolierschicht unter der Haut hatte ihm das Leben gerettet.

Auch der berühmte Philosoph Bertrand Russell wäre dem kalten Wasser beinahe zum Opfer gefallen. Im Jahre 1948 war er zu einer vom British Council organisierten Vortragsreise nach Norwegen eingeladen worden, und so flog er am 2. Oktober mit einem Flugboot von Oslo nach Trondheim. Es war stürmisches Wetter, und als das Flugboot bei starkem Wind und heftiger Brandung landete, wurde es von einer Windbö erfasst und auf die Seite gekippt, wobei Wasser durch die Tür eindrang. Viele der Passagiere konnten sich nicht mehr befreien, bevor das Boot sank. Russell selbst merkte lediglich an, dass das Wasser sehr kalt gewesen sei. Aber er hatte das Glück, schnell gerettet zu werden. Die Überlebenszeit ungeschützter Individuen, die ins eisige Nordseewasser getaucht werden, bemisst sich nämlich in Minuten.

Verstärkt wird der Wärmeverlust im Wasser noch, wenn man sich bewegt. Ist das rettende Ufer nicht ganz in der Nähe, so dass man es schwimmend in weniger als fünf Minuten erreichen kann, so hat man bei einem Schiffbruch im kalten Wasser dann die besten Überlebenschancen, wenn man sich in seiner Schwimmweste ruhig treiben lässt, bis man gerettet wird. Wer sich hektisch bewegt oder Schwimmbewegungen macht, forciert nur den schnellen Wärmeverlust und verringert seine Überlebenszeit, weil jede Bewegung die dünne vom Körper erwärmte Wasserschicht auflöst und an deren Stelle frisches Kaltwasser leitet. Das erhöht die Wärmeableitung signifikant. Hinzu kommt noch, dass körperliche Bewegung die Blutzirkulation in den Gliedmaßen verstärkt, also gerade an jenen Stellen, wo der Wärmeverlust am größten ist. Wenn Sie in Seenot von Bord müssen und noch Zeit genug haben, dann ziehen Sie viele warme Kleidungsstücke an, tragen Sie Handschuhe und dickes Schuhwerk, denn diese Sachen bilden zusätzliche Isolationsschichten und können helfen, Kälteschäden zu vermeiden. Besser noch, Sie tragen Surfkleidung oder einen Rettungsanzug, die im Wasser noch wesentlich besser als normale Kleidung isolieren und den Körper vor Auskühlung schützen.

Diese einfachen Vorsichtsmaßregeln können Ihr Leben retten. Leider sind Sie anscheinend nicht allzu vielen Menschen bekannt. Als 1961 die *Lakonika* vor der Küste Madeiras in Brand geriet und evakuiert werden musste, landeten viele Passagiere und Besatzungsmitglieder im Meer. Dort schwammen sie herum, im Glauben, dass diese Aktivitäten sie warm halten würden, und entledigten sich ihrer Kleider, aus Angst, diese würden sie beim Schwimmen behindern. Für viele erwies sich das als tödlicher Fehler: 113 Menschen starben an Unterkühlung.

Eine Fettschicht unter der Haut isoliert hervorragend, darum können Dicke im kalten Wasser länger überleben. So überrascht es auch nicht, dass die erfolgreichsten Kanalschwimmer recht stämmig gebaut sind. Meistens versuchen solche Schwimmer die Durchquerung des 34,5 Kilometer breiten Ärmelkanals im August oder September, wenn die Wassertemperaturen am wärmsten sind (selbst wenn es auch dann nur reichlich kalte 15° bis 18 °C sind). Sie benötigen für diese Strecke zwischen 9 und 27 Stunden, also beträchtlich länger als die normale Überlebenszeit von Menschen in derart kaltem Wasser. Drei Dinge tragen vor allem zu ihrem Erfolg bei: Die körperliche Anstrengung erzeugt eine beträchtliche Wärmemenge, die Schwimmer und Schwimmerinnen haben meistens eine beträchtliche Fettschicht unter der Haut, und sie nehmen in regelmäßigen Abständen Nahrung zu sich (wobei sie allerdings nicht aufhören zu schwimmen, damit sie keine Krämpfe bekommen). Gleichwohl müssen viele wegen Ermüdung oder Unterkühlung aufgeben, und im August 1999 starb ein erfahrener Langstreckenschwimmer beim Versuch, den Kanal zu durchschwimmen.[2]

Eistauchen ist eine der neuesten »Extremsportarten«, ein ultimatives Abenteuer, das garantiert den Adrenalinspiegel auch der Abgebrühtesten hebt. Nachdem die Enthusiasten mit Dynamit ein Loch in das Eis eines Sees gesprengt haben, tauchen sie im eisigen Wasser und schwimmen unter dem Eis herum. Wer fit ist und einen Schutzanzug trägt, kann bei Wassertemperaturen von rund 1 °C (und mit Atemausrüstung) unter Wasser rund 20 Minuten überleben, bevor die Unterkühlung lebensgefährlich wird. Den Ausdauerrekord für Eistauchen ohne Atemgerät hält der Franzose Fabrice Bougand mit 2 Minuten und 33 Sekunden – bei einer Wassertemperatur von 10 °C unter dem Eis.

Eistaucher sollten jedoch auf der Hut sein, denn kaltes Wasser kann sehr schnell zum Tod führen. Die verbreitete Ausrede, man könne und wolle nicht im kalten Wasser tauchen, weil einen das »umbrächte«, hat durchaus einen gewissen Wahrheitsgehalt. Es gibt schon eine Reihe von Fällen, in denen fitte junge Leute innerhalb von ein bis zwei Minuten, nachdem sie ins eisige Wasser eines Sees gesprungen waren, tot an die Oberfläche getrieben wurden (oder aber tot zu Boden sanken). Darunter waren auch gute Schwimmer. Warum das so ist, ist immer noch nicht restlos geklärt. Es könnten jedoch mehrere physiologische Reaktionen im Spiel sein. Schock und Schmerz verlangsamen die Herztätigkeit und können zu tödlichen Herzrhythmusstörungen führen, während der durch extreme Kälte ausgelöste Atemreflex unter Wasser natürlich tödliche Folgen haben kann. Ein Kälteschock führt auch zu Hyperventilation. Dann wird zu viel Kohlendioxid aus dem Blut gespült, wodurch die Blutacidität sinkt. Die Folge sind Muskelkrämpfe, die keine koordinierten Schwimmbewegungen mehr zulassen, Verlust des Bewusstseins und ein schneller Tod durch Ertrinken. Kaltes Wasser kann also auf unterschiedliche Weise zum Tode führen: Er kann schon nach wenigen Sekunden im eisigen Wasser eintreten, nach einigen Minuten des Schwimmens oder erst wesentlich später, wenn der Körper völlig ausgekühlt ist und Bewusstseinsverlust eintritt. Er kann aber auch erst im Anschluss an die Rettung aus dem Wasser erfolgen. In Berichten vom Untergang des deutschen Schlachtschiffes *Gneisenau* im Ersten Weltkrieg heißt es, dass die meisten Überlebenden an Bord der Rettungsschiffe starben, obwohl man sie lebend und äußerlich unversehrt aus dem Wasser gezogen hatte. Auch heute noch ist in vielen Berichten von der Rettung schiffbrüchiger Seeleute und Fischer die Rede davon, dass diese bei Bewusstsein aus dem Wasser gezogen wurden, aber bald nach der Rettung das Bewusstsein verloren und starben. Die Ursachen für solche Zusammenbrüche nach erfolgter Rettung sind noch nicht eindeutig geklärt, aber es scheint sich um eine Ursachenkombination aus Kälte und hydrostatischen Druckveränderungen beim Rettungsvorgang zu handeln. (Dazu wurde bereits in Kapitel 2 das Wesentliche gesagt.)

Der Verlust des Gleichgewichts: Unterkühlung

Unterkühlung kommt immer dann vor, wenn der Wärmeverlust größer ist als der Wärmegewinn. Dafür sind winterliche Witterungsbedingungen nicht unbedingt Voraussetzung. Besonders anfällig sind ältere Menschen, die nicht genug essen oder heizen, zumal wenn Verletzungen hinzukommen, die ihre Beweglichkeit stark einschränken. Bei hilflosen Personen kann die Körpertemperatur über ein bis zwei Tage hin kontinuierlich sinken; geistige Verwirrung, Koordinierungsmängel bei den Bewegungen und Abgestumpftheit nehmen dann stetig zu. Unterernährte Patienten, vor allem Kinder, benötigen, weil das geringe Ausmaß ihrer Stoffwechselprozesse eine Neigung zur Unterkühlung bedingt, eine so warme Umgebung, dass es allen, die sie versorgen, schon unangenehm heiß ist. Medikamente, die den Wärmeverlust steigern, können sogar in recht warmen Umgebungen Unterkühlung hervorrufen.

Unterkühlung kann aber auch das Ergebnis einer Kombination aus körperlicher Anstrengung, Nahrungsmangel und Alkohol sein. Körperliche Aktivität reduziert die Kohlehydratvorräte des Körpers so, dass die Blutzuckerkonzentration immer weiter sinkt, und Alkoholgenuss verschärft das Problem, weil Glucose benötigt wird, um Alkohol im Körper abzubauen. Eine niedrige Blutzuckerkonzentration indes führt dazu, dass sich der Körper gegen die Auskühlung nicht mehr richtig wehren kann. Wenn der Blutstrom in der Haut nicht mehr unterbunden wird, nimmt der Wärmeverlust alarmierende Ausmaße an. Unter solchen Umständen kann die Kerntemperatur schnell absinken, selbst wenn es gar nicht besonders kalt ist. Zur Abkühlung auf 33 °C im Kernbereich werden bei einer Lufttemperatur von 20° nur 80 Minuten benötigt. Eine zügige Wanderung von mehreren Stunden Dauer bei leerem Magen und anschließend ein paar Whiskys zum »Aufwärmen« – das kann wirklich eine sehr gefährliche Kombination sein.

Leben nach dem Scheintod durch Unterkühlung

»Niemand ist tot, es sei denn, er ist warm und tot« – so oder ähnlich lautet eine alte Maxime der Ärzte. Fast jedes Jahr gibt es Berichte über »wundersame Auferstehungen« von Kälteopfern. Denn wer unter extremer Unterkühlung leidet, kann tot erscheinen, auch wenn er noch am Leben ist. Als es im Februar 1999 in der Schweiz und in Österreich gehäuft zu Lawinenunglücken kam, gehörte zu den vielen Opfern auch ein vierjähriges Kind, das zwei Stunden im Schnee verschüttet gewesen war. Als man den Jungen ausgegraben hatte, galt er zunächst als klinisch tot, doch die Rettungsmannschaften konnten ihn durch Mund-zu-Mund-Beatmung wieder beleben. Schon nach wenigen Tagen spielte er wieder mit seinen Spielsachen, als sei überhaupt nichts gewesen.

Die niedrigste je bei einem Überlebenden gemessene Kerntemperatur des Körpers nach einer Unterkühlung infolge eines Unfalls betrug 13,7 °C. Es handelte sich um eine 29-jährige Norwegerin, die, bei einer Skiabfahrt durch das enge Bett eines Wasserfalls kopfüber gestürzt und zwischen Felsen und dickem Eis eingeklemmt, unaufhörlich einem eiskalten Wasserstrom ausgesetzt war. Ihre Begleiter waren nicht in der Lage, sie zu befreien, und als das Rettungsteam 70 Minuten später eintraf, war sie klinisch bereits tot. Gleichwohl wurde sie sofort an eine Herz-Lungen-Maschine angeschlossen und künstlich beatmet. In der Universitätsklinik von Tromsö war ein erfahrenes Ärzteteam dann in der Lage, sie wieder zu beleben. Fünf Monate später hatte sie sich fast vollständig wieder erholt.

Kleine Kinder konnten ebenfalls wieder belebt werden, nachdem sie etliche Minuten lang ohne zu atmen ganz in eisigem Wasser untergetaucht gewesen waren. Zum Glück benötigen Kinder in solchen Situationen sehr wenig Sauerstoff, weil ihr Stoffwechsel durch eisige Kälte extrem reduziert wird. Typisch ist der Fall eines fünfjährigen Jungen, der im Eis einbrach, als er sich auf einen teilweise zugefrorenen Fluss vorgewagt hatte, und der dann 40 Minuten lang unter dem Eis gefangen war, ehe er von Froschmännern gerettet werden konnte. Zwischen Eis und Wasser befanden sich hier keine Luftblasen, und so war er anscheinend die ganze Zeit im Wasser untergetaucht. Als er aus dem Wasser gezogen wurde, hatte er keinen Puls mehr. Er atmete nicht mehr, war graublau gefroren, und seine Kerntemperatur war auf 24 °C gesunken. Doch nach zwei Tagen an einem Atemgerät im Krankenhaus erlangte der Junge das Bewusstsein wieder und begann zu reden. Acht Tage nach dem Unfall durfte er wieder nach Hause. Er hatte großes Glück gehabt, denn er wurde wieder vollkommen gesund, und es blieben auch keine Anzeichen eines Hirnschadens zurück. Einen solchen Unfall überlebt längst nicht jeder. Die besten Chancen haben jedoch Kinder, weil sie so klein sind, dass ihr Körper sehr schnell ausgekühlt ist. Dann sinkt ihr Sauerstoffbedarf ganz rapide, und sie verharren im Zustand des Scheintodes.

Die schnellste Methode, jemanden wieder aufzuwärmen, der in Maßen unterkühlt ist, besteht darin, ihn in eine warme Badewanne zu setzen. Den Opfern starker Unterkühlung gibt man jedoch warme Luft zu atmen; außerdem bläst man warme Luft auf ihre Haut und entnimmt ihnen Blut aus einer Vene, leitet dieses durch ein Erwärmungsgerät und führt es dem Körper dann wieder zu. Bei der Wiedererwärmung extrem unterkühlter Menschen muss man mit großer Sorgfalt vorgehen, denn es können Herzrhythmusstörungen auftreten, gehäuft vor allem dann, wenn zuvor schon ein Herzstillstand eingetreten war.

Kälteschäden an Händen und Füßen

Als kleines Kind hörte ich ständig, ich solle meine kalten Hände nicht an der Zentralheizung in der Schule wärmen, weil ich sonst Frostbeulen bekäme. Heutzutage ist von Frostbeulen nur noch selten die Rede, aber zu meiner Jugendzeit waren sie offenbar sehr verbreitet. Ich hatte zum Glück niemals welche (und das, obwohl ich die Anweisungen nicht beachtete und meine Hände an der Heizung wärmte). Frostbeulen sind rote, geschwollene und juckende Hautpartien, die sich am häufigsten an Fingern, Zehen, Wangen und Ohren finden. Sie entstehen, wenn bloße Haut wiederholt Temperaturen unter –15 °C ausgesetzt ist. Dann werden die feinen Kapillargefäße dauerhaft geschädigt, besonders bei Frauen und Kindern. Frostbeulen treten häufiger bei feuchter als bei trockener Kälte auf. Dass es heutzutage in Europa kaum noch Frostbeulen gibt, hat mit dem gestiegenen Wohlstand zu tun. Man zieht sich eben wärmer an, und die meisten Häuser haben inzwischen auch eine Zentralheizung.

Die in den Symptomen verwandte Raynaud-Krankheit äußert sich dadurch, dass Finger (oder Zehen) unter Kälteeinwirkung zunächst weiß, dann blau und schließlich rot werden, weil sich die Blutgefäße zunächst krampfartig so stark zusammenziehen, dass der Blutstrom fast völlig unterbunden wird, bevor sich die Adern allmählich wieder weiten. Strömt das Blut dann in die blutleeren Finger zurück, so kann das sehr schmerzhaft sein. Seltsamerweise kommt die Raynaud-Krankheit (wie auch Frostbeulen) in Ländern mit relativ milden Wintern wie Großbritannien oder Italien häufiger vor als in Kanada oder Schweden – wahrscheinlich weil dort das strengere Klima dafür sorgt, dass die Leute bessere Vorsichtsmaßnahmen ergreifen. In Großbritannien etwa spielen Schulkinder auch im Winter draußen und sind so der feuchten Kälte chronisch ausgesetzt.

Im Ersten Weltkrieg war der »Schützengrabenfuß« gefürchtet. In der britischen Armee wurden allein 1915 rund 29 000 Fälle dokumentiert. Diese Kälteschäden am Fuß entstehen, wenn feuchte Kälte über längere Zeit einwirken kann, und in dieser Hinsicht waren die Bedingungen in den Schützengräben geradezu ideal. Die Männer wateten ständig in Regenwasser und dickem, klebrigem Matsch; eisige Winde verwandelten ihre nassen Uniformen in Eisbretter.

Das Problem des Schützengrabenfußes gibt es auch heute noch. Beim Falkland-Krieg von 1982 waren 14 Prozent der Verletzungen bei britischen Soldaten von dieser Art, und 1988 litten 11 Prozent der Soldaten einer Einheit der US-Marines an den Symptomen des Schützengrabenfußes. Wer mit dem Kajak auf dem Meer paddelt, setzt seine Hände, und möglicherweise auch seine Füße, längere Zeit dem kalten Wasser aus und ist dann besonders gefährdet. Auch Bergsteiger zählen zur Risikogruppe, wenn ihre Socken schweißgetränkt sind oder wenn Pulverschnee in ihre Stiefel geraten ist und taut. Gefährdet sind aber auch alle anderen, die aus beruflichen Gründen bei winterlichem Wetter mit kalten, nassen Füßen irgendwo länger stehen müssen. Selbst bei Freiluftveranstaltungen wie dem Glastonbury Festival in England ziehen sich jedes Jahr Teilnehmer, die mit unzureichendem Schuhwerk angereist sind, einen Schützengrabenfuß zu, denn selbst im Juni kann es bei englischen Wetterverhältnissen noch feuchtkalt sein, und dann wird aus dem Boden ein einziger Sumpf.

Beim Schützengrabenfuß handelt es sich um lokale Schäden, die mit der langen Einwirkung feuchter Kälte zu tun haben, aber keine Erfrierungen sind. In absoluten Werten muss die Temperatur gar nicht einmal sehr niedrig sein – es reicht schon, wenn man zwölf Stunden oder länger in Wasser steht, das eine Temperatur von 10 °C hat. Nasse Füße geben sehr schnell Wärme ab – etwa fünfundzwanzigmal mehr als trockene Füße –, so dass sich die Blutgefäße, die die Füße versorgen, zusammenziehen, um den Wärmeverlust zu begrenzen. Ist die Zirkulation aber auf diese Weise länger unterbrochen, so beginnt das Gewebe abzusterben, weil Sauerstoff und die benötigten Nährstoffe fehlen und sich zugleich giftige Stoffwechselprodukte ansammeln. Der Schützengrabenfuß ist vor allem deshalb besonders gefährlich, weil tiefer liegende Gewebe wie Muskeln und Nerven schon längst in Mitleidenschaft gezogen worden sein können, wenn die ersten Hautschäden sichtbar werden. Der betroffene Fuß ist kalt, hat eine weiße, gescheckte Farbe und fühlt sich taub an. Wird er erwärmt, so färbt sich

die Haut purpurrot; der Fuß schwillt an und schmerzt heftig. Manche Opfer sagen, es sei, als ob »von den Zehen her Elektroschocks durch das ganz Bein gingen«. Blasen, Geschwüre und Wundbrand können sich entwickeln, und in ganz schweren Fällen kann auch der ganze Fuß absterben. Dann ist eine Amputation unausweichlich.
Verhindern kann man einen Schützengrabenfuß mit ganz einfachen, aber wirkungsvollen Mitteln. Von zentraler Bedeutung ist es, den Fuß stets trocken zu halten und alles zu vermeiden, was die Blutzirkulation behindert. Man sollte also möglichst nicht längere Zeit unbeweglich in einer verkrampften Haltung verharren. Leider ist das, wie sich leicht denken lässt, im Falle von Militäroperationen nicht ohne weiteres machbar.

Erfrierungen

Wenn sich die Haut auf Temperaturen um 0 °C abkühlt, kann es im Gewebe zu Erfrierungen kommen. Dies geschieht am häufigsten an den Extremitäten, also in Ohren, Nase, Wangen, Fingern und Zehen. In milden Fällen erfrieren nur die äußeren Hautschichten. Typisch sind eine weiße, wachsähnliche Hautfarbe und Gefühllosigkeit. Das Erscheinungsbild ähnelt dem bei einem schweren Sonnenbrand oder anderen Verbrennungen ersten Grades. Wird die geschädigte Haut wieder erwärmt, so wird sie hellrot und schält sich später ab. Die zweite Stufe (oberflächliche Erfrierungen) ist insofern ernster, als es auch im darunter liegenden Gewebe zu Erfrierungen kommt. Wenn diese Partien wieder erwärmt werden, färbt sich die Haut purpurrot, und es kommt zu Schwellungen. Innerhalb von ein bis zwei Tagen können sich große Blasen und eine harte schwarze Schale bilden. Wenn man Glück hat, heilt die Haut unter dieser Schicht, die letztlich abgestoßen wird, um durch die neue Haut ersetzt zu werden. Doch dieser Vorgang kann sehr schmerzlich sein, wie Apsley Cherry-Garard beschreibt:

> *Die Temperatur betrug –44 °C, und ich war so dumm, meine Handschuhe auszuziehen, um mich in die Seile zu legen, damit die Schlitten wieder vorankamen. Sofort waren mir alle zehn Finger erfroren. Das Gefühl darin kam erst zurück, als wir beim Abendessen im Zelt saßen. Innerhalb weniger Stunden bildeten sich auf allen Fingern zwei oder drei große, einige Zentimeter lange Blasen. Mehrere Tage taten diese Blasen schrecklich weh.*

Ein Sherpa mit infolge von Erfrierungen geschwollenen Händen

Rechte Seite: *Schwere Erfrierungen an den Fingern. Die Abbildung zeigt aber deutlich, dass sich solche Finger noch bewegen lassen, weil Muskeln und Sehnen noch intakt sind.*

Die schlimmste Form von Erfrierungen betrifft auch die tiefer liegenden Gewebe wie Muskeln, Knochen und Sehnen. Tief reichende Erfrierungen ziehen fast unweigerlich dauerhafte Gewebeschäden nach sich; letztlich sind möglicherweise auch Amputationen erforderlich. Schon etliche Polarforscher und Bergsteiger haben auf diese Weise Finger oder Zehen verloren. Mit schrecklichen Erfrierungen hatte Beck Weathers zu kämpfen, Mitglied einer jener unglücklichen Mount-Everest-Expeditionen, die im Mai 1996 mit einem fürchterlichen Schneesturm zu kämpfen hatten. Auf einem Felsgesims der Kanshung-Wand praktisch schon im Koma liegend und verlassen, ohne seinen rechten Handschuh, mit eisbedecktem Gesicht und »so nah am Tod, wie man es, noch atmend, nur sein kann«, gab Beck wie durch ein Wunder trotzdem nicht auf.[3] Nach zwölf Stunden halb bewussten Dahindämmerns wurde ihm seine Lage allmählich klar: »Ich saß ganz tief in der Scheiße, und es bestand keine Aussicht, dass mich die berühmte Kavallerie da rausholen würde. Darum musste ich jetzt lieber selbst etwas unternehmen.« Schwer krank schleppte er sich ins Lager zurück. Er sollte schließlich seinen rechten Unterarm verlieren, alle Finger und

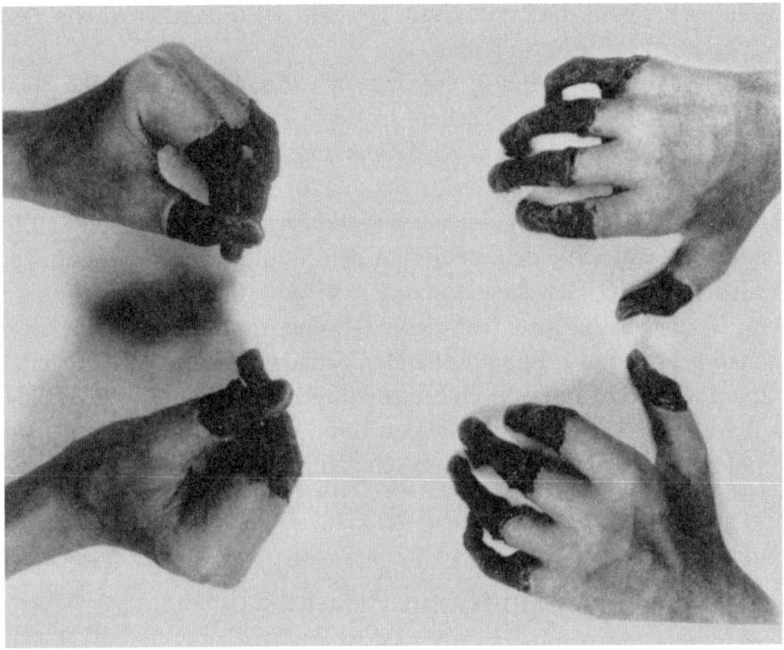

den Daumen seiner linken Hand sowie seine Nase. Aber er konnte sein Leben retten – und, wie seine Freunde bestätigen, seinen Humor. Wenn Gewebe erfriert, bilden sich in den Zellen und in den sie umgebenden Körperflüssigkeiten Eiskristalle. Bei einem langsamen Erfrierungsvorgang erscheinen Eiskristalle zuerst in den extrazellulären Flüssigkeiten. Dadurch wird die Konzentration der noch nicht gefrorenen Lösung höher, was wiederum zur Folge hat, dass den Zellen auf dem Wege der Osmose Wasser entzogen wird. (Osmose bezeichnet die inhärente Tendenz von zwei gleichartigen Lösungen unterschiedlicher Konzentration, einen Ausgleich herzustellen; in unserem Fall wird also Wasser aus der weniger konzentrierten Lösung in den Zellen in die höher konzentrierte außerhalb der Zellen geleitet.) Daraufhin schrumpfen die Zellen zusammen, und die Konzentration der Salzlösung in den Zellen nimmt zu. Die Zellproteine nehmen infolge der höheren Salzkonzentration dauerhaften Schaden; die Zellen sterben ab. Vollzieht sich der Erfrierungsvorgang jedoch schnell, so bilden sich auch innerhalb der Zellen kleine Eisnadeln, die die Zellmembranen durchstoßen. Wenn sich Eiskristalle aneinander reiben, können sie die

Zelle auch physikalisch zerstören. Deshalb sollte man erfrorene Gewebepartien nicht warm reiben.
Bei der Wiedererwärmung ergeben sich zusätzliche Schäden. Besonders anfällig sind die Zellen an den Gefäßwänden der feinsten Blutgefäße; sie werden beim Wiedererwärmen undicht. Flüssigkeit tritt aus und sorgt im Gewebe der Umgebung für Schwellungen. Die dann erfolgende Verklumpung der roten Blutkörperchen, die in den Kapillargefäßen zurückbleiben, behindert den Blutfluss, was wiederum zu Defiziten in der Gewebeversorgung mit Sauerstoff und Nährstoffen und letztlich zum Absterben dieser Gewebepartien führt. Die erheblichen bei der Erwärmung drohenden Schäden lassen es also angeraten sein, Gewebe mit schweren Erfrierungen so lange gekühlt zu halten, bis es ärztlich behandelt werden kann. Vollends katastrophal aber werden die Folgen, wenn Gewebe erst aufgetaut und dann nochmals gefroren wird.

Eskimos und Polarforscher

Dass sich manche Menschen in Klimabedingungen noch wohl fühlen, die die meisten von uns als unerträglich kalt bezeichnen würden, steht außer Zweifel. Darwin berichtete, die Yaga-Indianer von Feuerland (Tierro del Fuego) lebten selbst im Schnee und Eis eines patagonischen Winters ohne Kleidung (allerdings hatten sie jene wärmenden Feuer, die der Südspitze Südamerikas den Namen gaben). Die australischen Aborigines und die Buschmänner der südafrikanischen Kalahari-Wüste bewohnen Wüstenstriche, in denen sehr kalte Nachttemperaturen üblich und Wintertemperaturen unter dem Gefrierpunkt möglich sind. Trotzdem schliefen die Aborigines traditionsgemäß nackt auf dem Boden; als Schutz diente ihnen lediglich ein Windschutz. Physiologische Untersuchungen haben ergeben, dass bei ihnen die Kerntemperatur nachts auf rund 35 °C absinken darf; auch ihre Hauttemperatur sinkt. Ähnliche Reaktionen zeigen auch die Kalahari-Buschmänner. Weiße Europäer hingegen halten unter denselben Bedingungen ihre Körpertemperatur bei 36°, indem sie zittern und sich permanent bewegen; aber dann können sie natürlich nicht schlafen. Selbst unter Europäern gibt es jedoch individuelle Unterschiede bei der Fähigkeit, Kälte auszuhalten: Meiner Ansicht nach ist es in der Wohnung meiner Schwester sehr kalt, während sie meine Wohnung für unerträglich warm hält.

Henry (»Birdie«) Bowers, ein Teilnehmer an Scotts fataler letzter Antarktisexpedition im Jahre 1911, war für seine außerordentliche Abhärtung und Kälteunempfindlichkeit bekannt. Auf der winterlichen Reise zum Cape Crozier, wo Eier von Kaiserpinguinen eingesammelt werden sollten, schlief Bowers seelenruhig bei Temperaturen von unter –20 °C in seinem Fellschlafsack ohne Daunenfutter, während sein Kamerad Apsley Cherry-Garard unter einer Reihe von Schüttelfrostanfällen litt, »die ich überhaupt nicht wieder zum Stillstand bringen konnte und die meinen Körper immer wieder ergriffen, bis ich glaubte, mein Rückgrat müsste unter dieser ständigen Belastung brechen«. Im Gegensatz zu Cherry-Garard hatte Bowers auch keine Last mit Erfrierungen an den Füßen. Scott bemerkte, er habe »noch nie jemanden gesehen, der so kälteunempfindlich war«.

Aber warum war Bowers so kälteunempfindlich? Eine mögliche Erklärung liegt darin, dass er sich, zum Erschrecken seiner gleichwohl faszinierten Kameraden, jeden Morgen splitternackt in die eiskalte antarktische Luft stellte und sich eimerweise mit Eiswasser und Schneematsch übergoss. Bei verschiedenen Untersuchungen hat sich gezeigt, dass regelmäßige, kurzzeitige Kälteeinwirkung auf den Körper beim Menschen zu einer Art Kälteanpassung führt. Wenn sich Freiwillige über mehrere Wochen hin täglich nackt 30 bis 60 Minuten lang in 15 °C warmem Wasser aufhielten, waren anschließend eine größere Kälteverträglichkeit und weniger Unbehagen an den Verhältnissen zu verzeichnen, wenn sich diese Personen Wetterbedingungen aussetzten, wie sie in der Antarktis herrschen. Einer der Überlebenden des großen Rückzugs vor Moskau im Jahre 1812, Leutnant J.L. Henckens, berichtete, dass auch er es geschafft habe, sich warm zu halten, indem er sich mit viel Schnee eingerieben habe.

Daraus folgt, dass Bowers' regelmäßige Eiswassergüsse wahrscheinlich der Schlüssel für seine extreme Kältetoleranz waren. Vielleicht gilt Gleiches auch für die sprichwörtliche Härte der Spartaner oder der Schulkinder in britischen Public Schools, die dem Vernehmen nach ebenfalls täglich in kaltem Wasser badeten. Eine ähnliche physiologische Anpassung liegt wahrscheinlich auch der Fähigkeit mancher Leute zugrunde, stundenlang mit ihren Händen in kaltem Wasser arbeiten zu können, dessen Temperaturen andere überhaupt nicht aushalten könnten. Fischer, Eskimos und nordamerikanische Indianer schaffen es zum Beispiel, auch bei großer Kälte eine regelmäßige Blutzirkulation in ihren Extremitäten aufrechtzuerhalten. Daraus haben manche

Behörden und Militärkommandanten den Schluss gezogen, regelmäßige eiskalte Bäder könnten bei der Vorbereitung auf kalte Umgebungen gute Dienste leisten. Andere haben jedoch argumentiert, jeder mögliche Vorteil dieser Prozedur werde durch die schädlichen Nebenwirkungen auf die Moral mehr als wettgemacht. Oft läuft es darauf hinaus, dass anderen Menschen Abhärtungsmaßnahmen empfohlen werden, denen man sich selbst keinesfalls aussetzen würde.
Kälte regt den Appetit an, und wenn mehr gegessen wird, nimmt auch das Ausmaß der Stoffwechselprozesse zu: Es wird mehr Wärme produziert. Bei Eskimos liegt der Grundumsatz des Stoffwechsels um 33 Prozent über dem von Europäern, vor allem wegen ihrer traditionell sehr proteinreichen Kost, zu der bis zu einem Pfund Fleisch pro Tag gehört. Das erklärt wenigstens zum Teil ihre größere Kälteunempfindlichkeit. Chronische Kälte führt möglicherweise auch zum Anwachsen der Fettschicht unter der Haut. Man hat in Großbritannien jahreszeitliche Schwankungen des Gewichts beobachtet – Zunahme im Winter, Abnahme im Sommer. Und man hat auch behauptet, während der Minirock-Epoche seien die Oberschenkel der Mädchen in Ländern mit gemäßigtem Klima dicker geworden (obgleich Skeptiker dem entgegnen könnten, dass der Schenkelumfang im Zeichen dieser Mode nur deutlicher zu sehen gewesen sei). Wie dem auch sei, solche Schwankungen beim Körperfett sind auf jeden Fall zu geringfügig, um nennenswerte Auswirkungen auf den Wärmehaushalt des Körpers zu haben. Es gibt keinen Beleg für die Annahme, dass in der Kälte lebende Völker fetter seien als Tropenbewohner. Indes können, wie schon im dritten Kapitel angedeutet, Rassen, die sich unter unterschiedlichen Klimabedingungen entwickelt haben, durchaus unterschiedliche Körpergestalten haben.

Die Vorteile der Kälte

Kälte ist nicht nur schädlich. Während des Falkland-Konflikts fiel zum Beispiel auf, dass viele Verwundete auf unerklärliche Weise schwere Verletzungen, etwa den Verlust ganzer Gliedmaßen, überlebten, obwohl sie erst nach vielen Stunden in ein Feldlazarett gekommen waren. Folgeuntersuchungen legen den Schluss nahe, dass die intensive Kälte den Blutverlust aus den Wunden markant verringerte (wie auch im Fall der verstümmelten Pferde, von denen Monsieur Thirion be-

richtete; siehe oben). Eine leichte Unterkühlung des Körpers senkte den Sauerstoffbedarf des Körpers deutlich, so dass die Verwundeten selbst mit einem reduzierten Blutvolumen noch gut überleben konnten.
Manchmal senkt man bei Operationen die Körpertemperatur des Patienten absichtlich ab, um die Stoffwechselprozesse zu reduzieren, und damit auch den Sauerstoffbedarf der Gewebe. Dann ist es möglich, den Blutfluss für einige Zeit zu unterbrechen, ohne das Gewebe zu schädigen. Bei Herzoperationen kann man das Herz zum Beispiel mehr als eine Stunde lang anhalten, wenn man kalte Lösungen bei einer Temperatur von 4 °C verabreicht (während der Rest des Körpers mit Hilfe einer Herz-Lungen-Maschine ausreichend mit warmem Blut versorgt wird). Bei bestimmten Gehirnoperationen wird das Gehirn gekühlt, damit der Blutkreislauf lokal bis zu einer Viertelstunde lang unterbrochen werden kann. Bei schwierigen Geburten, bei denen die Sauerstoffversorgung des Babyhirns unzureichend war, könnte es ebenfalls nützlich sein, den Kopf anschließend zu kühlen, damit keine irreversiblen Schäden im Gehirn entstehen. Die meisten derartigen Schäden entstehen in der Tat erst ein oder zwei Tage nach der Geburt und lassen sich zumindest bei Tieren dadurch verhindern, dass man deren Gehirn gleich nach der Geburt abkühlt. Bei Babys werden derzeit Versuche durchgeführt, um festzustellen, ob das Tragen eines wassergekühlten Helms nach der Geburt (der den Babykopf auf ungefähr 3 °C abkühlt) Hirnschäden ebenfalls verhindern oder reduzieren kann.

Pinguine und Eisbären

Der Homo sapiens entwickelte sich in den afrikanischen Savannen, und darum ist unsere Kältetauglichkeit begrenzt. Dagegen sind viele Tiere perfekt an kalte Umweltbedingungen angepasst: zum Beispiel durch ein dichtes Fell oder Fettschichten unter der Haut. Sie sind eher groß und haben kurze Extremitäten. Das sorgt für ein günstiges Verhältnis von Körpervolumen und Körperoberfläche, und damit für geringen Wärmeverlust. Viele Tiere haben bestimmte Proteine in Blut und Gewebe, die als Frostschutzmittel wirken. Andere ziehen sich lieber aus dem aktiven Leben in den Winterschlaf zurück: Ihr Körper kann sich dann stark abkühlen (oder gar gefrieren), der Stoffwechsel wird auf ein Minimum reduziert. Sind die harten Wetterbedingungen vorüber, kehren sie ins aktive Leben zurück. Diese Strategien sind so effizient, dass für viele Tiere das Hauptproblem nicht die Kälte ist, sondern der begrenzte Futtervorrat.

Pelze oder Federn wärmen, weil die darin eingeschlossene Luft eine zusätzliche Isolierschicht bildet. Werden die Haare des Pelzes oder das Federkleid aufgestellt, vergrößert sich diese isolierende Luftschicht noch, und der Wärmeverlust nimmt weiter ab. Und weil Luft so gut isoliert, sind mehrere Kleidungsschichten übereinander wärmer als ein einziges, dickes Kleidungsstück. Darum wärmt sogar eine Schlingenweste gut, die nur aus Luftlöchern zu bestehen scheint. (Solche Westen wurden für eine britische Antarktisexpedition der Jahre 1920–22 entwickelt. In meiner Jugend waren sie noch recht verbreitet, doch heute gibt es sie kaum noch.)

Die Schutzwirkung eines Tierpelzes nimmt bei Wind allerdings ab, denn dann geraten die eingeschlossenen gewärmten Luftschichten in Bewegung. Logischerweise wäre es dann wesentlich wärmer, wenn der Pelz mit der Innenseite nach außen getragen würde, wie es die Eskimos machen; aber diese Option haben Tiere natürlich nicht. Ebenso klar ist, dass in den meisten zivilisierten Ländern Pelzmäntel weitgehend als Modeartikel oder Statussymbol dienen, denn nur Schafspelze werden als Mäntel mit der Fellseite nach innen getragen, damit sie besonders gut wärmen.

In kalter Luft leisten Pelze und Federn gute Dienste, im Wasser sind sie dagegen wertlos: Die eingeschlossene Luft entweicht, und dann ist der Isoliereffekt dahin. Im Wasser isolieren Fett oder Tran weit besser. Robben besitzen unter ihrer Haut eine substanzielle Fettschicht – wie die Eisbären, die einen großen Teil ihrer Zeit ebenfalls im eisigen Wasser verbringen. Natürlich halten es, wie nicht anders zu erwarten, auch dicke Menschen in kaltem Wasser länger aus als dünne.

Würde sich ein Mensch barfuß auf eine Eisscholle stellen, so würde er sofort Erfrierungen davontragen. Pinguine hingegen tun das Gleiche ihr ganzes Leben lang ohne schädliche Folgen. Denn Pinguinfüße kühlen sich niemals bis auf die Temperatur des Eises ab; die Blutzirkulation in ihren Füßen ist so eingestellt, dass deren Temperatur immer ein paar Grad über Null liegt und Erfrierungen ausgeschlossen sind. Wenn die Lufttemperatur unter –10 °C sinkt, verringern die Kaiserpinguine ihre Kontaktflächen mit dem Boden dadurch, dass sie auf den Fersen stehen und sich mit dem Schwanz abstützen. Die Zehen werden hochgehalten,

Der Polarfuchs kann auch bei –50 °C gut überleben. Sein dickes Winterfell bietet ihm eine wirksame Kälteisolierung, und im Schlaf rollt er sich zu einer Kugel zusammen, wobei Nase und Füße an der Innenseite liegen. Kompakter Körperbau, kurze Beine und kleine Ohren sorgen dafür, dass lebenswichtige Wärme erhalten bleibt.

die Schwimmflossen liegen eng am Körper an. Zunächst mag es seltsam erscheinen, dass Pinguine keine besser isolierten Füße haben. Doch sie sind am ganzen Körper so extrem gut isoliert, dass sie Schwierigkeiten haben, überschüssige Wärme loszuwerden, die bei körperlicher Bewegung unweigerlich entsteht. So sind ihre Füße einer der wenigen Körperteile, an denen ein Wärmeverlust überhaupt möglich ist.

Die Fische haben Probleme damit, eine Körpertemperatur aufrechtzuerhalten, die über der Umgebungstemperatur des Wassers liegt, weil der schnelle, extensive Blutfluss über die Kiemen, der für die Atmung nötig ist, unweigerlich zu exzessivem Wärmeverlust führt. Tunfische und Haie haben jedoch ein Gegenstrom-Wärmeaustauschsystem ihrer Blutgefäße entwickelt, welches es ihnen ermöglicht, ihre Muskeln um bis zu 20 °C wärmer zu halten als den Rest ihres Körpers. Wie das im dritten Kapitel beschriebene *rete mirabile* der Antilope besteht auch dieses System aus einem Netz von hunderten verschlungener kleiner Arterien und Venen, doch wird hier die Wärme des Blutes, das die arbeitenden Muskel verlässt, transferiert, um das kältere, von außen kommende Blut zu erhitzen. Die wärmeren Muskeln ermöglichen es dem Tunfisch, mit einer Geschwindigkeit von bis zu 18 Stundenkilometern zu schwimmen. Ähnliche Gegenstrom-Wärmeaustauschsysteme finden sich in den Schwimmflossen von Robben und Delfinen und in den Schwanzflossen der Wale. Auch dort verhindern sie einen übermäßigen Wärmeverlust an das eiskalte Meerwasser. Watvögel, die den ganzen Tag auf langen, nur wenig isolierten, dünnen Stelzenbeinen durch das Wasser waten, besitzen darin ebenfalls ein *rete mirabile*. Dies erklärt, warum sie – anders als ein Mensch, der seine Füße den ganzen Tag in eisiges Wasser hielte – keine dem Schützengrabenfuß ähnelnden Beschwerden kennen.

Tiere passen sich an chronische Kälte auch durch biochemische Veränderungen in ihren Zellen an, die eine niedrigere Betriebstemperatur ermöglichen. Menschliche Nerven- und Muskelzellen stellen die Arbeit ein, wenn sie unter 8 °C abgekühlt werden, doch die gleichen Zellen arbeiten bei arktischen Tierarten noch bei Gewebetemperaturen um den Gefrierpunkt. Der Unterschied liegt in der Zusammensetzung der Fette (Lipide) in ihren Zellmembranen. Die meisten Arten von Tierfett werden in der Kälte hart und brüchig, während die Lipide in den Beinen von Seemöwen und von Tieren, die in kaltem Klima leben, einen Schmelzpunkt haben, der je nach Entfernung vom Kernbereich des Körpers variiert. Fett aus den Füßen von nordamerikanischen Rentieren (Karibus) bleibt bei kalten Temperaturen flüssig und wird darum von den Eskimos als Schmiermittel benutzt, während das Fett aus Karibuschenkeln schon bei Zimmertemperatur fest wird und den Eskimos als Nahrung dient. Ähnliches gibt es auch in unseren Breiten: Aus Rinderhufen gewonnenes Öl kann man gut dazu verwenden, Leder auch bei Kälte geschmeidig zu erhalten. Diese physischen Unterschiede sind auf Veränderungen im Anteil von gesättigten Fettsäuren in den Zellmembranen zurückzuführen. Gesättigte Fette, zum Beispiel Butter, werden bei niedrigen Temperaturen hart, während ungesättigte wie Olivenöl weich oder flüssig bleiben. Erstaunlicherweise können bei arktischen Tieren die Membranen von Nervenzellen ein und desselben Stranges ihre Fettzusammensetzung ändern, je nachdem, wo sie sitzen: In den Extremitäten enthalten sie weniger gesättigte Fette als im Rumpf des Tierkörpers. Jede einzelne Zelle besitzt diese Wandlungsfähigkeit. So wird sichergestellt, dass die Membranen im gesamten Zellbereich die gleiche Feuchtigkeit haben, und so lassen sich Nerven- und Muskelfunktionen auch in der Kälte aufrechterhalten.

Wie die Menschen modifizieren auch die Tiere ihr Verhalten, um Kälte zu bewältigen. Der in der Antarktis lebende Kaiserpinguin *(Aptenodytes forsteri)* lebt unter den vielleicht extremsten Klimabedingungen der Erde. Er brütet mitten im Winter bei Lufttemperaturen von bis zu –30 °C, deren Wirkung durch eisige Winde mit teilweise über 200 Stundenkilometern noch verstärkt wird. Die gemeinschaftlichen Brutplätze liegen nicht auf Eisschollen, sondern im ewigen Festlandseis, viele Kilometer vom offenen Meer entfernt. In diesen Eiswüsten gibt es keine Nahrung, so dass die Pinguine während der Brutzeit gezwungenermaßen fasten müssen. Im März, wenn der Eisgürtel um das antarktische Festland am schmalsten ist, beginnen die männlichen und weiblichen Vögel ihren langen Marsch zu den Brutplätzen. Nachdem das Weibchen dort Ende Mai oder Anfang Juni ein einziges Ei gelegt hat, kehrt es ans Meer zurück, um sich ernähren zu können. Das Männchen bleibt zurück, um das Ei in seiner Bruttasche zu bebrüten, bis das Weibchen rund zwei Monate später zurückkehrt. Es muss nun die schlimmsten Bedingungen des antarktischen Winters aushalten und kann in dieser ganzen Zeit keine Nahrung zu sich nehmen. Es lebt allein von den Fettreserven seines Körpers und hat, wenn das Weibchen zur Ablösung zurückkehrt, bis zu 40 Prozent seines Körpergewichts verloren. Damit ist seine lange Fastenzeit indes noch immer nicht zu Ende, denn nun muss es ja noch ans offene Meer zurückwandern, bevor es wieder Nahrung zu sich nehmen kann. Im antarktischen Winter hat sich inzwischen ein breiter neuer Eisgürtel um das Festland gebildet, und so kann die Entfernung zum Meer jetzt bis zu 200 Kilometer betragen. Die Fastenperiode der männlichen Kaiserpinguine kann auf diese Weise mehr als 115 Tage andauern.

Wissenschaftler haben errechnet, dass die Wärme, die durch Abbau und Verbrennung des Depotfettes im Pinguinkörper erzeugt werden kann, nicht ausreichen würde, um die Körpertemperatur in der starken Kälte eines antarktischen Winters auf dem normalen Niveau von 38 °C zu halten. Aber wie können Kaiserpinguine dann überleben? Das Geheimnis liegt in ihrem Sozialverhalten. Die erwachsenen Tiere, und später auch die Küken, rücken in großen Gruppen von mehreren tausend Individuen eng zusammen. Dadurch reduziert sich die der eisigen Kälte ausgesetzte Körperoberfläche sehr stark, und es bleibt viel Wärme erhalten. Die riesigen Pinguinschwärme sind überdies ständig in Bewegung, weil sich die Vögel an den Rändern langsam ihren Weg ins Innere bahnen, während die wärmeren Tiere aus dem Inneren an die Außenseite gedrängt werden.

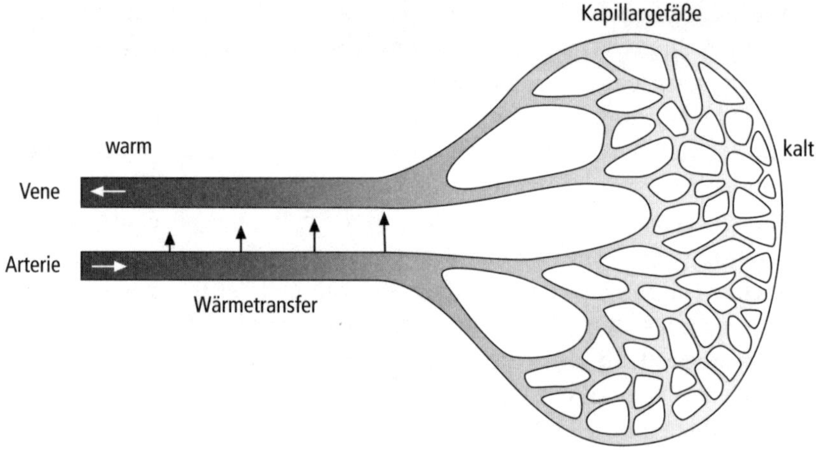

Wenn eine periphere Arterie parallel zu einer Vene verläuft, entsteht zwischen ihnen ein Wärmegefälle, weil das aus dem Kernbereich des Körpers kommende Blut wärmer ist als jenes, das aus der kalten Haut zurückfließt. Folglich findet zwischen Arterie und Vene ein Wärmetransfer statt, eine Art thermaler Kurzschluss, der die Wärme im Kernbereich des Körpers hält und den Wärmeverlust an der Oberfläche begrenzt. Selbst beim Menschen findet ein solcher Wärmeaustausch statt. Die Arterien liegen tiefer im Gewebe, während es zwei Gruppen von Venen gibt – ein System, das neben den Arterien verläuft, und eines, das direkt unter der Hautoberfläche liegt. Wird das Blut aus den peripheren Gefäßen in die tiefer liegenden gedrückt, so hilft auch das, Wärme im Körper zu halten. Bei einigen Tieren ist das einfache Gegenstromsystem der Blutgefäße zu einem regelrechten Heizsystem weiterentwickelt (dem rete mirabile*), das aus hunderten verschlungener kleiner Arterien und Venen besteht. Das* rete mirabile *des Tunfischs wurde erstmals 1831 von dem französischen Naturforscher Georges Cuvier beschrieben.*

Das gegenseitige Zusammenrücken und Wärmen ist nicht auf Pinguine beschränkt. Bei niedrigen Temperaturen bilden auch die Bienen dichte Haufen, wodurch der ganze Schwarm überwintern kann, während vereinzelte Bienen erfrieren würden. Je kälter es wird, desto enger rücken sie zusammen; dadurch reduziert sich der Wärmeverlust nochmals. Im Zentrum eines solchen Bienenschwarms können Temperaturen von bis zu 30 °C herrschen, während die Umgebungstemperatur der Luft nur 2 °C beträgt. Die Außenseite des Schwarms kühlt sich auf bis zu 9 °C ab – eine Temperatur, die nur knapp über jener liegt, bei der Bienen ins Koma fallen. Wie bei den Pinguinen findet auch hier ein ständiger Austausch innerhalb des Schwarms zwischen den Bienen außen und innen statt. Sollte eine Gruppe von Menschen also einmal von der Kälte überrascht werden, bietet sich eine Nachahmung dieses Verhaltens an. Auch die alte Sitte in vielen vorindustriellen Gesellschaften, dass sich mehrere Familienmitglieder ein Bett teilen, gehört in diesen Zusammenhang. Allerdings ist sie mangels Rotation unter den Schläfern weniger effizient.

Insekten können nur fliegen, wenn ihre Muskeln warm genug sind. Diesen Umstand macht sich angeblich der Stamm der Wakamba in Kenia zunutze, indem er Wildbienenstöcke nachts ausnimmt, wenn die Kälte die Bienen teilweise »kampfunfähig« macht. Weil ihre Körpertemperatur im Ruhezustand der Umgebungstemperatur angenähert ist, müssen Insekten, ehe sie am Morgen erstmals ausfliegen können, ihrer Muskeln aufwärmen. Viele setzen sich dazu einfach an die Sonne, während andere, zum Beispiel Motten und Bienen, innere Wärme dadurch erzeugen, dass sie ihre Flugmuskeln schnell zusammenziehen. Motten schwingen ihre Flügel im Sitzen, während Bienen ihre Muskeln unsichtbar kontrahieren. Hummeln haben auf ihrem Brustkorb außerdem einen »Pelz«, der den Wärmeverlust auf die Hälfte reduziert. Anders als Motten sind die meisten Schmetterlinge auf die Wärme der Sonne angewiesen; nur an warmen Sonnentagen sieht man sie über den Blüten tanzen. Am frühen Morgen richten sie ihre Flügel, die wie Solarzellen funktionieren, nach der Sonne aus; die Sonnenenergie wird eingefangen und auf die Flugmuskeln übertragen. Erst dann kann sich der Schmetterling in die Lüfte erheben. Verschwindet die Sonne hinter Wolken, sackt die Temperatur gleich um ein bis zwei Grad ab; dann müssen die Schmetterlinge abermals ihre Flugtätigkeit einstellen.

Wie Insekten sind auch Eidechsen direkt von der Sonnenwärme abhängig (heliotherm). Wenn ihnen kalt ist, richten sie sich im rechten Winkel zu den Sonnenstrahlen aus, um so viel Wärme wie möglich aufnehmen zu können. In der Wüste, wo der Boden wärmer ist als die Luft, pressen sie sich an den Boden, um dessen Wärme aufzunehmen, in kälteren Felspartien benutzen sie trockenes, totes Gras zur Isolierung. Wenn es ihnen zu heiß wird, entgehen sie der Hitze, indem sie sich in den Schatten oder in Höhlen zurückziehen. Große Tiere brauchen wesentlich länger, um sich aufzuwärmen. Hier liegt wahrscheinlich die Erklärung dafür, dass alle großen Reptilien – Krokodile, Warane, Komodo-Warane und Riesenschildkröten – in den Tropen leben.

Manche Eidechsen haben zur Regelung der Wärmezufuhr aus der Umwelt spezielle Pigmentzellen in der Haut. Bei Kälte dehnen sich diese schwarzen Pigmentzellen aus und tragen so zur vermehrten Wärmeaufnahme bei, während sie sich in der Sonnenhitze zusammenziehen und benachbarte Zellen an ihre Stelle treten, die Infrarotstrahlen reflektieren. Weil eine durch die Kälte träge Eidechse eine leichte Beute für schnelle Beutejäger wäre, haben die gehörlosen Eidechsen sich bemerkenswert an diese Lage angepasst, um ihr Risiko zu verringern: Am Morgen strecken sie nur den Kopf aus dem Versteck, in den ein großer Blutschwall geleitet wird. Hat das Tier auf diese Weise genug Wärme absorbiert, um die Körpertemperatur insgesamt anzuheben, kommt die Eidechse ganz hervor und ist nun in der Lage, falls erforderlich, sich schnellstens aus dem Staub zu machen.
Wie Menschen und Insekten erzeugen auch Schlangen dadurch Wärme, dass sie ihre Muskeln zusammenziehen. 1832 stellte der französi-

Kaiserpinguinküken, die sich gegenseitig wärmen. Kaiserpinguine sind wegen ihrer Größe und ihrer Fähigkeit, extreme Kälte auszuhalten, berühmt. Das packendste aller Polarabenteuer, das Apsley Cherry-Garrard in seinem klassischen Bericht The Worst Journey in the World *beschreibt, handelt von der Suche nach dem Ei des Kaiserpinguins mitten im antarktischen Winter – bei ständiger Dunkelheit und Außentemperaturen von unter –70 °C.*

sche Naturwissenschaftler Lamarre-Picquot die These auf, die indische Pythonschlange ringele sich um ihre Eier, um sie mit ihrer Körperwärme zu wärmen. Damals traute man dieser Theorie nicht, ja sie wurde von der Französischen Akademie der Wissenschaften sogar ausdrücklich als »gefährlich und fragwürdig« verworfen. Trotzdem hatte Lamarre-Picquot Recht. Untersuchungen in den 1960er Jahren haben gezeigt, dass die Pythonschlange durch Muskelkontraktion in der Lage ist, ihre Körpertemperatur rund 5 Grad höher zu halten als die Lufttemperatur in der Umgebung.

Die extremsten Beispiele für Verhaltensanpassungen an Kälte sind Wanderung und Winterschlaf. Kleine Säugetiere sind nicht in der Lage, bei großer Kälte eine Körpertemperatur von 37 °C aufrechtzuerhalten, weil sie einfach nicht genug fressen können, um den benötigten Brennstoff in ihre Körper zu bekommen. Darum verabschieden sie sich für eine Zeit von ihrer normalen, geregelten Körpertemperatur und halten Winterschlaf, bis das Wetter wieder günstiger ist. Weil kaltes Gewebe weniger Energie benötigt, lassen diese Tiere ihren Stoffwechselumsatz sinken; so bewahren sie ihre Energiereserven, und zugleich sinkt die Körpertemperatur von 37 °C auf die Umgebungstemperatur ab. Auch Herzfrequenz, Atmung und die biochemischen Reaktionen in den Geweben nehmen ab. Gleichwohl ist der Winterschlaf ein hochgradig geregelter Prozess: eine Neueinstellung des Körperthermostats auf wesentlich niedrigerem Niveau, kein Versagen der Wärmeregulierung. Sinkt die Umgebungstemperatur auf weniger als 2 °C, so erzeugen die Tiere selbst Wärme, damit ihre Körpertemperatur zwischen 2° und 5° bleibt und sie nicht erfrieren. Bei sehr kaltem Wetter können sie sogar aufwachen. Als Zeichen für das Herannahen des Winters und als Signal für den Winterschlaf dienen Veränderungen der Temperaturen, der Tageslänge und des Nahrungsangebots. Das Erwachen im Frühjahr vollzieht sich sehr schnell; dabei kann die Kerntemperatur in 90 Minuten um bis zu 30 °C ansteigen. Dafür sorgen Hormone, die den Stoffwechsel des braunen Fettgewebes aktivieren, so dass sich das Tier schnell erwärmen kann.

Kleinere Spatzenvögel ziehen dagegen im Winter in wärmere Gegenden oder kommen aus den Bergen in die Ebene. Dieses Verhalten hilft zwar, der Kälte und dem verringerten Nahrungsangebot zu entgehen, aber es erfordert dafür physiologische Anpassungen an die weite Wanderung. Die meisten kleinen Vögel müssen sich vorher fett fressen, weil das dauerhafte Fliegen sehr viel Energie kostet. Viele müssen allerdings auch unterwegs Halt machen, um neue Energie zu tanken. Weil das Fluggewicht nicht zu hoch sein darf, können sie keinen Fettvorrat für die gesamte Reise anlegen, ohne fluguntauglich zu werden. Ein ähnliches Migrationsverhalten gibt es ja auch bei Menschen, die in wärmeren Regionen im Süden überwintern wollen. Doch ironischerweise versuchen diese Menschen oft, vorher *ab*zunehmen.

Leben in Polarregionen

Das Leben in Polarregionen oder auf Berggipfeln bringt außer der Kälte noch weitere Probleme mit sich. Während der Sommermonate geht die Sonne an den Polen niemals unter, sondern sie umkreist die ganze Zeit nur den Himmel. An klaren Tagen kann die Strahlung dann so intensiv sein, dass sie einen schweren Sonnenbrand hervorruft. Die Reflexion der Sonnenstrahlen durch Schnee und Eis ist derart intensiv, dass Schutzbrillen unverzichtbar sind, sonst kommt es zur Schneeblindheit, einer Art Sonnenbrand der Augen. Dann hat man ein Gefühl, als wären sie voll Sand; jedes Blinzeln ist äußerst schmerzhaft. Wenn Himmel und Land unmerklich ineinander übergehen und alles weiß erscheint, wird sogar das Gehen sehr beschwerlich. Wenn nämlich die Schattenkontraste fehlen, sieht man keine Unebenheiten der Oberfläche mehr. Schnee und Eis haben dieselbe bläulich weiße Farbschattierung wie das daneben liegende Loch. Man kann also ohne Vorwarnung in Gletscherspalten fallen oder gegen einen hüfthohen Eisbrocken stolpern. Und die ewigen Probleme, wie man Wasser und Nahrung findet, gestalten sich unter solchen Bedingungen sogar noch schwieriger als sonst. Ohne angemessene Hilfs- und Schutzmittel ist das Leben in der Kälte für den Menschen wirklich gefährlich. Das haben schon viele Polarforscher und Bergsteiger am eigenen Leib erfahren müssen – oft um den Preis ihres Lebens.

5

LEBEN AUF DER ÜBERHOLSPUR

»Los, los!«, schrie die Königin. »Schneller! Schneller!«
Lewis Carroll, *Alice hinter den Spiegeln*

Roger Bannister im Endspurt seines epochalen Laufes über 1 Meile, bei dem er als Erster die Vierminutengrenze unterbot

AN EINEM WINDIGEN Nachmittag im Mai 1954 kam ein junger Läufer zum Sportplatz an der Iffley Road in Oxford, um an einem Wettkampf zwischen der Universität Oxford und der Amateur Athletics Association (AAA) teilzunehmen. Die Zeichen für einen Weltrekord standen nicht gerade günstig, denn schon seit Tagen herrschte stürmisches Wetter mit heftigen Windböen. Und doch lief Roger Bannister an jenem Nachmittag die Meile unter 4 Minuten. Bannister, der in Oxford Medizin studiert hatte und bereits ein berühmter Meilenläufer war, lief für das Team des britischen Leichtathletikverbandes AAA – zusammen mit seinen Freunden Chris Chataway und Chris Brasher. Diese beiden hatten großen Anteil an Bannisters Rekord, denn sie fungierten als Tempomacher und sorgten dafür, dass Bannister, der »ganz heiß auf das Rennen« gewesen war, sich nicht zu früh verausgabte; dann hätte er nämlich das Tempo nicht bis zum Schluss durchhalten können. Nach 3 Minuten und 59,4 Sekunden zerriss Bannister das Zielband und brach hinter dem Ziel zusammen. In seiner Autobiografie schrieb er dazu: »Ich fühlte mich wie eine explodierte Blitzlichtbirne, ohne Überlebenswillen … Das Blut wich aus meinen Muskeln und schien mich zu Boden zu reißen. Es war, als würden sich all meine Glieder immer enger zusammenziehen.« Doch diese lähmenden Krämpfe gingen schnell vorbei. Kurz darauf wurde die Siegerzeit bekannt gegeben. Die Menge brüllte vor Begeisterung, und Bannister lief mit seinen Freunden eine triumphale Ehrenrunde. Sein Lauf wurde als eine der größten sportlichen Leistungen des 20. Jahrhunderts gepriesen, der Läufer geadelt. Sir Roger wurde auch ein bedeutender Neurologe, aber die meisten Menschen werden sich wegen seines historischen Meilenlaufs an ihn erinnern.

Als Bannister als erster Mensch die Meile in weniger als 4 Minuten lief, war man noch weithin der Ansicht, dass dies unmöglich sei. Seine Demonstration des Gegenteils wirkte bahnbrechend, und schon nach

wenigen Monaten war sein Rekord gebrochen. Inzwischen gibt es etliche Männer (aber bisher noch keine Frau), die Bannisters großartige Leistung überboten haben.
Gegenwärtig steht der Weltrekord bei 3:43,13 Minuten, erzielt vom Marokkaner Hicham El Guerroj am 7. Juli 1999. Doch damit hatte er den alten Rekord von Noureddine Morceli nur um 1,26 Sekunden unterboten. Auch andere Weltrekorde werden ständig gebrochen, aber in immer kleineren Schritten. Der Weltrekord im 100-Meter-Lauf etwa wurde 1994 von Leroy Burrell, 1996 von Donovan Bailey und 1999 von Maurice Greene auf 9,85 beziehungsweise 9,84 und 9,79 Sekunden verbessert – 6 Hundertstelsekunden in 5 Jahren. Da stellt sich unweigerlich die Frage, ob der gegenwärtige Weltrekord nicht auch eine absolute Leistungsgrenze des Menschen markiert. In diesem Kapitel geht es um die Betrachtung der physiologischen Grenzen von Schnelligkeit, Ausdauer und Kraft. Wo liegen die Grenzwerte? Wie schnell kann der Mensch laufen, wie weit kann er springen, wie viel Kilogramm kann er heben?

Eine Frage der Energie

Wenn Läufer im Startblock auf den Startschuss warten, bereiten diverse antizipatorische Mechanismen den Körper auf das Kommende vor. Der Adrenalinspiegel im Blut steigt, der Puls wird schneller, und das Herz zieht sich kräftiger zusammen. Folglich nimmt auch die Blutmenge zu, die mit jedem Herzschlag durch die Adern gepumpt wird. Der Atem geht tiefer und beschleunigt sich meistens auch etwas. Die Muskeln spannen sich an, und das Blut wird aus anderen Gewebepartien abgezogen, um die Blutzufuhr in den Beinen zu vergrößern. All diese Veränderungen finden schon statt, bevor der Wettkampf überhaupt begonnen hat.
Peng! Die Starterpistole schickt die Läufer auf die Bahn. Während sie so in flachen Sprüngen dahinjagen, nehmen Atemfrequenz und Atemtiefe schlagartig zu. Die Herzfrequenz erreicht schnell ihr Maximum, und das Blutvolumen, das herausgestoßen wird, nimmt mit jedem Herzschlag zu. Das Hämoglobin in den roten Blutkörperchen gibt mehr Sauerstoff an die Muskeln ab und reagiert damit auf deren gestiegenen Bedarf. Läuft ein Sprinter mit Höchstgeschwindigkeit, so erzeugen seine Muskeln erhebliche Wärmemengen; seine Haut errötet,

wenn das Blut zur Abkühlung an die Körperoberfläche gelenkt wird. Schon nach wenigen Sekunden sind die unmittelbaren Energiereserven des Körpers erschöpft, Milchsäure beginnt sich in den Muskeln anzusammeln, und der Athlet beginnt unter Sauerstoffknappheit zu leiden. Wer dann nicht nachlässt und seinen Körper weiter vorantreibt, erreicht den Punkt der Erschöpfung, weil der Körper nicht mehr in der Lage ist, die Muskeln weiterhin schnell genug mit Brennstoff und Sauerstoff zu versorgen. Wer dann immer noch weitermacht, erlebt, wie sein Körper nach und nach versagt: Der Herzrhythmus wird unregelmäßiger, die Pumpleistung des Herzens lässt nach, der Sauerstoffgehalt des Blutes sinkt, und die Körpertemperatur steigt. Der Athlet wird unkonzentriert, unbeholfen und nähert sich dem Kollaps.
Niemand, auch Spitzenathleten nicht, kann sehr lange mit höchster Geschwindigkeit laufen. Der Langstreckenlauf erfordert nämlich andere Fertigkeiten. Wer mehrere Kilometer mit dem schnellstmöglichen Tempo laufen will, muss es langsamer angehen lassen. Nur dann können die Muskeln kontinuierlich mit dem erforderlichen Brennstoff und Sauerstoff versorgt werden, ohne dass es zu einem Sauerstoffdefizit kommt. Marathonläufer müssen die richtige Balance zwischen Tempo und Ausdauer finden.
Der Schlüssel zu Tempo und Ausdauer liegt in der Energieproduktion für die Muskelkontraktion – in Gestalt von Adenosintriphosphat (ATP). ATP ist ein ganz besonderes Molekül, sozusagen die Energiewährung der Zelle. ATP ist der biochemische Brennstoff, der die Zellen aller Lebewesen befeuert, ganz gleich, ob es sich um Bakterien, Pflanzen oder Tiere handelt. Das ATP-Molekül besteht aus einem Adenosin-Kopf und einem Schwanz aus drei Phosphatgruppen. Dieser Schwanz ist das wichtigste Teil des Moleküls, denn die Phosphatgruppen sind mit hoher chemischer Energie gebunden. Wird die am Ende befindliche Phosphatgruppe abgesplittet, so wird die in der chemischen Bindung gespeicherte Energie freigesetzt und steht für die Muskelkontraktion zur Verfügung. Die Zusammenziehung der Muskelzellen ist allerdings nicht sehr effizient; nur etwa die Hälfte der in ATP gespeicherten Energie wird tatsächlich für diese Aufgabe verwendet. Der Rest verteilt sich als Wärme. Deshalb wird einem beim Laufen immer so warm.
Trotz seiner großen Bedeutung ist nur wenig ATP in den Muskeln gespeichert – der Vorrat reicht, wenn man seine Muskeln sehr strapaziert, gerade für 1 bis 2 Sekunden. Der ATP-Vorrat muss also ständig neu

aufgefüllt werden. Dies geschieht dadurch, dass dem Molekül des Adenosindiphosphats (ADP), das nach Abspaltung einer Phosphatgruppe vom ATP übrig bleibt, eine neue Phosphatgruppe angegliedert wird. Die unmittelbare Quelle zur ATP-Wiederherstellung ist das im Muskelgewebe reichlich vorhandene Kreatinphosphat, ebenfalls eine energiereiche Verbindung, die jedoch im Unterschied zum ATP nicht direkt für die Muskelkontraktion genutzt werden kann. Stattdessen überträgt sie energiereiche Phosphatgruppen auf das ADP-Molekül, das auf diese Weise zum ATP-Molekül wird. Der Muskelvorrat an Kreatinphosphat reicht für 6 bis 8 Sekunden höchst intensiver Bewegung aus – zum Beispiel für einen schnellen 50-Meter-Lauf oder einen Tennisaufschlag, bei dem der Ball mit einer Geschwindigkeit von rund 200 Stundenkilometern über das Netz fliegt. Indes, auch dieser Energievorrat ist schnell erschöpft, und dann muss ATP durch den Stoffwechsel aus Kohlehydraten oder Fetten erzeugt werden.

Einen kleinen Vorrat an Kohlehydraten enthalten die Muskeln in Form von Glykogen (tierischer Stärke), das normalerweise 1 bis 2 Prozent der Muskelmasse ausmacht. Dieser Vorrat reicht für rund 1 Stunde intensiver Bewegung aus, danach müssen Glucose und Fett aus den Speichern in Leber und Fettgeweben mobilisiert werden. Für den Fettstoffwechsel wird immer Sauerstoff benötigt, aber Kohlehydrate können auf zweierlei Weise aufgebrochen werden: auf aerobem Wege (dann ist Sauerstoff erforderlich) oder anaerob (ohne Sauerstoff). Wegen des Sauerstoffbedarfs kann der aerobe Stoffwechsel Energie nicht so schnell erzeugen wie der anaerobe. Darum sind Fette keine so unmittelbare Energiereserve wie Glykogen oder Glucose. Überdies wird beim Fettstoffwechsel anteilig noch mehr Sauerstoff benötigt. Für schnelle Läufe ist deshalb Kohlehydrat der bessere Brennstoff.

Der anaerobe Stoffwechsel von Glykogen und Glucose fungiert bei großer körperlicher Beanspruchung als kurzfristige Möglichkeit, die ATP-Vorräte wieder aufzufüllen. Er spielt besonders bei Sportarten wie American Football eine große Rolle, bei denen die Bewegungen häufig für kurze Zeit sehr intensiv sind, wodurch dann die unmittelbaren ATP-Energievorräte aufgebraucht werden. Doch der anaerobe Stoffwechsel kann nicht unbegrenzt aushelfen, weil sich Milchsäure bildet, die in größeren Mengen die Muskelaktivität letztlich behindert und für Ermüdung sorgt. Übersäuerung mit Milchsäure ist überdies schmerzhaft: Sie sorgt für jenes »Brennen«, von dem Trainer so oft sprechen. Gemeint ist, dass die Sportler bis an die Grenzen ihrer kör-

perlichen Leistungsfähigkeit gehen sollen, also bis an die Grenzen ihrer anaeroben Stoffwechselkapazität. Nach Ende der sportlichen Bewegung muss die Milchsäure im Körper wieder abgebaut werden, und dazu ist Sauerstoff erforderlich. Die Menge des dazu benötigten Sauerstoffs hat der britische Physiologe Archibald Hill als »Sauerstoffdefizit« (»oxygen debt«) bezeichnet. Dieses Defizit ist auch der Grund, warum Sie nach einer heftigen Squash-Partie, bei der Sie sich einmal so richtig verausgabt haben, noch lange nach Spielende nach Luft schnappen. Je stärker die körperliche Bewegung, desto mehr Milchsäure wird dabei produziert, und desto länger wird die anschließende Regenerationsphase sein. Wenn Sie beim Sport also auf den anaeroben Stoffwechsel angewiesen sind, geht dies immer nur eine gewisse Zeit lang, und es ist ein Preis dafür zu zahlen.
Obwohl der anaerobe Stoffwechsel schnell Energie erzeugt, produziert er ziemlich wenig ATP – nur zwei Moleküle pro Glucosemolekül. Dagegen ist der Stoffwechsel, in den Sauerstoff einbezogen ist, wesentlich effektiver: 36 ATP-Moleküle pro Glucosemolekül. Bei sportlichen Übungen, die länger als 2 bis 3 Minuten dauern, wird darum in zunehmendem Maße der aerobe Stoffwechsel einbezogen. Ungefähr die Hälfte der für einen 1000-Meter-Lauf (in rund 2:30 Minuten) benötigten Energie kommt aus dem aeroben Stoffwechsel, bei einem Meilenrennen (in rund 4 Minuten) sind es schon 65 Prozent, und bei einem Marathonlauf kommt fast die gesamte Energie aus dem sauerstoffgebundenen Stoffwechsel. Das Ausmaß der ATP-Produktion in den Geweben ist jedoch an die begrenzten Möglichkeiten der Sauerstoffzufuhr gebunden, letztlich also an die Kapazität von Herz und Lungen.

Der benötigte Sauerstoff

Im Ruhezustand verbraucht ein Erwachsener pro Minute rund 0,33 Liter Sauerstoff. Bei anstrengender körperlicher Bewegung steigt dieser Bedarf bei untrainierten Menschen um mehr als das Zehnfache, bei Topathleten sogar auf das Zwanzigfache. Erforderlich sind also enorme Steigerungen der Sauerstoffaufnahme (durch die Lungen) und der Sauerstoffabgabe an die Gewebe (durch das Herz-Kreislauf-System). Dabei liegt, so überraschend es zunächst erscheinen mag, der Engpass für die Sauerstoffversorgung der Muskeln weder in der Lungenkapazität noch in der Fähigkeit der Muskeln, dem Blut Sauerstoff zu ent-

nehmen, sondern in der Kapazität des Herzens, genug sauerstoffreiches Blut durch den ganzen Körper zu pumpen.
Normalerweise pumpt das Herz pro Minute 5,5 Liter Blut; das heißt, dass das gesamte Blutvolumen des Körpers (5 Liter) in jeder Minute einmal durch das Herz läuft. Bei starker körperlicher Beanspruchung kann sich die Herzleistung des Menschen um das Fünffache erhöhen, bei Weltklasseathleten in Ausdauersportarten sogar noch weiter – auf 35 bis 40 Liter pro Minute. Diese Erhöhung der Herzleistung ist nicht nur erforderlich, damit die Skelettmuskulatur (die für die Bewegung der Glieder sorgt) genügend Blut (und damit auch Sauerstoff) erhält, sondern auch für die erhöhte Sauerstoffaufnahme aus der Luft. Wenn das Blut schneller durch die Lungen fließt, kann es natürlich auch mehr Sauerstoff pro Minute aufnehmen.
Wie passt sich das Herz mit seiner Leistung an die Anforderungen der arbeitenden Muskeln an? Eine Möglichkeit ist die Steigerung der Herzfrequenz; diese wird durch einen Anstieg des Adrenalinspiegels im Blut bewirkt. Eine andere Möglichkeit bestünde darin, das mit jedem Herzschlag gepumpte Blutvolumen zu erhöhen. Auch hier trägt Adrenalin zur Stimulation bei, zusätzlich aber noch ein von den Physiologen Otto Frank und Ernest Henry Starling entdeckter Mechanismus, der so genannte Frank-Starling-Effekt. Die beiden Forscher konnten in ihren Untersuchungen zeigen, dass sich der Herzmuskel stärker zusammenzieht, wenn er zuvor durch das zurückfließende Blut gedehnt wurde, und dass er dann mit jedem Schlag mehr Blut in den Kreislauf pumpt. Wenn die Herzfrequenz erhöht wird, zirkuliert das Blut schneller; das in die linke Herzkammer zurückkehrende Blut füllt diese schneller und stärker an, und das wiederum verstärkt die Kraft, mit der sich der Herzmuskel zusammenzieht. Natürlich erhöht sich das Volumen des pro Herzschlag gepumpten Blutes nicht unbegrenzt. Vielmehr ist das Maximum schon nach rund einem Drittel der höchsten körperlichen Leistungskapazität erreicht. Weitere Steigerungen der Herzleistung sind eine reine Folge der Zunahme der Herzfrequenz.
In einem geschlossenen System wie dem Blutkreislauf würde eine Verstärkung der Pumpkraft des Herzens unweigerlich zu einer Steigerung des Blutdrucks führen, wenn es keine Senkung des Strömungswiderstandes im Blut gäbe. Wenn man zum Beispiel mit einer Luftpumpe Luft in einen leeren Fahrradschlauch pumpt, dann erhöht sich der Luftdruck im Reifen ständig – es sei denn, der Schlauch wäre beschädigt. Bei körperlicher Betätigung steigt der Blutdruck aber normaler-

weise nicht dramatisch an, weil der Strömungswiderstand dramatisch sinkt, und das hat mit einer massiven Zunahme des Blutflusses in die Muskeln zu tun. Befindet sich ein Muskel im Ruhezustand, so sind die feinsten Blutgefäße, die Kapillaren, weitgehend geschlossen. Bei körperlicher Aktivität öffnen sich die ruhenden Kapillaren jedoch, wodurch der Muskel gründlicher durchblutet wird; die Sauerstoffzufuhr steigt erheblich an. Zugleich wird dem Blut auch mehr Sauerstoff entnommen: Im Ruhezustand extrahiert der Muskel nur rund 25 Prozent des verfügbaren Sauerstoffs, doch bei schweren körperlichen Strapazen kann dieser Anteil bis auf 85 Prozent steigen.

Möglicherweise reicht die Erhöhung der Herzleistung aber immer noch nicht aus, um die beanspruchten Muskeln mit dem benötigten Sauerstoff zu versorgen. Darum wird bei jeder körperlichen Extrembelastung Blut aus weniger aktiven Organen in die Muskeln umgeleitet. Dann erhalten die Nieren vielleicht nur noch knapp ein Viertel ihrer sonstigen Blutzufuhr. Dagegen bleibt die Blutversorgung der Haut meistens erhalten, oder sie wird sogar noch verstärkt, weil auf diese Weise die Extrawärme, welche die Muskeln bei ihrer Arbeit produzieren, abgeleitet wird. Auch der Herzmuskel benötigt dann mehr Blut, wie Herzpatienten nur allzu gut wissen. Wenn sie sich stärker bewegen, verspüren sie Schmerzen im Brustkorb (Angina), weil ihre geschädigten Herzkranzgefäße den Herzmuskel nicht mit dem benötigten zusätzlichen Blut versorgen können. Nur die Blutzufuhr ins Gehirn bleibt immer einigermaßen konstant.

Wie jeder weiß, atmet man beim Laufen schneller und tiefer, und je mehr man sich verausgabt, desto größer wird die Zunahme des Atemvolumens. Veränderungen im Atemverhalten ergeben sich schon innerhalb weniger Sekunden nach Beginn der Aktivität – schon lange bevor die Muskeln zusätzlichen Sauerstoff benötigen. Es scheint, als würde der Körper den auf ihn zukommenden erhöhten Sauerstoffbedarf vorausahnen und sich im Voraus darauf vorbereiten. Hält die körperliche Beanspruchung an, so nimmt auch die Atmung weiter zu. Den Physiologen ist es noch nicht vollständig gelungen herauszufinden, was diese Veränderungen im Atemverhalten auslöst. Klar ist allerdings, dass die Atmung als solche körperlicher Betätigung keine Grenzen setzt – niemand gerät im Wortsinn wirklich »außer Atem«. Im Gegenteil, die meisten Leute neigen dazu, bei sportlicher Betätigung zu viel zu atmen. Es sieht vielleicht so aus, als rängen sie um Luft, aber das Problem besteht nicht darin, dass ihre Lungen nicht genug Sauer-

stoff aufnehmen können; vielmehr ist ihr Herz nicht in der Lage, dafür zu sorgen, dass der Sauerstoff schnell genug in die Gewebe transportiert wird. Nur in großen Höhenlagen trifft es zu, dass Sauerstoffmangel die körperliche Leistungsfähigkeit beeinträchtigt.
Sportliche Betätigung kann neben körperlicher Fitness noch andere Glücksgefühle mit sich bringen. So genannte Endorphine durchfluten das Gehirn des Läufers. Der Name dieser Chemikalien (Endorphine = *endo*gene Mo*rphine*) nimmt auf die Tatsache Bezug, dass sie mit denselben Rezeptoren interagieren wie Morphine. Wie synthetische Opiate senken Endorphine die Schmerzempfindlichkeit, man wird entspannter und fühlt sich gut. Jeder, der vom Alltag die Nase voll hat, ist gut beraten, wenn er sich zum Sport begibt und sich körperlich ausarbeitet. Endorphine heben die Laune, die Fitness nimmt zu, und obendrein bekommt man noch das schöne Gefühl, etwas Gutes getan zu haben.
Morphium und Opium machen süchtig, aber wahrscheinlich kann man körperlich nicht endorphinsüchtig werden, weil Endorphine nur in geringer Konzentration vorkommen und nur milde Auswirkungen haben. Gleichwohl gibt es Fitnesssüchtige, die eine psychische Abhängigkeit vom durch Endorphine hervorgerufenen sportlichen Hochgefühl entwickeln. Sie werden unruhig und reagieren gereizt, wenn sie wegen Verletzung oder Krankheit keinen Sport treiben können. Vielleicht sollte man selbst in einer solchen Abhängigkeit einen Segen sehen, denn alles, was uns dazu bringt, regelmäßig Sport zu treiben, ist letztlich zu unserem Vorteil.

Man ist, was man isst

So wie man in der Formel 1 speziellen Treibstoff mit hohem Oktangehalt verwendet, ist für sportliche Weltrekorde eine spezielle Ernährung erforderlich. Denn Athleten verbrennen jede Menge Kalorien: Ein Spitzenradrennfahrer verbraucht bei der Tour de France fast 5900 Kilokalorien (kcal) am Tag; Triathleten benötigen 4800 kcal, Spitzenfußballer verbrauchen oft allein beim täglichen Training schon 1500 kcal, und ein Marathonlauf erfordert rund 3400 kcal.[1] Auch wer schwere körperliche Arbeit verrichtet (zum Beispiel als Holzfäller), hat einen ähnlichen Kalorienbedarf. Stubenhocker benötigen dagegen nur zwischen 1500 und 2000 kcal pro Tag – nur nehmen sie leider oft wesentlich mehr zu sich.

Traditionellerweise hat man Sportlern zu einer proteinreichen Kost geraten. Als ich noch eine junge Studentin war, war die Zugehörigkeit zur Rudermannschaft der Universität nicht zuletzt darum besonders attraktiv, weil es etwas Besonderes zu essen gab: Man glaubte, Steak zum Frühstück, Mittag- und Abendessen würde die Muskeln aufbauen und das Durchhaltevermögen stärken. Bei einer neueren Umfrage unter amerikanischen Collegeathleten ergab sich, dass 98 Prozent der Befragten auch hier davon überzeugt waren, dass sich eine proteinreiche Ernährung leistungsfördernd auswirke. Doch diese Idee ist leider unbegründet, denn es gibt keine wissenschaftlichen Belege dafür, dass übermäßiger Eiweißkonsum positive Auswirkungen auf die körperliche Leistungsfähigkeit hat.

Da sieht es bei Kohlehydraten schon ganz anders aus. Viele Studien haben bewiesen, dass eine kohlehydratreiche Ernährung durchaus leistungsfördernd wirkt. Bei körperlich aktiven Menschen sollten rund 60 Prozent des Kalorienbedarfs durch Kohlehydrate gedeckt werden, bei Schwerarbeit oder hartem Training sogar bis zu 70 Prozent. Glykogen, eine Kohlehydratform, die in Leber und Muskeln gespeichert ist, ist der hauptsächliche Brennstoff für den aeroben wie für den anaeroben Stoffwechsel, und je intensiver die sportliche Betätigung ist, desto stärker ist die Abhängigkeit von Glykogen als Brennstoff. Die Glykogenvorräte in den Muskeln sind nach ungefähr einer Stunde körperlicher Betätigung erschöpft, und wenn die Belastung mehrere Stunden anhält, sinken auch die Glykogenvorräte in der Leber stark ab. Dann lässt die Kraft allmählich nach, weil sich der Sportler mehr auf die Fettverbrennung verlassen muss. Der Fettstoffwechsel jedoch kann nicht im gleichen Ausmaß ATP erzeugen wie der Kohlehydratstoffwechsel.

Bei anstrengender körperlicher Betätigung kommt es zu einem substanziellen Abbau der Glykogenvorräte. Diese müssen jedoch anschließend wieder aufgefüllt werden, oder der Sportler wird merken, dass er (oder sie) am nächsten Tag nicht mehr so leistungsfähig ist. Das heißt, dass nach einer harten und langen Trainingseinheit Brot und Kartoffeln (leider) besser sind als Räucherlachs und Vollfettkäse. Hinzu kommt, dass es, selbst wenn man in angemessenem Umfang Kohlehydrate zu sich nimmt, lange dauert, bis die Glykogenvorräte wieder aufgebaut sind – mindestens 24 Stunden. Folglich kann ein hartes Trainingsprogramm, das nicht mit äußerster Sorgfalt durchgeführt wird, dazu führen, dass die Muskelvorräte an Glykogen über vie-

le Tage hin allmählich abgebaut werden. Das Resultat ist eine der Überarbeitung ähnelnde, dauerhafte und zunehmende Ermüdung, weil die zur Verfügung stehende Energie abnimmt.
Ausdauerathleten bedienen sich manchmal einer Technik, die unter dem Namen Kohlehydratladung bekannt ist, um die Glykogenvorräte in ihren Muskeln vor einem Wettbewerb auf ein Höchstmaß zu steigern. Durch praktische Versuche hat man herausgefunden, dass dafür am besten zunächst die Vorräte in den betreffenden Muskeln durch Extrembelastung im Training so weit wie möglich abgebaut werden. Ein Marathonläufer könnte zum Beispiel einen 30-Kilometer-Lauf einlegen. Ein weiterer Abbau erfolgt, wenn man an den nächsten Tagen eine kohlehydratarme Ernährung wählt und maßvoll weitertrainiert. Zwei oder drei Tage vor dem Wettbewerb wird die Ernährung auf kohlehydratreiche Kost umgestellt und die sportliche Belastung reduziert. Diese Prozedur – zunächst die Glykogenvorräte zu leeren und dann viel Kohlehydrate zu sich zu nehmen – führt zu einer »Überfüllung« der Gykogenspeicher in jenen Muskeln, die zuvor überbeansprucht wurden. Ein solches Verfahren ist allerdings nur bei Sportarten sinnvoll, bei denen sehr intensive Ausdauerleistungen von deutlich mehr als einstündiger Dauer zu erbringen sind. In allen anderen Fällen reicht eine ganz normale, ausgewogene Ernährung völlig aus.
Als Brennstoffdepot ist Fett ideal, weil es bei vergleichbarem Gewicht mehr Energie enthält als Kohlehydrate. Die potenzielle Energie, die im Fett eines durchschnittlichen männlichen Studenten gespeichert ist, beträgt verblüffende 95 000 kcal – und das reicht, um mindestens 15 000 Kilometer zu gehen (dreimal die Strecke von Boston nach San Francisco). Frauen haben im Verhältnis sogar noch größere Fettreserven – könnten damit also noch weiter laufen. Dagegen würde die in den Kohlehydratreserven gespeicherte Energie nur für einen Weg von 35 Kilometern reichen. Schon daraus ergibt sich, dass Marathonläufer auf jeden Fall ihre Fettreserven angreifen müssen, wenn sie ans Ziel kommen wollen. Bei mäßig anstrengender sportlicher Betätigung wird die Energie in der ersten Stunde zu ungefähr gleichen Teilen aus Fett und Kohlehydraten entnommen; danach aber werden die Kohlehydratvorräte zunehmend erschöpft, und der Körper greift immer stärker auf sein Depotfett zurück. Wer schlank werden will, sollte diese Tatsachen berücksichtigen.

Schnelligkeit gegen Ausdauer

Es ist schwer, in allen Sportarten gleichmäßig gute Leistungen zu erbringen. Sprinter und Gewichtheber erfüllen nicht die besten Voraussetzungen für Ausdauersportarten, während Marathonläufer 42 Kilometer lang ein Meilentempo von rund 5 Minuten durchhalten können, jedoch überfordert wären, wenn sie eine Meile in unter 4 Minuten laufen sollten. Solche Unterschiede haben ihre Ursachen in unterschiedlichen genetischen Veranlagungen, aber auch in den Auswirkungen des Trainings auf Herz und Skelettmuskulatur.

Die Muskeln, die wir benutzen, um unsere Glieder zu bewegen, bestehen aus vielen individuellen Zellen, den so genannten Muskelfasern. Diese bilden lange, dünne Muskelbündel, die durch Sehnen mit dem Skelett verbunden sind. Es gibt zwei Arten von Muskelfasern: solche, die sich langsam, und solche, die sich schnell zusammenziehen. Muskelfasern, die sich schnell zusammenziehen, ermüden auch schneller. Sie werden bei kurzen, intensiven Übungen und Sportarten beansprucht, etwa beim Kurzstreckenlauf oder beim Gewichtheben, aber auch bei Sportarten, in denen kurzzeitig intensive Kraftanstrengungen erforderlich sind, wie beim Eishockey. Muskelfasern, die sich schnell zusammenziehen, bedienen sich meistens des anaeroben Stoffwechsels (ohne Sauerstoff). Die Muskelfasern, die sich langsam zusammenziehen – oft nicht einmal halb so schnell –, sind dafür sehr widerstandsfähig gegen Ermüdung. Sie benötigen für den Stoffwechsel Sauerstoff und kommen vor allem in Ausdauersportarten wie Langstreckenlauf oder Schwimmen zum Einsatz.

Bei Menschen, die überwiegend sitzen, besteht rund die Hälfte des Muskelgewebes aus Fasern, die sich langsam zusammenziehen; bei Ausdauerathleten, zum Beispiel Skilangläufern, können es bis zu 90 Prozent sein. Umgekehrt überwiegen bei Sprintern und Gewichthebern Muskelfasern, die sich schnell zusammenziehen. Wie nicht anders zu erwarten, besitzt, wer in Sportarten konkurriert, die keine klare Bevorzugung von Kurz- oder Langzeitbelastung erkennen lassen oder in denen es sowohl auf Schnelligkeit als auch auf Ausdauer ankommt (wie etwa beim Fußball), ungefähr gleich viele langsam und schnell kontrahierende Muskelfasern. Darum ist es nicht unbedingt ein Zeichen körperlicher Untätigkeit, wenn ein Gleichgewicht zwischen den verschiedenen Muskelfasern herrscht, denn dieses findet sich ja nicht nur bei unsportlichen Menschen. Natürlich ist jemand, der von Natur aus über mehr sich schnell

Wie Muskeln sich zusammenziehen

Die Art und Weise, wie sich Muskeln durch Kontraktion verkürzen, hat Wissenschaftler jahrhundertelang fasziniert. Noch in den 1950er Jahren wurde die Hypothese vertreten, die Muskeln würden deshalb kürzer, weil die kontraktilen Proteine kürzer würden. Mit anderen Worten, man stellte sich das Ganze ähnlich vor wie bei elastischen Gummimolekülen: Einem gedehnten Zustand stehe ein zusammengezogener gegenüber. Oder wie bei einer Drahtspirale, die sich ebenfalls auseinander ziehen lässt und dann wieder zusammenschrumpft.

Inzwischen wissen wir, dass diese Vorstellungen verkehrt waren. Denn die Muskelkontraktion ist das Ergebnis eines Prozesses, bei dem zwei Arten von Proteinfilamenten ineinander gleiten, so dass sich die Gesamtlänge des Muskels reduziert, ohne dass die einzelnen Proteine selbst kürzer werden. Eine einfache Analogie kann dies verdeutlichen: Lassen Sie die Fingerspitzen Ihrer beiden Hände sich berühren, wenn die Handflächen jeweils im rechten Winkel angewinkelt sind. Wenn Sie jetzt die Finger beider Hände ineinander greifen lassen, nimmt die Entfernung zwischen den beiden Handflächen ab, obwohl Ihre Finger dabei natürlich nicht kürzer werden. Etwa so müssen Sie sich auch das Ineinandergleiten der Muskelproteine vorstellen.

Es gibt zwei Arten kontraktiler Proteine: dicke und dünne Filamente. Die dicken haben an ihrer Längsseite viele kleine Haken, die sich an bestimmten Stellen der dünnen Filamente einhaken können. Wenn die dabei entstehenden Verbindungsbrücken unterbrochen werden und die Haken sich an anderer Stelle der dünnen Filamente neu einhaken, dann wölben sich die dünnen Filamente zwischen den dicken (etwa so wie die Körperteile einer Raupe); die Muskelfaser wird kürzer. Je mehr sich die Filamente überlagern, desto mehr Brücken können gebildet werden, und desto stärker ist die daraus resultierende Muskelkraft. Umgekehrt gilt, dass sich keine Brücken bilden können, wenn der Muskel so sehr ge-

zusammenziehendes Muskelgewebe verfügt, für einen Sprint besser geeignet als für einen Marathonlauf. Darum lautet eine Schlüsselfrage, ob das relative Verhältnis der beiden Muskelfasertypen allein genetisch determiniert ist oder ob es sich durch Training verändern lässt. Gegenwärtig ist man eher der Ansicht, dass Training an der Verteilung der Muskelfasertypen beim Menschen kaum etwas ändert – man ist durch seine Gene zum Sprinter oder zum Marathonläufer prädestiniert: entweder Schnelligkeit oder Ausdauer.

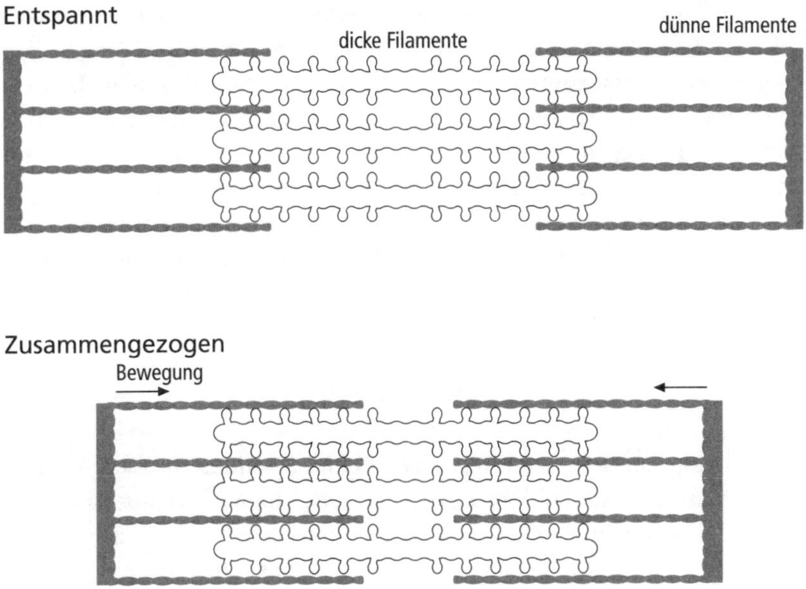

Muskelkontraktion

streckt ist, dass die Filamente völlig auseinander gezogen sind. Es wird keine Kraft entwickelt, der Muskel ist völlig entspannt.
Wie die Brücken zwischen dicken und dünnen Filamenten genau funktionieren, ist immer noch nicht ganz klar. Die Klärung dieser Frage gilt als eine der großen Herausforderungen für Muskelphysiologen. Wir wissen allerdings, dass das Abbrechen und Wiederherstellen der Brücken zwischen den Filamenten ein energieabhängiger Prozess ist, bei dem ATP verbraucht wird. Die Leichenstarre ist die Folge eines Absinkens des ATP-Niveaus nach dem Tode, denn ATP ist für das Aufbrechen der Filamentbrücken unverzichtbar. Ohne ATP bleibt der Muskel blockiert.

Der Besitz unterschiedlicher Muskelfasertypen ist nicht auf Säugetiere beschränkt. Meeresfische wie Makrelen oder Tunfische haben langsame Muskeln, die sie verwenden, wenn sie gemächlich dahinschwimmen, und schnelle Muskelfasern, die sie benötigen, um für kurze Zeit schnell zu schwimmen – etwa, um einem Räuber zu entkommen. Diese beiden Muskeltypen sehen ganz unterschiedlich aus. Das können Sie leicht erkennen, wenn Sie einen Tunfisch im Fischgeschäft einmal genauer anschauen oder wenn Sie in einer japanischen Sushi-Bar nach *toro* und *maguro* fragen. Die schnell kontrahierenden Muskeln haben eine weiße Farbe, die langsamen sind tiefrot, weil sie große Mengen eines Sauerstoff transportierenden Moleküls enthalten, das dem Hämoglobin verwandt ist: Myoglobin. Es fungiert bei kraftvollen Muskelzusammenziehungen vorübergehend als Sauerstoffspeicher, weil sie durch die Kontraktion die Kapillargefäße zusammengepresst werden, was den Blutfluss von sauerstoffreichem Blut unterbindet. Der Myoglobinspeicher wird in der Entspannungsphase, wenn das Blut wieder fließt, erneut mit Sauerstoff aufgefüllt.

Schnell voran

Schon vor dem Start beginnt das Herz eines Sprinters zu rasen. Wenn er im Startblock kauert, löst die Anspannung einen Adrenalinstoß aus, der sein Herz schneller schlagen lässt. Wissenschaftler haben herausgefunden, dass der Puls eines trainierten Läufers schon vor einem 50-Meter-Sprint auf 148 Schläge pro Minute ansteigt – erstaunliche 75 Prozent des Gesamtanstiegs der Herzfrequenz während des ganzen Laufes. Bei einem Kurzstreckenrennen ist dieser vorweggenommene Anstieg der Herzfrequenz wertvoll, weil er den Körper für das Kommende »in Schwung bringt«. Dieser Anstieg der Herzfrequenz wäre bei längeren Rennen allerdings nicht so nützlich, weil dort ein Schnellstart keine so große Rolle spielt. Interessanterweise hat man herausgefunden, dass der vorweggenommene Anstieg des Pulses desto geringer ausfällt, je länger die Distanz ist, die vor dem Läufer liegt. Bedeutet das also, dass die Anspannung (und damit der Adrenalinspiegel) vor einem Langstreckenrennen geringer ist?
Für den Sprinter ist dagegen ein guter Start sehr wichtig. Hier werden jene Hundertstelsekunden herausgeholt, die am Ende vielleicht über Sieg oder Niederlage entscheiden. Wer sich jedoch zu schnell aus seinen Startblöcken bewegt, kann wegen Fehlstarts disqualifiziert werden. Aber was heißt »zu schnell«? Auf jeden Fall muss der Beginn des Laufes wenigstens um die menschliche Reaktionszeit auf den Startschuss verzögert sein – also um die Zeit, die benötigt wird, um den Schuss zu hören, die Nervenimpulse vom Ohr zum Gehirn gelangen zu lassen, wo sie in der Hirnrinde verarbeitet werden. Von dort aus gehen dann neue Signale aus, die den Beinmuskeln den Befehl erteilen, sich zu bewegen. Die menschliche Reaktionszeit liegt normalerweise

zwischen 0,1 und 0,2 Sekunden. Darum geht der internationale Leichtathletikverband davon aus, dass jeder Athlet, der nach weniger als 0,1 Sekunden losläuft, das Signal der Startpistole nicht abgewartet hat, sondern schon früher losgelaufen ist (Definition eines Fehlstarts). 1996 lief bei den Olympischen Spielen in Atlanta der britische Sprinter Linford Christie schon 0,08 Sekunden nach dem Startschuss los und wurde von den Offiziellen disqualifiziert – vielleicht zu Unrecht, weil neuere Untersuchungsergebnisse belegen, dass die menschliche Reaktionszeit unter bestimmten Umständen auch unter 0,1 Sekunden liegen kann. Der Physiologe Josep Valls-Solé und seine Kollegen fanden heraus, dass Menschen in Reaktion auf einen Lichtblitz ihr Handgelenk oder ihren Fuß auch schon in weniger als 0,1 Sekunden bewegen können. Überdies konnte die Reaktionszeit sogar fast halbiert werden, wenn der Blitz von einem lauten Geräusch begleitet wurde. Die Forscher stellten die These auf, dass diese »Schreckreaktion« die Hirnrinde umging und kürzere, damit auch schnellere, Reaktionswege im Gehirn wählte. Interessanterweise war den Versuchspersonen bewusst, dass etwas anders gewesen war als sonst – sie hatten das Gefühl, sich irgendwie unwillkürlich bewegt zu haben. Möglicherweise haben auch manche Topathleten Zugang zu diesem »Kurzschluss«, wenn sie sich im Startblock psychosomatisch motivieren.

Äußerst intensive Bewegungen von kurzer Dauer erfordern eine sehr schnelle Energiezufuhr. Zunächst stammt diese Energie fast vollständig aus den vorhandenen Vorräten an ATP und Kreatinphosphat, die etwa 15 Sekunden lang für maximale Bewegungsintensität ausreichen. Danach wird der anaerobe Stoffwechsel herangezogen, um aus dem Glykogenvorrat in den Muskeln ATP zu gewinnen. Beim anaeroben Stoffwechsel wird kein Sauerstoff benötigt, und so könnten Sprinter, wenn man nur an die Muskeln denkt, die 100 Meter auch laufen, ohne überhaupt zu atmen (manche Sprinter verhalten sich wirklich so). Doch die beim anaeroben Stoffwechsel entstehende Milchsäure sammelt sich in den Muskeln an und trägt zur Ermüdung bei. Der allmähliche Anstieg des Milchsäureniveaus ist dafür verantwortlich, dass Sprinter zwar über 200 Meter genauso schnell laufen können wie über 100 Meter, dass sie aber über 400 Meter deutlich langsamer werden. Michael Johnson, der gegenwärtig die Weltrekorde über beide Strecken hält, steht mit 19,23 Sekunden über 200 Meter und 43,18 Sekunden über 400 Meter zu Buche. Hätte er die Geschwindigkeit seines 200-Meter-Triumphes über die ganze 400-Meter-Distanz aufrechterhalten können, dann hätte er die 400 Meter in unmöglichen 38,46 Sekunden laufen müssen.

Das Ausmaß des in den Muskeln gespeicherten Vorrats an Kreatinphosphat bestimmt, wie lange man mit Höchstgeschwindigkeit laufen kann. Denn erst wenn dieser Vorrat erschöpft ist, springt der anaerobe Stoffwechsel ein, und erst danach kann sich Milchsäure in den Muskeln ansammeln. Das kann für Topsprinter kritisch sein, denn ein paar Hundertstelsekunden können über Sieg oder Niederlage entscheiden, über eine Goldmedaille oder eine Platzierung ohne Medaille. Menschen mit relativ niedrigen natürlichen Kreatinvorräten leiden also unter einem Wettbewerbsnachteil. Die Einnahme von zusätzlichem Kreatin kann ein wenig zum Ausgleich beitragen. Mit der Nahrung nimmt man normalerweise rund 1 Gramm pro Tag zu sich; dies gilt allerdings nicht für Vegetarier, denn die Hauptquelle der Kreatinaufnahme mit der Nahrung sind Fisch und Fleisch. Wenn man ein paar Tage lang täglich 20 Gramm reines Kreatin einnimmt (was wesentlich besser ist, als die sonst erforderlichen 15 Steaks am Tag zu essen), kann man das Kreatinniveau in den eigenen Muskeln deutlich anheben. Für Sprinter wirkt dies leistungsfördernd, und es ermöglicht auch ein intensiveres Training. Diese Praxis gilt nach den Richtlinien des Internationalen Olympischen Komitees nicht als Doping, und bisher sind auch keine schädlichen Nebenwirkungen bekannt.

Man muss sich nur einen Weltklassesprinter wie Maurice Greene anschauen, um zu sehen, dass seine Physis sich wesentlich von der eines Langstreckenläufers unterscheidet. Geschwindigkeit ist praktisch ein Synonym für Kraft, und so haben Sprinter außerordentlich gut ausgebildete Muskeln. Größere Muskeln sind eben kräftiger. Es leuchtet unmittelbar ein, dass die Fähigkeit, explosionsartig aus dem Startblock zu schnellen und zügig die Höchstgeschwindigkeit zu erreichen, sehr starke Beinmuskeln erfordert. Aber auch ein gut entwickelter Oberkörper ist erforderlich. Denn wenn ein Sprinter läuft, stößt er sich so heftig wie möglich vom Boden ab, erst mit dem einen Bein, dann mit dem anderen. Durch diese Stöße wird der Oberkörper normalerweise hin und her gedreht, doch solche Drehungen würden das Lauftempo beeinträchtigen. Ein starker Oberkörper hilft dagegen, diesen Kräften etwas entgegenzusetzen. Der Läufer bleibt auf geradem Kurs.

Jeder Läufer muss den Luftwiderstand überwinden. Bei Gegenwind zu laufen, ist viel schwieriger als ein Lauf mit Rückenwind. Aus diesem Grund können nur Laufweltrekorde anerkannt werden, bei denen die

Maurice Greene hält gegenwärtig mit 9,79 Sekunden den Weltrekord im Hundertmeterlauf. Er gewann 1999 bei den Weltmeisterschaften in Sevilla die Goldmedaillen über beide Sprintstrecken (100 und 200 Meter). Wie alle Sprinter hat er kräftige, hoch entwickelte Muskeln. Seine Geschwindigkeit hat ihm übrigens nicht nur Titel eingebracht. Als er 1999 im Flughafen von Sevilla wartete, beobachtete er einen Taschendieb, der einem anderen Athleten die Brieftasche stahl; mühelos konnte er den Übeltäter verfolgen und stellen.

Geschwindigkeit des Rückenwindes weniger als 5 Stundenkilometer betrug. Bis zu 13 Prozent des Energieaufwandes beim Kurzstreckenlauf wird für die Überwindung des Luftwiderstandes benötigt. Bei einem Mittelstreckenläufer sind es rund 8 Prozent (weil er langsamer läuft). Wenn man hinter einer anderen Person her laufen kann, ist der Luftwiderstand praktisch ausgeschaltet. Sprinter müssen in ihren Bahnen bleiben, doch Mittelstreckenläufer dürfen nach einer bestimmten Strecke die Bahnen wechseln. Wenn Sie eine Gruppe von Mittelstreckenläufern auf der Bahn beobachten, werden Sie sehen, dass mehrere Läufer bewusst im Windschatten des Führenden laufen, um erst im Endspurt hervorzustürmen und womöglich zu gewinnen. Auch Radrennfahrer und Rennpferde machen sich eine solche Strategie zu Eigen. Dies wird besonders bei Mannschaftswettbewerben im Radfahren deutlich, wenn sich die Mitglieder alle paar Minuten in der Führungsarbeit ablösen. Für den Sieg ist schließlich nicht nur körperliche Fitness erforderlich, sondern auch taktisches Gespür.

Durchhalten auf Langstrecken

Im 5. Jahrhundert v. Chr. fielen die Perser in Griechenland ein. Sie landeten in Marathon, einer kleinen Küstenstadt nördlich von Athen, und waren so stark in der Überzahl, dass die eintreffenden attischen Streitkräfte erheblich im Nachteil waren. So wurden Boten in alle Städte Griechenlands geschickt, um Hilfe und Verstärkung herbeizuholen. Wie der griechische Geschichtsschreiber Herodot berichtet, wurde Phidippides, ein trainierter Langstreckenläufer, nach Sparta gesandt, wo er (immerhin rund 240 Kilometer entfernt) am Tag nach seinem Aufbruch in Athen ankam. Nach der Legende soll er ein paar Tage später auch die rund 40 Kilometer von Marathon nach Athen gelaufen sein, um den Sieg der Griechen über die Perser zu verkünden. Doch die traditionelle Version ist nicht korrekt, weil Phidippides zu dieser Zeit noch in Sparta weilte. Tatsächlich absolvierte ein anderer, nämlich Eukles, den ersten Marathonlauf der Geschichte. [2] Vielleicht war er als Läufer nicht so erfahren wie Phidippides, denn er brach zusammen und starb, nachdem er seine Nachricht übermittelt hatte. So wurde sein Lauf unsterblich. Heutzutage sterben zum Glück kaum noch Marathonläufer auf der Ziellinie.

Passenderweise war der Gewinner des Marathonlaufes bei den ersten

Olympischen Spielen der Neuzeit, 1896 in Athen, ebenfalls Grieche. Der Amerikaner Thomas P. Curtis, der bei diesen herrlich amateurhaften und freundlich-gelassenen Spielen, deren Teilnehmer sich weitgehend selbst nominiert hatten, den Hürdenlauf gewann, schrieb über den abschließenden Marathonlauf:

Am letzten Tag der Spiele kam Griechenland völlig zu seinem Recht. In einem großartigen Marathonlauf führte Loues, ein griechischer Eseltreiber, das Feld an. Als er auf die Zielgerade bog, spielten 125 000 Leute total verrückt. Tausende weißer Tauben, die unter den Sitzen verborgen gewesen waren, wurden in allen Teilen des Stadions freigelassen. Der Beifall war gewaltig. Der triumphale Sieger wurde mit allen Belohnungen, die die antiken Städte einem Olympiasieger verliehen hatten, und überdies noch mit zahlreichen neuen überhäuft, und so endeten diese Spiele mit einem Gefühl der Spannung und des Glücks.

Seit diesem viel versprechenden Anfang hat sich der Marathonlauf zu einem Volkssport entwickelt, bei dem sowohl Spitzenathleten als auch ganz normale Leute ihr Durchhaltevermögen und ihren Mut testen. Jedes Jahr nehmen beispielsweise über 30 000 Menschen am London Marathon teil, und es wären noch wesentlich mehr, wenn die Teilnehmerzahl nicht begrenzt wäre. In der ganzen Welt gibt es viele gleichartige Läufe. Doch der Marathonlauf ist nicht einmal die stärkste Herausforderung. Es gibt wesentlich längere Rennen in viel extremeren Umgebungen, zum Beispiel den Marathon de Sables, einen grausamen 200-Kilometer-Lauf bei sengender Hitze durch den Wüstensand der Sahara, oder einen Marathonlauf vom Basislager am Mount Everest bis nach Namche Bazar, den Hauptort des Khumbu Himal in Nepal – mit allen dazugehörigen Problemen eines gewaltigen Höhenunterschieds. Und schließlich gibt es ja auch noch den Ironman-Triathlon, den wahrscheinlich anstrengendsten Wettbewerb überhaupt, bei dem die Athleten zunächst einen Marathonlauf absolvieren, dann 180 Kilometer Rad fahren und zum Schluss noch 3,8 Kilometer im Meer schwimmen müssen. Der erste derartige Dreikampf fand 1978 in Hawaii mit nur 14 Teilnehmern statt. Doch wie der Marathonlauf gewann auch dieser Sport schnell an Popularität, und so nehmen heute in der ganzen Welt schon mehrere Millionen Sportler an unterschiedlich langen und schwierigen Triathlon-Wettbewerben teil. Die Top-Triathleten sind wie die Top-Zehnkämpfer eine verschworene

Gemeinschaft von Spitzensportlern, die in weit mehr als einer Sportart Weltklasseleistungen erbringen.
Ein Marathonlauf ist ein Ausdauertest. Gegenwärtig steht der Weltrekord, gehalten vom Brasilianer Ronaldo da Costa, bei 2 Stunden 6:05 Minuten. In da Costas Durchschnittszeit von ziemlich genau 3 Minuten pro Kilometer würden die meisten untrainierten Läufer nicht einmal einen einzigen Kilometer schaffen. Auch trainierte Läufer brauchen meistens wesentlich länger. Die Durchschnittszeit beim London Marathon liegt zwischen 3 und 4 Stunden.
Ein schnelles Starttempo spielt beim Marathonlauf keine entscheidende Rolle. Viel wichtiger ist, dass man über die ganze Distanz ein kontinuierliches Lauftempo durchhalten kann. Bei einem Langstreckenlauf kommt fast die gesamte Energie aus dem aeroben Stoffwechsel; darum muss der Läufer eine Geschwindigkeit wählen, bei der den Muskeln im selben Tempo Sauerstoff zugeführt werden kann, wie er verbraucht wird. Daraus folgt zwingend, dass das Tempo langsamer sein muss als beim Sprint. Weil andererseits das mit dem anaeroben Stoffwechsel verbundene Milchsäureniveau sehr niedrig gehalten wird, kann der Läufer wesentlich länger durchhalten. Bei Ausdauerläufen werden hauptsächlich die Muskelfasern beansprucht, die sich langsam zusammenziehen, und diese sind auf den aeroben Stoffwechsel spezialisiert.
Langstreckenläufer sind hager und leicht: Ein Verhältnis von 3:1 zwischen Größe (in Zentimetern) und Gewicht (in Kilogramm) gilt als ideal. Bei ihnen beträgt der Anteil des Körperfettes nur 3 Prozent, noch weniger als bei Turnern und Fußballprofis und wesentlich weniger als bei Menschen mit sitzender Tätigkeit (im Durchschnitt rund 15 Prozent). Dieser Umstand reduziert das »tote« Gewicht, das die Läufer mit sich herumschleppen müssen, ganz erheblich; so können sie während des ganzen Laufes auch eine kühlere Körpertemperatur aufrechterhalten. Denn sonst ist Überhitzung bei Langstreckenläufern ein wesentliches Problem. Darum übergießen sie sich öfter mit Wasser und nehmen während des Laufes auch beständig Flüssigkeit zu sich. Wenn es heiß ist, werden Marathonläufe bewusst in die Kühle des frühen Morgens verlegt.
In den ersten anderthalb Stunden des Laufes wird die Energie aus den Glykogenvorräten in den Muskeln gewonnen. Wenn diese Speicher aber geleert sind, muss sich der Läufer mehr und mehr auf Fett als Brennstoff verlassen. Für den Fettstoffwechsel wird allerdings mehr Sauerstoff als für den Kohlehydratstoffwechsel benötigt. Darum steigt der Sauerstoffbedarf, wenn die Glykogenvorräte aufgebraucht sind.

Der Äthiopier Haile Gebrselassie bei seinem Sieg über 10 000 Meter im August 1997. Wie alle Langstreckenläufer ist er hager und drahtig.

Dies ist nach etwa 25 bis 30 Kilometern der Fall. Dann fühlen sich die meisten Läufer plötzlich müde und atemlos, der niedrige Blutzuckerspiegel sorgt für Schwindelgefühle und Übelkeit. Sie müssen das Tempo reduzieren. Wie es ist, wenn man an diese Grenze stößt, beschreibt Mike Stroud in *The Survival of the Fittest* (1998):

> *Alles Vergnügen war mir vergangen. Geist und Körper taten weh, und meine Beine waren eine seltsame Mischung aus Steifheit und Weichheit … Sie wollten mir einfach nicht mehr gehorchen … Ich konnte kaum noch weiterlaufen und stolperte immer wieder über meine eigenen Füße.*

Ein Freund von mir, der beim Radfahren an seine Grenzen stieß, hatte das Gefühl, als hätten sich die Bremsen auf einmal von selbst massiv in Aktion gesetzt. Er stieg ab, um nachzusehen, wo das Problem lag, doch er musste erkennen, dass nicht das Rad fehlerhaft war, sondern sein eigener Körper! Der Übergang zum Kohlehydratstoffwechsel zum Fettstoffwechsel ist sehr unangenehm, und es wird auch nicht mehr wesentlich besser, wenn man langsamer weiterläuft. Die folgenden Kilometer sind sehr, sehr hart. Ganz anders dann der letzte Kilometer: Die Erregung, schon kurz vor dem Ziel zu sein, setzt den Körper unter Adrenalin, und dieses induziert noch einmal einen Aufschwung, der den Neuling – aber auch den erfahrenen Läufer – direkt ins Ziel trägt.

Ermüdung

Auch wenn manche Leute behaupten, sie fühlten sich schon müde, wenn sie nur an Sport dächten, ist wahre Ermüdung ein ernst zu nehmendes physiologisches Phänomen. Dann sind die Muskeln bei einer längeren Anspannung (also einer langen Kontraktion) oder bei wiederholten kurzen Kontraktionen nicht mehr in der Lage, ihre Kraft aufrechtzuerhalten. Beim Armdrücken wird der Arm weich, es wollen keine Liegestützen mehr gelingen, und auch die Fähigkeit, über längere Strecken schnell zu laufen, lässt nach.

Ermüdung kann das Ergebnis von Veränderungen in den Muskelzellen sein. Nahe liegend als Ursache für einen Kraftverlust ist zum Beispiel ein Ungleichgewicht zwischen Energieverbrauch (ATP-Verbrauch) bei der Muskelkontraktion und Energiezufuhr oder Energieproduktion. Doch obgleich das ATP-Niveau bei intensiver körperlicher Betätigung stark absinkt, ist der ATP-Vorrat niemals vollständig erschöpft. Würde das ATP-Niveau in Muskelzellen wirklich auf null absinken, wäre Leichenstarre, also jene Muskelkontraktion, die nach dem Tod eintritt, die unvermeidliche Folge. Selbst bei intensivster Beanspruchung des Körpers kommt es bei Lebenden niemals zu dieser Starre. Vielleicht sollte man deshalb Ermüdung und Erschlaffung als Schutzmaßnahmen der Muskeln ansehen, die zu einem Stopp führen, lange bevor die ATP-Vorräte wirklich restlos aufgebraucht sind und das Überleben gefährdet ist.

Was verursacht die Ermüdung der Muskeln? Es scheint zwei Hauptmechanismen zu geben, die beide mit Kalziumionen zu tun haben – jenen Ionen, die die Muskelkontraktion auslösen. Bei längerer Kontraktion sinkt die Kalziummenge, die aus den Depots in den Muskelzellen abgegeben wird, allmählich ab; dann wird die Stimulation der lang anhaltenden Kontraktion immer ineffizienter. Bei wiederholten kurzen Kontraktionen scheint dagegen ein anderer Ermüdungsmechanismus am Werk zu sein. Dann wird es den Depots in den Muskelzellen irgendwann zu viel, immer wieder Kalzium abgeben zu müssen. Warum das so ist, wissen wir nicht ganz genau, aber es hat wahrscheinlich mit der Anhäufung von Stoffwechselabfallprodukten bei intensiver körperlicher Betätigung zu tun. Diese hemmen auch die wirksame Kraftentfaltung der kontraktilen Proteine.

Die Erschöpfung der Glykogenvorräte in den Muskeln ist die Hauptursache der Erschöpfung bei Ausdauersportarten. Die Kraft schwindet, und die Beine werden schwer wie Blei, denn beim Fettstoffwechsel wird einfach nicht so schnell und so viel ATP produziert wie bei der Oxidation von Muskelglykogen.

Auch ein Anstieg der Körpertemperatur kann zu Ermüdungserscheinungen führen. Bei einem kurzen Sprint kann der Körper die bei der Muskelarbeit entstehende Wärme leicht loswerden, doch bei länger dauernden Übungen kann das wesentlich schwieriger sein, besonders bei heißem Wetter. Jedes Jahr kollabieren einige Teilnehmer des London Marathon wegen Überhitzung. Das Problem hat seine Ursache in den widerstreitenden Anforderungen von Muskelaktivität und Wärmeabfuhr – Blut, das zur Abkühlung in die Haut gelenkt wird, kann nicht gleichzeitig die Muskeln mit Sauerstoff versorgen. Ein Versagen der körpereigenen Wärmeregulierung ist auch eine mögliche Erklärung dafür, dass bei sportlicher Betätigung in der Hitze die Ermüdung schneller einsetzt als bei kühlerem Wetter. Es ist also nicht so sehr Brennstoffmangel, sondern ein vom Gehirn ausgesandtes Signal, das einem sagt, dass man jetzt langsamer laufen oder ganz anhalten sollte, um Überhitzung zu vermeiden. Dieser Mechanismus wird offenbar ausgelöst, wenn die Körpertemperatur über 40 °C steigt.

Schließlich können Ermüdung und Muskelschwäche auch noch von Gewebeschäden herrühren. Überdehnte oder überanstrengte Muskeln entzünden sich und schwellen an, was ihre Fähigkeit zur Kraftentfaltung natürlich beschränkt. Die Sache kann außerdem sehr schmerzhaft sein. Nach ungewohnter massiver Betätigung folgt eine gewisse Steifheit, und man braucht mehrere Tage, um sich von einem schweren Muskelkater zu erholen. Selbst Menschen, die fit sind, können bei ungewohnter Muskelaktivität darunter leiden – zum Beispiel, wenn sie zum ersten Mal auf einem Pferd reiten.

Körpertraining und Fitness

An einem warmen Sommermorgen musste ich mit dem Bus nach London fahren. Wie üblich war ich spät dran, und als ich um die Ecke kam, sah ich den Bus in 100 Metern Entfernung bereits an der Haltestelle stehen. Weil noch eine Menschenschlange am Einsteigen war, beschloss ich zu laufen. Ich rannte über den Bürgersteig, mein Brustkorb arbeitete heftig, damit ich genug Sauerstoff bekam; mein Herz raste, und meine Körpertemperatur stieg so schnell an, dass ich zu dampfen schien. Muskeln, die solche Beanspruchung nicht gewohnt waren, fingen an zu protestieren, und ich bekam heftiges Seitenstechen, als das Milchsäureniveau im Zwerchfell anstieg. Als ich den Bus erreichte, war ich dem Zusammenbruch nahe: Ich rang nach Atem, meine Muskeln zitterten wie Wackelpudding, ich war in Schweiß gebadet, und mir war übel. Wir waren schon halb in London, als mein Herz endlich zu rasen aufhörte, mein Atem wieder normal wurde, meine Wadenmuskeln sich entspannten und ich endlich wieder abgekühlt war. Drei Jahre zuvor, als ich noch regelmäßig dreimal wöchentlich zum Sport gegangen war, hätte ich dieselbe Strecke ziemlich leicht laufen können. Doch als ich jetzt im Bus saß, hatte ich das Gefühl, einen Marathonlauf absolviert zu haben. Worin also besteht der Unterschied zwischen körperlicher Fitness und mangelnder Fitness? Und wie bereitet das Training den Körper auf die Geschwindigkeit vor, wie steigert es das Durchhaltevermögen?

Einer der unmittelbaren Vorteile körperlichen Trainings besteht in der verbesserten Muskelkoordination. Wenn wir gehen, ziehen sich nur einige Muskelfaserbündel in unseren Muskeln tatsächlich zusammen. Wenn wir aber laufen, werden immer mehr Faserbündel in die Aktion einbezogen. Um ein Höchstmaß an Effizienz zu erreichen, müssen sie sich möglichst gleichzeitig zusammenziehen. Diese Synchronisierung kommt beim Training ziemlich schnell voran; dann nehmen Geschwindigkeit und Kraft merklich zu. Hier liegt der Hauptgrund dafür, dass es einem nach einer oder zwei Wochen täglichen Übens anscheinend wesentlich leichter fällt, mit dem Rad bergauf zu fahren. Doch selbst trainierte Muskelfaserbündel ziehen sich niemals alle gleichzeitig zusammen. Sonst wäre die Kraftentfaltung so stark, dass sie hart an die Grenze zum Knochenbruch geriete. Totale Synchronisation der Muskelfaserkontraktion – das ist wohl auch die Erklärung für die außerordentliche Kraftentfaltung, die Athleten wie auch normalen Sterblichen bisweilen in extremen Stresssituationen gelingt. Berichte, dass es einzelnen Leuten gelang, ein Auto über einem Unfallopfer anzuheben, oder dass Sportler plötzlich unerhörte Bestleistungen erreichten, die weit über ihrem bisherigen Leistungsniveau lagen, sind gar nicht so selten. Doch kann eine derartige Muskelsynchronisation auch verheerende Folgen haben. 1995 entwickelte einer der Teilnehmer am Wettbewerb um den Titel des »Stärksten Mannes der Welt« beim Armdrücken mit seinen Armmuskeln eine solche Kraft, dass er sich dabei den eigenen Arm brach.

Training perfektioniert auch komplizierte Bewegungsabläufe und verbessert das Urteilsvermögen. Ein Speerwerfer zum Beispiel muss den genauen Moment beurteilen können, in dem er den Speer am besten losschleudert, ein Weitspringer muss den Absprungbalken genau treffen und ein Tennisspieler durch Erfahrung herausfinden, wie er den Ball am besten so platziert, dass ihn der Gegner unmöglich erreichen kann.

Training zögert das Einsetzen von Ermüdungserscheinungen hinaus, es verbessert Kraft und Muskelstärke. Das hat vor allem mit Veränderungen des Herzens und der Skelettmuskulatur zu tun, die für eine verbesserte Sauerstoffversorgung der Muskeln und eine effizientere Energieproduktion sorgen. Verbesserungen in diesen Bereichen lassen sich schon mit einem relativ bescheidenen Trainingsprogramm erreichen. Die Zeit, die man laufen kann, ehe man vor Erschöpfung aufhören muss, wird zum Beispiel schon nach 3 bis 4 Wochen regelmäßiger Übung mehr als doppelt so lang. Bei intensivem Training verbessert sich die Ausdauer sogar noch markanter. Auch die Sprintfähigkeiten profitieren vom Training, vor allem weil man dann *länger* schnell laufen kann, nicht unbedingt mit noch größerer Spitzengeschwindigkeit.

Die Trainingsauswirkungen auf das Herz können dramatisch sein. Ein durchtrainierter Olympiateilnehmer im Skilanglauf hat eine maximale Herzleistung, die doppelt so groß ist wie die einer gleich alten, gesunden Person mit vorwiegend sitzender Tätigkeit. Die Höchstfrequenz des Herzens verändert sich beim Training allerdings nicht. Die

Leistungssteigerung hat vielmehr mit der Vergrößerung des Blutvolumens bei jedem einzelnen Herzschlag zu tun. Ein Sportlerherz kann pro Minute wesentlich mehr Blut durch den Kreislauf pumpen als ein untrainiertes Herz. Die Echokardiographie, eine Sonartechnik, mit deren Hilfe sich die Größe eines Herzens bestimmen lässt, belegt eindeutig, dass Marathonläufer größere Herzen haben. Auch normale Menschen, die sich regelmäßig bei Aerobic gymnastisch betätigen, können ihr Herz auf diese Weise vergrößern.
Das Training hat zwar keine Auswirkungen auf die Höchstfrequenz des Herzens, aber im Ruhezustand verlangsamt es den Pulsschlag. Denn das vergrößerte Pumpvolumen pro Herzschlag bedeutet, dass das Herz seltener schlagen muss, um dieselbe Blutmenge zu verteilen. Die Herzfrequenz einer untrainierten Person liegt bei 70 Schlägen pro Minute, während es bei einem Spitzenathleten nur 40 bis 50 Schläge im Ruhezustand sind. Schon minimales Training kann den Puls im Ruhezustand senken – es genügt bereits, wenn Sie einen Monat lang jeden Tag 5 Minuten mit dem Seil springen. Der große Vorteil einer niedrigen Herzfrequenz im Ruhezustand liegt darin, dass ein viel größerer Abstand zur maximalen Frequenz von rund 200 Schlägen pro Minute besteht. Dadurch wird die Spitzenleistung trainierter Athletenherzen wesentlich größer; sie transportieren bei gleicher Höchstfrequenz einfach wesentlich mehr Sauerstoff in die Muskeln als untrainierte Herzen.
Auch die Skelettmuskulatur profitiert vom Training. Vor allem vergrößert sich ihre Fähigkeit, das energiereiche Molekül ATP zu produzieren. Die Glykogenvorräte nehmen zu, und der Stoffwechsel wird effizienter. In den – vor allem bei Ausdauersportarten beanspruchten – Muskelfasern, die sich langsam zusammenziehen, entwickeln sich mehr Mitochondrien, jene Organellen, die ATP produzieren; dadurch verbessert sich auch die Fähigkeit dieser Muskeln, Fett als Brennstoff zu nutzen. In den schnell kontrahierenden Muskelfasern, die beim Schnelllauf beansprucht werden, sinkt das Ausmaß der Milchsäureproduktion, und die vorhandene Milchsäure wird besser vertragen. In beiden Muskeltypen wird der Blutfluss verbessert, die Dichte des Kapillargefäßnetzes nimmt zu. Dadurch verbessert sich die Sauerstoffversorgung der Muskeln. Die Muskelmasse vergrößert sich, weil die einzelnen Fasern länger werden, was wiederum die Muskelkraft verstärkt. Diese Veränderungen sind allerdings strikt lokal und erstrecken sich nur auf die jeweils trainierten Muskeln. Als ich noch in Cam-

bridge studierte, lag mein College ungefähr 5 Kilometer von meiner Wohnung im Stadtzentrum entfernt. Diese Entfernung legte ich regelmäßig mit dem Fahrrad zurück. Wir Radfahrerinnen mussten uns ständig den Spott anhören, dass wir jetzt riesige Wadenmuskeln bekämen. Doch das stimmte nicht (genaue Beobachtung ist noch nie die Stärke der Spötter gewesen), weil Ausdauertraining die Muskelmasse nur sehr geringfügig vergrößert. Wer ein Herkules werden will, muss schon ein ganz spezielles Muskeltraining veranstalten.
Leider sind die Trainingsauswirkungen nicht von Dauer. Wenn man aufhört, sich regelmäßig zu bewegen, kehrt die Herzfrequenz innerhalb weniger Wochen zu den alten Werten zurück. Fitness zu erlangen ist wesentlich schwieriger, als sie zu verlieren: Was man sich in einem Monat erarbeitet hat, kann in einer einzigen Woche verloren gehen. Das ist keine Ausrede, um nichts für die Fitness zu tun, sondern eher ein Ansporn, dabeizubleiben und nicht zu erlahmen (sage ich mir jedenfalls immer selbst).

Die äußersten Grenzen der Leistungsfähigkeit

Training kann zwar die individuelle Leistung verbessern, aber die Grenzen der physischen Leistungsfähigkeit sind letztlich durch die eigenen Gene festgelegt. Man ist allerdings gerade erst dabei, jene Gene, die die körperliche Leistungsfähigkeit beeinflussen, zu isolieren. Der erste Artikel über ein solches Gen erschien 1998 in der Zeitschrift *Nature*. Das beschriebene Gen enkodiert ein Protein namens ACE (*angiotensin converting enzyme*), das bei der Kreislaufregulierung eine wichtige Rolle spielt. Generell besitzt jeder Mensch von seinen Genen zwei Kopien, eine von jedem Elternteil. Was die Wissenschaftler nun herausfanden, war, dass Armeerekruten, die zwei Kopien einer besonderen Variante (I) des ACE-Gens besaßen, in der Lage waren, Gewichte elfmal länger zu stemmen als andere Rekruten, die zwei Kopien der D-Variante des Gens besaßen. Männer, die Kopien beider Varianten besaßen, lagen mit ihrer Leistungskraft in der Mitte. Interessanterweise zeigten sich diese Unterschiede jedoch erst nach einem zehnwöchigen körperlichen Training, während vor Trainingsbeginn bei den Rekruten keinerlei Unterschiede dieser Art festgestellt worden waren. Bergsteiger, die routinemäßig ohne Sauerstoffergänzung in Höhen über 7000 Meter klettern konnten, besaßen ebenfalls mindestens eine Kopie der

I-Variante des ACE-Gens. Mit dieser I-Variante ist eine wesentlich größere Aktivität des Angiotensin konvertierenden Enzyms verbunden. Warum dies die Leistungsfähigkeit nach dem Training so stark erhöht, ist jedoch noch nicht geklärt.

Letztlich liegen die Grenzen für Geschwindigkeit und Ausdauer in den physischen Eigenschaften der Muskeln und des Herz-Kreislauf-Systems: Frequenz und Stärke der Kontraktion von Herz- und Skelettmuskulatur haben definitive physiologische Grenzen. Die höchste Herzfrequenz liegt bei einem fitten jungen Menschen bei 200 Schlägen pro Minute, egal ob sein Körper durchtrainiert ist oder nicht.[3] Diese Grenze hat damit zu tun, dass einfach eine bestimmte Zeit erforderlich ist, bis sich das Herz wieder mit Blut gefüllt hat. Es wäre natürlich höchst ineffizient, wenn sich das Herz schon zusammenzöge, ehe es voll ist. Das könnte sogar tödliche Folgen haben. Denn Herzflimmern ist ein Zustand, bei dem das Herz unrhythmisch und unkontrolliert schnell schlägt. Dadurch wird eine reguläre Auffüllung der großen Herzkammern verhindert, und das führt unweigerlich zum Tod, wenn es nicht gelingt, das Herz durch eine Schocktherapie zu seinem normalen Rhythmus zurückzubringen. Auch das maximale Blutvolumen, welches das Herz mit jedem Schlag pumpen kann, ist begrenzt – durch die Größe des Herzens. Größere Herzen ermöglichen bessere sportliche Leistungen, und einer der Vorteile regelmäßiger körperlicher Betätigung liegt darin, dass sie das Herz vergrößert.

Die maximale Kraft, die ein Skelettmuskel ausüben kann, liegt anscheinend bei 4 bis 5 Kilogramm pro Quadratzentimeter Querschnittsfläche. Im Allgemeinen wird man darum kräftiger, wenn man seine Muskelmasse vergrößern kann. Je fetter der Muskel, desto größer seine Kraft. Bei manchen wirbellosen Tieren indes können die Muskeln sogar noch mehr leisten als die des Menschen. Muscheln, etwa Herzmuscheln oder Miesmuscheln, schützen sich vor Räubern oder vor dem Wasserrückgang bei Ebbe dadurch, dass sie ihre Muschelschalen fest verschließen. Dabei können ihre Schließmuskeln eine Kraft von bis zu 10 bis 14 Kilogramm pro Quadratzentimeter entwickeln, also etwa zweimal bis dreimal so viel wie ein Säugetiermuskel. Überdies können Muscheln ihre Schalen viele Stunden lang geschlossen halten, weil die Muskeln einen einzigartigen Verschlussmechanismus besitzen, der eine lange Kontraktion ohne ATP-Verbrauch ermöglicht. Wer trotzdem, wie etwa die Seesterne, versucht, Muschelschalen

zu öffnen, stößt auf enorme Schwierigkeiten. Beim »Tauziehen« zwischen Seestern und Muschel bleibt die Muschel fast immer Sieger. Ihre Muskeln haben einfach die größte Ausdauer.
Schließlich liegt, wie in allen Lebensbereichen, ein zentraler Unterschied zwischen Siegern und Unterlegenen in ihrer Motivation. Nur wer in der Lage ist, bis an die eigenen Grenzen zu gehen, ohne dabei den kühlen Kopf zu verlieren, hat das Zeug zur Meisterschaft.

Unterschiede in der körperlichen Leistungsfähigkeit der Geschlechter

Außer beim Langstreckenschwimmen kommen Frauen in fast allen Sportarten in puncto Kraft, Geschwindigkeit und Ausdauer nicht an die Männer heran. Doch warum das so ist, ist absolut nicht klar. Wenigstens teilweise wird es mit mangelndem Training und fehlenden Gelegenheiten zusammenhängen.[4] Schaut man sich zum Beispiel alte Filmaufzeichnungen an, so wird deutlich, dass die Weltklasse-Tennisspielerinnen vor 20 Jahren längst nicht so schnell oder hart spielten wie die heutigen Spitzenspielerinnen. Auch in der Leichtathletik haben Frauen die Leistungslücke zwischen männlichen und weiblichen Bestleistungen beständig verkleinert. Heute liegen ihre Weltrekorde näher bei denen der Männer. Trotzdem sind Frauen auch heute nicht so schnell wie Männer, und sie haben auch nicht so viel Ausdauer. Der 100-Meter-Weltrekord der Frauen liegt bei 10,49 Sekunden, und das ist deutlich langsamer als der Männerweltrekord von 9,79 Sekunden. Beim Marathonlauf ist der Unterschied zwischen Männer- und Frauenzeiten sogar noch größer; zwischen den Weltrekorden liegen über 14 Minuten. Es bleibt also die Frage: Warum sind die Frauen langsamer, und werden sie den Abstand zu den Männern jemals aufholen?
Bei Sportarten, bei denen es nicht so sehr auf Kraft oder Geschwindigkeit ankommt, etwa beim Springreiten, sind die Wettbewerbsvoraussetzungen für Männer und Frauen gleich. Es sind also wohl in erster Linie die körperlichen Fähigkeiten von Frauen, die zu unterschiedlichen Ergebnissen in der Leichtathletik führen – und nicht etwa die Tatsache, dass Frauen ein schwächeres Konkurrenzverhalten aufweisen, weniger aggressiv und nicht so entschlossen sind wie Männer. In der Tat gibt es bestens belegte physische Unterschiede zwischen Män-

Schwimmbewegungen

Beim Schwimmen benötigt man für dieselbe Strecke ungefähr viermal so viel Energie wie beim Laufen. Das hat ganz wesentlich mit dem Wasserwiderstand, den Reibungsverlusten bei Bewegungen im Wasser, zu tun, während der Luftwiderstand beim Laufen nur eine untergeordnete Rolle spielt. Wettkampfschwimmer rasieren sich die Körperhaare ab, um den Widerstand zu verringern. Ein Schwimmanzug sorgt für eine weitere Verringerung des Widerstands, und darum kommt man darin noch schneller voran.

Beim Schwimmen ist die Armkraft entscheidend, während die Beinbewegungen zweitrangig sind. Das zeigt sich auch in den Muskeltypen, die bei Schwimmern vorherrschen: Sie haben in ihren Armen mehr Muskelfasern, die sich langsam zusammenziehen, als in ihren Schenkeln. Der Beinschlag beim Kraulen dient vor allem dazu, dem Körper im Wasser eine stromlinienförmige Lage zu geben. Nur nebenbei dient er auch der Vorwärtsbewegung, wie Sie leicht feststellen können, wenn Sie nur mit den Beinen schwimmen und die Arme ruhen lassen. Umgekehrt ist es sehr anstrengend, nur mit den Armen zu schwimmen, weil dann die Beine absacken und den Wasserwiderstand erhöhen. So kommen Sie nur langsam voran.

Keiron Perkins, Goldmedaillengewinnerin bei den Olympischen Spielen in Atlanta (1996)

nern und Frauen (wenn man von den offenkundigen einmal absieht). Zum Beispiel beträgt unter den Skilangläufern der Weltklasse der Maximalwert der Sauerstoffaufnahme bei Frauen nur 43 Prozent des Wertes ihrer männlichen Kollegen. Selbst wenn man das unterschiedliche Körpergewicht berücksichtigt, liegt der entsprechende Wert noch 15 bis 20 Prozent unter dem der Männer. Zum Teil hat das damit zu tun, dass der Fettanteil im Frauenkörper höher ist als bei den Männern; dafür besitzen Frauen weniger Muskeln. In der Tat haben einige Studien gezeigt, dass bei Berücksichtigung der unterschiedlichen Muskelmasse Frauen genauso viel Sauerstoff aufnehmen können wie Männer. Aber die Männer sind auch an anderer Stelle im Vorteil: Sie haben mehr Hämoglobin im Blut als Frauen (10 bis 14 Prozent mehr), und damit ist ihr Blut eben wesentlich besser in der Lage, Sauerstoff zu transportieren. Überdies sind Frauen meistens kleiner als Männer und haben deshalb auch kleinere Herzen; das Volumen des mit jedem Herzschlag gepumpten Blutes liegt meistens um ein Viertel unter dem der Männer. Und weil Ausdauer von der Herzleistung abhängt, folgt daraus auch, dass Frauen bei Langstreckenrennen weniger Durchhaltevermögen haben.

Dass Männer mehr Testosteron, das männliche Sexualhormon, in ihrem Körper haben, könnte die Ursache für einige der genannten Unterschiede sein und erklären, warum Frauen immer noch nicht an die Weltrekorde der Männer herankommen. Bemerkenswerterweise wurden etliche Frauenweltrekorde in der Leichtathletik von Athletinnen aufgestellt, die später gestanden, dass sie anabole Steroide eingenommen hatten (Dopingmittel, welche die Auswirkungen von Testosteron auf den Muskelaufbau nachahmen), oder die weithin im Verdacht standen, solche Mittel eingenommen zu haben.

Eine Sportart gibt es indes, in der die Frauen besser sind als die Männer: im Langstreckenschwimmen. Auch diese Tatsache lässt sich physiologisch erklären. Fett hat eine geringere Dichte als Wasser und schwimmt deshalb oben, während Muskeln schwerer sind als Wasser und deshalb absinken. Und weil Frauen mehr Fett unter der Haut haben, schwimmen sie leichter als Männer. Das heißt, Schwimmerinnen müssen weniger Energie aufwenden, um sich im Wasser zu bewegen, als männliche Schwimmer, und weil ihre Beine gleichfalls näher an der Oberfläche schwimmen, bewegen sie sich im Wasser stromlinienförmiger. Hier liegt auch die Erklärung dafür, dass im Schwimmen nach Zeit die Weltrekorde der Frauen dichter bei denen der Männer liegen als sonst üblich. Beim Langstreckenschwimmen haben Frauen noch den zusätzlichen Vorteil, dass sie durch ihre Körperfettschicht besser gegen Kälte isoliert sind. So steht gegenwärtig der Weltrekord für die Durchquerung des Ärmelkanals (34,5 Kilometer) bei 7 Stunden und 40 Minuten. Gehalten wird er von einer Frau. Der Rekord der Männer kommt nicht einmal in die Nähe dieser Zeit; er steht bei 8 Stunden und 12 Minuten.

Leistungsfördernde Mittel

Die Verwendung leistungsfördernder Mittel lässt sich historisch weit zurückverfolgen. Zur Zeit der Kreuzzüge schickten die Ismailiten (eine schiitische Sekte) ihre muslimischen Krieger im Haschischrausch in den Krieg oder auf Mordkommandos. An deren Wüten und Furchtlosigkeit erinnert noch heute das englische Wort *assassin* (»Mörder«), das vom arabischen Wort *hasisi* (»Haschischesser«) abgeleitet ist. Im 19. Jahrhundert verabreichte die britische Marine ihren Matrosen täglich eine Ration Rum, um »die Kampfkraft zu stärken«. Und die Bedingungen im Vietnamkrieg waren so schrecklich, dass viele US-Soldaten Zuflucht bei Drogen wie Marihuana, Kokain und Heroin suchten. All diese Drogen sind in gewisser Weise »leistungsfördernd«, weil sie dazu beitragen, in sehr gefährlichen Situationen die Angst zu besänftigen. Einige Mittel, zum Beispiel Kokain, sind zugleich Stimulanzien, die bei der Bewältigung von Ermüdung und Verletzungen helfen (die südamerikanischen Indianer kauen schon seit Jahrhunderten Coca-Blätter, um den Hunger zu unterdrücken und die Ausdauer zu erhöhen). Keines dieser Mittel dient jedoch dazu, Muskelmasse oder Kraft zu vergrößern.

Im 19. Jahrhundert war es nichts Besonderes, wenn Athleten Drogen nahmen. Koffein, Alkohol, Kokain, Opium, Äther, Heroin, Digitalis und sogar Strychnin (ein Gift) kamen zum Einsatz, wenn Athleten hofften, damit ihre Leistung steigern zu können. Dass diese Versuche oft tödlich ausgingen, verwundert nicht. Ein englischer Radrennfahrer, der 1886 bei einem Radrennen von Bordeaux nach Paris eine Überdosis Trimethyl zu sich nahm, hat die zweifelhafte Ehre, der erste Athlet zu sein, der nach Einnahme eines leistungsfördernden Mittels starb.

Je mehr wir über die menschliche Physiologie wissen und je wichtiger im Sport der Sieg wurde – im Gegensatz zum Motto »Dabeisein ist alles« –, desto mehr experimentierten die Athleten mit einer sich ständig erweiternden Palette von Dopingmitteln. Seit Anfang der 1950er Jahre griff man gezielt auf Testosteron und synthetisch hergestellte anabole Steroide zurück, weil man entdeckt hatte, dass diese Hormone die Muskelmasse vergrößern. Mitte der 1960er Jahre war der Einsatz dieser Mittel bei Gewichthebern und Kugelstoßern bereits üblich. Seit Ende der 1960er Jahre griffen auch Läufer (besonders Läuferinnen) zu anabolen Steroiden. 1967 entschloss sich das Internationale Olympische Komitee (IOC), dem Treiben Einhalt zu gebieten. Es wurden Regeln verabschiedet, die die Einnahme leistungsfördernder Drogen verboten und Tests nach dem Zufallsprinzip vorschrieben. Gegenwärtig stehen über 100 Dopingsubstanzen auf der Verbotsliste des IOC.

Im Zeichen zunehmender Kommerzialisierung des Sportes, die mit Sponsorentum und hohen Preisgeldern einhergeht, von denen nur die Erfolgreichsten profitieren können, erhalten Siege einen außerordentlichen Stellenwert. Nimmt man noch die relativ kurze Zeitspanne hinzu, in der professionelle Athleten aktiv sein können, so wird verständlich, warum eine ganze Reihe von Sportlern die Regeln brechen und mit leistungsfördernden Mitteln experimentieren. Und je mehr Athleten dies tun, desto schwerer fällt es den anderen zu widerstehen. Dazu die Aussage eines Athleten: »Wenn du überhaupt nichts nimmst, ist das so, als würdest du dich mit Turnschuhen an den Startblöcken einfinden, während alle anderen Spikes an den Füßen haben.« Doch sind Drogen nicht nur deshalb verboten, weil sie als »unfair« gelten; sie stehen auch wegen ernsthafter Nebenwirkungen auf dem Index. Es entbehrt nicht einer gewissen Ironie, dass Sportler zunächst alles für die Verbesserung ihrer körperlichen Fitness tun, um anschließend ihrem Körper Schaden zuzufügen, indem sie Mittel einnehmen, die zu Sterilität, Leberkrebs und plötzlichem Tod durch Herzversagen führen können.

Die notorischsten leistungsfördernden Mittel sind anabole Steroide – synthetische Mittel, die das männliche Geschlechtshormon Testosteron nachahmen. Diese Drogen vergrößern Muskelmasse und Kraft, und man nimmt sie, um die Leistung in Sportarten, die Kraft, Schnelligkeit oder Stärke erfordern, zu verbessern, etwa beim Gewichtheben, Laufen und Schwimmen. Auch bei Bodybuildern sind sie beliebt. Weil anabole Steroide am wirkungsvollsten während des Trainings sind,

Das olympische Ideal

Keinen größeren Wettkampf können wir besingen
Als den in Olympia,
So wie Wasser am kostbarsten ist unter allen Elementen
Und Gold das wertvollste aller Güter.
Und wie die Sonne heller erstrahlt als jeder andere Stern,
So erstrahlt Olympia, stellt in den Schatten
Alle anderen Spiele.
Pindar, *Erste Olympische Ode*

Die ersten Olympischen Spiele, die durch Siegerlisten schriftlich dokumentiert sind, fanden im Jahre 776 v.Chr. im Tempelbezirk von Olympia noch als lokales Ereignis von nur eintägiger Dauer statt. Sie begannen am Morgen mit einem Opfer für Zeus und endeten am Nachmittag mit einem Wettlauf. Der erste uns bekannte Olympionike (Olympiasieger) war Koroibos aus Elis. Um 650 v.Chr. hatten die Spiele schon eine wesentlich größere Dimension bekommen. Zum Wettstreit kamen freie Griechen aus zahlreichen griechischen Städten, auch solchen in Italien und Kleinasien. Die Anzahl der Disziplinen war erweitert worden und umfasste nun mehrere Wettläufe über unterschiedliche Distanzen (darunter auch einen Lauf über rund 5000 Meter), Boxen, Wagenrennen, Reiten, Pankration (eine Mischung aus Ringen und Boxen) und Fünfkampf (Wettlauf, Weitsprung, Diskuswurf, Speerwurf und Ringen). Besonders strapaziös war ein Wettlauf in voller Rüstung über 768 Meter (wobei die Rüstung zwischen 110 und 130 Kilogramm wog) – ein deutlicher Hinweis auf die große Bedeutung, die der Sport als militärisches

kann man sie drei bis vier Wochen vor dem Wettkampf absetzen. Dann haben die Drogen Zeit, wieder aus dem Körper zu verschwinden, und der Athlet gilt als dopingfrei, wenn er nach dem Wettkampf getestet wird.
Es ist inzwischen unbestritten, dass Anabolika Geschwindigkeit und Ausdauer verbessern. Die besten Beweise kommen aus den Unterlagen, die jene Ärzte und Trainer des früheren DDR-Sports geführt haben, die jahrelang ein genau abgestimmtes Dopingsystem des Staates für ihre Starathleten leiteten. So beherrschten die ostdeutschen Teilnehmerinnen die Schwimmwettbewerbe zwischen 1973 und 1989 und gewannen bei den Olympischen Spielen 1976 und 1980 jeweils 11 von 13 möglichen Goldmedaillen; auch 1988 waren es noch 10 von

Training im antiken Griechenland hatte. Die Sieger erhielten außer einem Olivenzweig fast nichts, aber sie brachten ihrer Heimat Ruhm und Ehre (und hatten dort dann auch materielle Vorteile) – ganz so, wie es noch heute bei Olympiasiegern üblich ist.
Obwohl die antiken Olympischen Spiele oft als idealistisch und von fairem Wettbewerb geprägt hingestellt werden, trifft dieses Bild nur sehr bedingt zu. Genau wie heute litten die Spiele auch damals schon unter dem Einfluss von Politik und Kommerz. Auch scheuten Athleten schon damals nicht vor Betrug zurück – allerdings ging es eher um eine Bestechung der Kampfrichter als um die Einnahme von Dopingmitteln.

Schwarzfigurige griechische Amphore mit der Darstellung eines Wettlaufs (6. oder 5. Jahrhundert v.Chr.). Solche Amphoren dienten zur Aufbewahrung von Öl, wie es bei den Panathenischen Spielen, die alle vier Jahre in Athen stattfanden, als Siegespreis vergeben wurde.

15 möglichen Goldmedaillen. Petra Schneider zum Beispiel stellte über 400 Meter Lagen 1980 bei den Olympischen Spielen in Moskau einen neuen Weltrekord auf, der erstaunliche 15 Jahre Bestand hatte. Später gab sie zu, dass sie, ohne es zu wissen, anabole Steroide eingenommen hatte, die wahrscheinlich ein Teil der Erklärung für ihren außerordentlichen Rekord sind.[5]
Leider haben Anabolika jedoch viele Nebenwirkungen, darunter ein erhöhtes Risiko für Herzerkrankungen, Leberkrebs, Nierenschäden und Persönlichkeitsstörungen. Bei männlichen Athleten kann die Einnahme zu einer Absenkung des endogenen (körpereigenen) Testosteronspiegels führen, die auch weiter anhält, nachdem die Anabolika abgesetzt wurden. Oft sind dann geschrumpfte Hoden und Infertilität

die Folge. Athletinnen leiden unter einer Vermännlichung, ihre Menstruationszyklen verändern sich, die Körperbehaarung nimmt zu, und es kommt auch zu Wachstumsstörungen. Christiane Knacke-Sommer, die erste Frau, die über 100 Meter Schmetterling die Minutengrenze unterbot, erhielt wie viele ihrer Kolleginnen von ihren ostdeutschen Trainern Steroidhormonpillen. Wie Frau Knacke-Sommer den Berliner Richtern in einem Dopingprozess sagte, wurden die Schwimmerinnen aus dem Team ausgeschlossen, wenn sie die »Ergänzungsmittel« oder »Vitaminpillen« nicht nahmen. Eine ganze Reihe von ihnen zahlen heute einen schlimmen Preis für ihr Tun – in Form von permanenten Gesundheitsschäden. Diese Schäden sind so gravierend, dass mehrere frühere DDR-Schwimmtrainer und Mannschaftsärzte wegen Körperverletzung verurteilt wurden.

Aber die ehemalige DDR steht in dieser Hinsicht nicht allein da. 1988 wurde Ben Johnson die Goldmedaille aberkannt, und er wurde lebenslang von allen Wettbewerben ausgeschlossen, nachdem er bei den Olympischen Spielen in Seoul die 100 Meter in der Rekordzeit von 9,79 Sekunden gewonnen hatte. Dieses Ereignis stellte so etwas wie eine Wasserscheide in der öffentlichen Doping-Wahrnehmung dar. Vor Seoul waren die Medien diesem Thema oft ausgewichen, selbst wenn sie darauf hingewiesen worden waren. Als jedoch Ben Johnson positiv getestet worden war, geriet Doping über Nacht in die Schlagzeilen und ist seitdem auch selten wieder ganz aus den Nachrichten verschwunden.

Vielleicht hatte Johnson sogar Glück, dass er erwischt wurde, denn hohe Dosen von anabolen Steroiden können Herzschäden hervorrufen. Die Sprinterin Florence Griffiths-Joyner, liebevoll mit dem Spitznamen Flo-Jo bezeichnet, starb tragisch im jungen Alter von 38 Jahren an Herzversagen. Sie gewann 1988 drei olympische Goldmedaillen und stellte über 100 und 200 Meter Weltrekorde auf, die unübertroffen blieben (10,49 bzw. 21,34 Sekunden). Sie war elegant, schön, hatte absurd lange Fingernägel und trug auf der Aschenbahn auffallende Rennkleidung. Aber sie war auch sehr muskulös, hatte eine tiefe Altstimme und stand, obwohl es keine hieb- und stichfesten Beweise gab, weithin im Verdacht, anabole Steroide eingenommen zu haben.

Anabolika sind indes nicht die einzigen leistungsfördernden Mittel, die von Athleten eingenommen werden. Auch Wachstumshormone, Amphetamine, Adrenalin, Erythropoetin (»Epo«) und eine ganze Reihe anderer, weniger bekannter Drogen kommen zum Einsatz. Wachstumshormone werden kleinwüchsigen Kindern verabreicht, um ihr Längenwachstum zu forcieren. Sie stimulieren das Knochen- und Muskelwachstum und bauen die Fettreserven des Körpers ab. Menschliche Wachstumshormone sind für Athleten deshalb besonders attraktiv, weil es keine sichere Möglichkeit gibt, synthetische von körpereigenen zu unterscheiden. Und weil inzwischen menschliche Wachstumshormone bakteriell in beträchtlichen Mengen hergestellt werden können, sind sie viel preiswerter geworden und leichter erhältlich. Aber auch ihre Verwendung ist nicht risikofrei, weil ein Übermaß an Wachstumshormonen bei Erwachsenen ein übermäßiges Wachstum an Händen, Füßen und Gesichtsknochen verursacht, die so genannte Akromegalie.

Manchmal nehmen Athleten auch Amphetamine ein. Deren volkstümliche Bezeichnung, »Pep-Pillen«, verrät, warum diese Mittel so beliebt sind. Sie putschen auf, verringern Ermüdung und Schmerzen und versetzen den Körper generell in einen Höchstleistungszustand, indem sie die Herzleistung stimulieren, Puls und Atmung erhöhen und den Blutzuckerspiegel anheben. Amphetamine ahmen die Wirkungsweise des natürlichen Hormons Adrenalin nach, welches den Körper eigentlich auf Kampf- oder Fluchtsituationen vorbereitet. Manchmal nehmen Athleten auch gleich ohne Umwege Adrenalin. Amphetamine haben jedoch ebenfalls Nebenwirkungen: Schwindelgefühle, Erregungs- und Verwirrungszustände. Jedenfalls ist man schlecht beraten, bei Sportarten, die Urteilsvermögen, Konzentration und einen »kühlen Kopf« erfordern, Amphetamine zu nehmen.

Im Sommer 1998 wurde die Tour de France von einem Skandal überschattet. Er begann damit, dass man einen Masseur des Festina-Teams an der belgisch-französischen Grenze anhielt und bei der Durchsuchung seines Wagens ein ganzes Drogenarsenal entdeckte. Später ge standen fünf Mitglieder der betroffenen Mannschaft, Dopingmittel genommen zu haben. Trotz massiver Proteste der Radrennfahrer wurden auch bei den Mitgliedern zahlreicher anderer Mannschaften Kontrolltests durchgeführt sowie deren Gepäck nach Drogen durchsucht – mit positivem Ergebnis. Schließlich wurden mehr als 80 der 189 Fahrer entweder wegen Drogenmissbrauchs disqualifiziert oder gaben von sich aus das Rennen auf. Das von den meisten verwendete Mittel war menschliches Erythropoetin (»Epo«), ein Hormon, das die Produktion roter Blutkörperchen anregt (siehe Kapitel 1). Epo-Injektionen sind im Grunde nur eine Weiterentwicklung des schon lange zuvor praktizierten Blutdopings: Vor Wettkämpfen hatten die Athleten eine Bluttransfusion erhalten, um die Zahl ihrer roten Blutkörperchen zu erhöhen und so eine erhöhte Aufnahmekapazität für Sauerstoff zu schaffen. Der Nachweis, dass dies die Leistungsfähigkeit wirklich erhöht, steht immer noch aus, obwohl viele Athleten vom Gegenteil überzeugt sind. Das Problem ist allerdings, dass die größere Viskosität, also eine Verdickung des Blutes, zu Verklumpungen der Blutkörperchen führen kann und dass damit das Risiko von Schlaganfällen oder Herzinfarkten beträchtlich steigt.

Und was ist mit den ganz »normalen« Aufputschmitteln wie Kaffee und Alkohol, die die meisten von uns im Verlauf ihres Lebens in beträchtlichen Mengen konsumieren? Es wird Sie vielleicht überraschen, aber Koffein erhöht die Leistungskraft anscheinend tatsächlich. Eine einschlägige Untersuchung hat ergeben, dass das Äquivalent von zweieinhalb Tassen starken Kaffees, eine Stunde vor Beginn körperlicher Strapazen eingenommen, die Ausdauer erhöht. Die Versuchspersonen, die Kaffee getrunken hatten, waren in der Lage, sich mehr als 90 Minuten lang körperlich zu betätigen, während die Vergleichsgruppe, die koffeinfreien Kaffee erhalten hatte, nur rund 75 Minuten durchhielt. Die Kaffeetrinker fühlten sich auch weniger erschöpft. Wie Koffein solche Resultate bewirkt, wissen wir nicht ganz genau, aber es sieht so aus, als würde Koffein zum einen die Verwendung von Fett als Brennstoff erleichtern (und dabei die begrenzten Kohlehydratvorräte des Körpers schonen) und zum anderen direkt auf die Muskeln einwirken. In den Antidopingbestimmungen des IOC sind höchstens 12 Mikrogramm Koffein pro Milliliter Urin zugelassen. Um dieses Niveau zu erreichen, müsste ein Sportler 6 bis 8 Tassen Kaffee auf einmal trinken und dann innerhalb von 2 Stunden getestet werden. Auch der unbegrenzte Koffeineinsatz hat natürlich Nebenwirkungen: Kopfschmerzen, Zittern und zusätzliche Herzschläge. Auch wirkt Koffein als starkes Diuretikum harntreibend, was bei Langstreckenläufen durchaus zum Problem werden kann – nicht nur wegen des Drangs, sich zu erleichtern, sondern auch, weil erhöhter Flüssigkeitsverlust zur Austrocknung führen kann.

Die Vorteile des Alkohols liegen wohl weitgehend im psychischen Bereich: Beruhigung der Nerven und Stärkung des Selbstvertrauens. Alkohol reduziert in geringen Mengen auch das feinmotorische Zittern, was Sportlern zugute kommt, die eine ruhige Hand benötigen. Die Verwendung ist jedoch verboten. 1968 wurden bei den Olympischen

Spielen zwei Pistolenschützen disqualifiziert, weil sie vor dem Wettkampf Alkohol zu sich genommen hatten. Hinzu kommt, dass zu viel Alkohol, wie viele von uns aus eigener Erfahrung wissen, die Leistung eher verschlechtert als fördert.

Zauber der Tierwelt

Training verbessert die Leistungsfähigkeit, aber natürlich muss es auch Grenzen geben, wie schnell oder wie weit ein Mensch laufen und wie hoch er springen kann. Wo liegen diese natürlichen Grenzen des Körpers? Und wie steht der Mensch im Vergleich zu den Tieren da? Diese Fragen sind nicht leicht zu beantworten, weil ständig aufs Neue zuvor unmöglich erscheinende Weltrekorde aufgestellt werden. Eine Sportlerelite, verbesserte Trainingsmethodik und Trainingsbedingungen, bessere Schuhe und generell eine bessere Ausrüstung, die richtige Bahnverteilung, Rückenwind – all diese Faktoren sind im Spiel. Gleichwohl werden Weltrekorde inzwischen nur noch selten markant verbessert, und es ist auch äußerst unwahrscheinlich, dass eines Tages ein Mensch so schnell laufen können wird wie ein Gepard. Darum ist die Annahme nicht ganz unbegründet, dass wir uns gegenwärtig mit den Weltrekorden in der Nähe der absoluten Leistungsgrenzen des Menschen bewegen.
Eine Spitzensprinterin kann die 200 Meter mit einer Geschwindigkeit von rund 35 Stundenkilometern laufen, ihr Gegenpart auf den Langstrecken schafft ein Tempo von rund 24 Stundenkilometern. Das ist zwar wesentlich schneller, als die meisten Menschen je laufen können, schrumpft jedoch fast zur Bedeutungslosigkeit, wenn wir tierische Höchstleistungen damit vergleichen. Ein Whippet (eine Rennhunderasse) schafft 56 Stundenkilometer, ein Hase 64, ein Rotfuchs 72, Antilopen fast 100, und der Gepard kann die erstaunliche Spitzengeschwindigkeit von 110 Stundenkilometern erreichen. Selbst der Strauß, der wie der Mensch nur auf zwei Beinen läuft, kann eindrucksvolle 56 Stundenkilometer schaffen. Und wenn es um Ausdauer geht, liegen die Tiere ebenfalls klar vorn. Ein Pferd kann zum Beispiel mit einem Tempo von 24 Stundenkilometern mehr als 50 Kilometer weit galoppieren, Kamele schaffen in 12 Stunden über 180 Kilometer, und ein von Hunden gehetzter Rotfuchs lief verbürgte 240 Kilometer an anderthalb Tagen. Tempo und Ausdauer sind für Räuber

Der Gepard, Schnellläufer par excellence, erreicht als schnellstes auf der Erde lebendes Säugetier eine Spitzengeschwindigkeit von 110 Stundenkilometern. Noch erstaunlicher ist, dass er dieses hohe Tempo schon nach 3 Sekunden erreicht. Allerdings kann er es nicht lange durchhalten: Die meisten seiner Verfolgungsjagden dauern weniger als eine halbe Minute, weil intensive Bewegung bei anaerobem Stoffwechsel für ein enormes Sauerstoffdefizit und einen steilen Anstieg der Körpertemperatur sorgt (auf fast 41 °C, die beinahe tödlich sind). Danach ist eine lange Erholungspause nötig. Wegen seines hohen Energieaufwands muss der Gepard seine Beute sorgfältig auswählen. Denn allzu viele erfolglose Jagden kann er sich nicht leisten.

und Beute gleichermaßen wichtig, doch Raubtiere können meistens schneller laufen, während Beutetiere oft ausdauernder und wendiger sind als ihre Jäger.

Länge und Frequenz der Schritte oder Sprünge bestimmen das Lauftempo. Der schöne, fast hypnotische Zeitlupengang der Giraffe rührt daher, dass sie große Schritte macht, aber relativ langsam geht. Kleinere Tiere können mit kleineren Schritten ähnliche Geschwindigkeiten dadurch erreichen, dass sie ihre Beine schneller bewegen, zum Beispiel das Warzenschwein. Ähnliche Beobachtungen können Sie aber auch machen, wenn Sie in einem Straßencafé sitzen und Passanten beobachten. Wer keine großen Schritte machen kann, muss, um nicht abgehängt zu werden, oft im Laufschritt neben anderen hergehen, die

große Schritte machen. Die schnellsten Läufer verbinden eine große Schrittweite mit einem schnellen Tempo.
Schnell laufende Tiere haben meistens im Verhältnis zu ihrer Größe lange Beine; daraus resultiert eine große Schrittweite. Viele haben im Lauf der Evolution dadurch längere Beine bekommen, dass die Fußknochen modifiziert wurden. Raubtiere und Vögel gehen meistens auf dem Äquivalent des Fußballens. Bei Huftieren geht diese Entwicklung sogar noch weiter, weil ihre Fußknochen verschmolzen sind, um den Hufen Stärke zu verleihen. Das Pferd zum Beispiel hat nur noch einen einzigen Zehenknochen und geht im Endeffekt auf seinen Zehenspitzen. Schnelle Tiere nehmen auch dadurch Gewicht von den Gliedmaßen, dass sie kleinere Fußknochen haben und ihre Muskeln, wie auch alle anderen Gewebe, so weit wie möglich in die Nähe des Rumpfes verlagern. An langen, schlanken Beinen kann man die Schnellläufer erkennen. Das flexible Rückgrat von Katzen und Hunden trägt gleichfalls zu einer großen Schritt- und Sprungweite bei. Mit gestrecktem Rückgrat ist ein Gepard meistens etliche Zentimeter länger. Die Spannung seiner Wirbelsäule muss er so regeln, dass der Rücken nur dann ganz gestreckt ist, wenn er sich mit den Hinterbeinen kraftvoll vom Boden abstößt.
Schnellläufer müssen ihre Beine überdies schnell bewegen. Im vollen Galopp schafft ein Pferd zweieinhalb Galoppsprünge pro Sekunde, ein Gepard aber mindestens dreieinhalb. Je schneller die Schrittfrequenz, desto fester und schneller müssen sich die Muskeln zusammenziehen. Letztlich wird die Höchstgeschwindigkeit also von der Muskelkontraktion bestimmt. Das gilt im Wesentlichen für alle Säugetiermuskelfasern. Längere Muskeln ziehen sich jedoch langsamer zusammen. Das heißt, bei großen Tieren werden die Vorteile der langen Beine durch eine geringere Schrittfrequenz wettgemacht. Hier liegt einer der Gründe, warum die Giraffe trotz ihrer wesentlich längeren Beine nicht mit dem Geparden mithalten kann. Manche Tiere, etwa die Pferde, umgehen dieses Problem dadurch, dass sie relativ kurze Muskeln und dafür längere Sehnen haben.
Der Ort, an dem der Muskel mit der Sehne am Beinknochen befestigt ist, entscheidet ebenfalls darüber mit, wie schnell ein Tier laufen kann. Bei Schnellläufern ist der Muskel in der Nähe des Schultergelenks befestigt, damit zur Bewegung der Glieder nur wenig Energie aufgewandt werden muss. Diese Tiere haben ihr ganzes Leben lang sozusagen im Getriebe einen hohen Gang eingelegt. Gehende Tiere (zu denen auch

der Mensch gehört) und grabende Tiere (wie Dachse) arbeiten dagegen in einem kleinen Gang. Ihre Muskeln sind weiter vom Schultergelenk entfernt befestigt; dadurch haben sie mehr Kraft, aber sie sind nicht so schnell. Ein anderer Trick bei den Schnellläufern unter den Tieren besteht darin, dass sie verschiedene Muskeln benutzen, um gleichzeitig unterschiedliche Beingelenke zu bewegen. Auf diese Weise wird der Fuß in ähnlicher Weise beschleunigt, wie die Geschwindigkeit eines Menschen zunimmt, wenn er auf einer Rolltreppe noch zusätzlich die Stufen hinaufgeht. Je mehr Gelenke gleichzeitig vorwärts bewegt werden können, desto schneller ist das ganze Bein. Dadurch, dass die Pferde auf ihren Zehenspitzen laufen, gewinnen sie ein zusätzliches Gelenk und damit eine stärkere Beschleunigung.
Manche Tiere machen sich die elastische Abfederung des Rückstoßes zunutze, um schneller vorwärts zu kommen. Ein besonderes Band im Fuß des Pferdes speichert die Energie, wenn der Fuß den Boden berührt, und gibt sie wieder ab, wenn der Fuß vom Boden wieder abhebt. Berührt der Fuß den Boden, so beugt sich das Fesselgelenk und dehnt dabei ein elastisches Band, das um das gebeugte Gelenk gewickelt ist. Wenn der Fuß dann den Boden verlässt, streckt sich das Gelenk, und das Band schnellt wieder auf seine ursprüngliche Länge zurück. Dabei wird die konservierte Energie freigesetzt und die Aufwärtsbewegung des Beins unterstützt. Dieses elastische Band macht einen schwereren Muskel überflüssig, und mit einem leichteren Bein kann das Pferd schneller laufen. Folglich ist das Pferd beim Laufen äußerst effizient.
Auch die langen Achillessehnen des Kängurus haben eine ähnliche Funktion. Sie sparen, wenn das Känguru mit den Hinterbeinen springt, bis zu 40 Prozent der erforderlichen Energie ein. So kann das Tier mit einer Geschwindigkeit von 7 bis 22 Stundenkilometern hüpfen, ohne zusätzlichen Sauerstoff zu verbrauchen. Mit anderen Worten, um schneller voran zu kommen, benötigt das Känguru keine zusätzliche Energie! Es benutzt seine Sehnen wie Sprungfedern. Wie bei einem zurückspringenden Ball ist der größte Energieaufwand am Anfang nötig, beim Känguru also beim ersten Sprung. Die anschließenden Sprünge profitieren dann vom Rückstoßeffekt. Bei hohen Geschwindigkeiten ist dieser elastische Federungseffekt größer, also wird auch mehr Energie eingespart und relativ weniger Arbeit benötigt.
Ein einfaches Experiment kann die Bedeutung der elastischen Rück-

federung für die Energieeinsparung illustrieren. Legen Sie dieses Buch einmal zur Seite, stehen Sie auf und machen Sie in schneller Folge zehn Kniebeugen. Anschließend machen Sie noch einmal zehn Kniebeugen, doch diesmal zählen Sie jeweils bis 60, bevor sie die Beine wieder strecken. Sie werden merken, dass die Übung jetzt wesentlich anstrengender geworden ist. Der Grund: Die Streckmuskeln sind beim Hinhocken gespannt, um das Ausmaß der Abwärtsbewegung zu kontrollieren. Können sie sich anschließend gleich wieder zusammenziehen, so dient die Muskelspannung als elastische Rückfeder; doch wenn sich die Muskelanspannung erst einmal verloren hat, kann keine Elastizität mehr unterstützend wirken. Fazit: Der elastische Rückfederungseffekt in Ihren Muskeln hilft Ihnen, relativ leicht auf und ab zu wippen. Dieser Effekt federt auch beim Laufen Ihre Schritte ab und hilft Ihnen, Energie einzusparen. Diese wird im Wadenmuskel und in der Achillessehne konserviert, wenn der Fuß den Boden berührt, und fast umgehend wieder freigesetzt, wenn sich der Fuß vom Boden abstößt und der Muskel sich verkürzt. Laufschuhe sind so gestaltet, dass sie diesen elastischen Rückfederungseffekt noch verstärken.

»Vier Beine gut, zwei Beine schlecht« – so lautet ein berühmter Slogan der Tiere in George Orwells Satire *Die Farm der Tiere (Animal Farm)*. Nun, es ist zweifellos richtig, dass sowohl die Geschwindigkeits- als auch die Ausdauerrekorde von Vierbeinern gehalten werden, aber sind vier Beine wirklich immer besser als zwei? Leider gibt es auf diese Frage keine eindeutige Antwort, weil die Geschwindigkeit nicht nur von der Zahl der Beine abhängt; auch die Größe des Tieres, die Länge seiner Beine, die Flexibilität seines Rückens und seine Gangart spielen eine Rolle.

Eine Frage der Größe

Wie immer, kommt es entscheidend auf die Größe an. Je größer Tiere sind, desto schwerer fällt ihnen das Laufen. Das hängt damit zusammen, dass die potenzielle Muskelkraft im Quadrat mit der Muskelquerschnittsfläche wächst, während die Masse des Tieres mit seiner Länge im Kubik zunimmt. Wird das Tier also doppelt so lang, dann vergrößert sich sein Gewicht um das Achtfache, die Muskelkraft jedoch nur um das Vierfache. Mit zunehmender Größe fällt folglich die Be-

Der amerikanische Fotograf Eadweard Muybridge war einer der Ersten, der die Bewegungsabläufe von Mensch und Tier beim Laufen erkundete. In den 1870er Jahren stellte er auf Leland Stanfords privater Pferderennbahn in Palo Alto, Kalifornien, 24 Standkameras nebeneinander und nahm eine Serie von Momentaufnahmen eines vorbeigaloppierenden Pferdes auf. Seine Fotos entschieden die Kontroverse, ob ein Pferd beim Galopp alle vier Beine gleichzeitig vom Boden abhebt. Tatsächlich schwebt das Pferd während eines Viertels der Galoppbewegung in der Luft. Allerdings hat es dabei alle vier Beine unter dem Bauch angezogen, während man zuvor angenommen hatte, es schwebe mit gestreckten Beinen in der Luft. So hatten auch viele Künstler es dargestellt.

wegung der Gliedmaßen immer schwerer. Und wenn Tiere wirklich sehr groß werden, fällt es ihnen möglicherweise schon schwer, selbst im Ruhezustand ihr Körpergewicht zu tragen. Dieser Umstand setzt der Größe von Landtieren definitiv Grenzen. Im Meer lebende Tiere können dagegen, wie der Blauwal, noch größer werden, weil das Wasser einen Teil ihres Gewichts trägt.

Es ist allgemein bekannt, dass Flöhe und Grashüpfer mehr als fünfzigmal so hoch springen können, wie ihr Körper lang ist. Dann müsste ein Mensch, um Vergleichbares zu leisten, mit einem Satz 100 Meter hoch springen. Doch der Weltrekord im Hochsprung steht nur auf 2,45 Meter; und wenn ein Topathlet aus dem Stand springen müsste, würde er nur 1,60 Meter schaffen. Warum können dann aber Flöhe und Grashüpfer im Verhältnis so viel höher springen? Das hat wiederum mit ihrer Größe zu tun – denn für große Tiere ist es physisch einfach unmöglich, im Verhältnis zu ihrer Körpergröße so hoch zu springen wie kleine Tiere. Physikalisch gesehen sollten indes ähnlich gebaute Tiere in der Lage sein, unabhängig von ihrer Körpergröße im Sprung ähnliche Höhen zu erreichen.

Um zu verstehen, warum das so ist, muss man sich erinnern, dass die Muskeln eines Menschen und eines Insekts potenziell, gemessen am Muskelquerschnitt, dieselbe Kraftentfaltung haben, weil die Muskelkraft von der Querschnittsfläche abhängig ist. Wie gerade festgestellt, steigt überdies die Masse (das Volumen) des Tiers im Kubik, während die Muskelquerschnittsfläche nur im Quadrat zunimmt. Das heißt aber nichts anderes, als dass größere Tiere im Verhältnis zu ihrer Masse immer weniger Sprungkraft zur Verfügung haben. Ein Großtier könnte seine Sprungkraft ein wenig verbessern, wenn es jenen Bruchteil seiner Körpermasse vergrößerte, der dem Springen dient, also den Springmuskel. Das ist zum Beispiel beim kleineren Galago, einer tropischen Halbaffenrasse, der Fall. Relativ gesehen ist seine Muskelmasse doppelt so groß wie bei einem Menschen. Folglich kann er auch aus dem Stand 2,2 Meter hoch springen – ungefähr dreimal so hoch wie ein Mensch (dessen Rekord steht zwar auf 1,60 Meter, aber der Massenschwerpunkt des menschliche Körpers liegt beim Absprung bereits 1 Meter über dem Boden). Trotzdem leuchtet es unmittelbar ein, dass ein Tier nur zu einem bestimmten Anteil seines Körpers aus Muskeln bestehen kann – darum hat auch eine solche Anpassung nur begrenzten Wert.

Kleine Tiere scheinen auch überdurchschnittlich stark zu sein. Ein Mistkäfer wirkt winzig im Vergleich zu dem riesigen Mistball, den er vorwärts treibt, und eine Ameise kann ein großes Blattstück, das mehr wiegt als sie selbst, mit Leichtigkeit tragen. Ein Mensch würde eine solche Last äußerst beschwerlich finden. Auch bei den Ameisen liegt der Grund für ihre außerordentlichen Kräfte in ihrer relativ geringen Größe. Ameisenmuskeln sind relativ genauso stark wie Menschenmuskeln, aber sie scheinen weit stärker zu sein, weil die Kraftentfaltung eines Muskels mit abnehmender Körpermasse des Tieres immer größer wird. Die relative Stärke ist also wirklich in erster Linie eine Frage der Größenverhältnisse.

Über die Grenze hinaus

Flöhe sind nicht nur wegen der Höhe, die sie im Sprung erreichen, sondern auch wegen ihrer enormen Absprunggeschwindigkeit berühmt. Die durchschnittliche Beschleunigung eines Flohs beim Absprung erreicht mehr als 1350 Meter pro Quadratsekunde, also fast das Zweihundertfache der Gravitationskraft. Das ist weit schneller, als sich ein Muskel zusammenziehen kann. Wie schafft das der Floh?

Er hat ein eingebautes Katapult, in dem er über lange Zeit Energie speichert, um diese dann blitzartig freizusetzen. Flöhe besitzen an der Basis ihrer Hinterbeine ein elastisches, gummiartiges Material namens Resilin. Wenn der Floh ruht, presst er das Resilin durch Muskelkontraktion immer mehr zusammen. Ein Teil des Hinterbeins erhebt sich in die Luft; der Floh ist sprungbereit. Wird nun der Mechanismus ausgelöst, so dehnt sich das Resilin sehr schnell aus, und der kräftige, elastische Rückschlag presst das Bein schnell und fest zu Boden: Der Floh wird in die Luft katapultiert.

Die Flugmuskeln einiger Insekten leisten ebenfalls Dinge, die eigentlich jenseits der Grenzen liegen. Jede Zusammenziehung eines Säugetiermuskels geht auf einen einzigen Nervenimpuls zurück. Doch Insektenmuskeln ziehen sich viel häufiger zusammen, als Nervenimpulse zu ihnen geleitet werden könnten. Die kleinen Stechmücken, die einem einen lauen Sommerabend sehr verleiden können, schlagen mit ihren Flügeln mehr als tausendmal pro Sekunde, wobei jenes hohe, sirrende Geräusch entsteht, das der Mensch hören kann. Das ist mehr als vierzigmal schneller, als sich der schnellste zuckende Muskel eines Menschen bewegen könnte.

Die Flugmuskeln der Insekten nutzen, um diese hohe Kontraktionsfrequenz zu erreichen, Resonanzwirkungen aus. Sie sind, wie sich gezeigt hat, dehnungsempfindlich – wenn man an einem solchen Flugmuskel zieht, zieht er sich zusammen, und wenn man ihn loslässt, entspannt er

Überanstrengungsfolgen

Regelmäßige körperliche Betätigung bringt, wie man uns immer wieder versichert, viele Vorteile: Unter anderem verringern sich das Risiko einer Erkrankung der Herzkranzgefäße sowie das Risiko, an Diabetes, Fettsucht oder Osteoporose (Knochenschwund) zu erkranken. Wir sehen besser aus und fühlen uns besser. Aber es gibt auch eine Kehrseite. Beinahe alle, die regelmäßig Sport treiben – und auch viele, die sich nur ab und zu dazu aufraffen können –, leiden in irgendeiner Form an

sich wieder. Der Brustkorb (Thorax) des Insekts, jene Körperpartie, an der die Flügel befestigt sind, ist steif und enthält zwei Arten von Flugmuskeln – eine, die die Flügel nach oben, und eine, die sie nach unten bewegt. Diese Muskeln sind indes, was Sie vielleicht überraschen wird, nicht an den Flügeln selbst befestigt, sondern an den Wänden des Thorax. Die Bewegung der oben auf dem Brustkorb angebrachten Flügel wird indirekt erzeugt, dadurch, dass der Thorax unter Muskeleinwirkung seine Form verändert.

Tatsächlich fungiert der Thorax aber eher als Resonanzkörper, der alternativ an den Hebe- und Senkmuskeln der Flügel zieht und dabei zunächst den einen, dann den anderen veranlasst, sich zusammenzuziehen. Wenn sich die Hebemuskeln zusammenziehen, wird die Oberseite des Thorax runtergedrückt und rastet in einer neuen Position ein – die Flügel heben sich. Doch durch die neue Form des Thorax strecken sich die Senkmuskeln, die dadurch veranlasst werden, sich zusammenzuziehen. Gleichzeitig löst sich die Spannung in den Hebemuskeln; sie entspannen sich. In der Folge springt die Oberseite des Thorax in ihre alte Position zurück – die Flügel senken sich. Dadurch werden natürlich erneut die Hebemuskeln gestreckt und zur Kontraktion angeregt, wodurch sich wiederum gleichzeitig die Senkmuskeln entspannen. Und so beginnt der ganze Zyklus von vorn. Die Thorax-Oberseite pendelt immer zwischen zwei stabilen Positionen hin und her und bewegt dabei die Flügel nach oben und unten.

Weil diese Thoraxbewegungen mit nur geringfügigen Veränderungen der Muskellängen bewerkstelligt werden können, können sie auch extrem schnell erfolgen. Und weil die Flugmuskeln nicht durch Nervenimpulse, sondern durch Streckung stimuliert werden, können sie sich schneller zusammenziehen, als Nervenimpulse zu ihnen durchdringen könnten. Hier liegt die Erklärung, warum Insekten scheinbar Unmögliches vollbringen können.

Verletzungen durch Überanstrengung. Geschichten über Knochenabsplitterungen im Scheinbein, schwache Knie, Muskelzerrungen und Ermüdungsbrüche hört man häufig. Bei den Wochenendläufern geht es meistens darum, dass sie »zu schnell zu viel« wollten. Bei Spitzensportlern heißt es dagegen: »zu viel zu lange und zu oft«. Permanenter Stress kann Knochen brechen, am häufigsten im Fuß und im Unterschenkel, wie man es oft bei Tänzern und Langstreckenläufern erleben kann. Überanstrengung der Muskeln führt zu lokalen Entzündungen, Schwellungen und schwerem Muskelkater. Reibungsverletzungen ergeben sich, wenn Sehnen sich an den Scheiden, die sie umgeben, oder an den Knochen, über die sie laufen, reiben. Das Resultat sind Sehnenentzündungen im Knie oder an der Achillessehne. Wiederholte kleine Sehneneinrisse können ebenfalls zu lokalen Entzündungen führen. Manchmal reißen Sehnen auch vollständig ab; dann geht für den Sportler auf einmal gar nichts mehr. Bänderrisse rund um die Gelenke können besonders schmerzhaft sein und den Betroffenen längere Zeit außer Gefecht setzen – besonders die Knie sind für solche Verletzungen anfällig. Solche Verletzungen durch Überbeanspruchung erfordern eine sofortige Ruhepause, und nach der Genesung muss man sich über ein allmähliches Aufbautraining Schritt für Schritt wieder an die sportlichen Dauerbelastungen heranarbeiten, möglicherweise auch die Trainingsroutine ändern, um Wiederholungsschäden zu vermeiden. Langfristig können die Abnutzungsfolgen eines anstrengenden Langzeittrainings sich zu einer Arthritis (einer chronischen Knochendegeneration in den Gelenken) auswachsen; Steifheit und chronische Schmerzen sind die Folgen. Der menschliche Körper ist einfach nicht als Dauerlaufmaschine angelegt.

Stress hat auch Auswirkungen auf das Immunsystem; professionelle Athleten werden dann anfälliger für Infektionen, und das wiederum beeinträchtigt ihre Leistungsfähigkeit. Bei Ausdauerläuferinnen und Ballerinen kann die Menstruation aufhören, und der positive Effekt, den körperliche Aktivität auf ihre Knochen hat, wird dann durch den reduzierten Östrogenspiegel mehr als aufgewogen. Hier liegt die Erklärung für den scheinbar paradoxen Befund, dass gerade junge Frauen, die sich einem besonders anstrengenden körperlichen Training unterziehen, an Osteoporose erkranken können. Maßvolle körperliche Bewegung indes kann bei älteren Frauen den Knochenverfall durchaus verlangsamen (siehe Kapitel 7). Bei jungen Athleten, hauptsächlich Athletinnen, zum Beispiel Turnerinnen, kann sich durch das Training auch der Beginn der Pubertät verzögern.

Körperliche Anstrengung kann Protein aus der Skelettmuskulatur austreten lassen, wahrscheinlich weil es in den Muskelzellen selbst zu mikroskopisch kleinen mechanischen Schäden kommt. Das ist ganz normal. In einigen Fällen tritt aber auch so viel Protein aus, dass die Sache lebensbedrohlich wird. Das Opfer fühlt sich übel, die Muskeln sind geschwollen und schmerzen, und der Urin nimmt die Farbe von Coca-Cola an, weil er Myoglobin enthält (das dem Hämoglobin ähnelnde pigmentierte Molekül, das in den Muskeln für kurze Zeit als

Sauerstoffspeicher fungiert). Am gefährlichsten aber ist die Tatsache, dass dabei das Gleichgewicht der Salze im Blut durcheinander gerät. Dieses Syndrom ist insgesamt selten, kommt aber gelegentlich bei jungen Rekruten in der Grundausbildung vor.

Bei vielen Sportarten liegt ein erhöhtes Verletzungsrisiko vor. Blutergüsse, Prellungen und gebrochene Knochen sind bei allen Sportarten an der Tagesordnung, die intensiven Körperkontakt beinhalten: Beim Rugby sind gebrochene Nasen nichts Besonderes, ein Hockeystock kann leicht die Beine brechen, Squashbälle haben gerade die richtige Größe, um in Augenhöhlen einzudringen, und beim Sturz vom Pferd kommt es häufig zu Kopfverletzungen. Manchmal ist sogar das Zuschauen oder Vorbeikommen riskant: Als ich an einem Sommernachmittag mit meinem Rad an einem Cricket-Feld vorbeifuhr, traf mich ein verirrter Ball genau im Auge, und ich fiel vom Rad. Am nächsten Tag hatte ich ein herrliches blaues Auge.

Blutungen im Umfeld des Verletzungspunktes sind sehr schmerzhaft und entzündungsanfällig. Um die Folgen zu begrenzen, helfen Kühlung (Eis sorgt dafür, dass sich Blutgefäße zusammenziehen), Kompressen und Hochlegen der betroffenen Gliedmaßen (beides reduziert den Blutfluss in die betroffenen Regionen). Freizeitsportler, die diese einfache Erste-Hilfe-Strategie verschmähen und stattdessen zunächst versuchen weiterzumachen, um anschließend ihre Verletzungen mit einem entspannenden, allerdings gefäßerweiternden alkoholischen Getränk herunterzuspülen, sollten nicht überrascht sein, wenn ihr verstauchter Knöchel am nächsten Morgen geschwollen und steif ist und sehr wehtut.

Diese Verletzungslitanei wird leider oft von Sportmuffeln als Entschuldigung dafür zitiert, dass sie sich überhaupt nicht körperlich betätigen. Dabei ist es doch nur vernünftig, sich daran zu erinnern, dass – wie in vielen anderen Lebensbereichen auch – ein Übermaß schädlich ist, das rechte Maß jedoch heilsam. Ohne exzessives Training wird man vielleicht nie der Schnellste oder die Stärkste, aber man bleibt aktiv und lebt wahrscheinlich länger.

6

DIE LETZTE GRENZE

»Ich werde in vierzig Minuten einen Gürtel um die Erde legen.«
William Shakespeare, *Ein Mittsommernachtstraum*

Edwin »Buzz« Aldrin auf dem Mond (am 20. Juli 1969). Im Visier seines Helms spiegeln sich Neil Armstrong und die Apollo-11-*Mondlandefähre* Eagle.

DEN FRÜHEN MORGEN des 21. Juli 1969 werde ich niemals vergessen. Wie viele Millionen anderer Menschen in der ganzen Welt saß ich gebannt vor einem kleinen Schwarzweißfernseher, auf dessen Bildschirm nur ein Gemisch aus flimmernden weißen Linien und Flecken zu sehen war. Wir strengten uns sehr an, durch das Knistern und Knacken hindurch die menschlichen Stimmen und ihre Worte zu hören. Aber es gab keinen Zweifel: Aufregung und Spannung lagen in diesen Stimmen. Aus dem Schlaf gerissen, zitterte ich in dem dunklen, ungeheizten Raum vor mich hin und vergaß dabei ganz, wie krampfhaft ich meinen Becher mit heißer Schokolade umklammert hielt. Denn in Gedanken war ich etliche tausend Kilometer entfernt, gefangen in einer atemberaubend spannenden Mischung aus Wissenschaft, Technologie und Erkundungsreise. Ich war siebzehn, und Neil Armstrong hatte soeben als erster Mensch seinen Fuß auf den Mond gesetzt.

Wer ungeschützt in das Vakuum des Weltalls treten würde, wäre nach ein paar kurzen, quälenden Augenblicken tot. Die Luft würde aus seinen Lungen entweichen, die im Blut und anderen Körperflüssigkeiten gelösten Gase würden verdampfen, dabei die Zellen sprengen und Blasen in den Kapillargefäßen bilden, so dass kein Sauerstoff mehr ins Gehirn gelangen würde. Die in den inneren Organen eingeschlossene Luft würde sich ausdehnen und die Eingeweide sowie das Trommelfell platzen lassen. Die intensive Kälte würde augenblicklich für Erfrierungen sorgen, und man wäre in weniger als 15 Sekunden bewusstlos.

Der Mensch kann im Weltraum nur überleben, wenn er sein sicheres Umfeld mitnimmt. Doch selbst wenn er durch ein Raumschiff geschützt ist, beschert die Raumfahrt ihm noch diverse physiologische Probleme. Da ist zunächst die erforderliche Beschleunigung, um die Erdanziehungskraft zu überwinden. Dabei wird der Körper erheblichen zusätzlichen Gravitationskräften ausgesetzt. Das zweite Problem ist genau gegensätzlicher Art: die Schwerelosigkeit. Sie kann bei bestimmten Bewegungen Übelkeit hervorrufen, sie führt zu einer Verlagerung der Körperflüssigkeiten, Abnahme der Zahl der roten Blutkörperchen und einem bedenklichen Verlust an Knochen- und Muskelmasse. Doch wenn wir unseren Traum, zu weiteren Planeten unseres Sonnensystems zu fliegen, wirklich realisieren wollen, müssen wir Möglichkeiten finden, diese physiologischen Veränderungen in Grenzen zu halten. Im vorliegenden Kapitel geht es darum, wie die Raumfahrt unseren Körper verändert und was man zur Korrektur dieser Veränderungen unternehmen kann.

Eine kurze Geschichte der Raumfahrt

Das Zeitalter der Raumfahrt begann am 4. Oktober 1957, als die Sowjetunion den ersten Satelliten ins Weltall beförderte. Sein Name, *Sputnik,* bedeutet im Russischen »Weggefährte«. Innerhalb eines Monats folgte ihm *Sputnik 2* mit einem Hund namens Laika an Bord. Und am 12. April 1961 stieg der Kosmonaut Juri Gagarin in seinem Raumschiff *Wostok 1* in den Himmel, umrundete darin einmal die Erde und ließ sich auf dem Rückflug in einer Höhe von 7000 Metern aus seiner Kapsel katapultieren, um sicher mit einem Fallschirm auf der Erde zu landen. Der ganze Ausflug dauerte 1 Stunde und 48 Minuten.

Diese eindrucksvolle Liste sowjetischer Erfolge machte auf die USA nachhaltigen Eindruck. Mochte Präsident Eisenhower den Sputnik auch als »kleine Kugel in der Luft« abtun, die Öffentlichkeit und das Militär blieben nicht so gelassen. Auf dem Höhepunkt des Kalten Krieges wirkte die nachweisliche Überlegenheit der Sowjetunion in der Weltraumtechnologie wie ein Schock. Das ununterbrochene Piepen des Satelliten, wenn er alle 90 Minuten über die USA hinwegsauste, wirkte wie Salz in einer offenen Wunde. Es war, wie die Politikerin und Schriftstellerin Clare Boothe Luce, die Frau des *Time*-Verlegers, sagte, »ein Schmählaut aus Russland«. Fast über Nacht investierte die US-Regierung Abermillionen Dollar in ein Forschungsprogramm, und so hatte das Land binnen neun Monaten ein eigenes profiliertes Weltraumprogramm auf die Beine gestellt. Das Wettrennen im All hatte ernsthaft begonnen. Doch erst am 20. April 1962 konnte der erste US-Astronaut, John Glenn, die Erde umkreisen. Inzwischen hatte bereits ein weiterer Sowjetastronaut, German Titow, als Nachfolger Gagarins die Erde eindrucksvolle 17 Mal umrundet, und ein Jahr darauf war Walentina Tereschkowa als erste Frau im Weltraum.

Juri Gagarin (1934–1968), der erste Mensch im Weltraum, in der Kabine eines Raumschiffs Wostok 1

Doch die Amerikaner gaben nicht klein bei und erhöhten den Einsatz. Mit Präsident Kennedys herausfordernder Rundfunkansprache aus dem Jahre 1961, die USA sollten sich verpflichten, »noch vor Ende dieses Jahrzehnts einen Menschen auf den Mond und sicher wieder zur Erde zurück zu bringen«, wurde das *Apollo*-Raumfahrtprogramm auf den Weg gebracht. Es blieben also nur knapp neun Jahre für die Realisierung. Doch das Tempo, mit dem die technologische Entwicklung vorangetrieben wurde, war frappant. Weihnachten 1968 umkreisten Frank Borman, Jim Lovell und Bill Anders in ihrem Raumschiff bereits den Mond, und weniger als ein Jahr später fand dann, noch im von Kennedy vorgegebenen Zeitrahmen, die erste Mondlandung statt. Und doch wurde drei Jahre darauf, nach nur sechs Mondmissionen, das Mondprogramm eingestellt – nicht aus wissenschaftlichen, sondern aus politischen Gründen. Heute erscheint es manchmal schon fast unglaublich, dass je Menschen ihren Fuß auf den Mond setzten und dass ihre Leistung ein paar Stunden lang die ganze Welt in Atem hielt.
Die sowjetische Strategie zielte nicht auf eine direkte Mondlandung ab, sondern auf den Bau einer Raumstation, die, auf einer Erdumlauf-

bahn geparkt, als Zwischenstation für weitere Raumflüge außerhalb des Gravitationsfeldes der Erde dienen sollte. Kosmonauten sollten längere Zeit in dieser Station leben und arbeiten. Die erste von der Sowjetunion installierte Raumstation, *Saljut 1*, wurde 1971 in den Weltraum geschossen und verblieb etwas mehr als zwei Jahre in ihrer Umlaufbahn. Es folgten weitere *Saljut*-Raumschiffe und schließlich am 20. Februar 1986 die Raumstation *Mir* (was im Russischen sowohl »Welt« als auch »Friede« bedeutet). Die *Mir* sollte ursprünglich nur fünf Jahre Dienst tun, übertraf jedoch alle Erwartungen und blieb, wenn auch in ziemlich marodem Zustand, fast 15 Jahre in ihrer Umlaufbahn. Inzwischen wurde sie kontrolliert zum Absturz gebracht. Nach dem Zerfall der Sowjetunion im Jahre 1994 unternahmen russische und amerikanische Raumfahrer etliche gemeinsame Missionen in der *Mir*. An deren Stelle ist inzwischen die Internationale Raumstation (ISS) getreten, die von zahlreichen Nationen gemeinsam errichtet wurde (und weiterentwickelt wird). Sie ist bereits bemannt.
Infolge der unterschiedlichen Raumfahrtpolitik der USA und der Sowjetunion waren Langzeitstudien über die Auswirkungen des Lebens in der Schwerelosigkeit bis vor kurzem weitgehend auf sowjetische Wissenschaftler beschränkt. Den Langzeitrekord für den Aufenthalt im Weltraum hält mit 438 Tagen in der *Mir* zwischen dem 8. Januar 1994 und dem 22. März 1995 der sowjetischen Kosmonaut Waleri Poljakow. Über die kurzfristigen Auswirkungen der Raumfahrt indes haben beide Länder, die USA wie die Sowjetunion, inzwischen beträchtliche Informationsmengen gesammelt.

Hervortretende Augen

Das erste Problem, mit dem Astronauten konfrontiert sind, ist die beim Start und während des Raketenflugs auf sie einwirkende Beschleunigung von Null auf Erdumlaufgeschwindigkeit.[1] Dabei hat Geschwindigkeit für sich genommen keine offenkundigen Auswirkungen auf den menschlichen Körper. Während Sie jetzt ruhig dasitzen und dieses Buch lesen, rasen Sie gleichwohl mit einer Geschwindigkeit von 108 000 Stundenkilometern durch das All und rotieren mit einer Geschwindigkeit von 1670 Stundenkilometern um die Erdachse,[2] weil die Erde um die Sonne kreist und überdies um die eigene Achse rotiert. Auch wenn Sie von der Außenwelt abgeschlossen und ohne visuelle Anhaltspunkte für die räumliche

Orientierung in einem Flugzeug sitzen, merken Sie kaum, mit welch großer Geschwindigkeit Sie fliegen, solange das Flugzeug mit konstanter Geschwindigkeit geradeaus fliegt. Ganz anders sind Ihre Empfindungen jedoch, wenn das Flugzeug sich im Sturzflug befindet oder sich steil in die Kurve legt. Dies zeigt, dass unser Körper einerseits darauf eingerichtet ist, Geschwindigkeits- oder Richtungsänderungen wahrzunehmen, sich andererseits aber auch schnell anpasst, wenn sich nichts Wesentliches verändert.

Beschleunigung lässt sich unter anderem im Maßstab der Gravitationskraft (g) ausdrücken.[3] +1g bezeichnet die Anziehungskraft der Erde, also die an der Erdoberfläche wirksame Gravitationskraft. Lineare Beschleunigung ist definiert als Veränderung der Geschwindigkeit ohne Richtungsänderung, während radiale Beschleunigung eine Veränderung der Richtung ohne Veränderung der Geschwindigkeit bezeichnet. Die meisten Menschen kennen das Gefühl linearer Beschleunigung: jene Kraft, die einen in den Sitz drückt, wenn ein Sportwagen mit rasanter Geschwindigkeit startet oder ein Flugzeug abhebt. Noch wesentlich stärkere Kräfte sind am Werk, wenn ein Düsenjäger per Katapultstart von einem Flugzeugträger abhebt, wenn eine Raumfahrtrakete startet oder ein Auto mit großer Geschwindigkeit in eine Mauer fährt. Radiale Beschleunigung ist am Werk, wenn sich Motorradfahrer oder Flugzeuge in die Kurve legen oder wenn Motorradartisten an einer Steilwand, der so genannten »Teufelswand«, herumrasen. Wenn ein Verkehrsflugzeug die Richtung ändert, sind meistens +1,3 g zu verzeichnen, aber bei einem hoch entwickelten Düsenjäger können es in engen Kurven bis zu +8 g sein. Meistens legen sich Flugzeuge nach innen gerichtet in die Kurve, so dass dabei das Blut und die inneren Organe der Passagiere nach außen, also nach unten gedrückt werden (»head-to-centre turn«). Man spricht hier von positiver Schwerkraft (+g), weil sie in die gleiche Richtung geht wie die Schwerkraft der Erde. Manchmal fliegen Flugzeuge aber auch nach außen gerichtet in die Kurve; dann werden das Blut und die inneren Organe der Passagiere nach oben in Richtung des Kopfes gedrückt. Hier spricht man von negativer Schwerkraft (–g). Umgangssprachlich ist dies die Position, bei der die Augen hervortreten (»Augen raus«). (Der positiven Schwerkraft entspricht dann ein »Augen rein«.) –1 g können Sie leicht selbst erleben, wenn Sie einen Kopfstand machen. Mit höheren Beschleunigungswerten im Sinne eines Vielfachen von g kommen wir am ehesten auf Jahrmärkten in Berührung, wo bestimmte Karussells Kräfte bis

Der Mensch als Jo-Jo: Bungeespringen

Die Anfänge des Bungeespringens liegen in Großbritannien. Als Erste betätigten sich waghalsige Studenten aus Oxford in diesem Sport, die Mitglieder des so genannten Dangerous Sports Club. Als Erster sprang der Amerikaner Bing Boston an einem langen elastischen Seil im April 1979 von der Hängebrücke in Clifton. Zur Feier des Tages war er bedeutungsvoll mit Frack und Fliege bekleidet. Die Idee zu diesem Sprung hatten die Mitglieder des Dangerous Sports Club aus den Initiationsriten der männlichen Bewohner der Südseeinsel Vanuatu entnommen: Dort springen die jungen Männer bei ihrer Mutprobe von einem 35 Meter hohen wackeligen Holzturm, an den sie mit Lianenranken an den Fußgelenken festgebunden sind,

zum Vierfachen der Gravitationskraft entwickeln (+4 g). Solche Kräfte drücken einen zum Beispiel fest in den Sitz, wenn ein Gefährt beim Looping auf dem Kopf steht, sie pressen einen in einer Zentrifuge fest an die Wand, oder sie drehen einem (dies die negative Form) den Magen um, wenn sich der Achterbahnzug steil nach unten stürzt.

Die Frage, welches Vielfache der Gravitationskraft der menschliche Körper noch aushalten kann, ist für alle Luftwaffen der Welt von beträchtlichem Interesse, denn inzwischen finden Stärke und Wendigkeit von Militärflugzeugen ihre Grenzen nur noch in der körperlichen Belastungsfähigkeit des Piloten. Normalerweise erforscht man die Auswirkungen verstärkter Gravitationskräfte auf den Menschen in einer Zentrifuge. Diese Maschine funktioniert im Prinzip genauso wie ein Wäschetrockner, dessen durch schnelle Drehungen erzeugte Zentrifugalkräfte die Wäschestücke gegen die Wand der Trommel pressen und

und kommen nur wenige Zentimeter über dem Erdboden ruckartig zum Stillstand.
Zu den bekanntesten Bungeesprüngen zählt sicher der aus dem James-Bond-Film *Goldeneye* (1995), in dem James Bond (in diesem Fall der Stuntman Wayne Michaels) sich vom Verzasca-Staudamm stürzt und mit ausgebreiteten Armen einen perfekten Schwalbensprung abliefert. In weniger als 6 Sekunden stürzt er 183 Meter in die Tiefe. Möglicherweise ist jedoch der berühmteste Bungeespringer der Neuseeländer A.J. Hackett, der sich im Juni 1987 vom Pariser Eiffelturm stürzte; 1990 sprang er dann 300 Meter von einem Hubschrauber aus in die Tiefe und 1998 von der Spitze eines Wolkenkratzers in Auckland. Neuseeland ist bei Bungeespringern besonders beliebt, und viele Touristen testen ihren Mut an einer Brücke, die sich in 80 Meter Höhe über die Schlucht des Rangitikei-Flusses spannt.
Infolge der Schwerkraft beschleunigen sich Bungeespringer und Fallschirmspringer im freien Fall. Dabei beträgt die maximale Fallbeschleunigung 9,81 Meter pro Quadratsekunde. Doch das Problem beim Bungeespringen liegt nicht so sehr in der hohen Fallgeschwindigkeit, sondern in der Verlangsamung, die erfolgt, wenn sich das Bungeeseil strafft und, am Ende seiner Elastizität angekommen, stark abbremst. Dann wirken enorme Gravitationskräfte ein, die das Blut in den Kopf treiben. Blutergüsse im Auge oder im Extremfall gar die Ablösung der Netzhaut können die Folge sein. Bei Fallschirmspringern ergeben sich solche Probleme nicht, weil das Abbremsen beim Öffnen des Fallschirms nicht so abrupt erfolgt und weil der Kopf, anders als bei Bungeespringern, oben bleibt.

das Wasser nach außen herausdrücken. In der Forschungszentrifuge wird die Testperson angeschnallt, damit sie nicht wegfliegen kann, doch ihre Körperflüssigkeiten können sich infolge der verstärkten Gravitationskraft durchaus verlagern. Die Person sitzt in einer mit einem Drehlager versehenen Kabine, die ausschwingt, wenn sich die Zentrifuge dreht, so dass der Kopf der Testperson schließlich auf den Mittelpunkt des Drehkreises der Maschine zeigt. Sie ist damit der positiven Gravitation ausgesetzt, aufgrund deren das Blut in die Füße drängt. Potenzielle Kampfpiloten und Astronauten werden in solchen Zentrifugen getestet, um ihre Fähigkeit, hohen Gravitationskräften zu widerstehen, herauszufinden.
Je stärker die Gravitationskräfte werden, desto mehr wird die körperliche Leistungsfähigkeit beeinträchtigt. Bei +2 g fühlt sich der Körper schwer an, das Gesichtsgewebe sackt nach unten, und das Aufstehen

aus dem Sitzen fällt schwer. Bei +3 g kann man nicht mehr stehen, und wenn sich die Gravitationskraft weiter verstärkt, zieht sich allmählich von beiden Seiten ein grauer Schleier über die Augen: Von der Peripherie der Augen aus beginnt das Farbsehvermögen zu verschwinden. Bei rund +4,5 g geht das Sehvermögen komplett verloren, aber man kann weiterhin noch hören und denken. Bei +8 g kann man seine Arme und seinen Kopf nicht mehr heben. Irgendwo im Bereich von +12 g verlieren die meisten Menschen das Bewusstsein und sinken in ihrem Sitz zusammen; ihr Kopf rollt dann auf den Schultern hin und her. In dieser Phase, aber auch in der Bremsphase, kann es zu Krämpfen kommen. Gegenwärtig müssen Rekruten der US Air Force 16 Sekunden lang erfolgreich +7,5 g widerstehen, damit sie Piloten in einem Kampfflugzeug werden können. Doch selbst wenn sie keinen Blackout erleiden, können Piloten, die derartigen Gravitationskräften ausgesetzt sind, im Notfall das Flugzeug unmöglich aus eigener Kraft verlassen. Schleudersitze sind also unverzichtbar.

An die einfache Erdanziehungskraft ist unser Körper gut angepasst; meistens bemerken wir sie nicht. Doch wenn wir älter werden, macht sie sich unweigerlich zunehmend bemerkbar – Haut und Gewebe hängen erschlafft herunter, und an den Beinen treten Krampfadern auf. Verstärkte Gravitationskräfte sind damit allerdings überhaupt nicht zu vergleichen. Ein Vielfaches der positiven Schwerkraft kann das Blut so stark in die Beine drängen, dass das Herz nicht mehr dagegen anpumpen kann. Darunter leidet die Blutversorgung des Gehirns; Bewusstlosigkeit ist die Folge. Auch das Atmen, besonders das Ausatmen, fällt schwerer, wenn das Zwerchfell nach unten gedrückt wird. Als Folge wird die Ventilation im unteren Teil der Lungen reduziert. Erschwerend kommt hinzu, dass aufgrund der Schwerkraftauswirkungen auf den Kreislauf weniger Blut für das Durchströmen der oberen Lungenteile zur Verfügung steht. Verstärkungen der positiven Schwerkraft resultieren also in einer starken Reduktion des Gasaustauschs in den Lungenspitzen.

Zur Überwindung dieser Probleme müssen Militärpiloten in ihrer Ausbildung Atem- und Anspannungsübungen absolvieren: Sie spannen die Muskeln in ihren Beinen so an, dass die Venen zusammengedrückt werden; dadurch wird mehr Blut zum Herzen zurück und ins Gehirn transportiert. Wenn Piloten indes hoch entwickelte Kampfjets wie den Tornado oder die F16 fliegen, fallen ihnen solche Übungen naturgemäß noch schwerer. Darum tragen solche Piloten Antischwer-

krafthosen, die ähnlich wie Stützstrümpfe das Blut aus den Beinen drücken. Sie blasen sich von selbst auf, wenn starke Gravitationskräfte wirksam werden. Zentrifugaltests haben ergeben, dass, wie nicht anders zu erwarten, kleinere Menschen die höchsten Belastungen durch verstärkte positive Schwerkräfte aushalten können. Größere Menschen haben hier einen physiologischen Nachteil, weil bei ihnen das Gehirn weiter vom Herzen entfernt ist.
Negative Gravitationskräfte kommen zwar seltener vor, aber sie sind ebenso unangenehm. Sie drängen das Blut in den Kopf, und unter diesem Druck weiten sich die kleinen Blutgefäße, oder sie platzen gar. Darunter haben manchmal auch Bungeespringer zu leiden.

Das Abheben vom Boden

Die Gravitationskraft, welcher der Astronaut ausgesetzt ist, variiert während der Startphase, weil auch hier die Newtonsche Bewegungsgleichung gilt, der zufolge Kraft = Masse x Beschleunigung ist. Das eigentliche Abheben verläuft meistens noch recht sanft, weil die Schubkraft der Rakete nur wenig höher ist als das Gewicht des Raumschiffes. Die größte Einwirkung von Gravitationskräften ergibt sich, wenn das Raumschiff in seine Umlaufbahn einschwenkt, weil es dann wesentlich leichter geworden ist (der größte Teil des Treibstoffs ist inzwischen ja verbraucht), während der Raketenantrieb immer noch seine volle Schubkraft besitzt.
Die frühen Astronauten mussten beträchtliche Gravitationskräfte aushalten. Beim Abschuss der Mercury-Kapsel *Friendship 7* im Jahre 1962 musste John Glenn zum Beispiel 90 Sekunden lang mehr als +6 g aushalten, kurzzeitig erreichte die Beschleunigung sogar +8 g. Glenn lag auf dem Rücken (von der Erde aus gesehen), so dass die Gravitationskräfte von der Brust aus auf den Rücken einwirkten. Man wollte auf jeden Fall die dramatischen Auswirkungen vermeiden, die sich ergeben, wenn die Kräfte vom Kopf aus in Richtung der Füße einwirken. Doch auch so war es, wie ein Astronaut sagte, »ein Gefühl, als säße einem ein Elefant auf der Brust«. Zu den stärksten Gravitationskräften, die Kosmonauten je zu ertragen hatten, zählen jene, die beim Start eines *Sojus*-Raumschiffs im September 1983 wirksam waren. Weil 90 Sekunden vor dem regulären Start ein Feuer unter der Rakete ausgebrochen war, musste der Start abgebrochen werden. Ein Notrettungssystem

schoss die Kapsel etwa 1 Kilometer hoch in die Luft, wobei die Besatzung bis zu +17 g aushalten musste. Sie überlebte diese Tortur jedoch unversehrt und landete in einiger Entfernung sicher mit dem Fallschirm. Heutzutage sind die Gravitationskräfte, denen Astronauten ausgesetzt sind, längst nicht mehr so stark. Die Besatzungen der amerikanischen Raumfähren oder der russischen *Sojus*-Kapseln, die die Raumstation *Mir* versorgten, mussten im Normalfall in der Startphase niemals mehr als +3,5 g aushalten.

Militärpiloten dagegen müssen bei einem Notausstieg mit dem Schleudersitz immer noch mit wesentlich stärkeren Kräften fertig werden als Astronauten (nämlich mit bis zu +25 g), diese heftige Belastung allerdings nur für sehr kurze Zeit aushalten. Wenn sie sich hinauskatapultieren, wird zunächst das Kabinendach abgesprengt und dann der Sprengsatz unter dem Sitz gezündet, der den immer noch an seinen Sitz geschnallten Piloten in die Luft katapultiert. Natürlich ist es besser, Piloten so schnell und so weit wie möglich aus dem Flugzeug hinauszuschießen, aber eine zu hohe Beschleunigung zieht leider Wirbelsäulenschäden nach sich. Als Spitzenwert für die Beschleunigung hat sich, wie in Experimenten und in der bisherigen Praxis herausgefunden wurde, +25 g erwiesen. Bei noch höheren Werten nimmt die Gefahr von Rückgratverletzungen dramatisch zu. Die modernsten Schleudersitze enthalten Raketen, die nach dem Start noch rund eine halbe Sekunde weiterbrennen, wodurch sich der +g-Spitzenwert und damit auch das Risiko für Rückenverletzungen deutlich verringert.

Ein weiteres Problem bei Raumfahrtstarts sind die heftigen Vibrationen. Wenn der Körper hin und her gerüttelt wird, ist das nicht nur lästig. Es kann auch die Fähigkeit beeinträchtigen, manuelle Aufgaben auszuführen; es kann zu Übelkeit führen und, wenn sich der Körper auf die Schwingungsfrequenz der Rakete eingestimmt hat, sogar zu Hyperventilation und zum Kollaps. Warum das so ist, wissen wir noch nicht genau.

Schutz des Lebens im All

Ein Raumschiff muss die Besatzung vor den Extrembedingungen des Weltalls schützen. 700 Kilometer über der Erdoberfläche ist die Anzahl der Gasmoleküle unendlich klein, und der Luftdruck kommt einem perfekten Vakuum sehr nahe. Ein Raumschiff muss deshalb Atemluft und Schutz gegen extreme Druckverhältnisse bieten. Außerdem herrschen im All fast –270 °C. Doch die Sonnenstrahlen heizen jedes Objekt, das sich ihnen in den Weg stellt, schnell auf. Darum müssen Raumschiffe über ein Temperaturkontrollsystem verfügen, das mit den Extremen von Hitze und Kälte fertig wird. Weiterhin geben mögliche Beschädigungen durch kleine Meteoriten oder Weltraummüll ständig Anlass zur Sorge. Selbst ein kleiner Lacksplitter, der sich von einem Satelliten gelöst hat und nun mit zigtausend Stundenkilometern durchs All saust, kann ein Tod bringendes Loch in ein Raumschiff schlagen. Die Fenster der amerikanischen Raumfähren werden von kleinsten Meteoriten so häufig eingedellt, dass sie nach wenigen Flügen regelmäßig erneuert werden müssen.

1998 stieß ein Versorgungsshuttle mit der Raumstation *Mir* zusammen und verursachte dort ein Loch, das kleiner war als eine Briefmarke. Luft entwich in den Weltraum, doch zum Glück war das Loch so klein, dass die Astronauten in der Lage waren, die undichte Abteilung rechtzeitig abzuschotten. Dieses Glück hatte die Besatzung von *Sojus 11* nicht. Als die Kapsel zur Erde zurückkehrte, legte sie eine perfekte automatische Landung hin. Doch als das Bodenpersonal die Kapsel öffnete, musste man mit Erschrecken feststellen, dass die Kosmonauten tot waren. Trotz Geheimhaltung sickerte später durch, dass sich im Weltraum ein Druckausgleichsventil versehentlich geöffnet hatte, kurz nachdem sich die Kapsel vom Raumschiff abgekoppelt hatte. Weil die Besatzung ihre mit Druckluft gefüllten Raumanzüge abgelegt hatte, um sich in die winzige Raumkapsel hineinzuzwängen, starb sie den Erstickungstod. Heute tragen die Astronauten bei Start und Landung Schutzanzüge, die sie vor einem möglichen Druckabfall in der Kapsel schützen; in der Weltraumstation indes tragen sie ganz normale Kleidung, damit sie sich ungezwungener bewegen können.

Die Besatzungen der ersten amerikanischen Raumschiffe atmeten reinen Sauerstoff bei einem Druck von 0,33 Atmosphären. Auf diese Weise konnte mehr Sauerstoff transportiert werden, als wenn man Atemluft in einer Zusammensetzung wie auf der Erde gewählt hätte (mit 78 Prozent Stickstoff). Obgleich reiner Sauerstoff giftig ist, wenn man ihn bei normalem Luftdruck mehr als 24 Stunden lang einatmet (siehe Kapitel 2), ist die Sache ziemlich ungefährlich, wenn der Druck auf 0,33 Atmosphären gesenkt wird. Bei den *Mercury*- und *Gemini*-Missionen war die Raumkapsel in der Startphase mit reinem Sauerstoff gefüllt, dessen Druck erst bei Erreichen der Erdumlaufbahn von 1 auf

0,33 Atmosphären gesenkt wurde. Diese Praxis wurde jedoch nach einem schlimmen Feuerunfall geändert, bei dem am 27. Januar 1967 die Astronauten Gus Grissom, Ed White und Roger Chafee ums Leben kamen. Bei einer routinemäßigen Startsimulation von *Apollo 1* hatte ihre Kapsel Feuer gefangen. Unter atmosphärischem Druck ist reiner Sauerstoff extrem feuergefährlich. Bei dem Brand in *Apollo 1* hatte anscheinend ein Funke brennbares Material im Cockpit entzündet und das Kommandomodul mit seiner reinen Sauerstoffatmosphäre im Nu in ein Feuerinferno verwandelt. Nach dieser Tragödie wurde in allen *Apollo*-Raumschiffen während der Startphase normale Luft unter atmosphärischem Druck wie auf der Erde verwendet; erst nach Erreichen der Erdumlaufbahn wechselte man dann zur reinen Sauerstoffatmosphäre über. Demgegenüber hatten sowjetische Raumschiffe schon immer unter einem Druck von 1 Atmosphäre gestanden, und es wurde Atemluft in ähnlicher Zusammensetzung wie auf der Erde verwendet: 78 Prozent Stickstoff und 21 Prozent Sauerstoff. Diese Strategie hat inzwischen auch die NASA übernommen, nicht zuletzt, weil man sich Sorgen um die Langzeitfolgen der Einatmung von reinem Sauerstoff bei länger andauernden Flügen machte, selbst bei einem reduzierten Druck von 0,33 Atmosphären.
Durch die ausgeatmete Luft steigt die Konzentration von Kohlendioxid in der Atemluft an; die Folgen können Kopfschmerzen, Trägheit und schließlich Ersticken sein (siehe Kapitel 2). Das Kohlendioxid muss also beseitigt werden. In Raumschiffen wird dies durch eine chemische Reaktion mit Lithiumhydroxid bewirkt (das sich bei dieser Reaktion in Lithiumcarbonat verwandelt). Im April 1970 standen Kanister mit Lithiumhydroxid und die Gefahren einer übermäßigen Anreicherung der Atemluft mit Kohlendioxid schlagartig im Rampenlicht der Weltöffentlichkeit, als sich im Raumschiff *Apollo 13* nach zweieinhalb Tagen im Weltraum plötzlich eine Katastrophe ereignete. Ein elektrischer Kurzschluss verursachte in einer der drei Brennstoffzellen des Kommandomoduls eine Explosion, durch die auch die beiden anderen Brennstoffzellen lahm gelegt wurden, so dass das Raumschiff plötzlich ohne eigene Energieversorgung war. In dieser Situation wurde die Mondlandefähre *Aquarius* zum »Rettungsboot« der Astronauten und versorgte sie mit Sauerstoff, Wasser und Strom. Doch leider reichten deren Kanister mit Lithiumhydroxid nur aus, um die Atemluft von zwei Männern zwei Tage lang zu reinigen, während die Rückreise zur Erde mindestens drei Tage dauern würde und die Besatzung überdies

aus drei Männern bestand. Weltweit waren auf einmal die Gefahren einer Kohlendioxidvergiftung im Weltraum ein Thema in den Nachrichten. Dabei waren eigentlich genügend Kanister mit Lithiumhydroxid an Bord des Kommandomoduls – allerdings in der falschen Größe, so dass sie an Bord der *Aquarius* nicht für die Luftreinigung eingesetzt werden konnten. Rund um die Uhr arbeitete nun auf der Erde ein Team von Ingenieuren fieberhaft an einer Lösung, wie man die Luftreinigungsanlage in der *Aquarius* und die Kanister im Kommandomodul provisorisch kompatibel machen könnte. Unter Verwendung von Pappe, Plastikbeuteln, Klebstreifen und alten Socken bastelte man schließlich eine abenteuerliche Lösung zusammen. Aber sie funktionierte, und das war die Hauptsache.

Bei der Atmung entsteht auch Wasserdampf. Das weiß jeder, der einmal im Winter bei kalten Außentemperaturen in einem geschlossenen Auto gesessen hat; die Feuchtigkeit, die sich innen an den Scheiben niederschlägt, kommt hauptsächlich aus den Lungen der Insassen. Der Wasserdampf in der Luft eines Raumschiffs muss sorgfältig kontrolliert werden, weil zu viel Dampf Kondensationswasser bildet, während zu wenig Dampf für trockene Augen und Schleimhäute sorgt. Darum wird also die Luft in einem Raumschiff ständig kontrolliert und umgewälzt; Kohlendioxid und Staubpartikel werden herausgefiltert, Feuchtigkeit und Sauerstoffkonzentration den jeweiligen Bedürfnissen angepasst.

In einem Raumschiff bewegt sich die Temperatur in einem angenehmen Spektrum zwischen 18 °C und 27 °C. Die Temperaturkontrolle ist von entscheidender Bedeutung, weil das Raumschiff auf der einen Seite in der Sonne brät, während es auf der anderen Seite eisigen Temperaturen ausgesetzt ist. Als die Energieversorgung in der *Mir* zusammengebrochen war, wurde es in der Station eiskalt, sobald die Sonne hinter der Erde verschwunden war, aber sofort unerträglich heiß, sobald sie wieder aufgetaucht war. Um die Temperatur während der Reise von der Erde zum Mond und zurück einigermaßen konstant zu halten, drehten sich die *Apollo*-Raumschiffe langsam um die eigene Achse. In der Raumfähre wird der Wärmeverlust so geregelt, dass an der Innenseite der Türen in der Frachtluke »Weltraumheizungen« angebracht sind, die geöffnet werden, wenn die Erdumlaufbahn erreicht ist.

Der freie Fall

Obwohl wir bei der Raumfahrt unsere zum Leben erforderliche Umwelt weitgehend mit uns in den Weltraum nehmen, sieht die Sache bei der Schwerkraft anders aus. Es gibt nur wenig Anreiz zur künstlichen Erzeugung von Schwerkraft, teilweise, weil ein Ziel der Weltraumforschung ja gerade darin besteht, aus dem Bannkreis der Erdanziehungskraft zu entkommen, und teilweise, weil die Auswirkungen der minimalen Schwerkraft (Mikroschwerkraft) zumindest bei kürzeren Flügen nicht als schwerwiegende Beeinträchtigung ins Gewicht fallen. Gleichwohl darf der physiologische Stress der Schwerelosigkeit nicht ganz vernachlässigt werden. Sie verursacht unmittelbar eine Verlagerung der Körperflüssigkeiten aus den Beinen in Brustraum und Kopf, beeinträchtigt das Gleichgewichtssystem und kann zur Weltraumkrankheit führen. Bei längeren Flügen ist auch mit einem zunehmenden Verlust an roten Blutkörperchen, mit einem Austreten von Kalzium aus den Knochen und mit Muskelverfall zu rechnen. Die meisten dieser Veränderungen stabilisieren sich innerhalb von sechs Wochen, doch der Knochenverlust geht während der gesamten Flugdauer weiter; selbst bei Flügen von einjähriger Dauer war keine Anpassung an die Bedingungen der Schwerelosigkeit zu erkennen.

Der Zug der Schwerkraft in einem Raumschiff, das die Erde umkreist, ist eigentlich gar nicht viel anders als die Einwirkung der Schwerkraft an der Erdoberfläche. Der Grund, warum die Raumschiffbesatzungen sich als schwerelos empfinden, liegt darin, dass sie sich permanent im freien Fall befinden. Auf der Erde empfinden wir unser Gewicht nur, weil der Erdboden unter uns verhindert, dass wir unter ständiger Beschleunigung auf den Erdmittelpunkt zufliegen. Schwerelosigkeit empfinden wir immer, wenn die Gegenkraft – und sei es auch nur für Sekundenbruchteile – unwirksam ist, etwa wenn ein Fallschirmspringer aus dem Flugzeug springt oder wenn wir von einer Mauer springen und uns in der Luft befinden. Letztlich befindet sich das die Erde umkreisende Raumschiff permanent im freien Fall. Doch während es zur Erde fällt, bewirkt seine eigene Geschwindigkeit, dass es weiter in seiner Umlaufbahn bleibt. Wenn man genau sein will, sollte man hier also nicht von Schwerelosigkeit sprechen, sondern von der Mikroschwerkraft eines Orbitalfluges. Die Schwerkraft beträgt nämlich nicht null.

Die niedrigsten Kreisbahnen liegen bei 200 Kilometern über der Erdoberfläche, denn ab dieser Höhe wird der Luftwiderstand zu einer Größe, die man vernachlässigen kann. In geringeren Höhen bremst die Erdatmosphäre die Geschwindigkeit des Raumschiffes so sehr ab, dass es sich schließlich in Spiralen abwärts bewegt und in den erdnahen Luftschichten verglüht. Die Raumstation *Mir* kreiste in einer Höhe von 400 Kilometern über der Erde, doch selbst in dieser Höhe sackte die Umlaufbahn ständig ab, so dass sie alle paar Wochen korrigiert werden musste. Die Obergrenze für Umlaufbahnen in der bemannten Raumfahrt ergibt sich dadurch, dass man nicht in den ionisierenden Strahlengürtel geraten darf, der die Erde in rund 400 Kilometer Abstand von der Oberfläche umgibt (Van-Allen-Gürtel; mehr dazu weiter unten).

Die Schwerelosigkeit

Die Schwerelosigkeit hat markante Auswirkungen auf die Verteilung der Körperflüssigkeiten. Auf der Erde sorgt die Schwerkraft dafür, dass sich Blut und Gewebeflüssigkeiten weitgehend in der Beinen und im Unterkörper sammeln, doch sobald man dem Gravitationsfeld der Erde entkommen ist, verlagern sich diese Flüssigkeiten nach oben. Die Folge sind einige ganz offensichtliche, aber nicht gerade angenehme Veränderungen: ein aufgedunsenes Gesicht, deutlich hervorstehende Hals- und Gesichtsschlagadern, ein Gefühl, als würden die Augen deutlich hervortreten. Die Nase ist blockiert, Geruchs- und Geschmackssinn lassen nach. Das allgemeine Gefühl ähnelt dem, das Sie von einer schweren Erkältung kennen. Eine weitere Folge ist, dass die Beine schrumpfen; sie verlieren ungefähr ein Zehntel ihres Volumens – man hat schon Verringerungen des Wadenumfangs von bis zu 30 Prozent verzeichnet. Manchmal tragen Kosmonauten elastische Gurte um die Oberschenkel, um den Abfluss der Körperflüssigkeiten aus den Beinen zu beschränken (weil der Blutdruck in den Arterien größer ist als in den Venen, wird durch solche Gurte der Blutstrom in die Beine hinein nicht behindert).

Drucksensoren im Kopf und in der Brust werden durch die Flüssigkeitsverlagerung stimuliert, so dass sich der Körper innerhalb weniger Tage an die Folgen der Schwerelosigkeit anpasst: durch verstärktes Urinieren und verminderte Flüssigkeitsaufnahme. Die Astronauten haben

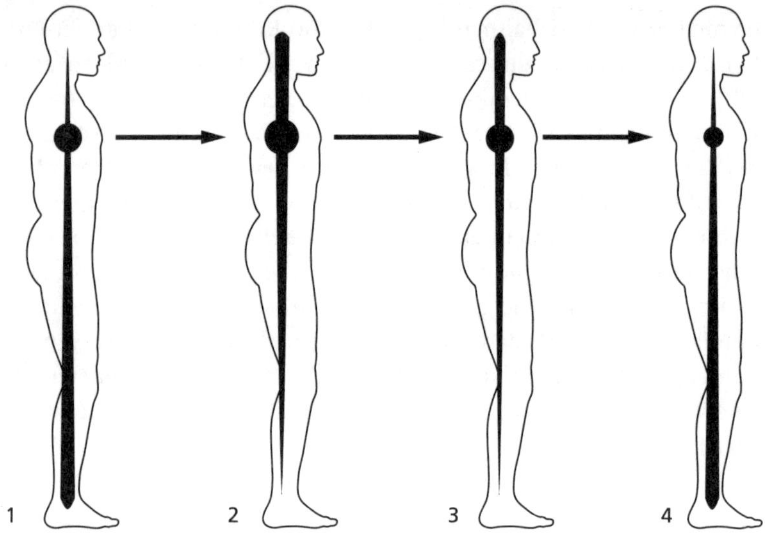

Die Verlagerung der Körperflüssigkeiten im Zustand der Schwerelosigkeit. Auf der Erde sammeln sich die Flüssigkeiten infolge der Schwerkraft weitgehend in der unteren Körperhälfte (1). Innerhalb weniger Minuten nach der Ankunft in einem Umfeld der Schwerelosigkeit bewegen sich rund 2 Liter Körperflüssigkeit in den Brustkorb und in den Kopf (2). Danach sorgen Kompensationsmechanismen für eine allmähliche Neuverteilung der Flüssigkeiten im Körper (3). Bei der Rückkehr zur Erde macht sich die Schwerkraft wieder bemerkbar, doch aufgrund der im Weltraum erfolgten Anpassungen sammelt sich nun verhältnismäßig mehr Blut in den Beinen als normal (4). Dadurch fällt es Astronauten dann oft sehr schwer aufzustehen, ohne ohnmächtig zu werden.

das Gefühl, während der ersten Tage im All Gewicht zu verlieren, aber das hat weitgehend mit dem Wasserverlust des Körpers zu tun. Der Drang zu urinieren kann sehr unbequem sein, besonders wenn man – wie die Astronauten der frühen Raumflüge – einen Raumanzug trägt. Es gibt allerdings keine Belege dafür, dass im All die Verlagerung der Körperflüssigkeiten in den Kopf und die dadurch ausgelösten Kompensationsmaßnahmen des Körpers das Herz-Kreislauf-System beeinträchtigen. Bei der Rückkehr zur Erde indes sieht die Sache, wie wir noch sehen werden, ganz anders aus.

Vom Stress der Schwerkraft befreit, werden die Astronauten größer, weil die Bandscheiben zwischen den Rückenwirbeln nicht mehr zusammengedrückt werden. Bei den meisten Menschen macht dieser

Unterschied 1 bis 2 Zentimeter aus, doch manche Personen »wachsen« im All wesentlich stärker, etwa John Glenn bei seinem zweiten Raumflug im Alter von 27 Jahren: stattliche 6 Zentimeter. Auch die Ingenieure müssen diese Tatsache berücksichtigen. Bei einem Raumflug, bei dem speziell die Auswirkungen der Schwerelosigkeit auf das Nervensystem erforscht werden sollten, hatten die Entwickler eines speziell ausgerüsteten Sitzes, in dem die Reaktionen der Astronauten gemessen wurden, diesen Faktor nicht berücksichtigt. So hatten die Astronauten Anlass zu der Beschwerde, dass der Sitz zu klein und zu eng geraten sei.

Unter den Bedingungen der Schwerelosigkeit wiegen auch die inneren Organe wie Lungen, Herz und Leber nichts mehr; sie schwimmen in den Hohlräumen des Körpers herum. Ein Astronaut fasste diesen Sachverhalt in die Worte: »Du hast ein Gefühl, als würden dir die Eingeweide hochkommen.«

Unter den Bedingungen der Mikroschwerkraft nimmt die Produktion roter Blutkörperchen markant ab. Diese haben nur ein kurzes Leben – rund 120 Tage –, so dass durch eine Verringerung der Produktion auch die Gesamtzahl der roten Blutkörperchen im Blutkreislauf sinkt. Die Abnahme beginnt innerhalb von 4 Tagen nach Beginn der Schwerelosigkeit und stabilisiert sich nach etwa 40 bis 60 Tagen. Während eines zehntägigen Fluges des Raumlabors *Spacelab* sank bei den Insassen die Zahl der roten Blutkörperchen um rund 10 Prozent. Bei längeren Flügen wurden sogar noch größere Verluste festgestellt.

Wie bereits im ersten Kapitel erläutert, wird die Produktion roter Blutkörperchen durch das Hormon Erythropoetin kontrolliert, dessen Sekretion vom Sauerstoffniveau in den Geweben abhängt: Je höher die Sauerstoffkonzentration, desto weniger Erythropoetin wird ausgeschüttet, und desto weniger rote Blutkörperchen bilden sich. Anfangs dachte man, dass die Produktion roter Blutkörperchen vor allem deshalb sinke, weil die Atemluft in den frühen Raumkapseln äußerst sauerstoffreich war. Doch diese Hypothese musste revidiert werden, als man entdeckte, dass auch bei späteren Raumflügen – mit einem Sauerstoffdruck, der dem auf der Erde entsprach – die Zahl der roten Blutkörperchen abnahm. Heute geht man davon aus, dass der Verlust an roten Blutkörperchen eine Folge der Veränderung des Blutvolumens unter den Bedingungen der Mikroschwerkraft ist. Wahrscheinlich verleitet die Blutverlagerung in den Brustkorb infolge der Schwerelosigkeit den Körper zu der falschen Annahme, er besitze zu viel Blut, woraufhin die Bildung roter Blutkörperchen eingeschränkt wird. Bewirkt wird dies durch ein markantes Absinken des Erythropoetinspiegels. Gleichwohl reicht eine verminderte Produktion als alleinige Erklärung für die markante Abnahme der Masse der roten Blutkörperchen unter den Bedingungen der Mikroschwerkraft nicht aus; hinzu kommt, dass im Rückenmark bereits gebildete Blutkörperchen nicht freigegeben, sondern zerstört werden.

Schlaf im All

Astronauten beklagen oft, dass es ihnen schwer falle, im Weltraum zu schlafen. Zweifellos haben die Schlafstörungen zum Teil damit zu tun, dass die Raumflugbedingungen für die Betroffenen noch neu sind. Außerdem kann es in einem Raumschiff durchaus laut sein; und Kollegen, die wach bleiben müssen, sind vielleicht nicht immer leise. Der Hauptgrund für die Schlaflosigkeit liegt aber wohl darin, dass der auf der Erde übliche Tag-Nacht-Rhythmus des Körpers durcheinander geraten ist. Die biologische Uhr ist aus dem Takt. Viele physiologische Prozesse, auch der Schlaf, werden von inneren Rhythmen, die sich am Hell-Dunkel-Zyklus ausrichten, kontrolliert. Es ist gut belegt, dass die Menschen in nördlichen Breiten während des arktischen Sommers, wenn die Sonne niemals untergeht, viel weniger schlafen als während der langen Dunkelheitsphasen im arktischen Winter. Weil aber die Sonne, wenn sich ein Raumschiff auf einer Erdumlaufbahn befindet, alle rund 90 Minuten auf- und wieder untergeht, wird der normale Hell-Dunkel-Zyklus der Astronauten völlig durcheinander gebracht.

Das Schlafen unter den Bedingungen der Mikroschwerkraft bringt aber noch andere Probleme mit sich. Die Astronauten müssen, damit sie im Schlaf nicht im Raumschiff umhertreiben, in an den Wänden befestigte Schlafsäcke kriechen. Die meisten Leute schlafen am besten, wenn sie sich geborgen fühlen, aber im Zeichen der Mikroschwerkraft fehlt das Druckgefühl, das einen in die Kissen drückt. Man hat gar nicht den Eindruck, im Bett zu liegen. Manche Astronauten können leichter schlafen, wenn sie sich einen Gurt über die Stirn schnallen; das gibt ihnen das Gefühl, als würde ihr Kopf auf einem Kissen ruhen. Gurte über den Knien können es ihnen auch erleichtern, sich zum Schlaf einzurollen. Außerdem müssen schlafende Astronauten darauf achten, dass die Luft um sie herum zirkuliert, damit das von ihnen ausgeatmete Kohlendioxid abtransportiert wird und sich nicht in der Umgebung ihres Kopfes sammelt. Sonst könnten sie ersticken. Auf der Erde sorgen Luftzüge und die Konvektion dafür, dass Frischluft zirkuliert, aber unter den Bedingungen der Mikroschwerkraft gibt es keine Konvektion, die dafür sorgen könnte, dass das ausgeatmete Kohlendioxid abtransportiert wird. Es steigt ja keine warme Luft mehr auf, weil in diesem Umfeld warme Luft nicht mehr leichter ist als kalte – die Luft hat überhaupt kein Gewicht mehr.

Infektionen

Jeder von uns beherbergt Millionen von Mikroorganismen, die uns überallhin begleiten, sogar in den Weltraum. Ein gesunder Mensch hat schätzungsweise mehr als 1 Billion (10^{12}) Bakterien auf seiner Haut und zusätzlich etliche Millionen im Darm. Bis zu 10 Millionen Bakterien werden täglich mit Hautpartikeln abgestoßen. Und im All gilt, mehr noch als auf der Erde, die Devise: »Wer hustet und niest, verbreitet Krankheiten.« Auf der Erde fallen bakteriengesättigte Tröpfchen schnell zu Boden, wo sie kaum weiteren Schaden anrichten können, aber ohne Schwerkraft bleiben sie in der Luft und bilden einen feinen Schleier, den die anderen Astronauten dann einatmen können. So litten die frühen Raumfahrtmissionen unter gehäuften Infektionen – mehr als die Hälfte der Besatzungen litt unter Haut-, Darm- oder Atemwegsinfektionen. Doch die Isolation der Besatzungen vor dem Flug und die peinlich genaue Desinfektion des Raumschiffes vor und bei dem Flug haben seit den ersten *Apollo*-Flügen dafür gesorgt, dass die Zahl der Infektion markant abnahm.

Die Weltraumkrankheit

Wenn Astronauten neu im Weltraum sind, sind ihre Bewegungen noch unkoordiniert. Es fällt ihnen schwer, Objekte zielsicher zu greifen, weil sie dazu neigen, über ihr Ziel hinauszuschießen. Viele berichten aber auch von Gefühlen, als würden sie herumstolpern oder sich kopfüber im Kreis drehen; manchmal ist von Drehschwindel die Rede. Schwerer wiegt allerdings, dass rund zwei Drittel der Astronauten un-

Leben im Bereich der Mikroschwerkraft

Den meisten Menschen macht die Mikroschwerkraft Spaß, sie beschreiben sie als äußerste Form der Freiheit. Man kann sich unter dem Tisch hindurch treiben lassen, sich an der Decke ausstrecken (obwohl Begriffe wie »Fußboden« und »Decke« jetzt eigentlich bedeutungslos geworden sind), sich kopfüber an die Decke hängen und so zum Mittelpunkt der sich drehenden Welt fliegen, oder man rudert elegant in der Kabine herum. Akrobatische Manöver wie Überschläge und schnelle Drehungen werden auch ohne Gymnastiktraining zum Kinderspiel. Wenn man sich in drei Dimensionen bewegen kann, wirkt selbst die gedrängt volle Kapsel plötzlich geräumig.

Bewegungen verlaufen im Zeichen der Mikroschwerkraft jedoch nicht geradlinig. Wer sich vorwärts bewegen will, muss sich an den Kabinenwänden abstoßen, eher so wie ein Schwimmer im Becken bei der Wende. Doch wer sich zu stark abstößt, muss damit rechnen, wie eine Kanonenkugel an die gegenüberliegende Wand zu knallen. Die Novizen unter den Astronauten handeln sich erst einmal reichlich blaue Flecken ein, bis sie begriffen haben, dass man sich sanft mit den Fingerspitzen abstoßen muss.

Von der Schwerkraft befreit, bewegen sich hochgeworfene Objekte in gerader Linie weiter, nicht, wie auf der Erde, im abfallenden Bogen. In ihrer Autobiografie beschrieb Helen Sharman, wie sie im Weltall zum ersten Mal trank. Sie nahm dazu nicht das vorgesehene Spezialmundstück, sondern fing mit ihrem Mund eine schimmernde, umherwabernde Wasserblase ein, die ihr grinsender Kollege aus einem Drucktank mit Wasser »abgefeuert« hatte: »Ich schloss sie mit meinem Mund ein und bekam zur Belohnung eine köstliche Kaltwasserexplosion.«

Das Wirken der Mikroschwerkraft illustriert wunderbar den Unterschied zwischen Masse und Gewicht. Masse ist der Widerstand, den ein Objekt der Bewegung entgegensetzt, das Gewicht hingegen ist die Auswirkung der Schwerkraft auf die Masse. Im All verschwindet das Gewicht, aber die Masse bleibt. Darum kann man auf seinem kleinen Finger einen Menschen genauso leicht balancieren wie eine Maus; würde man aber versuchen, beide von einer Seite der Kabine zur anderen zu stoßen, dann würde man schnell merken, dass sich die Maus müheloser bewegen lässt.

Das Dritte Newtonsche Axiom, das so genannte Wechselwirkungsgesetz lautet: »Die Wirkung ist stets gleich der Gegenwirkung (actio = reactio).« Auf der Erde ist das nicht immer augenfällig: Wenn wir ein Objekt anheben oder von uns wegstoßen, bleiben wir selbst statisch, weil der Planet, auf dem wir stehen, massiv ist und sich der Bewegung widersetzt.

Im Weltraum ist die Situation aber ganz anders. Wenn ein Astronaut ein Objekt, das ungefähr so groß ist wie er selbst, wegstößt, bewegen sich beide – und zwar in entgegengesetzte Richtungen. Wenn der Astronaut mit einem Schraubenschlüssel eine Mutter anziehen will, bleibt diese fixiert und der Astronaut dreht sich im Kreise. Darum müssen Astronauten bei der Arbeit ihre Füße auf einer stabilen Basis befestigt haben, die sich nicht bewegen kann. Fußhalterungen dienen der Verankerung, und sie sind auch bei Arbeiten außerhalb der Raumkapsel von außerordentlicher Bedeutung, damit der Astronaut nicht plötzlich in den Weltraum abdriftet.

Einzelne Aktivitäten sind unter den Bedingungen der Mikroschwerkraft besonders schwierig. Das Waschen wird zum Problem, weil die Wassertropfen die Luft füllen und glitzernde, zitternde Kügelchen bilden, die man nur mit großer Mühe beseitigen kann. Sie schlüpfen einem durch die Finger und lösen sich in immer kleinere Kügelchen auf – Myriaden von Kügelchen. So müssen sich die Astronauten also damit begnügen, sich mit einem nassen Schwamm abzureiben.

Mit Wasser zu spielen, mag ja noch Spaß machen, aber die Beseitigung anderer Flüssigkeiten ist sicher weniger angenehm. Eine der großen Herausforderungen für die Raumfahrtingenieure bestand darin, effiziente und akzeptable Weltraumtoiletten zu entwickeln. Bei den frühen Missionen verließ man sich auf Hilfsmittel zum Sammeln der Fäkalien im Weltraumanzug, aber inzwischen werden Weltraumtoiletten benutzt, die im Wesentlichen so funktionieren wie auf der Erde, außer dass die Urintröpfchen durch eine Saugvorrichtung angesaugt werden. Die Behälter werden später direkt ins All geleert, wo die Urintropfen augenblicklich zu einer Wolke glitzernder Eiskristalle gefrieren. Auf die Frage nach dem für ihn herrlichsten Anblick im All antwortete ein Astronaut: »Leerung des Urinbeckens beim Sonnenuntergang«.

Die festen Fäkalien und andere feste Abfälle müssen ebenfalls durch Vakuumvorrichtungen gesammelt und aufbewahrt werden, bis sie nach der Rückkehr zur Erde endgültig entsorgt werden können. Beim Rasieren, selbst mit einem elektrischen Rasierapparat, füllt sich die Luft mit feinen Härchen; darum sind Rasierschaum (um die Härchen zu binden) oder ein Staubsauger unverzichtbare Rasierutensilien. Wer fotografieren will, muss die Kamera nicht mehr auf einem Tisch ablegen, denn sie schwebt, wenn man es will, bis zum nächsten Foto munter neben einem her. Aber alles, was unbefestigt ist, setzt sich bei der leisesten Berührung in Bewegung. Da helfen nur Klebstreifen oder elastische Befestigungsgurte.

Hausarbeit ist im Weltall der reinste Albtraum, weil der Staub nicht zu Boden fällt, sondern in der Luft herumschwebt. Obwohl die Raumstation

Mir gut gelüftet und die zirkulierende Luft gefiltert war, waren Staubpartikel (abgestoßene Hautzellen, Haare und mikroskopisch kleine Krümel vom Essen) allgegenwärtig. Menschen stoßen jeden Tag rund 10 Milliarden Hautzellen ab, die zum Beispiel auf der Erde zu dem weißen Staub beitragen, der sich überall im Badezimmer an exponierter Stelle ablagert. Doch im All verbleiben diese Partikel in der Atemluft. Die Folge ist, dass Astronauten häufig niesen müssen – manchmal bis zu dreißigmal pro Stunde. Auch Augenreizungen infolge der internen Luftverschmutzung sind häufige Beschwerden.
Etwas exotischer war da schon der feine schwarze Staub, der wie Ruß aussieht und die Mondoberfläche bedeckt. Er stellte für die *Apollo*-As-

ter Symptomen der Weltraumkrankheit leiden, einige von ihnen sogar massiv. Dazu gehören Kopfschmerzen, Übelkeit, Schwindelgefühle, Appetitlosigkeit, Antriebsschwäche, Schläfrigkeit und erhöhte Reizbarkeit. Brechreiz kann ganz unvermittelt auftreten, und zwischen den relativ seltenen Anfällen dieser Art fühlen sich die Betroffenen eigentlich recht wohl. Aber die Weltraumkrankheit kann für Astronauten ein echtes Handicap darstellen und sie an der Ausführung ihrer Aufgaben hindern. Potenziell tödlich wird die Sache sogar, wenn man einen Raumfahrtanzug trägt. Besondere Sorge bereitet die Tatsache, dass, wer anfällig für diese Krankheit ist, meistens schon innerhalb der ersten Stunden nach dem Übergang in den Zustand der Mikroschwerkraft erkrankt, also gerade in den kritischen ersten Stadien der Mission. Zum Glück erholen sich die meisten Astronauten nach zwei oder drei Tagen im All.
Ausgelöst wird die Weltraumkrankheit in den meisten Fällen durch Vorwärts- oder Rückwärtsneigung des Kopfes; manchmal reicht bereits eine visuelle Desorientierung aus. Wer schon einmal seekrank war, hat sicher bemerkt, dass es einem unter solchen Umständen am besten geht, wenn man an Deck die Augen auf den Horizont fixieren kann. Solches fällt den Astronauten allerdings wesentlich schwerer, weil für sie alle visuellen Orientierungspunkte arbiträr sind; im Weltraum gibt es kein »oben« oder »unten«. In diesem Durcheinander wechseln die Bezugspunkte ständig. Manche Astronauten finden das anfangs schrecklich verwirrend, andere gewöhnen sich schnell daran. John Glenn sagte dazu: »Vor dem Flug sagten mir einige Ärzte voraus, dass ich unkontrollierbare Übelkeit oder Drehschwindel bekommen könnte, wenn die Flüssigkeiten in meinem Innenohr im Zeichen der Schwe-

tronauten ein großes Problem dar, weil sie ihn unweigerlich an ihren Stiefeln in die Mondfähre hineintrugen. Auf dem Mond, wo die Schwerkraft wirksam ist, aber nur ein Sechstel der Erdgravitation ausmacht, fiel dieser Staub langsam zu Boden, doch in der Raumkapsel breitete er sich überall aus. Die Raumfahrtanzüge waren ganz schwarz davon. Seltsamerweise roch dieser Staub nach Schießpulver. Und er war nicht nur ein ästhetisches Problem, weil die Partikelchen sich in den Reißverschlüssen der Raumfahrtanzüge festsetzten, Schalter blockierten und die Elektronik störten. Auch in den Astronautenlungen bildeten sie eine Staubschicht. Ferner sorgte man sich, dass dieser Staub gefährliche Mikroben enthalten könnte, die zur Verseuchung der Erde beitrügen.

relosigkeit frei herumschwappen könnten … Doch ich hatte keine derartigen Probleme … Ich habe die Schwerelosigkeit als sehr angenehm empfunden.« Allerdings war Glenn während seines kurzen Fluges auch angeschnallt. Heutige Astronauten dagegen können sich frei bewegen, und wer dann weniger Glück hat, der leidet eben unter der Weltraumkrankheit, wenn er einen Kameraden auf dem Kopf stehend dahintreiben sieht oder wenn er selbst bei einem Experiment akrobatische Manöver durchführen muss.

Die genauen Ursachen der Raumkrankheit kennt man zwar noch nicht, aber wahrscheinlich resultiert sie aus widersprüchlichen Signalen über die Position des eigenen Körpers. Unser Orientierungssinn rührt nämlich aus der Integration verschiedener Signale her, die aus dem Gleichgewichtsorgan im Innenohr sowie aus den Rezeptoren in Muskeln und Gelenken kommen: Signalisiert werden zum einen die Lage der Glieder, zum anderen visuelle Anhaltspunkte für die Orientierung. Im All erhalten aber viele dieser Rezeptoren nicht ihre normalen Reize. Insbesondere die visuellen Anhaltspunkte verlieren ihre übliche Bedeutung. Die Raumfähre etwa fliegt, von der Erde aus gesehen, auf dem Kopf. Wenn die Crew nun in den ersten Tagen versucht, in der Kabine die gewohnte Erdorientierung beizubehalten, fliegt sie genau genommen auch auf dem Kopf, kann jedoch auf diese Weise die desorientierenden Folgen der Schwerelosigkeit zunächst in den Griff bekommen. Später, wenn sich die Astronauten in ihrer neuen Umgebung eingelebt haben, orientieren sie sich so, wie es für sie individuell am besten ist.

Der zu zahlende Preis

Zu den Langzeitfolgen des Lebens in der Mikroschwerkraft gehören Knochenschwund und Muskelschrumpfung – Probleme, die bei Langzeitraumflügen wirklich gravierende Ausmaße annehmen können. Während des Fluges beeinträchtigen sie zwar die Leistungsfähigkeit nicht merklich, doch nach der Rückkehr zur Erde machen sich möglicherweise schwere Folgen bemerkbar. Es kann sehr lange dauern, bis Knochen- und Muskelmasse wieder den ursprünglichen Zustand erreicht haben – ungefähr so lange, wie der Raumflug selbst gedauert hat. Und ob nach sehr langen Raumflügen (etwa solchen zum Mars) überhaupt eine vollständige Regeneration möglich ist, wissen wir nicht.

Knochen sind lebendige Gewebe, die sich im Lauf unseres Lebens ständig erneuern und anpassen. Je mehr Belastung ein Knochen zu tragen hat, desto dicker wird er. Umgekehrt gilt, dass bei einer Reduktion der Belastung – zum Beispiel, wenn man sich aus dem Bereich der Erdanziehungskraft entfernt – die Knochen dünner und brüchiger werden. Dies erklärt, warum bei Langzeitraumflügen Knochensubstanzverlust hauptsächlich bei jenen Knochen auftritt, die das Gewicht tragen. Aus dem Knochen tritt, wenn er dünner wird, Kalzium aus, was zu Folgekomplikationen führen kann. Ein Ansteigen des Kalziumspiegels im Urin fördert zum Beispiel die Entstehung von Nierensteinen. Dieser Mineralienverlust führt zur Entstehung poröser Knochen (Osteoporose), und damit kann bei oder nach der Rückkehr zur Erde auch das Knochenbruchrisiko steigen. Der Knochensubstanzverlust kann bei Langzeitraumflügen beträchtlich sein. Pro Monat verlieren die Astronauten rund 1 Prozent ihrer Knochenmasse. Ein Aufenthalt von 10 Monaten unter den Bedingungen der Mikroschwerkraft kann zu einer Reduktion der Mineraliendichte in den Knochen führen, die jener entspricht, die auf Erden normalerweise zwischen dem 30. und dem 75. Lebensjahr stattfindet.

Eine weitere ernste Folge eines längeren Aufenthalts im Weltall ist der Verfall jener Muskeln, die normalerweise das Gewicht tragen, mangels Benutzung. Diese Muskeln schrumpfen, werden schwächer und überdies anfälliger für Verletzungen, wenn sie tatsächlich benutzt werden. Auch Verbindungsmuskeln degenerieren. Diese Auswirkungen sind in erster Linie an den Beinen zu beobachten; die Armmuskeln scheinen davon weniger betroffen zu sein, wahrscheinlich weil die Arbeiten im

Die Gleichgewichtsorgane

Wir besitzen zwei Gleichgewichtsorgane, eines auf jeder Seite des Kopfes. Sie befinden sich im Innenohr (Labyrinth). Jedes dieser Organe umfasst zwei Otolith-Organe (Otolith = Hörsteinchen) und drei Bogengänge. Es vermittelt Informationen über Bewegung und Lage des Körpers im Raum.

Die Otolith-Organe sind mit Flüssigkeit gefüllte Säckchen, in deren Wänden Sinnesorgane eingebettet sind; sie bestehen aus Gruppen von Sinneszellen, die zahlreiche feine Sinneshaare (Cilia) auf ihrer Oberfläche haben. Diese ragen in eine Schicht gallertartigen Materials hinein, welche die Oberfläche der Zellen bedeckt. Darauf liegen winzige Kristalle aus Kalziumkarbonat, so genannte Otolithe, die so groß sind wie Staubkörnchen. Sie fungieren als Schwerkraftdetektoren.

Befindet sich der Kopf in aufrechter Haltung, stehen auch die Sinneshaare aufrecht, gestützt von jener gallertartigen Schicht, die die Zelloberfläche bedeckt. Wird der Kopf jedoch zur Seite geneigt, rutschen die Kristalle infolge der Schwerkraft zur Seite, biegen die Sinneshärchen um und stimulieren sie auf diese Weise. Die Otolithe reagieren auch auf Vertikalkräfte sensibel: Wenn Sie in einem Lift schnell abwärts fahren, verlieren die Kristalle den Kontakt mit den Sinneshärchen und heben ab. Sie sorgen dabei für das Gefühl, als hätten Sie Ihren Magen oben zurückgelassen.

Im All zwingt die Schwerkraft die Otolithe nicht mehr, auf den Sinneszellen liegen zu bleiben, so dass das Gehirn von Otolith-Organen und Augen widersprüchliche Informationen über die Position des Körpers im Raum erhält. Man geht davon aus, dass hier eine der Ursachen der Weltraumkrankheit liegt.

Eine Winkelbeschleunigung wird in den Bogengängen des Gleichgewichtsorgans registriert. Es gibt drei Bogengänge, die auf einer x-, y- und z-Achse im rechten Winkel zueinander stehen. So können wir Bewegungen auf drei verschiedenen Ebenen wahrnehmen, die einem Kopfnicken, einer Neigung des Kopfes zu einer Seite und einem Kopfschütteln entsprechen.

Jeder halbkreisförmige Bogengang ist eine mit Flüssigkeit gefüllte Röhre mit einer Ausweitung am Ende, der so genannten Ampulle, in der die Sinneszellen liegen. Diese tragen wiederum viele feine Sinneshaare an ihrer Oberfläche, die in das Zentrum der Röhre ragen. Bewegt sich nun die Flüssigkeit im Bogengang anders als die Röhrenwand selbst, so verschieben sich die Sinneshärchen und stimulieren die Sinneszellen.

Wenn Sie beginnen, Ihren Kopf zu drehen, bewegt sich Ihr Schädel, aber die Flüssigkeit in den Bogengängen verharrt zunächst aufgrund der

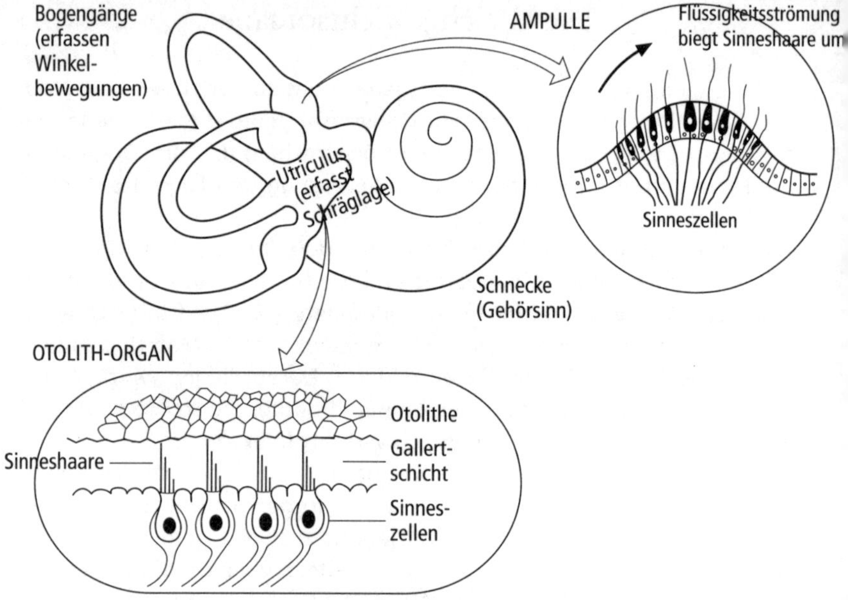

Trägheit in der alten Position. Die Sinneshaare werden durch die Strömung der Flüssigkeit bewegt, stimulieren die Sinneszellen und vermitteln die Empfindung einer Bewegung. Wenn Sie den Kopf weiter drehen, gleicht sich die Flüssigkeit mit ihrer Bewegung schließlich an und bewegt sich dann genauso schnell wie der Schädelknochen. Dann werden Sie nicht länger das Gefühl haben, als ginge es um die Kurve. Mit anderen Worten, die Bogengänge registrieren zwar Veränderungen in der Winkelgeschwindigkeit, zur Wahrnehmung einer andauernden Rotation aber sind sie nicht geschaffen. Ein Pilot in einem Flugzeug, das sich in die Kurve legt, nimmt zum Beispiel nach 15 oder höchstens 30 Sekunden sinnlich nicht mehr wahr, dass es immer noch um die Kurve geht, und ist, um die Lage korrekt einzuschätzen, auf Signale seiner Augen und Instrumente angewiesen.

All fast ausschließlich mit den Armen verrichtet werden. Eine Muskelatrophie in den Beinen könnte allerdings sehr ernste Folgen haben, wenn es einmal erforderlich sein sollte, dass eine Crew bei der Rückkehr auf die Erde im Falle einer Notlandung sich selbst befreien müsste.

Auch die Arbeitsbelastung des Herzens reduziert sich unter den Be-

Wenn Sie aufhören zu rotieren, hat die Flüssigkeit in Ihren Bogengängen ein gewisses Bewegungsmoment aufgebaut und rotiert darum noch eine gewisse Zeit weiter. Dann haben Sie das Gefühl, noch immer in Bewegung zu sein. Hier liegt der Grund, warum ein Pilot nach einer Drehung des Flugzeugs die überwältigende Empfindung hat, sich jetzt in die entgegengesetzte Richtung zu drehen. Einen ähnlichen Effekt können Sie an sich selbst beobachten, wenn Sie sich mehrere Sekunden auf der Stelle gedreht haben und dann plötzlich aufhören.

Auf der Erde werden, wenn Sie Ihren Kopf nach oben und unten bewegen oder wenn Sie ihn zur einen Seite neigen, sowohl die Schwerkraftdetektoren als auch die Detektoren für die Winkelbeschleunigung aktiviert. Unter den Bedingungen der Mikroschwerkraft indes reagieren nur noch die Detektoren für die Winkelbeschleunigung, nicht aber die Schwerkraftdetektoren. Das Gehirn erhält deshalb ein anderes Signal als das erwartete. Hier könnte die Erklärung dafür liegen, dass die Weltraumkrankheit oft durch Kopfbewegungen ausgelöst wird. Mit der Zeit gewöhnt sich das Gehirn an die widersprüchlichen Signale, und die Weltraumkrankheit verschwindet dann wieder.

Die Informationen aus dem System der Bogengänge werden mit den Augenbewegungen koordiniert, um sicherzustellen, dass die Welt dem Anschein nach stabil bleibt, wenn Sie den Kopf drehen. Wenn Sie den Kopf zur Rechten drehen, sorgt ein Kompensationsreflex dafür, dass sich die Augäpfel genauso schnell nach links drehen; das Bild, das Sie sehen, bleibt konstant. Diese Verbindung zwischen Gleichgewichtsorgan und Augenbewegung ist der Grund, warum sich die Welt noch weiter zu drehen scheint, wenn Sie selbst aufhören, sich zu drehen. Dabei dreht sich nicht die Welt, sondern Ihr Blick geht nur noch eine Zeit lang in die entgegengesetzte Richtung.

Wie Astronauten berichten, scheint sich, wenn sie bei einem Raumflug ihren Kopf bewegen, eher die Welt zu bewegen als sie selbst. Daraus ist der Schluss zu ziehen, dass dann die Verbindung zwischen Gleichgewichtsorgan und Augenbewegung beeinträchtigt ist.

dingungen der Mikroschwerkraft, zum einen, weil das Blutvolumen reduziert ist, und zum anderen, weil das Herz nicht länger gegen die Auswirkungen der Schwerkraft anpumpen muss. So schrumpft bei Langzeitaufenthalten im All auch der Herzmuskel; nach langen Flügen ist er deutlich kleiner.

Um Knochen- und Muskelschwund unter Kontrolle zu halten, müs-

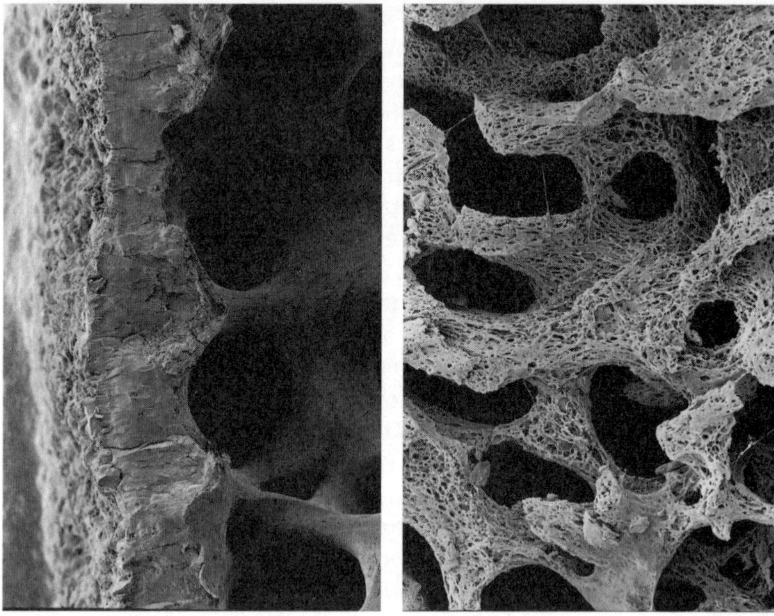

Links ein normaler, rechts ein von Osteoporose dezimierter Knochen. Unsere Knochen werden permanent ab- und neu wieder aufgebaut. Normalerweise entsprechen sich diese beiden Prozesse, doch unter den Bedingungen der Mikroschwerkraft gerät dieser Zyklus aus dem Gleichgewicht; die Knochen werden dünner. Mit ähnlichen Problemen haben viele ältere Menschen zu kämpfen, besonders Frauen nach der Menopause. Neue Knochen werden von bestimmten Zellen (so genannten Osteoblasten) aufgebaut, alte von einer anderen Zellgruppe (den Osteoclasten) abgebaut. Anscheinend wird unter den Bedingungen der Mikroschwerkraft die Aktivität der Osteoblasten unterdrückt. Bei Frauen nach der Menopause ist für diese Störung das Fehlen der weiblichen Geschlechtshormone, der Östrogene, verantwortlich. Ohne Ersatztherapie können solche Frauen jedes Jahr bis zu 3 Prozent ihrer Knochenmasse verlieren.

sen alle Astronauten wenigstens 3 bis 4 Stunden am Tag mit Gymnastik verbringen. Das ist gar nicht so einfach, denn unter den Bedingungen der Mikroschwerkraft ergeben sich ungewöhnliche Herausforderungen und Hindernisse. Wenn Astronauten eine Tretmühle benutzen wollen, müssen sie fest mit dem Boden verbunden sein, damit sie sich nicht abstoßen und davonsegeln, wenn sie eigentlich laufen wollen. Meistens tragen sie ein flexibles »Geschirr« aus elastischen Gurten, das sie am Boden hält (siehe Abbildung

Der Astronaut Michael Foale (Teilnehmer an der STS-45-Mission) in der Tretmühle. Die Gurte verhindern, dass er beim Laufen wegfliegt.

rechts oben). Auch Treträder und Rudermaschinen haben sich bei Weltraumflügen bewährt. Allerdings sind manchmal einzigartige Modifikationen erforderlich; die Rudermaschine etwa benötigt im All keinen Sitz, denn der Ruderer wird nicht von der Schwerkraft nach unten gezogen. Auch isometrische Übungen zur Stärkung der Muskeln kommen zum Einsatz, weil dazu keine großen Bewegungen erforderlich sind. Ein Beispiel wäre der auf der Erde gebräuchliche Expander, den man vor der Brust auseinander zieht. Gewichtheben scheidet natürlich aus. Mehrere Stunden täglich tragen die Raumfahrer auch so genannte »Pinguin-Anzüge« – ein elastisches Kleidungsstück, das die Muskeln zusammenpresst und damit den Verlust der Schwerkraft wenigstens zum Teil wettmacht.
Leider hat es sich bis heute als unmöglich erwiesen, im All körperlich genug zu trainieren, damit die von der Erde mitgebrachte Fitness erhalten bleibt. Auch ist es nicht möglich, Knochensubstanzverlust vollständig zu vermeiden. Trotzdem müssten die Astronauten bei einem sehr langen Flug (etwa zum Mars) sicherstellen, dass sie ihre Muskeln regelmäßig trainieren. Denn gegen den drohenden Muskelschwund ist dies die beste Abhilfe.

Einige der Langzeitauswirkungen von Raumflügen auf den Körper kann man simulieren, wenn man sich so hinlegt, dass der Kopf tiefer liegt als der Körper. Freiwillige, die ein Jahr lang in dieser Haltung gelegen haben, leiden ebenfalls an Knochen- und Muskelschwund, und ihr Herz funktioniert nicht mehr so effizient. Knochensubstanzverlust ist auch eine Alterserscheinung, wahrscheinlich weil wir nicht mehr so viel herumrennen und unseren Körper auch nicht mehr so regelmäßig fordern. Wenn ich jetzt am Computer sitze und dieses Buch schreibe, werden meine Knochen auch nicht in dem Maß beansprucht, als wenn ich gerade Tennis spielen oder meinen Garten umgraben würde.

Kosmische Strahlungen

Außerirdische Strahlungen stellen für die Astronauten ein ernsthaftes Problem dar. Denn auf der Erde fungieren die Erdatmosphäre und das elektromagnetische Feld, das sie umgibt, als Schutzschild. Außer sichtbaren Lichtstrahlen und Radiowellen dringen durch diesen Schild nur wenige andere Strahlen bis auf den Erdboden vor. Im All jedoch sind Astronauten permanent schädlichen Strahlungswirkungen ausgesetzt. Dabei gibt es drei Quellen kosmischer Strahlung: galaktische Strahlen, Sonnenstrahlen und die Teilchen, die in den Strahlengürteln um die Erde konzentriert sind.

Galaktische Strahlen haben ihren Ursprung außerhalb unseres Sonnensystems; ununterbrochen regnen sie auf unsere Erdatmosphäre herab. Sie können von Supernova-Explosionen stammen, aber es kann sich auch um Emissionen anderer Sterne innerhalb der Galaxie handeln. Sie bestehen in erster Linie aus Protonen (Wasserstoffkernen), aber auch Alpha-Teilchen (Heliumkernen) und sind äußerst energiereich. Wenn diese Primärpartikel auf die oberen Schichten der Erdatmosphäre treffen, kollidieren sie mit den Kernen von Gasatomen und lösen dabei Schauer von Sekundärpartikeln aus: Protonen, Neutronen, Elektronen, Myonen, Pionen und Neutrinos. Folglich durchdringen die primären galaktischen Strahlen die Erdatmosphäre nicht; auch von den Sekundärpartikeln, die sie freisetzen, erreicht nur ein kleiner Teil jemals die Erdoberfläche. Im Weltall muss jedoch ein Schutzschild bereitgestellt werden, um zu verhindern, dass Astronauten von galaktischen Strahlen erreicht werden.

Die Sonne stößt konstant einen großen Strom stark geladener, ionisierender Teilchen aus. Es handelt sich dabei hauptsächlich um Protonen und Elektronen, die von ihrer Quelle mit einer Geschwindigkeit von rund 450 Kilometern pro Sekunde in Spiralen seitwärts ausgestoßen werden. Unter ungestörten Bedingungen enthält dieser so genannte Sonnenwind normalerweise, wenn er die Erde erreicht, rund 5 Teilchen pro Kubikzentimeter. Von Zeit zu Zeit kommt es an der Sonnenoberfläche jedoch zu gewaltigen Eruptionen, und dann werden enorme Mengen an Teilchen in den interplanetaren Raum geschleudert. Diese Ausbrüche haben die gigantische Kraft von 1 Milliarde thermonuklearer 1-Megatonnen-Explosionen, und dabei können in wenigen Sekunden bis zu 10 Milliarden Tonnen an Partikeln ausgestoßen werden. Während solcher Sonnenstürme steigt das Ausmaß der Strahlung, die die Erde erreicht, dramatisch an. Wie beim irdischen Wetter ist es auch bei der Sonne sehr schwer vorherzusagen, wann genau ein Sonnensturm zu erwarten ist. Doch die Sonneneruptionen variieren wie die anderen Sonnenaktivitäten in einem Zyklus, der rund 11 Jahre umfasst. Das letzte Maximum eines solchen Zyklus wurde im Jahre 2001 verzeichnet.

Auf der Erde leben wir in einer geschützten Umgebung: Das Magnetfeld der Erde schirmt uns von kosmischen Strahlen dadurch ab, dass es die aufgeladenen Teilchen in einer Wolke rund um den Planeten einfängt und festhält. Riesige Mengen solcher Partikel, vor allem sehr energiereiche Protonen und Elektronen, sind in zwei deutlich abgegrenzten Regionen um die Erde konzentriert, die man als inneren und äußeren Strahlengürtel bezeichnet. Diese Strahlengürtel wurden 1958 von James Van Allen und seinen Studenten entdeckt. Jeder dieser Gürtel hat ungefähr die Gestalt eines ringförmigen hohlen Krapfens (wissenschaftlich-technisch spricht man von einer torusförmigen Scheibe); er umschließt die Erde so, dass seine Zentralachse mit dem Äquator verbunden ist. Der geringste Abstand des inneren Strahlengürtels zur Erdoberfläche beträgt rund 300 Kilometer, während sich der äußere Gürtel bis zu 45 000 Kilometer ins All hinaus erstrecken kann (das entspricht ungefähr einem Sechstel der Entfernung zum Mond).

Wenn wir verstehen wollen, warum geladene Teilchen in den Van-Allen-Gürteln aufgehalten werden, ist es hilfreich, sich die Erde als Stabmagneten vorzustellen, an dessen Enden Nordpol und Südpol liegen. Vom einen Ende des Magneten zum anderen verlaufen geschwungene Kraftlinien. Wir können sie zwar nicht sehen, aber mit Eisenspänen sichtbar machen. Einige Bakterien und Tiere, die entsprechende Re-

Teilchenstürme im Weltall und Sonneneruptionen können auch auf der Erde dramatische Auswirkungen haben. Wenn die bei Sonneneruptionen emittierten, geladenen Partikel die Erdpole erreichen, stoßen sie in der Erdatmosphäre auf Gasatome. Dabei entstehen spektakuläre Lichteffekte, das so genannte Nordlicht (Aurora borealis). Diese flackernden sanften Lichtschleier sehen normalerweise grünlich-gelb aus, doch gelegentlich können sie auch eine strahlende Purpurfarbe haben, violett oder blau aussehen. Die Farben richten sich nach den Atomen, mit denen die Sonnenpartikel kollidieren: Werden Sauerstoffatome angeregt, so entsteht grünes Licht, während Stickstoffatome rotes Licht von sich geben. Das Nordlicht ist an den Polen besonders spektakulär, weil die Sonnenpartikel durch das Magnetfeld der Erde dort in die Erdatmosphäre geleitet werden, und zwar entlang der Feldlinien, die an den magnetischen Polen auf die Erde treffen oder diese verlassen. Natürlich gibt es auch ein »Südlicht«, aber dieses erhält weniger Aufmerksamkeit, weil es dort nur von wenigen Menschen wahrgenommen wird.

zeptoren besitzen, können die magnetischen Kraftlinien ebenfalls entdecken. Trifft nun ein kosmischer Strahl auf die magnetischen Feldlinien der Erde, so kommen dessen geladene Teilchen nicht darüber hinweg. Stattdessen werden sie von den Polen angezogen. Auf dem Weg dorthin drehen sie sich spiralförmig. An den Polen schlüpfen einige Partikel durch das Magnetfeld hindurch in die Erdatmosphäre, doch die große Mehrzahl wird abgestoßen und legt nun den bereits zurückgelegten Weg entlang der Feldlinien in umgekehrter Richtung abermals zurück. Dieser endlose Tanz der Protonen konstituiert die Van-Allen-Gürtel.

Die Van-Allen-Gürtel stellen für Astronauten und Satelliten ein ernsthaftes Problem dar, weil die Strahlendosen bis zu 200 Millisievert (mSv) pro Stunde erreichen können. Dadurch begrenzt sich auch die maximale Höhe der Erdumlaufbahnen bei Raumflügen auf unter 400 Kilometer. In diesen niedrigen Umlaufbahnen sind die Strahlenwerte gering, außer an einer bestimmten Stelle über dem Südatlantik. Die typische Umlaufbahn, die von der Raumfähre bei Weltraummissionen gewählt wird, durchquert diese Anomalie über dem Südatlantik rund sechsmal am Tag. Hier erhalten die Besatzungen der Fähre stets die stärkste Strahlendosis ihrer gesamten Reise ins All. Bei den anderen neun Erdumkreisungen pro Tag durchquert die Raumfähre die Anomalie über dem Südatlantik nicht; folglich werden alle Aktivitäten der Astronauten, zu denen sie die Raumfähre verlassen müssen, in diese Umlaufbahnen verlegt.

Zwar ist das Strahlungsniveau im Weltraum normalerweise gering, aber wenn man Strahlungen länger ausgesetzt ist, können Schäden am Erbgut (an der DNA) die Folge sein. Das bedeutet eine Erhöhung des Krebsrisikos und, wenn die DNA der Keimzellen (Spermien oder Eizellen) betroffen ist, möglicherweise auch Unfruchtbarkeit oder genetische Missbildungen bei Astronautenkindern. Die äußerst energiereiche Strahlung, die für Sonneneruptionen typisch ist, bringt auch noch eine viel unmittelbarere Gefahr mit sich: Sie zerstört wichtige Zellen. So kann es schon nach wenigen Stunden zu Todesfällen kommen, wenn das Zentralnervensystem geschädigt wurde, oder innerhalb weniger Tage, wenn weiße Blutkörperchen oder die sich schnell teilenden Zellen in den Darmwänden zerstört wurden. Wäre ein Astronaut der vollen Kraft einer Sonneneruption ungeschützt ausgesetzt, würde er schon innerhalb weniger Stunden an akuter Verstrahlung sterben. Doch auch der kumulative Effekt geringerer Strahlendosen kann beträchtlich sein. Zum Glück sind Sonneneruptionen ja nicht gar so häufig.

Zur Entdeckung kosmischer Strahlungen braucht man normalerweise eine Spezialausrüstung, doch manchmal sind sie auch mit dem bloßen Auge zu sehen. Buzz Aldrin und Neil Armstrong haben seltsame weiße Leuchterscheinungen beschrieben, die wie Sternengeflacker wirkten, als sie in der Mondlandefähre *Eagle* zum Mond und zurück flogen. Ähnliche helle Funken und kurze Lichterscheinungen wurden

bei Flügen zum Mond auch von anderen *Apollo*-Astonauten bei späteren Missionen bemerkt – meistens, wenn sie ihre Augen geschlossen hatten. Diese Lichtblitze traten ein- bis zweimal pro Minute auf. Wahrscheinlich handelte es sich dabei um galaktische Strahlen, die die Kabinenwände durchdrungen hatten und ins Auge der Astronauten gelangt waren, denn auch Testpersonen, die im Labor erzeugten Teilchenstrahlen ausgesetzt waren, sahen ähnliche Lichtblitze. Auch manche Besatzungen der Raumfähre berichteten von Lichtblitzen, die besonders beim Durchqueren der Anomalie über dem Südatlantik gehäuft auftraten und über den Polen am seltensten vorkamen. Vermutlich handelte es sich dabei also um Strahlungen aus dem Van-Allen-Gürtel. Welche Teile des Sehnervensystems genau durch diese ionisierende Strahlung erregt werden, ist immer noch ungeklärt, aber man ist überwiegend der Ansicht, dass es sich um direkte Netzhautreizungen durch aufgeladene Partikel handelt.
Galaktische Strahlen und Sonnenpartikel sind äußerst energiereich, so dass es nicht leicht ist, in einem Raumschiff angemessenen Schutz zu bieten. Um vor der ganzen Intensität der Strahlung nach einer Sonneneruption sicher zu sein, braucht man Platten mit mindestens 20 bis 15 Gramm Aluminium pro Quadratzentimeter – wenn die Strahlung länger andauert, müssen die Platten sogar noch dicker sein. Bedenkt man die erforderlichen Gewichtsbeschränkungen bei einem Raumflug, so wäre es sehr unpraktisch, einen derart massiven Schutzschild routinemäßig bei jedem Raumflug zur Verfügung zu stellen. Somit sind alle Raumflugbesatzungen unweigerlich kosmischen Strahlungen ausgesetzt. Darum tragen alle Astronauten Dosierungsmesser, die das Ausmaß der erhaltenen Strahlungen festhalten. Bislang hielten sich die Werte immer deutlich in akzeptablen Grenzen, obwohl die Langzeitastronauten durchaus signifikante Dosen erhalten haben können. Die Astronauten der *Apollo*-Missionen zum Beispiel erhielten in den weniger als zwei Wochen, die sie im All verbrachten, nur 6 Gray, während die Besatzung von *Skylab 4*, die sich 84 Tage im All aufhielt, bis zu 77 Gray als Dosis verzeichnete. Einige russische Kosmonauten, die sogar noch länger im All blieben, erhielten proportional entsprechend höhere Strahlungsdosen. Mehrere von ihnen bekamen anschließend Krebs; allerdings ist nicht bekannt, ob dies eine direkte Folge der Strahlenbelastung aus dem All war. Wegen der Gefährlichkeit kosmischer Strahlen sollte man längere Reisen im Weltraum vielleicht erst unternehmen, wenn man nicht mehr ganz jung ist; dann kann

man sein Leben nicht mehr durch eine allzu frühe Krebserkrankung ruinieren. Hier liegt einer der Gründe für die Überlegung, auf Mars-Missionen lieber schon etwas ältere Astronauten zu schicken.

Überschallflugzeuge wie die Concorde fliegen so nahe am oberen Rand der Erdatmosphäre, dass sie vor kosmischer Strahlung nicht mehr richtig gesichert sind. Besatzung und Passagiere sind pro Stunde einer durchschnittlichen Dosis von rund 10 Mikrosievert (µSv) ausgesetzt. Bei einem Flug von London nach New York kommen 35 µSv zusammen. Die maximale jährliche Gesamtstrahlenbelastung, die für die Allgemeinheit noch als akzeptabel gilt, liegt bei 1 Millisievert (1 mSv = 1000 µSv).[4] Um dieses Maß zu überschreiten, müsste man also vierzehnmal von London nach New York und wieder zurück fliegen. Anders gesagt: Das unbedenkliche Limit liegt bei 100 Flugstunden pro Jahr. Dieses Limit übertreffen Flugzeugbesatzungen und Vielflieger ohne weiteres. Das für diese Berufsgruppen definierte Limit liegt allerdings wesentlich höher: bei 20 mSv pro Jahr oder dem Strahlenwert von mehr als fünf Hin- und Rückflügen nach New York pro Woche. Das übertrifft so leicht keiner mehr. Tatsächlich beträgt die Strahlenbelastung jener Concorde-Besatzungen, die am häufigsten unterwegs sind, nur 7 mSv pro Jahr.

Gelegentlich kann jedoch ein unvorhergesehener Sonnensturm einen rapiden, substanziellen Anstieg der Strahlung nach sich ziehen – auf bis zu 25 mSv pro Stunde. Für solche Fälle hat die Concorde ein Strahlungswarnsystem an Bord, das sowohl Neutronen als auch ionisierende Strahlungen (Protonen, Elektronen, und so weiter) entdecken kann und im Passagierraum installiert ist – verbunden mit einer Anzeige im Cockpit. Sollte das Strahlungsniveau 0,5 mSv pro Stunde überschreiten, hat die Besatzung Anweisung, auf eine geringere Flughöhe zu wechseln, wo der Schutz durch die Erdatmosphäre größer ist. Obwohl die Concorde schon mehr als 20 Jahre in der Luft ist, ist das allerdings noch nie erforderlich gewesen.

In einer Flughöhe von 10 400 Metern, die für die meisten Passagiermaschinen gilt, ist das Strahlungsniveau nur etwa halb so hoch wie in jenen Höhen, in denen die Concorde und militärische Überschallflugzeuge fliegen. Doch die gesamte Strahlenbelastung ist trotzdem ungefähr gleich, weil man bis zur Ankunft am Ziel wesentlich länger in der Luft ist als bei Überschallflügen. Die Strahlungsdosen ähneln sich also, ganz gleich ob Sie sich einen Concorde-Flug leisten können oder nicht. Normale Verkehrsflugzeuge sind allerdings nicht mit

Strahlungsmonitoren ausgerüstet – aus historischen Gründen, aber auch, weil die Strahlengefahr so gering ist. Außerdem ist das Beobachtungssystem für Sonneneruptionen heutzutage so hoch entwickelt, dass immer noch Zeit bleibt, ein Flugzeug sicher zu landen, ehe es von der vollen Kraft eines solchen Energieschwalls erreicht wird. (Von der Sonne zur Erde benötigen Sonnenpartikel rund 2 Tage.) Die Hauptschwierigkeit bei Sonnensturmprognosen liegt darin, dass man den tatsächlichen Weg der Teilchen kaum vorhersehen kann – viele Teilchenschwärme erreichen die Erde überhaupt nicht. Damit stehen die für Wetterprognosen im All Verantwortlichen ständig vor dem Dilemma, ob sie überhaupt eine Warnung ausgeben sollen, und wenn ja, wann.

Es steht aber völlig außer Zweifel, dass Astronauten, Flugzeugbesatzungen und Vielflieger routinemäßig höheren kosmischen Strahlungsdosen ausgesetzt sind als die Allgemeinheit. Ob dies zu einem erhöhten Krebsrisiko führt oder nicht, wird zur Zeit intensiv untersucht. Gleichwohl ist bereits klar, dass dieses Risiko sehr gering ist und durch viele Vorteile der Luftfahrt aufgewogen wird. Außerdem sollte man auch diese Angelegenheit im Kontext betrachten. Die Bewohner der Millionenstadt La Paz in Bolivien (auf einer Meereshöhe von 3900 Metern gelegen) erhalten aus kosmischer Strahlung eine Jahresdosis von 2 Millisievert (mSv), die ungefähr genauso hoch ist wie die bei Flugzeugbesatzungen, die auf den interkontinentalen Langstrecken eingesetzt sind. Die im äußersten Südwesten Großbritanniens lebende Bevölkerung wird sogar durch noch höhere Dosen belastet (7 mSv pro Jahr). Das hat mit der natürlichen Strahlung der dortigen Felsgesteins zu tun. Es ist durchaus einen Gedanken wert, dass bei schwangeren Mitgliedern von Flugzeugbesatzungen aus Sorge um die ungeborenen Kinder die Anzahl der Flugstunden begrenzt wird, während schwangere Frauen in Cornwall einen derartigen Schutz nicht genießen. Diese Frauen können der hohen Strahlendosis nicht entkommen.

Ausflüge in den luftleeren Raum

Der erste Mensch, der sich, nur mit einem Schutzanzug bekleidet, in den Weltraum hinauswagte, war Alexei Archipowitsch Leonow aus der Sowjetunion. Er verbrachte am 18. März 1965 12 Minuten außerhalb seiner Raumkapsel. Der erste Weltraumspaziergang eines

Amerikaners kam erst zwölf Monate später; ihn unternahm Edward White II. Inzwischen haben bereits Astronauten aus vielen Nationen tausende von Stunden auf diese Weise im Weltraum oder auf dem Mond verbracht. Sie alle sind sich darin einig, dass ein Weltraumspaziergang eine erhebende Erfahrung ist und dass es nichts gibt, was man mit einem solchen Flug im luftleeren All, in äußerster Dunkelheit, vergleichen könnte, wenn sich die helle gekrümmte Erdoberfläche langsam unter einem dreht. Niemand glaubt, dass Worte dieses Gefühl adäquat beschreiben könnten. Doch der *Apollo-17*-Astronaut Gene Cernan sagte, dass es im folgenden Gedicht von John Gillespie Magee, lange vor dem Zeitalter der Raumfahrt geschrieben, so gut wie nur möglich gelungen sei, das Wesentliche einer solchen Erfahrung festzuhalten:

Oh! Den griesgrämigen Bindungen der Erde entschlüpft,
Bin ich auf lächelnd-silbrigen Flügeln am Himmel getanzt,
Der Sonne entgegen geklettert … – und habe hundert Dinge
getan,
Von denen du noch nie geträumt – im Kreis gedreht, empor
geschossen und geschwungen
Hoch oben in der Stille des Sonnenlichts …
Und als mit still erhobenem Sinn ich so betrat
Die hohe unberührte Heiligkeit des Alls,
Berührt' ich mit ausgestreckter Hand – Gottes Gesicht.[5]

Spaziergänge im All können gefährlich sein, denn schon die leichteste Berührung kann einen ins All abdriften lassen. Darum sind Astronauten oft durch eine Art Nabelschnur mit ihrem Mutterschiff verbunden. Ferner enthalten ihre Raumanzüge einen kleinen Raketenantrieb, damit sie bei Bedarf auch im luftleeren Raum manövrieren können.

Raumanzüge sind eine Weiterentwicklung der von Luftfahrtpionieren wie dem Amerikaner Wiley Post entwickelten Druckanzüge, die für die Aufstellung von Höhenflugrekorden erforderlich waren. In den frühen Tagen der Luftfahrt gab es noch keine Cockpits mit Druckausgleich, und so hatten Piloten, die in größere Höhen vordringen wollten, keine andere Wahl, als einen Druckanzug zu tragen. Diese frühen Anzüge wurden anschließend vom Militär zu vollgültigen Druckluftanzügen für Jetpiloten weiterentwickelt, die in Flughöhen über 12 000 Meter flogen. Alle

Der Luftfahrtpionier Wiley Post (1899–1935) entwarf den ersten Druckanzug für Flieger und benutzte ihn auch selbst mit Erfolg bei einem epochalen Flug von Kalifornien nach Cleveland am 15. März 1935. Unter Ausnutzung der Strahlströmung, die die Erde in einer Höhe von 8 bis 10 Kilometern umgibt, konnte er seine Durchschnittsgeschwindigkeit auf damals noch phänomenale 445 Stundenkilometer steigern. Sein Druckanzug war aus drei Materiallagen konstruiert, hinzu kam ein Helm mit Sauerstoffversorgung. Post fiel es allerdings sehr schwer, sich zu bewegen, wenn der Anzug aufgeblasen war. So setzte er als Kompromiss den Anzug erst unter Druck, wenn er bereits saß, damit er wenigstens Hände und Füße noch frei bewegen konnte.

frühen Astronauten trugen während des gesamten Fluges Druckluftanzüge – als Vorsichtsmaßnahme für den Fall, dass während des Fluges der Druck in der Raumkapsel nachlassen sollte. Dagegen tragen heutige Astronauten, wenn sie im All um die Erde kreisen, ganz normale Kleidung sowie in den Start- und Landephasen Anzüge, die teilweise unter Druck stehen. Vollgültige Raumanzüge unter Druck tragen sie nur bei Ausflügen in das Vakuum des Weltalls.

Ein Raumanzug funktioniert wie ein persönliches Miniaturraumfahrzeug. Er bietet physischen Schutz, er erhält Luftdruck, Atemluftversorgung und eine gleichmäßige Temperatur aufrecht und bietet überdies, wenn er für längere Zeit getragen wird, auch Nahrung, Wasser und Fäkalienentsorgung. Raumanzüge müssen außerdem flexibel, widerstandsfähig und gegen Sonnenstrahlung und Mikrometeoriten äußerst resistent sein. Für die Entwickler kommt erschwerend hinzu, dass Raumanzüge auch leicht sein müssen, denn das Gewicht, das mit hohem Energieaufwand in den Weltraum geschossen wird, muss so gering wie irgend möglich gehalten werden. Anfangs wurden Raumanzüge – etwa jene, die die *Gemini*-Astronauten verwendeten – bei Außeneinsätzen durch eine Art Nabelschnur mit dem Raumschiff verbunden, um die Sauerstoffversorgung sicherzustellen. Für die Mondausflüge der *Apollo*-Astronauten waren jedoch völlig unabhängige Systeme in den Raumanzügen erforderlich, die alle Lebensbereiche umfassten und jeder potenziellen Notsituation gewachsen waren. Die heute vom NASA-Personal bei Außeneinsätzen getragenen Raumanzüge, sogenannte EMUs (»extravehicular mobility units«, »mobile Einheiten für Außeneinsätze«), sind sehr komplex. Sie bestehen aus 14 Lagen Material, um die Astronauten vor den Gefahren des Alls zu beschützen, und einem großen Rucksack mit allem Lebenswichtigen: Tanks mit Kühlwasser, einer Klimaanlage und Gastanks mit einem Sauerstoffvorrat für einen Aufenthalt im All von 9 bis 10 Stunden Dauer. Auf der Erde wiegt dieser Anzug stolze 113 Kilogramm, doch im All natürlich überhaupt nichts.

Der Kabinendruck in Raumfähren und Raumstationen (früher in der *Mir* und jetzt in der Internationalen Raumstation) entsprach und entspricht noch immer dem Luftdruck auf der Erde, und die Atemluft besteht aus 21 Prozent Sauerstoff und 78 Prozent Stickstoff. In EMUs besteht das Atemgas jedoch aus reinem Sauerstoff bei einem Druck von 0,33 Atmosphären. Dadurch verlängert sich die potenzielle Einsatzzeit außerhalb der Raumstation. Der Druck muss dann jedoch gesenkt werden, um Sauerstoffvergiftungen zu vermeiden (siehe dazu Kapitel 2). Das ausgeatmete Kohlendioxid wird durch Lithiumhydroxid herausgefiltert, Aktivkohle filtert andere Verunreinigungen aus der Atemluft, und das Wasser wird durch eine Luftentfeuchtungsanlage entfernt. Dann wird je nach Bedarf Sauerstoff zugesetzt und die Atemluft erneut in den Raumanzug geleitet.

Weil der Druck im Raumanzug auf 0,33 Atmosphären gesenkt werden muss, würde ein Astronaut, der diesen Anzug einfach anlegen und sogleich aus dem Raumschiff aussteigen würde, unweigerlich der Druckfallkrankheit zum Opfer fallen (deren Symptome bereits im zweiten Kapitel im Zusammenhang mit Tauchvorgängen ausführlich geschildert wurden). In seinen Adern und Geweben würden sich gefährliche Stickstoffbläschen bilden. Eine Möglichkeit, dieser Gefahr zu entgehen, besteht darin, allen Stickstoff zuvor aus dem Körper zu eliminieren und ihn durch Sauerstoff zu ersetzen. Denn Sauerstoff wird schnell absorbiert und verbraucht. Er kann darum auch keine gefährlichen Blasen bilden. Deshalb setzen die betroffenen Astronauten schon vor ihrem Ausstieg in den Weltraum Sauerstoffmasken auf und atmen stundenlang nur noch reinen Sauerstoff. Allerdings fällt es ihnen dann sehr schwer, ihren Raumanzug anzulegen, während sie noch Sauerstoffmasken tragen. Eine Atempause aber könnte alles zunichte machen, weil Stickstoff die Körpergewebe schon nach wenigen Atemzügen erneut sättigen und den gerade mühsam aufgebauten Sauerstoffvorrat wieder aus den Geweben verdrängen würde. Darum muss der Astronaut die Luft anhalten, während die Sauerstoffmaske abgenommen und das Atemsystem des Raumanzugs angeschlossen wird. Nur so kann ungewollter Stickstoff aus dem Körper herausgehalten werden. Aber diese Prozedur ist durchaus nicht leicht zu bewerkstelligen. Darum hat sich allgemein die Praxis eingebürgert, schon vor der unmittelbaren Vorbereitungsphase, in der die Betroffenen nur noch reinen Sauerstoff einatmen, den Kabinendruck der Fähre zu senken und gleichzeitig den Sauerstoffanteil der Atemluft für die ganze Besatzung der Raumfähre zu erhöhen. Dadurch verringert sich das Risiko, dass in der kritischen Phase beim Anlegen des Raumanzugs wieder Stickstoff in den Körper eindringt, beträchtlich. Zugleich verringert sich die erforderliche Vorlaufzeit an der Sauerstoffmaske: Wenn der Luftdruck in der ganzen Kabine vor dem Ausstieg 24 Stunden lang gesenkt war, reicht eine Vorlaufzeit von nur 30 Minuten, während sonst mindestens 4 Stunden lang reiner Sauerstoff eingeatmet werden müss-

Der Astronaut Bruce McCandless II bei einem Weltraumspaziergang ohne Sicherheitsleine anlässlich der ersten Erprobung einer mit Stickstoff angetriebenen und von Hand gesteuerten »bemannten Manövriereinheit«. Die Raumfähre Challenger *spiegelt sich im Visier des Helms.*

te, ehe ein Ausstieg bei den Druckverhältnissen im Raumanzug ohne Risiko möglich wäre.

Wie ein Raumschiff ist auch ein Raumanzug extremen Temperaturgegensätzen ausgesetzt: Auf der der Sonne zugewandten Seite können mehr als 120 °C erreicht werden, auf der Kehrseite gleichzeitig unter –100 °C (hier sind die Verhältnisse, die man von einem heißen Kamin in einem kalten Zimmer kennt, wahrhaft ins Extrem gesteigert!). Hinzu kommt, dass Körperwärme und Schweiß nicht durch die Außenhaut des Raumanzugs entweichen können. Darum kann es im Innern das Anzugs potenziell sehr, sehr warm werden, zumal wenn sich der Astronaut auch noch körperlich verausgabt. So stellte denn auch bei den Raumausflügen der *Gemini*-Astronauten Überhitzung ein großes Problem dar. In späteren Raumanzügen wurde darum wassergekühlte Unterwäsche bereitgestellt: Es wurde ein System feinster Röhren eingebaut, in dem Wasser aus einem Tank, der auf dem Rücken getragen wurde, zirkulierte. Ein ähnliches System gibt es auch heute noch in den EMUs, die von den Besatzungen der Raumfähre für Außenarbeiten verwendet werden.

In einem Raumanzug müssen sich die Astronauten bei ihren Arbeiten im All allerdings auch bewegen können – und das ist gar nicht so einfach. Wenn die Astronauten ihre Arme beugen wollen, steht dem zum Beispiel entgegen, dass die Gewebe des Raumanzugs mit Draht verstärkt sind, damit sie dem gewaltigen Druckunterschied zwischen Innendruck und Vakuum im All standhalten können,[6] außerdem die Tatsache, dass die Druckluft im Anzug einer Beugung widerstrebt. Darum enthalten Raumanzüge an geeigneten Stellen eingebaute Gelenke, die wie das Außenskelett bei Insekten funktionieren. Im unteren Teil eines Raumanzugs finden sich zum Beispiel Gelenke in der Taille, an der Hüfte, am Knie und am Fußgelenk, so wie auch ein Insektenpanzer an Schlüsselstellen Gelenke aufweist. Aber auch so ist die Arbeit in einem Raumanzug noch schwierig genug und sehr ermüdend; rigoroses Training ist eine unabdingbare Voraussetzung. Als mögliche Komplikation ist ferner zu bedenken, dass der Körper unter den Bedingungen der Mikroschwerkraft größer wird, dass sich Brustraum und Kopf ausdehnen, während die Schenkel dünner werden, weil sich die Körperflüssigkeiten verlagern. All dem müssen auch Raumanzüge Rechnung tragen, und hier wurden bei den Anzügen der ersten Astronauten Fehler gemacht.

Der Wiedereintritt in die Erdatmosphäre

Der gefährlichste Abschnitt eines Raumfluges ist wahrscheinlich die Phase des Wiedereintritts in die Erdatmosphäre und der Landung. Nicht zufällig sagte Präsident Kennedy damals in seiner berühmten Rede, man wolle Menschen nicht nur zum Mond, sondern auch »sicher zur Erde zurück« bringen. Bei der Rückkehr haben die Astronauten mit diversen physikalischen und physiologischen Problemen zu kämpfen. Das wichtigste ist die enorme Reibungswärme, die beim Eintritt in die Erdatmosphäre entsteht. Bei der Geschwindigkeit, mit der das Raumschiff sich durch diese Luftschichten bewegt, werden den Gasatomen in der Luft Elektronen ausgeschlagen, so dass rund um das Raumschiff ionisiertes orangerotes Plasma entsteht. Bei den dort herrschenden Temperaturen von rund 1650 °C muss unbedingt ein Hitzeschild dafür sorgen, dass weder das Raumschiff verglüht noch die Astronauten gegart werden. Erschwerend kommt hinzu, dass die oberen Schichten der Erdatmosphäre nicht glatt und geschmeidig, sondern uneben und wellenförmig sind, so dass erhebliche Vibrationen die Folge sind, wenn das Raumschiff sozusagen auf den Wellen durchgerüttelt wird.

Die Wiedereintrittsphase ist besonders für jene Astronauten gefährlich, die lange Zeit im All verbracht haben – wegen der Schwerkraftverstärkung, die mit der Abbremsung des Raumschiffs durch die Erdatmosphäre verbunden ist. Bei frühen Raumflügen wurden hier sehr hohe Werte erreicht (+6 g), doch heutige Astronauten sind nur noch Kräften ausgesetzt, die das 1,2fache der Erdanziehungskraft selten überschreiten. Indes, selbst diese schwächeren Kräfte haben Auswirkungen auf den Körper des Astronauten. Weil die Position der Raumfähre beim Eintritt in die Erdatmosphäre für die Astronauten ungünstig ist, wirken die Schwerkräfte auf den Piloten in einem Winkel ein, der es dessen Herz sehr erschwert, das Blut aus den Füßen zurückzupumpen. Diese Phase – sie kann bis zu 20 Minuten dauern – bereitet jenen Astronauten besondere Probleme, die lange im All waren und deren Körper sich gut an die Bedingungen der Mikroschwerkraft angepasst hat. Ihr Blutdruck kann jetzt dramatisch sinken, so dass sie gerade in der kritischen Landungsphase benommen sein können oder gar in Ohnmacht fallen. Der britische Astronaut Michael Foale, der fast fünf Monate an Bord der Raumstation *Mir* verbrachte, war für die Wiedereintrittsphase horizontal in einer (für ihn günstigen) Position festgeschnallt, in der die Schwerkraft von der Brust her auf den Rücken einwirkte. Antischwerkrafthosen, wie sie von Militärpiloten getragen werden, dienen ebenfalls manchmal dazu, von außen Druck auf die Beine auszuüben, damit die Rückkehr des Blutes zum Herzen erleichtert wird und das Gehirn nicht unter mangelhafter Blut- und Sauerstoffversorgung zu leiden hat.

Landung auf der Erde

Ein Problem, mit dem die meisten Astronauten zu kämpfen haben, wenn sie zur Erde zurückkehren, ist, dass sie nicht mehr stehen können, ohne ohnmächtig zu werden. Dieses Phänomen (wissenschaftliche Bezeichnung: »orthostatische Intoleranz«) ist die Folge tief greifender Veränderungen des Herz-Kreislauf-Systems unter den Bedingungen der Schwerelosigkeit. Von der Schwerkraft befreit, verlagern sich die Körperflüssigkeiten nach oben und lösen dabei Kompensationsmechanismen aus, die das Flüssigkeitsvolumen senken und eine Umverteilung bewirken. Diese Veränderungen dauern auch nach der Rückkehr zur Erde noch eine Weile an. Sie haben zwar keine nennenswerten Auswirkungen, solange der Astronaut liegt, doch wenn er versucht aufzustehen, reicht die Blutversorgung von Kopf und Gehirn nicht mehr aus, und er verliert das Bewusstsein. Die Besatzung von *Sojus 21* hatte zum Beispiel noch mehrere Stunden nach der Landung große Schwierigkeiten aufzustehen, ohne in Ohnmacht zu fallen. Die orthostatische Toleranz ist bereits beeinträchtigt, wenn Raumflüge nur 5 Stunden gedauert haben. Nach kurzen Flügen sind die Normalwerte aus der Zeit vor dem Flug nach zwischen 3 und 14 Tagen wieder erreicht, doch nach längeren Raumfahrtmissionen wird zur Erholung wesentlich mehr Zeit benötigt.
Einer der Gründe, warum Astronauten nach der Landung an orthostatischer Intoleranz leiden, ist ein verringertes Blutvolumen. Hinzu kommt, dass sich die Blutgefäße in den Beinen nicht mehr so oft zusammenziehen wie normal, so dass sich unter normalen Schwerkraftbedingungen nun wesentlich mehr Blut in den Beinen sammelt. Überdies scheint die nervliche Kontrolle des Blutdrucks beeinträchtigt zu sein. Wer (wie ich selbst) unter niedrigem Blutdruck leidet, hat ohnehin Schwierigkeiten, wenn er schnell aufstehen soll. Solche Menschen sehen dann schwarze Flecken oder gar einen Grauschleier vor ihren Augen und fühlen sich einige Sekunden lang schwindelig.

Erdaufgang über dem Mondhorizont – eine betörend schöne Fotografie des Astronauten Bill Anders, aufgenommen, als er 1968 in seinem Raumschiff den Mond umkreiste. Anders sagte später: »Wir haben alles unternommen, um den Mond zu erforschen, doch das Wichtigste, was wir dabei entdeckt haben, ist die Erde.«

Die Sowjets waren die Ersten, die Maßnahmen gegen die Veränderungen in der Verteilung der Körperflüssigkeiten durch die Schwerelosigkeit ergriffen. Bei ihren Flügen legten die sowjetischen Kosmonauten von Zeit zu Zeit Vakuumhosen an; sie entwickelten von außen einen Sog, der das Blut in den Unterkörper zurückfließen ließ. Außerdem tranken die Kosmonauten, unmittelbar bevor sie die Erdumlaufbahn verließen und auf Landungskurs gingen, ungefähr 1 Liter leicht gesalzenes Wasser, um das während des Fluges verringerte Volumen der Körperflüssigkeiten wieder aufzufüllen.[7] Nach solchen Maßnahmen litten die Kosmonauten bei der Rückkehr zur Erde nicht mehr so schwer unter orthostatischer Intoleranz. Eine Ausnahme machte nur die Besatzung von *Sojus 21*, die das etablierte Maßnahmenprogramm ausließ, um nach 49 Tagen im All so schnell wie möglich zur Erde zurückzukehren, nachdem ein Besatzungsmitglied dauerhaft unter schweren Kopfschmerzen litt. Noch Stunden nach der Landung konnte keiner dieser Astronauten aufstehen, ohne in Ohnmacht zu fallen. Tests bei den Astronauten amerikanischer Raumfähren haben die wohltuende Wirkung der Einnahme von Salzlösung vor der Rückkehr zur Erde bestätigt, und so nehmen seither russische wie amerikanische Raumschiffbesatzungen direkt vor ihrer Rückkehr zur Erde rund 1 Liter Wasser (oder Saft) und 8 Salztabletten zu sich. Gegen orthostatische Intoleranz nach kurzen Raumflügen helfen diese Maßnahmen sehr gut, doch leider scheinen sie Astronauten, die sich lange im All aufgehalten haben, nicht in gleicher Weise Schutz und Erleichterung zu gewähren.

Muskelschwund ist ein anderer Grund, warum Astronauten nach Langzeitaufenthalten im All auf einmal Schwierigkeiten mit dem Gehen haben, wenn sie zur Erde zurückgekehrt sind. Die Raumfahrt macht Muskeln auch verletzungsanfälliger. Wie Tierversuche gezeigt haben, werden die Muskeln nicht durch die Mikroschwerkraft als solche in Mitleidenschaft gezogen, sondern bei den anschließenden Versuchen, die Muskeln wieder wie früher zu gebrauchen. Meistens erholen sich die Muskeln der Astronauten schnell, so dass diese schon nach ein paar Tagen wieder gehen können. Und nach einigen Wochen hat die Muskelmasse wieder ihr altes Volumen. Dagegen kann der Ausgleich eines Knochensubstanzverlustes viele Monate erfordern, je nach Dauer des Raumflugs.

Wenn Sie einmal längere Zeit in einem relativ kleinen Boot auf See waren, haben Sie sicher gemerkt, dass man sich an das Schwanken aufgrund des Wellengangs recht schnell gewöhnen kann. Wenn Sie danach jedoch wieder an Land gehen, werden Sie das Gefühl haben, dass der Boden noch eine ganze Weile unter Ihren Füßen schwankt; auch wird Ihnen zunächst das Gehen schwer fallen. Unter einer ähnlichen Instabilität leiden auch die Astronauten bei ihrer Rückkehr zur Erde. Rund 10 Prozent der Raumschiffbesatzungen leiden bei der Landung unter dieser »Erdkrankheit«. Es fällt ihnen schwer, das Gleichgewicht zu halten oder mit geschlossenen Augen stehen zu bleiben; sie klagen über Schwindelgefühle und Übelkeit. Noch wesentlich mehr Astronauten stellen unmittelbar nach der Landung fest, dass jede Bewegung des Kopfes die Illusion erweckt, als bewege sich nicht der Kopf, sondern die Erde. Demnach werden die Signale des Gleichgewichtsorgans (das heißt, die Signale der auf lineare Beschleunigung reagierenden Rezeptoren in den Bogengängen) sowohl im All (während der Anpassungsphase an die Bedingungen der Mikroschwerkraft) als auch nach der Rückkehr zur Erde jeweils anders interpretiert. Sie müssen in beiden Fällen erst wieder neu programmiert werden. Einige Nächte nach der Landung haben viele Astronauten auch, wenn sie flach im Bett liegen, das Gefühl, als läge ihr Kopf rund 30 Grad tiefer als ihre Füße. Die Erdkrankheit vergeht innerhalb weniger Stunden oder Tage, doch die Gleichgewichts- und Koordinationsprobleme können ein bis zwei Wochen andauern, bevor alles wieder im Lot ist. Interessanterweise macht sich die Schwerkraft des Mondes, die nur ein Sechstel der Erdgravitation beträgt, weit weniger bemerkbar. Nur drei der zwölf Männer, die den Mond betraten, berichteten von irgendwelchen Symptomen, und diese waren obendrein so schwach, dass sie vielleicht auch nur mit der Aufregung der Betreffenden zusammenhingen.

Was ist das nächste Ziel?

Als die *Falcon*, die Mondlandefähre der *Apollo-15*-Mission, den Mond verließ, hinterließ die Besatzung eine kleine Plakette mit den Namen jener 14 Astronauten und Kosmonauten, die bei den Vorbereitungen des Menschen für das Ziel, den Mond zu erreichen, ihr Leben verloren hatten, außerdem eine kleine Figur, die seither unter dem Spitznamen »Der gefallene Astronaut« bekannt ist.[8] Zweifellos ist der Weltraum eine extrem lebensfeindliche Umgebung für den Menschen. Trotzdem starb keiner dieser 14 Männer im Weltraum. Sie wurden getötet, als ihre Kapsel auf der Startrampe Feuer fing, als ihre Startrakete nach dem Start explodierte oder während der Rückkehrphase zur Erde. So scheinen also, ähnlich wie in der zivilen Luftfahrt, Start und Landung die kritischsten Phasen eines Raumflugs zu sein.

Die hinsichtlich der bemannten Raumfahrt kritischste Frage lautet allerdings: »Lohnt sich das alles?« Die meisten Leute, die diese Frage stellen, haben dabei nicht die Todesopfer im Blick, sondern die extremen Kosten. Die *Apollo*-Mondmissionen haben die Vereinigten Staaten pro Jahr die gigantische Summe von jeweils 4,5 Prozent des gesamten Staatshaushaltes gekostet. Während des Kalten Krieges hatte man das Weltraumprogramm noch für notwendig gehalten, doch als sich die politischen Prioritäten verschoben, schwand die Unterstützung für die Raumfahrt; die *Apollo*-Missionen wurden schon recht früh eingestellt. Kurz nachdem sie den Mond verlassen und an die Raumfähre angedockt hatten, hörten die (bislang) letzten Männer, die den

Mond betreten hatten, die *Apollo-17*-Astronauten Gene Cernan und Jack Schmidt, mit Entsetzen von Präsident Nixons Statement: »Es könnte das letzte Mal in diesem Jahrhundert gewesen sein, dass Menschen ihren Fuß auf den Mond gesetzt haben.«
Nixons Worte waren prophetisch: Bisher ist niemand zum Mond zurückgekehrt. Der Traum, der für die heute über Dreißigjährigen kurze Zeit Realität geworden war, ist inzwischen wieder nur noch ein Traum. Heute sind unsere Raumfahrtprogramme viel bescheidener geworden. Roboter, nicht Menschen, fahren über die Marsoberfläche. Für diese Strategie spricht einiges, denn Roboter sind wesentlich billiger, sie brauchen weniger Unterstützung, und es werden keine Menschenleben gefährdet. Trotzdem habe ich keinen Zweifel, dass derselbe Geist, der die Menschen einst zum Mond trieb, die menschliche Rasse dereinst auch zum Mars führen wird. Ich hoffe nur, dass ich das persönlich noch erleben darf.

7

DIE ÄUSSERSTEN GRENZEN DES LEBENS

»Mikroben sind unsäglich klein
Und müssen drum unsichtbar sein.«
Hilaire Belloc, *»The Microbe«*

Ein vulkanischer Unterwassergeysir (»black smoker«)

WOHIN AUCH IMMER der Mensch auf unserem Planeten gekommen ist, andere Organismen waren schon vor ihm da. Selbst die unwirtlichsten Polargegenden, die Wüsten, Berggipfel und Tiefen der Meere wurden von Mikroben bereits kolonisiert. Es gibt kaum ein Fleckchen auf der Erde, das so feindlich ist, dass dort keine einzelligen Lebewesen leben könnten. Und selbst in Umgebungen, die so extrem sind, dass Menschen dort ohne Hilfsmittel nicht überleben könnten, leben andere Tiere ohne Schwierigkeiten. In diesem Kapitel geht es um die äußersten Grenzen des Lebens. Verglichen wird das relativ enge Spektrum von Umwelten, in denen der Mensch überdauern kann, mit dem viel größeren Spektrum von Umwelten, in denen andere Organismen noch zurechtkommen. Untersucht wird, wie sie tief im Gestein, in Laugen, Säuren oder Salzseen, in Sümpfen, Meerestiefen oder kochend heißen Schlammlöchern überleben können.

Zum Überleben brauchen Tiere wie wir Menschen Wasser, Sauerstoff und Nahrung. Doch Bakterien können auch ohne Sauerstoff leben, und ihre Nahrungsquellen können sich von den unsrigen sehr stark unterscheiden. Aber eines brauchen auch sie: Wasser. Ferner benötigen sie Elemente wie Kohlenstoff, Stickstoff, Schwefel und Phosphor – als Bausteine für DNA und Proteine. Diese Elemente finden sich an den meisten Orten auf der Erde, doch flüssiges Wasser ist nicht so verbreitet. In der Atacama-Wüste im Norden Chiles, wahrscheinlich dem trockensten Ort auf der ganzen Erde, regnet es manchmal viele Jahre lang überhaupt nicht. Und weil auch Eis Wasser letztlich nicht ersetzen kann, sind die gefrorenen Weiten und Gletscher in Polarregionen und auf Berggipfeln ebenfalls Wüsten. Manche Organismen können zwar latent längere Zeit ohne Wasser überdauern, aber dann natürlich weder wachsen noch sich vermehren. Darum ist Wasser die wahre Lebensessenz: das von den alten Alchimisten so hartnäckig gesuchte *Aqua vitae*.

Der Baum des Lebens

Der Baum des Lebens hat drei Hauptzweige: die Eukaryonten, die Bakterien und die Archaeen. Eukaryonten bestehen wie wir Menschen aus Zellen mit einem Zellkern, der die DNA beherbergt. Alle Tiere, alle Pflanzen und viele einzellige Lebewesen sind Eukaryonten. Bakterien und Archaeen sind dagegen einzellige Organismen ohne Zellkern, aber sie sind voneinander genauso weit entfernt wie von den Eukaryonten und besitzen jeweils einzigartige Gensequenzen. Überraschenderweise wurde erst Ende der 1970er Jahre erkannt, dass die Archaeen ein eigenständiger Zweig am Baum des Lebens sind. Wir verdanken

Der von Carl Woese aufgestellte Baum des Lebens basiert auf einer Analyse des Ausmaßes der genetischen Verwandtschaft zwischen verschiedenen Organismen. Der Baum hat drei Hauptäste: Eukaryonten, Bakterien und Archaeen. Hinsichtlich ihrer Anzahl und Diversität übertreffen Archaeen und Bakterien die Eukaryonten bei weitem – man geht davon aus, dass es bis zu 10 Millionen unterschiedliche Spezies gibt. Wenn man das Dendrogramm zu den Wurzeln zurückverfolgt, waren die ältesten Formen des Lebens wahrscheinlich die Hyperthermophilen. Sie ähnelten jenen Archaeen, die heute im Umfeld der vulkanischen Unterwasserthermalquellen (»black smokers«) auf den Ozeanrücken sowie der heißen Vulkanquellen in Island und Neuseeland leben. Ob die Ursprünge des Lebens wirklich hier zu suchen sind, ist immer noch Gegenstand wissenschaftlicher Debatten. Niemand weiß, ob das Leben in einem heißen Thermalkessel, in mild warmem Meerwasser oder in Eiswasser begann.

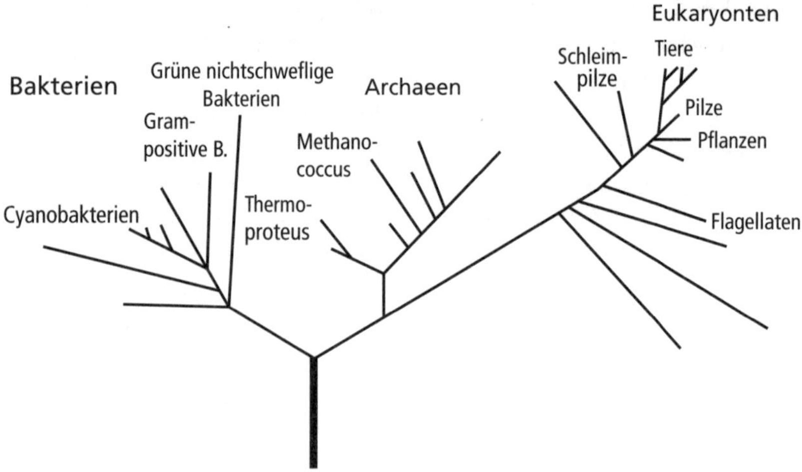

diese Erkenntnis dem amerikanischen Evolutionsforscher Carl Woese. Zunächst stieß Woeses Erkenntnis jedoch weithin auf Widerstand, und Woese selbst war bitter enttäuscht, dass man sie in den USA als Unsinn abtat oder schlicht ignorierte. In den Augen seiner Widersacher waren die Archaeen lediglich ein spezialisierter Bakterienstamm. Woeses zurückhaltendes Wesen trug auch nicht gerade dazu bei, dass seine Botschaft Verbreitung fand, aber heute ist seine Erkenntnis etabliertes Wissen. Der entscheidende Beweis für die Richtigkeit wurde erbracht, als 1998 die erste komplette Gensequenz eines Archaeons vorlag (die des *Methanococcus*). Dabei stellte sich heraus, dass dessen Gene sich deutlich von denen der Bakterien unterschieden. In der Tat sind die Archaeen also einzigartig und mit den Eukaryonten enger verwandt als mit den Bakterien. Ihr Name, vom griechischen Adjektiv *archaios* (»urtümlich, alt«) abgeleitet, bezieht sich auf die Theorie, dass sie von allen noch heute existierenden Formen des Lebens den Urzellen am nächsten kommen.

Archaeen und Bakterien sind die wahren Meister der Extreme. Sie gedeihen in kochendem Wasser, in ätzenden Natronseen, in starker Säure und in Wasser mit hoher Salzkonzentration sowie unter extremem Druck und tief im Gestein. Manche, zum Beispiel *Deinococcus radiodurans*, halten sogar extrem hohe radioaktive Strahlendosen aus.[1] Manche können ohne Sauerstoff oder Sonnenlicht leben, weil sie ihre Energie aus Schwefel, Wasserstoff oder durch Zersetzung von Steinen beziehen. Sie können so gut wie alles verdauen, auch Öl, Plastik, Metalle und Giftstoffe. Somit haben diese Mikroorganismen ein enormes Potenzial für den Einsatz bei der Beseitigung oder Verhinderung von Umweltschäden, bei der Energiegewinnung und in etlichen anderen Bereichen, und es verwundert nicht, dass Mikroorganismen außer bei Wissenschaftlern auch in der Industrie auf starkes Interesse stoßen.

Manche mögen's heiß

Obwohl mehrzellige Tiere oder Pflanzen bei Temperaturen über 50 °C nicht lange überleben können und einzellige Eukaryonten bei Temperaturen über 60 °C eingehen, ertragen manche Archaeen und Bakterien Temperaturen nahe dem Siedepunkt. Thermophile leben bei Temperaturen von 50 °C, Hyperthermophile gar bei über 80 °C. Sie kommen häufig in Gegenden mit erhöhter geothermischer Aktivität vor, etwa in den Geysiren auf Island oder im Yellowstone-Nationalpark in den USA, aber auch in den vulkanischen Unterwasserthermalquellen (»black smokers«) auf den Ozeanrücken. Am hitzeresistentesten von allen bisher gefundenen Mikroorganismen ist *Pyrolobus fumarii*, das bei Temperaturen von 113 °C in den Wänden der »black smokers« lebt und zu wachsen aufhört, wenn die Temperatur unter 90 °C fällt; dann ist es diesem Mikroorganismus zu kalt. Niemand weiß, wo die Temperaturobergrenze des Lebens wirklich liegt – nach Meinung der meisten Wissenschaftler bei rund 120 °C.

»Black smokers« wurden 1977 von Wissenschaftlern des Woods Hole Oceanographic Institute vor der Küste von Ecuador entdeckt. Als sie in einer Tiefe von rund 2500 Metern in ihrem Spezial-U-Boot *Alvin* auf dem Meeresboden dahinglitten, kamen sie zum Grat eines Ozeanrückens und stießen dort auf ein äußerst ungewöhnliches Phänomen. Aus einem ganzen Wald von Unterwasserschornsteinen, kleinen Vulkankegeln, quoll schwarzer Rauch empor, so als hätten sich Vulkan und Neptun zusammengetan, um auf dem Meeresgrund satanische Industriekomplexe zu errichten. Und im Gegensatz zu den dünn bevölkerten Ozeantiefen, an die sich die Wissenschaftler gewöhnt hatten, war dies hier eine Oase des Lebens, in der es von verschiedenen Tierarten nur so wimmelte.

»Black smokers« zu erkunden kann gefährlich sein. Als die Wissenschaftler zum ersten Mal eine Temperatursonde in das Wasser hielten, das aus einem der Kegel kam, merkten sie, dass ihr Instrument plötzlich versagte – die Sonde war innerhalb weniger Sekunden der Hitze zum Opfer gefallen. Nachdem die Forscher die Ursache des Problems erkannt hatten, machten sie sich auch um ihr eigenes U-Boot Sorgen. Denn dessen Plexiglasfenster hielten gerade einmal 90 °C aus. Die Sorge war durchaus nicht übertrieben: Manchmal kehren Forschungs-U-Boote von Expeditionen zu »Black smokers« mit einer verkohlten Glasfiberaußenhaut zurück.

»Black smokers« ähneln Unterwassergeysiren, denn sie speien überhitztes, mit Mineralien aus den Vulkanöffnungen im Meeresboden versetztes Wasser aus. Auf den Ozeanrücken erreicht heißes Magma aus dem Erdinnern die Oberfläche, drückt die tektonischen Platten auseinander, erkaltet beim Abkühlen und bildet neuen, porösen Meeresboden. Durch Spalten darin sickert kaltes Meerwasser in die Tiefe und wird auf seinem Weg durch das heiße Magma erhitzt. Je tiefer es gelangt, desto heißer wird es, ohne jedoch – wegen des immensen

Drucks, der in diesen Tiefen herrscht – zu sieden.[2] Schließlich schießt das überhitzte Wasser, mit Mineralien und Metallsulfiden gesättigt, an die Oberfläche zurück und bahnt sich, mehr als 350 °C heiß, ruckartig seinen Weg durch Öffnungen auf dem Meeresboden. Sobald das emporschießende Heißwasser auf kaltes Meerwasser trifft, werden die gelösten Metalle und Mineralien ausgefällt. Sie bilden eine rauchartige schwarze Wolke, die etwa 100 bis 300 Meter über den Meeresboden aufsteigt und anschließend zur Bildung fester Kegel, eben der Schornsteine, beiträgt, die bis zu 5 Meter hoch werden können. Einer der größten Kegel, eindrucksvolle 6,8 Meter hoch, wird vertraulich »Goliath« genannt.

Im Wasser in der Umgebung der Unterwassergeysire wimmelt es von Archaeen, denn diese gedeihen in überhitztem Wasser besonders gut und ernähren sich von einem Cocktail aus Schwefelverbindungen und Mineralien (Mangan- und Eisenverbindungen, Sulfide), die aus den Vulkanöffnungen ausgestoßen werden. Es handelt sich um ganze Wolken dieser chemosynthetischen Organismen, die wie Schneeflocken aussehen und die Grundlage eines einzigartigen Ökosystems in der Umgebung der Vulkankegel bilden. Ganze Kolonien von Röhrenwürmern lassen ihre Tentakel wie Grashalme in der warmen Strömung treiben. Manche haben kleine, zerbrechliche, ausgebleichte Schalen mit Rändern, andere werden bis zu 4 Meter lang. Der Pompeji-Wurm, einer der hitzeunempfindlichsten, lebt in Röhren direkt an der Seite der »black smokers«. Während sein Kopf in Wasser hinausragt, das vergleichsweise angenehme 20 °C warm ist, ist sein Schwanzende sengenden Temperaturen von 80 °C ausgesetzt. Milliarden kleiner Krebse umschwärmen die Vulkanlöcher, und ihr Tanz stellt eine thermische Gratwanderung dar: Kommen sie den »black smokers« zu nahe, dann werden sie im heißen Wasser gegart; entfernen sie sich aber zu weit, so erfrieren oder verhungern sie. Seeanemonen, dünnbeinige Krabben und Riesenmuscheln (fast 30 Zentimeter lang) schmücken den Meeresboden. Die Oberfläche der Muscheln ist mit Mikroben besetzt. Fische schwimmen zwischen den Schornsteinen herum. Eine seltsame, wunderschöne orangefarbene Kreatur, die lange Fäden hinter sich her zieht, segelt wie eine Fregatte vorüber – und das Ganze sieht aus, als habe sich eine Löwenzahnblüte zur Pusteblume entwickelt. Aber es ist keine Blume, sondern eine Tierkolonie von Lebewesen, die mit Quallen verwandt sind.

In diese Tiefen dringt kein Sonnenlicht vor, darum hängt hier alles Le-

Heißes Schwefelbecken im Yellowstone-Nationalpark

ben letztlich von den chemosynthetischen Fähigkeiten der Archaeen und Bakterien ab. Sie nutzen Schwefelwasserstoff als Brennstoff, oxidieren ihn zu Wasser und Schwefel. Während sich manche Lebewesen direkt von Archaeen-Wolken ernähren, überleben andere symbiotisch, indem sie feste Beziehungen mit Archaeen oder Bakterien bilden. Eines der außergewöhnlichsten Lebewesen ist der Röhrenwurm *Riftia pachyptilia,* der einen weichen, weißen, zylindrischen Körper besitzt, so dick wie ein Kinderarm, und der an seiner Spitze scharlachrote Kiemen hat. Dieser Wurm benötigt kein Verdauungs- oder Ausscheidungssystem, weil er sich auf unkonventionelle Weise ernährt. Er bezieht die benötigte Energie nämlich aus der Symbiose mit chemosynthetischen Bakterien. Im Inneren seines Körpers findet sich ein Futtersack *(Trophosom),* in dessen Zellen jeweils tausende von Schwefelbakterien leben. Mit seinen leuchtend roten Kiemen entnimmt der Wurm dem Wasser der Umgebung Sauerstoff und Schwefelwasserstoff, die sich im Kreislauf des Wurms mit einer speziellen Form des Hämoglobins verbinden und dann in den zentralen Hohlraum zu den chemosynthetischen Symbionten transportiert werden. Die Bakterien benutzen den Sauerstoff, um aus Schwefelwasserstoff Schwefel und Wasser herzustellen – ein Prozess, bei dem Energie freigesetzt wird. Der

Schwefel bleibt zurück, bildet im inneren Hohlraum des Wurmes, solange dieser lebt, feste gelbe Ablagerungen. Und die Energie wird verwendet, um anorganische Verbindungen in Nahrungsbestandteile zu verwandeln, etwa in Aminosäuren und Kohlehydrate. Diese Nahrung teilen sich die Bakterien dann mit ihrem Wirt.

Die ersten thermophilen Mikroorganismen wurden allerdings nicht im Umfeld der »black smokers« entdeckt, sondern in den überhitzten Geothermalwassern des Yellowstone-Nationalparks in Wyoming. Yellowstone ist eine Feuer- und Wasserwelt von surrealer Schönheit. Hunderte von heißen Quellen und kochenden Teichen sind über die Landschaft verstreut, eingerahmt von gelblich-rosafarbenen oder purpurroten Lagen von Mikroorganismen. Riesige Wassersäulen schießen mit solcher Kraft in die Luft empor, dass der Erdboden erzittert. Aus Bodenspalten zischt und lärmt der Dampf, als seien böse Drachen in der Nähe. Blubbernde Schlammtümpel und explosive Schlammlöcher grummeln relativ ruhig vor sich hin. In Kaskaden rinnt das Wasser über Felsen in allen Regenbogenfarben, gefleckt von Bakterien und Archaeen, die die Gesteinsoberfläche bedecken. In der Luft liegt dichter Gestank nach faulen Eiern – es handelt sich um Schwefelwasserstoff, ein übel riechendes, giftiges Gas, das im Hals ein Brennen hervorruft und das Atmen erschwert. Die überhitzten Teiche sind wirklich sehr heiß, aber es herrscht darin durchaus kein Mangel an Leben. Halten Sie einmal einen Stock in dieses Wasser, und es wird sich ein zäher schwarzer Schleim darum legen, eine klebrige Masse von Archaeen und Bakterien, die die Hitze lieben.

Thomas Brock und seine Frau Louise waren die Ersten, die herausfinden wollten, ob in diesen kochend heißen Wassern Leben existierte. Im Sommer 1965 verbrachten sie im Yellowstone Park einen Arbeitsurlaub und isolierten dabei die ersten hyperthermophilen Organismen im Abflusskanal eines heißen, sauren, schwefelreichen Teiches. Es handelte sich um *Sulpholobus acidocaldarius* – eine Art, die Temperaturen zwischen 60 °C und 95 °C bevorzugt. Ein anderer Fund, den sie machten, war *Thermophilus aquaticus,* der es später in der biotechnologischen Industrie zu Starruhm brachte. Die Entdeckungen der Brocks lieferten die Initialzündung für die Untersuchung extremophiler Organismen. Sie ermutigten eine neue menschliche Spezies, die Mikrobenjäger, und legten den Grundstein zu einem Industriezweig, der inzwischen Millionenumsätze macht. Außerdem boten sie Mikrobiologen den perfekten Grund für Reisen in abgelegene und bizarre

Gegenden der Erde: die Suche nach Mikroorganismen, von denen die Wissenschaft noch nichts wusste.

Als Thomas Brock den *Sulpholobus* isolierte, lautete die wissenschaftliche Lehrmeinung noch, dass es im Temperaturbereich über 50 °C kein Leben mehr geben könne. Wahrscheinlich war deshalb zuvor auch niemand auf die Idee gekommen, in solchen extremen Umwelten nach Leben zu suchen. Der Schlüssel zu Brocks Erfolg lag aber darin, dass er die gesammelten Bakterien bei Temperaturen kultivierte, die so hoch waren wie die in ihrem normalen Lebensumfeld. Ein weniger gescheiter Wissenschaftler hätte sich vielleicht verleiten lassen, es bei niedrigeren Temperaturen zu probieren – in der irrigen Annahme, die Bakterien würden dann vielleicht besser gedeihen. Dann wäre aber alles umsonst gewesen, denn *Sulpholobus* ist und bleibt thermophil. Zur Isolierung des ersten extremophilen Organismus bedurfte es, wie so oft bei wissenschaftlichen Innovationen, der richtigen Kombination aus genauer Beobachtung und der Bereitschaft, Ketzerisches zu denken und zu wagen. Die seltsame Behauptung der Weißen Königin in Lewis Carrolls *Alice hinter den Spiegeln,* sie glaube »manchmal schon vor dem Frühstück bis zu sechs unmögliche Dinge«, ist für Wissenschaftler gar kein so schlechter Rat.

Mehrzellige Tiere können in puncto Hitzetoleranz mit den thermophilen Archaeen und Bakterien natürlich nicht mithalten. Unter den Rekordhaltern bei den Mehrzellern befindet sich der bereits erwähnte Pompeji-Wurm, der ortsfest in einer Röhre an der Wand von »black smokers« lebt und von Kopf- bis Schwanzende einen Temperaturanstieg von 20 °C auf 80 °C aushält. Zu den Spitzenreitern gehört auch die Silberameise aus der Sahara. Sie kann bei Lufttemperaturen von 55 °C im Freien agieren – aber nur für kurze Zeit, dann muss sie sich zur Abkühlung unter die Erde zurückziehen.

Hitzetoleranz hat sich entwickelt, um Organismen das Überleben in Nischen zu ermöglichen, die anderen unzugänglich bleiben. Sie kann aber auch als Waffe eingesetzt werden, wie bei der japanischen Honigbiene *(Apis cerana japonica)*. Sie verwendet ihre Körperwärme, um sich gegen Raubhornissen *(Vespa mandarinia japonica)* zu verteidigen, die gegen Hitzestress sehr empfindlich sind. Wenn ihre Kolonie angegriffen wird, stürzen sich die Honigbienen zu hunderten auf den Angreifer. Im Zentrum eines Bienenschwarms steigt die Temperatur schnell auf bis zu 48 °C an – eine Temperatur, die für Wespen und Hornissen tödlich ist, nicht jedoch für Bienen. Einfach gesagt: Der Angreifer wird zu Tode gegart.

Die meisten Zellen sterben bei Temperaturen über 50 °C ab, weil Zellproteine keine Überhitzung vertragen. Die molekularen Vibrationen, die erfolgen, wenn Proteine Hitze ausgesetzt sind, schütteln diese so durcheinander, dass reife Proteine sich auseinander falten, neue bei der Entstehung daran gehindert werden, sich korrekt zu falten. Diese Denaturierung ist sehr gefährlich, denn Proteine können dann nicht mehr richtig funktionieren: Strukturelle Proteine werden abgebaut, und Enzyme können nicht mehr als Katalysatoren bei biochemischen Reaktionen fungieren. Wie wichtig aber gerade eine korrekte Proteinfaltung ist, dürfte inzwischen allen Europäern klar sein – schließlich werden die gefürchteten BSE-Symptome (»Rinderwahnsinn«) durch eine Proteindeformation verursacht. Die befallenen Proteine falten sich irregulär. Immer mehr Proteine werden davon angesteckt, und diese Fehlform ist – aus Gründen, die wir noch nicht vollständig verstehen – giftig. Die Neuronen im Gehirn sterben ab, und schließlich das ganze Tier.

Thermalschäden an Proteinen lassen sich nicht leicht umkehren. Eiweiß, das in der Hitze geronnen ist, bleibt hart, weiß und gummiartig. Auch wenn man es abkühlt, nimmt es nicht mehr seine ursprüngliche, durchsichtige, leimartige Form an. Ein kaltes gebratenes Steak ist vielleicht nicht gerade appetitanregend, aber es ist immer noch eindeutig ein Stück gebratenes Fleisch, dessen Muskelstruktur beim Braten unwiderruflich zerstört wurde. Weniger schwere Schäden können die Zellen manchmal mit Hilfe von Hitzeschockproteinen reparieren. Solche Reparaturmoleküle helfen bei der Wiederherstellung der Ordnung, indem sie den betroffenen Proteinen helfen, sich wieder korrekt zu falten. Proteine mit irreversiblen Schäden, bei denen eine korrekte Faltung nicht mehr möglich ist, werden markiert und auf Entsorgungspfade geleitet. Dabei werden sie zersetzt und ihre Bestandteile, die Aminosäuren, zur Wiederverwendung recycelt. Die Hitzeschockproteine fungieren also als eine Art biochemische Feuerwehr.

Proteine bestehen aus einer linearen Kette von Aminosäuren, die sich jedoch zu wesentlich komplexeren Gestalten zusammenfalten – so wie man auch aus einer Perlenkette komplizierte Figuren schaffen kann, selbst wenn sie nur hinfällt und als Häufchen liegen bleibt. Manchmal können sich zwei oder mehr Proteinketten verbinden, um ein wesentlich größeres Molekül entstehen zu lassen: Insulin zum Beispiel besteht aus zwei Protein-Untereinheiten, Hämoglobin aus vier. Die dreidimensionale Form eines Proteins ist äußerst wichtig, aber

auch krisenanfällig. Signalmoleküle müssen in der Lage sein, sauber an ihre Zielrezeptoren anzudocken, Enzyme, ihre Substrate genau richtig zu umfassen, und strukturelle Proteine, sich in ihrer Position fest zu verschließen. Die Sequenz eines Proteins bestimmt, wie es sich faltet, doch innerhalb der Zelle wird dieser Prozess nicht zuletzt dadurch behindert, dass eine sehr hohe Konzentration anderer Proteine vorhanden ist. Molekulares Gedränge kann dazu führen, dass ein Protein zufällig statt mit sich selbst mit benachbarten Proteinen eine Verbindung eingeht, mit denen es eigentlich gar nichts zu tun hat. Darum haben sich Reparaturproteine gebildet, die sicherstellen, dass jedes Protein die richtigen Verbindungen eingeht. Selbst bei normalen Temperaturen greifen Reparaturmoleküle helfend ein, bei hohen Temperaturen aber steigt ihre Zahl dramatisch an. Die Beobachtung, dass die Produktion von Reparaturmolekülen durch Hitze stimuliert wird, gab ihnen auch den Spitznamen »Hitzeschockproteine«. Letztlich bleibt jedoch ein Rätsel: Wie ist eigentlich sichergestellt, dass Hitzeschockproteine sich korrekt falten, wenn es heiß wird?
Die Hitzetoleranz der Hyperthermophilen hat indes nicht nur mit der Aktivität von Reparaturmolekülen zu tun. Viele ihrer Enzyme und Strukturproteine sind wirklich, wie auch die eigentliche Proteinsynthese-Maschinerie, ungewöhnlich hitzeresistent. Gleichwohl haben viele Enzyme der Hyperthermophilen auf der Ebene der Aminosäuren große Ähnlichkeit mit menschlichen Enzymen. Anscheinend sind wirklich nur wenige Aminosäure-Bauelemente für die außerordentliche Hitzeresistenz der Hyperthermophilen verantwortlich.

Leben in der Säure

Als ich einmal an einem dunklen Abend versuchte, meine Autobatterie auszuwechseln, mit einer Taschenlampe in der einen Hand und einem Schraubenschlüssel in der anderen, ließ ich den Schraubenschlüssel versehentlich fallen. Er kam auf beiden Polen der Batterie zu liegen, es gab einen Kurzschluss, und die Batterie explodierte spektakulär. Ich war über und über mit Säure bespritzt. Gesicht und Hände brannten wie Feuer, als die Säure meine Haut verätzte. In Panik wollte ich nur noch meine Augen ausspülen und übersah dabei ganz die Säurespritzer auf meiner Jeans. Am nächsten Morgen zog ich sie wieder an; als ich dann in der Stadt unterwegs war, löste sie sich plötzlich in ihre Bestandteile auf.

Wie Baumwollgewebe werden auch die organischen Bestandteile unserer Zellen durch Säure zerstört. Im Säurebad löst man Fleisch von den Knochen, und Säure wird auch verwendet, um Skelette für anatomische Demonstrationszwecke zu bleichen. Manchmal begegnet man Säurebädern sogar in Krimis – als spektakulärem Mittel, eine Leiche verschwinden zu lassen. Und nicht nur in Romanen: Der berühmte »Säurebad-Mörder« John Haigh, der in den 1940er Jahren in Großbritannien mindestens sechs Menschen umbrachte, wählte ein Schwefelsäurebad, um diese Leichen zu beseitigen. Verraten hat ihn letztlich ein einziges Indiz: ein künstliches Gebiss aus Acrylharz, das sich nicht in der Säure aufgelöst hatte. Säuren kann man allerdings auch zu wohltätigeren Zwecken verwenden: Wie uns in der Werbung immer wieder vorgeführt wird, vernichtet Chlorbleichmittel, eine milde Form der Salzsäure, Keime und Krankheitserreger. Säure ist eben für die meisten Organismen nicht gerade bekömmlich.

Ob eine Lösung sauer oder basisch (alkalisch) ist, hängt von ihrem pH-Wert ab, also davon, wie viele Wasserstoffionen in der Lösung enthalten sind. Je mehr Wasserstoffionen, desto saurer ist die Lösung, und umgekehrt: je weniger Wasserstoffionen, desto basischer. Der pH-Wert ist definiert als der negative Logarithmus der Wasserstoffionenkonzentration. Das heißt, dass saure Lösungen mit einer hohen Wasserstoffionenkonzentration einen niedrigen pH-Wert haben, und umgekehrt basische Lösungen einen hohen pH-Wert. Diese umgekehrte Proportionalität kann zunächst etwas verwirrend sein, aber heutzutage gehört der Begriff »pH-Wert« eigentlich schon zum Alltag. Bei Seifen und Shampoos – und selbst bei einigen Getränken – wird mit guten pH-Werten geworben. Auch Gärtner sollten den pH-Wert ihres Bodens kennen, denn es gibt Pflanzen, die saure Böden lieben, und andere, die dies ausdrücklich nicht tun. Heidepflanzen und Azaleen gedeihen auf sauren Böden und nicht auf basischen, kalkhaltigen Böden, während Nelken auf sauren Böden vor sich hin kümmern würden. Auch sollte man nicht vergessen, dass der pH-Wert eine logarithmische Funktion ist, dass also einer Veränderung des Zahlenwertes um eine Stelle immer ein zehnfacher Unterschied in der Wasserstoffionenkonzentration entspricht. So enthält also Essig (mit dem pH-Wert 2) fast eine Milliarde mehr Wasserstoffionen als Ammoniak (mit dem pH-Wert 11).

Die meisten Zellen lieben eine Umgebung, die einem neutralen pH-Wert (7,0) nahe kommt. Dann befindet sich die Konzentration der

Wasserstoffionen ziemlich genau im Gleichgewicht mit der Konzentration an Hydroxyl-Ionen (OH-Gruppen; ein Hydroxyl-Ion und ein Wasserstoffion vereinigen sich zu einem Wassermolekül, H_2O). Schon auf kleine Veränderungen des pH-Wertes reagieren Zellen sehr empfindlich, darum ist der pH-Wert des menschlichen Blutes so streng reguliert. Der Normalwert liegt bei rund 7,4, und schon ein Anstieg auf 7,7 oder ein Absinken auf unter 7,0 würde das Leben gefährden.

Erstaunlicherweise lieben es manche Archaeen und Bakterien sehr sauer oder sehr basisch. Säure liebende Organismen *(Acidophile)* bevor-

Heliobacter pylori: Das Bakterium, das Magengeschwüre verursacht

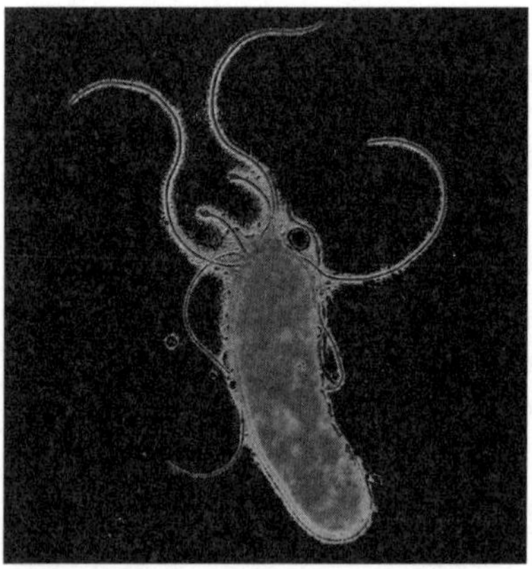

Heliobacter pylori

Anfang der 1980er Jahre ging man noch davon aus, dass Magengeschwüre – eine Art Statussymbol des ehrgeizigen Managers – Ergebnis einer stressbedingten massiven Übersäuerung des Magens seien. Doch zwei australische Pathologen, Robin Warren und Barry Marshall, waren sich da nicht so sicher. Bei Magenspülungen von Patienten mit Magengeschwüren oder Gastritis (einer chronischen Magenentzündung) hatten sie spiralförmige Bakterien gefunden. Die Schlüsselfrage lautete also: Waren diese Bakterien nur Verunreinigungen aus der Nahrung, oder hatten sie tatsächlich im Magen gelebt? Nachdem die einheimische Herkunft zweifelsfrei geklärt war, mussten die Forscher nun den Nachweis führen, dass *H. pylori* tatsächlich der Verursacher von Gastritis und Magengeschwüren war, und nicht nur ein harmloses Bakterium, das zufällig in Verbindung mit einer Krankheit gefunden worden war. Zwei unerschrockene Freiwillige, darunter Marshall selbst, schluckten daraufhin ein Gebräu, in dem sich auch das Bakterium befand. Natürlich erkrankten sie an Gastritis.

Fast über Nacht bewirkten Warrens und Marshalls Experimente ein radikales Umdenken unter den Medizinern. Nun war ja klar, dass Magengeschwüre nicht nur das Ergebnis extremer Säureproduktion im Magen,

zugen pH-Werte unter 5. Sie bewohnen die heißen Quellen in Geothermalgebieten, wo sich Schwefelgase in Wasser auflösen und dabei Schwefelsäure produzieren, oder im säurehaltigen Wasser, das aus den Schlackenhalden in alten Bergbaugebieten sickert. Andere leben im Essig oder in Zitronensaft. Hier liegt der Grund, warum diese Flüssigkeiten mit der Zeit verderben. Zu den faszinierendsten Organismen gehört *Thiobacillus ferrooxidans*. Dieses Bakterium verwertet Kohlendioxid, Sauerstoff, Schwefel und Eisen und erzeugt daraus Energie, Schwefelsäure und Eisensalze. Daher rühren zum Beispiel die hell-

sondern einer bakteriellen Infektion waren. Die Anwesenheit von *H. pylori* in der Magenwand verursacht eine schwere Entzündung, die schließlich zur Zerstörung des Gewebes und zur Geschwürbildung führt. Auch die Behandlungspraxis wurde revolutioniert. Es war nun klar, dass Medikamente, die die Säurebildung im Magen hemmen, nur vorübergehende Erleichterung bringen können, solange die Bakterien noch im Magen sitzen. Antibiotika jedoch beseitigen *H. pylori* dauerhaft. Hier liegt eben der Unterschied zwischen reiner Symptombehandlung und Heilung.

Marshalls und Warrens Ergebnisse haben enorme Auswirkungen auf die Volksgesundheit, denn man geht davon aus, dass rund ein Drittel der Weltbevölkerung chronisch mit *H. pylori* infiziert ist, obwohl nicht alle an Gastritis erkranken. Auch für die pharmazeutische Industrie haben diese Ergebnisse Bedeutung. Mit *Zantec*, das die Säureabsonderung im Magen unterdrückt, verdiente der Glaxo-Konzern ein Vermögen; das Mittel gehört weltweit immer noch zu den Bestsellern. Eigentlich sollte man annehmen, dass neuartige Antibiotika den Markt für solche Säurehemmer substanziell verkleinern. Doch zum Glück für die Pharmaindustrie ist das nicht der Fall. Denn die Antibiotika wirken in Verbindung mit Säurehemmern sogar noch besser (allerdings bräuchte man dafür eigentlich keine teuren Medikamente; das Mineral Wismut erfüllt den gleichen Zweck).

Obwohl *H. pylori* im Magen lebt, wo der pH-Wert bei 2 liegt, gehört es nicht zu den Acidophilen. Eigentlich fühlt es sich in einer neutralen Umgebung wohler. Obwohl das Bakterium für kurze Zeit Säure tolerieren kann, stirbt es letztlich ab, wenn es der Säure zu lange ausgesetzt ist. Verhaltensanpassungen ermöglichen ihm, eher als physiologische Anpassungen, das Überleben im Magen, denn das Bakterium lauert in der Magenschleimhaut, die die Zellen der Magenwand davor bewahrt, weggeätzt zu werden. Als zusätzliche Schutzmaßnahme hüllt sich das Bakterium überdies, indem es das Enzym Urease absondert, in einer Wolke von Substanzen ein, die einen höheren pH-Wert haben.

braunen Ränder an manchen Bächen in der Natur und an Abwasserkanälen in alten Bergwerken und Schächten. Dieses Wasser ist dann sehr säurehaltig (mit einem pH-Wert von bis zu 2). Sowohl die Säure als auch die aufgelösten Metalle sind für die meisten Lebewesen im Wasser giftig. Doch *Thiobacillus ferrooxidans* kann sogar noch weit mehr, wie sein Alternativname *Thiobacillus concretivorans* besagt: Es oxidiert nicht nur Eisen, sondern frisst auch Beton. Besonders gern mag es Beton mit einem hohen Schwefelanteil, zumal wenn zur Verstärkung noch Eisenstäbe eingezogen sind. Zum Entsetzen der Ingenieure kann das Bakterium so viel Schwefelsäure produzieren, dass der Stahlbeton verrottet: Dann können, wenn man nicht aufpasst, Brücken und Überführungen einstürzen, Turmbausteine zerbröckeln. Man brauchte eine ganze Zeit, um zu erkennen, dass Betonverrottung eigentlich eine Infektionskrankheit ist. Die Bakteriendichte ist nämlich sehr gering – eine Mikrobe benötigt das Fünfzigfache ihres Gewichts an Eisen als Nahrung für eine einzige Zellteilung.
Acidophile tolerieren einen niedrigen pH-Wert nicht nur, sie schätzen ihn ganz besonders. *Sulpholobus* etwa gedeiht am besten bei einem pH-Wert von 2. Da trifft es sich gut, dass dieses Bakterium als Abfallprodukt seines Stoffwechsels Schwefelsäure produziert. Der optimale pH-Wert für andere Bakterien liegt sogar noch tiefer. Gegenwärtig sind die Rekordhalter Mikroben einer *Pircophilus*-Spezies, die sich bei einem pH-Wert von 0,5 am wohlsten fühlen, das Wachstum einstellen, wenn der Wert über 3 ansteigt, und die sich zersetzen, wenn der pH-Wert 5 erreicht hat. Auch manche Pilze und Algen halten es in sauren Umgebungen aus, sie wachsen zum Beispiel in schwachen Schwefelsäuren.
Doch Säure zerstört DNA und Proteine. Da liegt die Frage nahe, wie acidophile Archaeen und Bakterien es schaffen, bei einem so extrem niedrigen pH-Wert wie 0,5 am Leben zu bleiben. Wirklich beantworten können wir diese Frage nicht, aber wahrscheinlich können sie überleben, weil sie die Säure irgendwie aus sich heraus halten. So schnell wie Wasserstoffionen in ihre Zellen eindringen, pumpen die Mikroben sie auch wieder hinaus, oder sie führen sie mit Hydroxyl-Ionen zusammen, so dass Wasser entsteht. Zumindest die Proteine in den Zellmembranen müssen jedoch, wenn sie als Säurepumpen fungieren, in der Lage sein, pH-Werte von 0,5 zu ertragen. Schließlich kommen die Mikroben ja wenigstens von außen mit der Säure in ihrer Umgebung in Berührung. So hat sich die Ausgangsfrage höchstens

geringfügig verlagert – warum denaturiert Säure diese Proteine nicht? Bisher weiß darauf noch niemand eine Antwort, aber viele Forscher bemühen sich gegenwärtig darum.

Basisches Leben

Eine ganze Kette von alkalinen (basischen) Seen zieht sich in Ostafrika, in den Staaten Kenia und Tansania, durch das lange Rift Valley. Diese wunderschönen, aber unwirtlichen Seen sind mit Ätznatron gesättigt. Aus den umliegenden Vulkangesteinen tritt Natriumkarbonat aus und verwandelt das Wasser, das diese Seen speist, in Ätzlauge, indem es Wasserstoffionen entzieht und Ätznatron (Natriumhydroxid, NaOH) bildet. In der heißen Tropensonne kann die Verdunstung von der Oberfläche des Sees intensiv sein und die alkaline Natur des Wassers noch wesentlich verstärken. In einigen der Seen im Rift Valley kann man das Wasser nicht trinken, andere sind sogar so mit Natron gesättigt, dass sich am Ufer eine glänzende weiße Kruste bildet. Die Luft ist dort so ätzend, dass sie die Halsschleimhäute reizt und in den Augen brennt. Noch schlimmer sind die Bedingungen anderswo. Die Natronseen in Südafrika und auf dem Andenplateau können komplett austrocknen und dann nichts als spektakuläre weiße Ablagerungen hinterlassen. In den geologischen Formationen in Maguian (Jordanien) ist das Grundwasser so alkalisch (pH-Wert 13), dass sich Gummistiefel darin auflösen. Und doch gibt es auch hier Leben.
In den Natronseen des Rift Valley gedeihen viele Arten von Algen, Bakterien und Archaeen, von denen sich wiederum eine große Population von Salzkrebschen ernährt. Millionen Flamingos kommen ans Seeufer, um sich von diesen kleinen Krebsen, von Cyanobakterien, Rotalgen und wirbellosen Tieren zu ernähren, die in den oberflächennahen Wasserschichten oder im Schlamm auf dem Seeboden leben. Riesenschwärme dieser schönen Vögel versammeln sich an den Seeufern, so dass es aus der Luft so aussieht, als sei das blaue Wasser rosa eingerahmt. Karotinpigmente, die sie aus den Rotalgen und Salzkrebschen in ihrer Nahrung aufnehmen, geben den Flamingofedern ihre charakteristische rosa Farbe. Der Flamingo ist einer der wenigen Vögel, die die alkalische Qualität der Natronseen vertragen können. Wird die Ätzwirkung jedoch zu stark, dann bekommen auch diese Vögel Probleme.
Die riesigen Natronpfannen von Lake Natron in Kenia ätzen so stark,

dass sich nur wenige Tiere in die Nähe dieses Sees wagen. In der kühleren Jahreszeit, wenn sich überall flache alkaline Lagunen erstrecken, nisten in diesen Gebieten, weil sie hier vor Raubtieren sicher sind, Flamingos in großer Zahl. Aber die Seen und Lagunen halten nicht ewig. Wenn in der trockenen Jahreszeit die Hitze intensiver wird, verdunstet mehr Wasser, und die Laugenkonzentration nimmt zu. Irgendwann kann das Wasser all das in ihm gelöste Ätznatron nicht mehr flüssig halten; die Lauge kristallisiert aus. Dann bilden sich dicke Krusten an den Beinen der Flamingos, die sie wie Gewichte behindern. Wenn sie noch entkommen wollen, müssen die Vögel den See verlassen, solange die Kruste noch nicht zu dick geworden ist. Sonst bleiben sie gefangen und erleiden einen qualvollen Tod durch Austrocknung. Bei erwachsenen Vögeln geschieht dies relativ selten, weil diese sich noch durch Wegfliegen in Sicherheit bringen können. Doch Küken und Jungvögel, deren Flugfedern noch nicht voll entwickelt sind, müssen sich zu Fuß aus dem immer mehr schrumpfenden Feuchtgebiet des Sees entfernen. Für sie ist darum Timing wirklich alles.

Wie Säuren zersetzen auch Laugen Fleisch und Fasern. Wenn Sie zufällig etwas Ätznatron auf Ihre Kleidung oder Ihre Haut verschütten, wird Ihnen das schmerzlich bewusst werden. Ähnlich wirkt auch gebrannter Kalk (Kalziumoxid, CaO), ein kaustisches weißes Gestein, das durch die Erhitzung von Kalkstein (Kalziumkarbonat, $CaCO_3$) gewonnen wird und in Verbindung mit Wasser Löschkalk (Kalziumhydroxid, $Ca(OH)_2$) ergibt, eine stark ätzende Substanz. Im Mittelalter wurden Kalkgruben benutzt, um Haare, Felle und Pestleichen zu entsorgen. Löschkalk wird auch heute noch verwendet, wenn bei Erdbeben und anderen Naturkatastrophen so viele Menschen getötet wurden, dass von den Leichen Seuchengefahr ausgeht.

Lebewesen, die sich in basischer Umgebung wohl fühlen *(Alkaliphile)*, halten, ohne Schäden zu erleiden, auch einen pH-Wert von über 9 aus. Trotzdem gibt es hier ein Problem, weil die Ribonukleinsäure – das Botenmolekül, das die genetischen Informationen der DNA aus dem Zellkern zu den Proteinfabriken im Zytoplasma überbringt – bei einem pH-Wert von rund 9 zerfällt. Darum kann es sich kein alkaliphiles Lebewesen leisten, seinen inneren pH-Wert derartig ansteigen zu lassen. Vielmehr halten diese Organismen den pH-Wert in ihren Zellen dadurch niedrig, dass sie aus ihrer Umgebung aktiv so viele Wasserstoffionen aufnehmen, dass deren Konzentration innerhalb der Zellen annähernd normale Werte beibehält.

Eine salzige Geschichte

Die meisten Organismen vertragen kein Salz. Darum wurde Salz lange, bevor es Kühlhäuser oder Kühlschränke gab, als Konservierungsmittel verwendet. Salz liebende Organismen indes, die Halophilen, gedeihen in Seen mit hohem Salzgehalt prächtig, etwa im Toten Meer oder im Großen Salzsee in Utah. Salzseen entstehen, wenn durch Verdunstung mehr Wasser verloren wird, als durch Zuflüsse wieder aufgefüllt werden kann. In heißen Gegenden können sie darum auch – vorübergehend – während der Sommermonate entstehen. Weil Salz schwerer ist als Wasser und somit nach unten sinkt, ist der Salzgehalt am Boden und in Bodennähe meistens deutlich stärker als an der Oberfläche. Manche Salzseen sind überdies stark alkalisch; dann müssen die Bewohner solcher Gewässer in der Lage sein, sowohl Salz als auch Laugen in hoher Konzentration auszuhalten.

Am salzigsten überhaupt ist das Tote Meer mit einem Salzgehalt von 28 Prozent – zehnmal mehr, als durchschnittliches Meerwasser aufweist. Damit ist ungefähr auch die Obergrenze erreicht, jenseits derer das Salz auskristallisiert. Die Salzdichte im Toten Meer ist in der Tat so hoch, dass man, wie viele Postkarten und Fotos belegen, im Wasser sitzen und Zeitung lesen kann. Das Tote Meer liegt 400 Meter unter dem Meeresspiegel in einem tiefen Tal in der jordanischen Wüste. Die intensive Wüstensonne verursacht so hohe Wasserverluste durch Verdunstung, dass der Salzgehalt trotz der Frischwasserzuflüsse nicht abnimmt. Trotz seines Namens ist das Tote Meer aber durchaus nicht leblos. In seinem Salzwasser gedeihen große Population von Algen, Bakterien und Archaeen. Den meisten von ihnen kann es gar nicht salzig genug sein; sie könnten nicht überleben, wenn der Salzgehalt unter 15 Prozent sänke. Manche haben spektakuläre Farben – wie die roten Salzbakterien, die sich manchmal so stark vermehren, dass der ganze See eine blutrote Farbe erhält.

Wenn man die Natur sich selbst überlässt, neigt sie dazu, die Dinge von sich aus ins Gleichgewicht zu bringen.[3] Wenn Sie ein Glas Meerwasser in ein Glas Süßwasser gießen, erhalten sie am Ende eine homogene Mischung. Und weil Zellmembranen nicht völlig wasserundurchlässig sind, wird eine Zelle, die in eine hoch konzentrierte Salzlösung gerät, schrumpfen. Denn es wird Wasser aus der Zelle austreten, um einen Ausgleich zwischen der Salzkonzentration im Innern der Zelle und der in ihrer Umgebung herbeizufüh-

ren. Dadurch trocknet die Zelle letztlich aus, und hier liegt ein großes Problem, mit dem die Halophilen zu kämpfen haben. Viele behelfen sich damit, dass sie die Salzkonzentration im Zellinneren anheben, wenn diese im Wasser der Umgebung hoch ist. Manche von ihnen, zum Beispiel das *Halobacterium salinarium*, konzentrieren in ihren Zellen Kaliumchlorid so stark, dass der mehr als zweihundertfache Wert des Kaliumchloridgehaltes in unseren eigenen Zellen erreicht wird. Andere wählen eine andere Taktik und produzieren organische Lösungen, um das Wasser in ihren Zellen zu halten. Natürlich wird bei dieser Strategie nur ein Problem durch ein anderes ersetzt, denn nun müssen die Enzyme ja in der Lage sein, mit dem hohen Salzgehalt innerhalb der Zellen zurechtzukommen. Wie sie das schaffen, ist immer noch ungeklärt.
Archaeen und Bakterien sind nicht die einzigen Bewohner von Salzseen; auch manche Algen können dort überleben. Sie geben dem Wasser leuchtende Farbschattierungen von rot, blau und grün und dienen einem kleinen Krustentier, dem Salzkrebschen *(Artemia salina)*, als Nahrung, das ebenfalls gut in einer extrem salzigen Umgebung leben kann. Als eines von nur wenigen mehrzelligen Lebewesen überdauert es im Großen Salzsee in Utah. Zu bestimmten Jahreszeiten treiben seine Eier in großer Zahl auf der Oberfläche des Sees. Wenn der Wind sie fortbläst, entsteht ein Staub aus winzigen braunen Partikeln. Aber diese Eier sind außerordentlich widerstandsfähig, sie trotzen Trockenheit und Salz und können beträchtliche Zeit latent weiterleben, bis sie beim Wiedereintauchen ins Wasser zu neuem Leben erwachen.

Leben in den Tiefen unter der Erdoberfläche

In der Literatur und in Legenden gibt es unter der Erde eine Fülle von Leben. Zwerge fördern kostbare Edelmetalle, Elfen und Hobbits leben »unter dem Hügel«, schauerliche Drachen bewachen Schatzhöhlen. Hier liegen auch die Minen von Mordor und die Wohnungen der Trolle. Viele alte Völker glaubten, dass die Seelen der Toten im Bauch der Erde lebten – was durchaus logisch war, weil es auf der Erde für so viele Tote gar keinen Platz gab. Als Orpheus sich auf die Suche nach seiner toten Geliebten Eurydike machte, kam er in den Hades, einen riesigen Hohlraum unter der Erde, wo der gleichnamige Gott regierte.

Und das Reich des mesopotamischen Gottes Nergal mit seinem Tross an Dämonen und Teufeln, die sich ewig gegenseitig umbrachten, lag ebenfalls unter der Erde.

Viele Jahre glaubten die Biologen, dass Leben tief unter der Erdoberfläche allenfalls ein Mythos sei, dass mit lebenden Organismen schon wenige Meter unter der Erdoberfläche Schluss sei. Doch inzwischen weiß man es besser. Kaum zu glauben, aber wahr: Mikroorganismen können tief im Gestein weit unter der Erdoberfläche überleben, wo es weder Licht noch Sauerstoff gibt und wo der Druck beträchtliche Ausmaße annimmt. Sie wurden erstmals in den 1920er Jahren in Grundwasserproben entdeckt, entnommen in Ölfeldern hunderte von Metern unter der Oberfläche. Obwohl entsprechende Berichte zunächst als Machwerke abgetan wurden – bei solchen Funden handele es sich lediglich um Verunreinigungen, die durch die Bohrungen dorthin gelangt seien –, ist die Fähigkeit von Mikroorganismen, tief im Felsen zu leben, heute als Tatsache bestätigt. Im Jahre 1992 erkundete die Texaco auf der Suche nach Gas und Öl das Sedimentgestein 2800 Meter unter dem Taylorsville Basin in Virginia. Dabei bot sich Wissenschaftlern die seltene Gelegenheit, nach Leben tief unter der Erdoberfläche zu suchen. Selbst als man bei Probebohrungen strikt auf die Sterilität der Ausrüstung achtete, damit Kontamination durch Organismen von der Erdoberfläche auf jeden Fall ausgeschlossen war, fand man noch Bakterien. Überdies handelte es sich meistens um bislang noch nicht identifizierte Spezies, die keinen Sauerstoff benötigten und dafür Mangan, Eisen und Schwefel nutzten, um uralte organische Substanzen in der Tiefe der Felsen zu oxidieren und auf diese Weise ihren Energiebedarf zu decken. Sie waren außerdem hitzeresistent, denn in den Felsen, in denen sie lebten, betrug die Temperatur 60 °C. Eine dieser Bakterienarten wurde wegen ihres Lebensraums sogar *Bacillus infernus* (»Höllenbazillus«) getauft.

Inzwischen wurden Mikroorganismen weit unterhalb der Erdoberfläche und des Meeresbodens gefunden, und zwar sowohl in Sedimentgestein als auch in erstarrtem Vulkangestein. Sedimentgestein bildete sich aus Ablagerungen auf der Erdoberfläche und sank dann ab; es ist also durchaus möglich, dass die in solchen Steinen gefundenen Mikroorganismen so alt sind wie das Gestein selbst – gefangen, seit sich der Stein vor Jahrmillionen bildete. Aber ihre Dichte ist gering. In Laborkulturen zählte man weniger als 10 Bakterien pro 1 Gramm Felsgestein, weit weniger als die etwa 1 Milliarde Bakterien, die in jedem

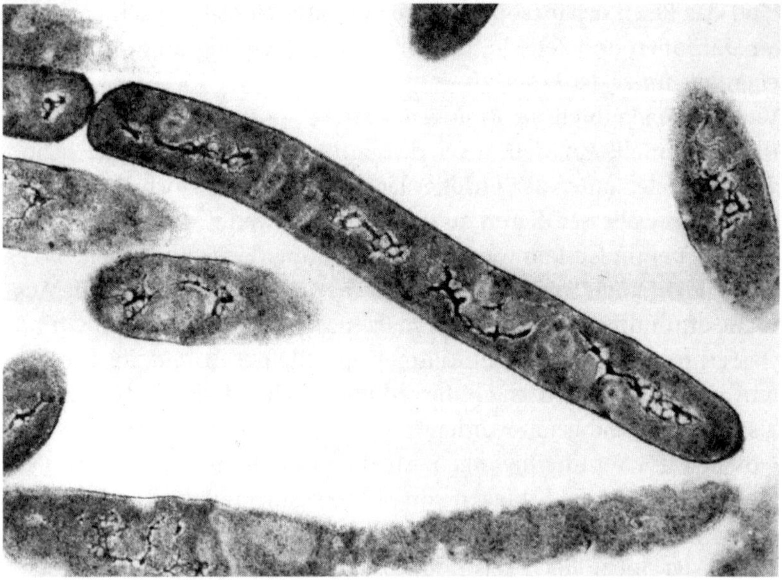

Bacillus infernus, *der »Höllenbazillus«, lebt 2700 Meter unter der Erdoberfläche, wo es weder Sauerstoff noch organische Nahrung gibt, wo der Druck mehrere hundert Atmosphären beträgt und die Temperatur über 60 °C liegt.*

Gramm Gartenerde leben.[4] Vulkangestein wie Granit und Basalt entsteht, wenn geschmolzenes vulkanisches Magma erstarrt. Weil diese Gesteine sehr solide sind, finden sich hier die meisten Bakterien in kleinen Spalten und Rissen. In manchen Fällen graben sich die Mikroben aber auch Tunnel, indem sie das Gestein auflösen. Alle Mikroorganismen innerhalb solcher Vulkangesteine können erst dorthin gekommen sein, nachdem der Stein erkaltet war. Sie wurden also wohl vom Wasser, das seit zigtausend Jahren von der Erdoberfläche in die Tiefe sickerte, dorthin transportiert.

Im Labor wuchsen die Bakterien, die aus den Gesteinsproben des Taylorsville Basin kamen, extrem langsam. Durch Berechnung der Auswirkungen der bakteriellen Atmung auf die Felsen, in denen die Mikroben lebten, kamen Tullis Onstott und seine Kollegen an der Princeton University zu dem Schluss, dass die durchschnittliche Verdoppelungszeit der Bakterienpopulation in ihrer natürlichen Umgebung sehr lang war (schätzungsweise mehrere tausend Jahre). Anscheinend geht es für die Bakterien tief im Gestein in erster Linie ums

Überleben, nicht um die Vermehrung. Und weil die Evolutionsrate weitgehend von der Reproduktionsrate abhängt, könnte es sein, dass diese Bakterienarten seit Jahrmillionen weitgehend unverändert geblieben sind – eingeschlossen wie in einem Grab, seit das Gestein vor mindestens 80 Millionen Jahren absank. Jules Vernes Vision einer urtümlichen Spezies, die sich im Bauch der Erde immer noch an ihre Existenz klammere, ist gar nicht so weit hergeholt. In der Frage der Größenordnungen mag Verne danebengelegen haben, aber seine Idee lebender Fossilien tief unter der Erdoberfläche scheint bemerkenswert hellsichtig gewesen zu sein.

Ein Problem für die Organismen weit unter der Erdoberfläche besteht darin, dass organische Materie dort ausnehmend rar ist. In Felskernen aus Basaltgestein am Columbia River gibt es definitiv zu wenig organisches Material, als dass man davon leben könnte. Dennoch findet man dort eine erstaunliche Anzahl von Mikroben. Und diese Bakterien ernähren sich, wie sich zeigte, vom Stein selbst. Bei der Verwitterung des Felsens wird Wasserstoff freigesetzt. Diesen verwenden die Bakterien, um in Wasser gelöstes Kohlendioxid in Biomasse zu verwandeln. Dabei entsteht als Abfallprodukt Methangas. Die Verwitterung von Felsen wird normalerweise chemischen Prozessen zugeschrieben, die die Oberflächenschichten langsam abbauen. Manche Wissenschaftler vertreten jedoch die Ansicht, dass die Mikroorganismen selbst bei der Verwitterung eine wichtige Rolle spielen, indem sie über enorm lange Zeiträume hin an der Oberfläche herumnagen, Mineralien extrahieren und Elemente in der Erdkruste deponieren.

Die Goldminen in Südafrika sind die tiefsten der Erde; sie liegen 3500 Meter unter der Erdoberfläche. Dort herrscht in den Felsen ein Druck von 400 Atmosphären, bei Temperaturen von 60 °C. Und doch gedeihen selbst hier Archaeen, wie Tullis Onstott und Tom Kieft (vom New Mexico Institute of Mining and Technology) herausfanden, als sie sich 1997 in solchen Goldminen umsahen. Die äußerste Tiefe, in der noch Leben existieren kann, hängt nicht davon ab, wie schwer das Gestein von oben lastet (denn einzellige Organismen können relativ schadlos sehr hohem Druck standhalten), sondern vor allem von den Temperaturen, die in den Felsen herrschen, in denen die Mikroben leben. Zum Erdinneren hin steigt die Temperatur um 11 °C pro Kilometer an; das hängt mit der Wärme zusammen, die bei den radioaktiven Zerfallsprozessen im Erdkern entsteht. Wirklich tief lebende Organismen müssen deshalb hyperthermophil sein. Wenn man von einer absoluten Obergrenze von rund 120 °C ausgeht, jenseits derer kein Leben mehr möglich ist, dann kann es nur in den oberen rund 5000 Metern der Erdkruste Archaeen geben.

Troglodyten

Selbst in Felsgestein eingeschlossene Bakterien sind allerdings wohl nicht so seltsam wie die auf Schwefelstoffen basierenden Ökosysteme in Höhlen, etwa das von Movile in Rumänien. Die Höhlen von Movile entstanden vor mehr als 5,5 Millionen Jahren. Herabfallende Gesteinsbrocken verschlossen ihren Eingang. So hatten die vollkommen von der Außenwelt abgeschlossenen Organismen schon bald fast sämtliche Sauerstoffvorräte verbraucht. Heute ist die Luft über dem Höhlenwasser sehr sauerstoffarm, doch reich an Methan, Kohlendioxid und Schwefelwasserstoff. Von außen gelangen keine organischen Nährstoffe in diese Höhlen. Vulkanisches Wasser aus einem unterirdischen Reservoir, das sich schon vor Jahrtausenden bildete (denn es enthält, anders als das Grundwasser im Rest Rumäniens, keinerlei radioaktive Spuren), sickert auf seinem Weg ins Schwarze Meer durch die Höhle. Darin ist Schwefelwasserstoff gelöst. Gleichwohl gibt es hier ein florierendes Ökosystem, weil diese einzigartige Welt durch Bakterienfilme am Leben gehalten wird, die die Höhlenwände als Schleim überziehen und auf der Wasseroberfläche Schaumteppiche bilden. Diese Bakterien verdauen die Kalksteinwände der Höhle und entziehen ihnen für ihre Bedürfnisse Kohlenstoff. Ihren Energiebedarf decken sie dadurch, dass sie Schwefelwasserstoff oxidieren. Auf dieser Basis gedeiht eine bizarre Sammlung wirbelloser Tiere: durchsichtige Spinnen, Tausendfüßler, Holzläuse, Blutegel und Erdwürmer. Holzläuse und Schnecken, die sich von den Mikrobenteppichen ernähren, werden ihrerseits zur Beute von Spinnen und Blutegeln.

Erreichen kann man die Höhlen von Movile nur, wenn man durch unterirdische Passagen hineintaucht. Ähnliche, leichter zugängliche, aber ebenfalls auf Schwefel basierende Ökosysteme finden sich auch andernorts. Im Süden Mexikos liegt die Cueva de la Villa Luz, ein Labyrinth von Passagen und Höhlen, die sich durch die Kalkfelsen winden. Aus dem dortigen Höhlenboden blubbern Quellen empor, die reich an gelöstem Schwefelwasserstoff und Kalk sind. Sie bilden milchige Teiche, und Schwefelwasserstoff erfüllt die Luft mit dem Gestank von faulen Eiern. Der Schwefelwasserstoff kondensiert an den Höhlenwänden zu Schwefelsäure, die den Kalkstein auflöst und dem unvorsichtigen Besucher, der diese Wände berührt, die Haut verätzt. Trotz der anscheinend lebensfeindlichen Umgebung wimmelt es in der Höhle von Leben. Bakterienschleim überzieht das Gestein und tropft in gallertartigen Strähnen von der Decke – wie lebende, wabernde Stalaktiten. In den flachen, milchigen Teichen tummeln sich Fische, Spinnen huschen über die Felsen, Mückenschwärme tanzen in der Luft. Wie in der Höhle von Movile basiert das ganze Ökosystem auf chemosynthetischen Bakterien, die die Höhlenwände Stück für Stück zersetzen.

Leben ohne Sauerstoff

Nur wenige mehrzellige Tiere können ohne Sauerstoff überleben. Doch viele Archaeen und Bakterien können nicht nur ohne Sauerstoff leben, sondern Sauerstoff ist für sie sogar so giftig, dass sie ihm nicht einmal für kurze Zeit ausgesetzt sein dürfen. Sie müssen in einer sauerstofffreien Atmosphäre leben. Von solchen anaeroben Umwelten gibt es mehr als genug. Man kann sie zum Beispiel im Schlamm finden, der den Boden von Seen und Meeren bedeckt, in Sümpfen, Kläranlagen und sogar im Darm von Tieren. Einige dieser Organismen verwenden Wasserstoff als Energiequelle und Kohlendioxid als Kohlenstoffreservoir für ihr Wachstum. Dabei entstehen große Mengen von Methangas. Deshalb bezeichnet man diese Mikroben auch als methanogene Lebewesen; dazu gehören viele kugelförmige Archaeen aus der *Methanococcus*-Familie. Die Fähigkeit der Kühe, Gras zu fressen, ist ihnen nicht angeboren, sondern hängt von der Symbiose mit *Methanococci* in ihren Därmen ab, die in der Lage sind, Zellulose zu zersetzen. Das Methangas, das sie dabei produzieren, trägt wesentlich zur globalen Erwärmung bei, weil es wie Kohlendioxid als Treibhausgas in der Erdatmosphäre wirkt.

Heute ist Sauerstoff in der Atmosphäre reichlich vorhanden, doch das war nicht immer so. Anfangs enthielt die Erdatmosphäre nur wenig oder gar keinen Sauerstoff und bestand weitestgehend aus Kohlendioxid und Stickstoff. Sauerstoff war ein Abfallprodukt, das von photosynthetischen einzelligen Organismen abgesondert wurde, den Cyanobakterien, die sich vor rund 3 Milliarden Jahren entwickelten – zu einer Zeit, als Leben auf der Erde schon fest etabliert war (man nimmt an, dass die ersten Einzeller vor rund 3,8 Milliarden Jahren entstanden sind). Diese Cyanobakterien nutzten die Energie des Sonnenlichtes, um Wasser und Kohlendioxid in Kohlehydrate zu verwandeln. Dabei produzierten sie nebenher Sauerstoff und schufen so im Lauf der Zeit die heutige Erdatmosphäre. Sie veränderten auch die Zusammensetzung der Ozeane. In den frühen Meeren waren große Mengen Eisen aufgelöst, und der von den Cyanobakterien produzierte Sauerstoff wurde zunächst für die Oxidation des gelösten Eisens verwendet. Dieses Eisenoxid wurde dann ausgefällt und bildete ein Eisenoxidband auf dem Meeresboden, dessen Anfänge rund 2,8 Milliarden Jahre zurückliegen (dieses Datum dient folglich auch als Anhaltspunkt, um die Entstehung der Cyanobakterien zu datieren). Rund 500 Millionen Jahre später war der Eisenvorrat aufgebraucht, und danach begann der Sauerstoffanteil in der Atmosphäre anzusteigen. Sein gegenwärtiges Niveau hatte der Sauerstoffanteil der Luft vor rund 800 Millionen Jahren erreicht. Wer war also der größte Luftverschmutzer aller Zeiten? Ein einzelliger photosynthetischer Organismus. Das sollte man sich ruhig einmal klar machen.

Sauerstoff war (und ist noch immer) für die meisten Formen des Lebens giftig; viele Lebewesen gingen zugrunde, als die Sauerstoffkonzentration in der Luft allmählich anstieg. Die Überlebenden entwickelten Strategien, um sich vor den äußerst reaktionsfähigen Sauerstoffionen zu schützen. Irgendwie ist es paradox, dass Sauerstoff – ein Gas, das nicht nur für das Überleben von Menschen, sondern fast allen Lebens auf unserem Planeten unverzichtbar ist – zugleich ein tödliches Gift ist. Sauerstoff wird von bestimmten Organellen in den Zellen, den so genannten Mitochondrien, benötigt, um die chemische Energie herzustellen, die unseren Zellen Kraft gibt. Manchmal jedoch schnappt sich ein Sauerstoffatom ein zusätzliches Elektron und wird dabei zu einem »freien Radikal«. Diese freien Radikale sind enorm reaktionsfähig und richten in den Zellen eine Menge Unheil an, weil ihr zusätzliches Elektron einen Partner benötigt und sich diesen kurzerhand vom nächstbesten Molekül stiehlt. Zellmembranen, Proteine, Fette, die DNA – sie alle werden leicht zur Beute freier Radikale. Das Resultat ist eine Kettenreaktion, denn das ursprüngliche freie Radikal ist nun zwar durch das entwendete Elektron stabilisiert, aber dafür ist nun ein anderes, neues Radikal entstanden. Auf diese Weise können bereits etliche Moleküle beschädigt worden sein, bevor Abwehrmechanismen der Zelle schließlich in der Lage sind, die umherirrenden freien Radikale zu zerstören. Diese sind in der Tat ein Hauptverursacher des Zellsterbens. Darüber hinaus verwandelt die Oxidation (die Fähigkeit des Sauerstoffs, anderen Molekülen Elektronen zu entwenden) zum Beispiel Eisen in Rost oder lässt Feuer brennen und Fett ranzig werden.

Entdeckt wurde der Sauerstoff von Joseph Priestley (1733–1804), als dieser das Gas untersuchte, das beim Erhitzen von Bleioxid entwich. Er beobachtete, dass »eine Kerze in dieser Luft mit bemerkenswert kräftiger Flamme brennt«, und untersuchte auch die Auswirkungen des Gases auf Mäuse. Er setzte sie unter kleine, mit Gas gefüllte Glasglocken und fand heraus, dass eine mit normaler Luft eingeschlossene Maus spätestens nach einer Viertelstunde tot war, während eine mit – wie er es nannte – »reiner Luft« eingeschlossene auch nach mehr als einer halben Stunde noch am Leben war. Priestley teilte seine Entdeckungen dem französischen Chemiker Antoine Lavoisier (1743–1794) mit, der das Gas später systematisch untersuchte und ihm einen Namen aus griechischen und lateinischen Wortbestandteilen gab: »Oxygenium« (»Sauerstoff«). Fälschlich war Lavoisier nämlich der Meinung, dass dieser Stoff für den sauren Charakter sämtlicher Säuren verantwortlich sei.

Priestley war ein guter Beobachter, und so nahm er die heutige Verwendung von Sauerstoff zur Lebenserhaltung bereits vorweg. Seiner Meinung nach konnte das Gas, das er »reine Luft« nannte, »gut dazu verwendet werden, die schädliche Luft in einem Raum, in dem viele Menschen eingeschlossen sind, zu verändern … so dass sie statt eklig und ungesund fast umgehend angenehm und gesund wird«. Er wagte auch die Hypothese, Sauerstoff könnte »für die Lungen bei bestimmten Krankheitsfällen besonders heilsam sein, wenn die normale Luft nicht ausreichen würde«. Die frühen Naturwissenschaftler stellten oft Selbstversuche an, und Priestley bildete da keine Ausnahme. Er fand, dass das Einatmen von Sauerstoff keine negativen Auswirkungen hatte, und stellte sogar die Frage, ob »diese reine Luft nicht sogar ein modischer Luxusartikel werden« könnte. Heutzutage wird in den Straßen Tokios Sauerstoff in Dosen verkauft, um Pendlern, denen der giftige Smog der Metropole arg zusetzt, schnell Entlastung zu verschaffen.

Wenn man jedoch große Mengen reinen Sauerstoffs einatmet, begibt man sich potenziell in Gefahr. In den 1950er Jahren ließ man bei Frühgeburten die Kinder reinen Sauerstoff atmen – im Glauben, das würde die Überlebenschancen verbessern. Leider sorgte die hohe Sauerstoffkonzentration in den Brutkästen dafür, dass sich die feinen Äderchen in den Augen zusammenzogen, woraufhin sich hinter den Augen dieser Kinder faseriges Gewebe bildete und sie erblindeten. Wird die Sauerstoffkonzentration jedoch unter 40 Prozent gehalten, so besteht keine Gefahr. Taucher und Astronauten benutzen manchmal auch heute noch reinen Sauerstoff, doch dann sind, wie schon in den Kapiteln 2 und 6 erörtert, besondere Vorsichtsmaßnahmen erforderlich.

Leben in großer Kälte

Im Unterschied zu extremer Hitze können viele Tiere, darunter auch Menschen, strenge Kälte vertragen. Wie man sich an Kälte anpassen kann, wurde bereits im vierten Kapitel geschildert. Hier geht es um extremophile Lebewesen – jene, die bei starkem Frost oder gar unter Tiefkühlbedingungen überleben können.

Die Kälte an sich fügt Proteinen keinen Schaden zu; sie verlangsamt nur Tempo und Ausmaß biochemischer Reaktionen. Folglich hören die meisten Organismen bei Temperaturen von wenigen Grad unter 0 °C auf, sich zu reproduzieren oder gar zu wachsen (im engsten Sinn des Wortes). Die Stoffwechselaktivitäten gehen jedoch weiter, wenn auch in reduzierter Form; man hat sie bei antarktischen Flechten noch bei Temperaturen von –27 °C nachweisen können. Bei rund –80 °C hört der Stoffwechsel aber wohl komplett auf, und der Organismus existiert dann nur noch latent, in einer Art Ruhezustand oder Winterschlaf. Viele Zellen, auch menschliche, können in flüssigem Stickstoff (bei –196 °C) über längere Zeit aufbewahrt werden. Die absolut niedrigste Temperatur, bei der Zellen gekühlt aufbewahrt und später zum Leben wieder erwärmt werden können, ist nicht bekannt. Aber sie liegt wahrscheinlich noch unter –196 °C. Um Zellen oder Tiere unter 0 °C abzukühlen, ist allerdings große Sorgfalt nötig. Denn die Kälte selbst richtet zwar keinen Schaden an, aber das gilt nicht unbedingt für den Gefriervorgang.

Psychrophile (»kälteliebende«) Lebewesen leben bei Wassertemperaturen in der Nähe des Gefrierpunkts, zum Beispiel in den Tiefen des Ozeans, wo eine relativ konstante Temperatur von 1 bis 3 °C herrscht, oder unter (bzw. in) den Eiskappen der Pole. Auch im heimischen

Kühlschrank würden sie prächtig gedeihen. Ganze Gemeinschaften von Psychrophilen leben im Südpolarmeer im Eis, und zwar in dünnen Schichten nicht gefrorenen Wassers, die im Eis eingeschlossen sind. Zu ihnen gehören etliche Spezies von Bakterien, Archaeen, Algen und Kieselalgen – zum Beispiel die Schneealge *Chlamydomonas nivalis*, die Schneefeldern eine leicht rosa und leuchtend grüne Färbung gibt, oder das Bakterium *Polaromonas vacuolata*, das Temperaturen von 4 °C bevorzugt und bei Temperaturen über 12 °C aufhört, sich zu vermehren. Auch fehlt es in solchen Gemeinschaften nicht an mehrzelligen Lebewesen. Als Charles Fisher in einem Tauchboot in einer Tiefe von 550 Metern auf dem Meeresboden entlangfuhr, entdeckte er eine seltsame, mehrfarbige pilzähnliche Struktur mit einem Durchmesser von 2 Metern, die aus dem Meeresboden spross. In ihr krabbelten mehrere Zentimeter lange Würmer. Bei näherer Untersuchung ergab sich, dass diese Struktur eine eisähnliche Mischung aus Wasser und Methangas darstellte (das aus einer Öffnung im Meeresboden entwichen war). Eine florierende Kolonie von Bakterien und Archaeen ernährte sich von diesem Methan und diente ihrerseits den Würmern als Nahrung.

Tief unter der Eiskappe der Antarktis liegen viele Süßwasserseen; geothermische Erhitzung verhindert, dass sie gefrieren. Der größte dieser Seen, Lake Vostok, liegt rund 4 Kilometer unter der Eisoberfläche; er ist schätzungsweise 200 Kilometer lang, 50 Kilometer breit und 500 Meter tief – und damit ungefähr so groß wie der Ontariosee, nur doppelt so tief. Der Eispanzer über der Antarktis begann sich vor rund 40 Millionen Jahren zu schließen, so dass alles Leben, das es in Lake Vostok gibt, wahrscheinlich schon seit Jahrmillionen von der Außenwelt abgeschlossen ist. Damit wird dieser See zu einer Art Zeitinsel; er könnte einzigartige Mikroorganismen enthalten, die uns wichtige Informationen über die Geschichte des Planeten vermitteln können. Doch dem Forschungseifer der Wissenschaftler steht die Schwierigkeit entgegen, Wasserproben aus diesem unterirdischen See zu entnehmen, ohne dabei irdisches Leben von der Oberfläche dorthin zu transportieren. Solche Bedenken stoppten 1966 das Bohrprogramm im Eis nur 150 Meter vor dem Durchbruch zum Lake Vostok. Noch heute zerbrechen sich die Forscher die Köpfe darüber, wie man dieses Problem zufrieden stellend lösen könnte.

Die Kälte ist ein großartiges Konservierungsmittel, weil sie die biochemischen Reaktionen dramatisch verlangsamt. Die kalte, trockene Antarktisluft bewirkt zum Beispiel, dass die Dinge, die Captain Robert Falcon Scott und seine Leute 1904 bei ihrer Expedition zum Südpol hinterließen, noch heute frisch wie am ersten Tag sind. Im arktischen Eis wurden tiefgefrorene Mammuts gefunden, deren Körper so perfekt erhalten sind, dass ihr Fleisch auch nach über 30 000 Jahren noch genießbar wäre. Solche tiefgefrorenen Gewebe stellen ein wertvolles historisches und biologisches Archiv dar. Der Grund für diesen perfekten Zustand ist einfach der, dass die Bakterien, die Fleisch und andere Nahrungsmittel zersetzen, bei sehr kalten Temperaturen nicht mehr wachsen können; dazu fehlt ihnen flüssiges Wasser.

Leben unter Tiefkühlbedingungen

Wie jeder Gärtner weiß, vertragen viele Pflanzen keinen Frost. Wenn sie gefrieren, sterben sie ab. Frost im späten Frühjahr ist der Tod der sich entwickelnden Blüten in den Knospen, und der erste strenge Frost des Winters kann ein üppiges, buntes Sommerblumenbeet in einen zusammengefallenen, braunen Matschhaufen verwandeln. Auch die meisten Tiere vertragen keinen strengen Frost.

Die Erforschung der Auswirkungen starker Kälte auf das Leben hat eine lange Geschichte. Um 1663 beobachtete Henry Power, dass, wenn er einen Essigkrug mit »winzigen Aalen« in einer Mischung aus Eis und Salz platzierte, die Flüssigkeit gefror und die Aale »in Kristalle eingeschlossen« wurden. Wenn man den Krug aber wieder auftaute, dann »tanzten und hüpften die Aale wieder so lebendig herum wie eh und je«. Auch Robert Boyle war von den Wirkungen des Einfrierens und Auftauens so fasziniert, dass er versuchte, Frösche und Fische tiefzukühlen – mit begrenztem Erfolg. Die ersten derartigen Experimente an Insekten führte Réaumur aus, ein französischer Wissenschaftler, der auch eines der ersten Thermometer baute und darum in der Lage war, seine Beobachtungen zu quantifizieren. Er beobachtete, dass eine weit verbreitete Raupenart überlebte, wenn sie auf –20 °C abgekühlt wurde, während eine andere nicht näher bezeichnete Spezies nur –11 °C aushalten konnte. Er entdeckte auch, dass ihr Blut bei unterschiedlichen Temperaturen gefror, und verglich die unterschiedlichen Blutsorten mit unterschiedlich starkem Branntwein – starker Alkohol gefror nicht so leicht wie schwacher. Hier wurde erstmals die Hypothese geäußert, dass die Kältetoleranz von spezifischen physikalisch-chemischen Eigenschaften des Insektenbluts abhängen könnte. Réaumur nahm damit neuere Studien vorweg, bei denen die natürlichen Frostschutzmittel im Insektenblut identifiziert wurden.

Im Zeichen des Goldenen Zeitalters der Bergsteiger und Polarforscher kamen viele wunderbare Geschichten über Tiefkühlung und Wiederauferstehung hinzu. Eine der bizarrsten steuerte Turner im Jahre 1886 bei, als er beschrieb, wie Hunde, denen er aus Eisblöcken herausgehauene Fächerfische *(Alaskan blackfish)* verfüttert hatte, kurz darauf lebende Fische erbrachen. In der Wärme des Magens seien die Fische aufgetaut und zu neuem Leben erwacht. Während man dem Wahrheitsgehalt dieser Geschichte vielleicht nicht unbedingt traut, ist die Glaubwürdigkeit des englischen Forschungsreisenden John Franklin jedoch über jeden Zweifel erhaben. Von einer Reise ins nördliche Polarmeer berichtete er, dass ein Karpfen, der 36 Stunden gefroren gewesen war, nach dem Auftauen wild herumgesprungen sei. Trotz dieser Reiseberichte gilt jedoch, dass die meisten Zellen bei Tiefkühltemperaturen absterben.

Frostschäden entstehen vor allem, weil sich in und zwischen den Zellen Eiskristalle bilden. Rasiermesserscharfe Eisnadeln durchstoßen die empfindlichen Zellmembranen, woraufhin der Zellinhalt auslaufen kann. Auch werden die Membranen innerhalb der Zellen, die für die Abtrennung einzelner Funktionselemente sorgen, zerrissen, woraufhin sich die Inhalte der Organellen vermischen und die normalen biochemischen Reaktionen unterbrochen werden. Eis ist ein Kristall aus reinem Wasser, doch in biologischen Lösungen sind viele Salze enthalten. Darum steigt, wenn sich in der Körperflüssigkeit außerhalb der Zellen Eis bildet, die Salzkonzentration in der verbleibenden, noch nicht gefrorenen Lösung stark an. Der daraufhin entstehende osmotische Sog zieht aus den Zellen Wasser an. Die Zellen schrumpfen und trocknen aus; ihr interner Salzgehalt steigt an. Die Eisbildung in der Zelle erhöht die Salzkonzentration dann nochmals direkt. All diese Prozesse fügen den Zellmembranen und Zellproteinen Schäden zu. Beim Gefrieren können auch die Verbindungen zwischen den Zellen unterbrochen werden. Die Kapillargefäße, die sie versorgen, können geschädigt werden, die Versorgung mit Sauerstoff und Nährstoffen wird beeinträchtigt. Wie schon im vierten Kapitel beschrieben, können Erfrierungen Menschen schwere Verletzungen zufügen. Trotzdem vertragen manche Pflanzen und Tiere auch starken Frost gut.

Solche Organismen benutzen zwei Strategien, um der Kälte Herr zu werden: Einige senken die Temperatur ab, bei der sich Eiskristalle zu bilden beginnen, indem sie natürliche Frostschutzmittel bilden. Andere dagegen lassen sich bemerkenswerterweise einfach völlig einfrieren.

Das Blut vieler Insekten und Fische enthält natürliche Frostschutzsubstanzen, die verhindern, dass die Körperflüssigkeiten bei Temperaturen unter dem Gefrierpunkt gefrieren (dieses Phänomen wird in der Physik als »Unterkühlung« bezeichnet, *supercooling*). Die Winterflunder *(Pseudopleuronectes americanus)* zum Beispiel synthetisiert mindestens sieben unterschiedliche Frostschutzproteine, wenn die Temperatur auf rund 4 °C sinkt. Der Mehlkäfer *Tenebrio molitor,* den Angler auch als Köder verwenden, enthält ein sogar noch wirksameres Frostschutzmittel. Frostschutzproteine senken den Gefrierpunkt des Wassers, indem sie sich an die Oberfläche der im Entstehen begriffenen Eiskristalle binden und dabei deren Wachstum behindern. Hat sich Eis allerdings schon gebildet, dann haben diese Proteine keinen Einfluss mehr auf den Schmelzpunkt des Eises. Manche Insekten mit einem Unterkühlungssystem, das sogar bei noch tieferen Temperaturen wirksam ist, verwenden als Frostschutzmittel Alkohole von geringem Molekulargewicht, etwa Glyzerin. Diese Substanzen funktionieren genauso wie das Glykol, das man im Winter dem Kühlwasser im Auto hinzufügt. Bis zu 20 Prozent der Körperflüssigkeiten der Gallmotte *(Epiblema scudderiana)* können aus Glyzerin bestehen. Dadurch kann das Insekt bis zu –38 °C unterkühlen, ohne zu erfrieren.

Aber die Unterkühlung kann auch ein riskantes Unterfangen sein. Fällt nämlich die Temperatur unter den Unterkühlungspunkt, dann gefrieren die Gewebe sofort und total. Das kann tödlich sein. Eine Blitzgefrierung kann auch herbeigeführt werden, wenn sich Eiskristalle auf der Haut ausbreiten oder wenn sie eine Ansatzstelle für die Eisbildung finden (etwa eine Hautverletzung). Manche Motten und Schmetterlinge umgeben sich zum Schutz mit Seidenkokons, damit ihre Haut nicht in direkten Kontakt mit Eis kommen kann.

Andere Tiere wenden die Alternativstrategie an und lassen sich den Winter über einfrieren. Die wollige Bärenraupe *(Gynaephora groenlandica)* die im hohen Norden lebt, verbringt den größten Teil des Jahres – manchmal bis zu zehn Monate – eingefroren bei Temperaturen von –50 °C oder darunter. Der sibirische Salamander *(Salamandrella keyserlingii)* ist genauso erwähnenswert. Auch er lebt im hohen Norden, wo mit Ausnahme der obersten Bodenschicht von wenigen Metern Dicke der Boden permanent gefroren ist und auch die oberen Schichten im Winter natürlich gefrieren. Während des kurzen arktischen Sommers laufen die erwachsenen Salamander aktiv herum und legen ihre Eier in die flachen Tümpel oder Teiche, die in der gesamten Tundra verstreut sind. Dann überwintern sie in Mooskissen in der Nähe der Teiche, in denen die Temperatur auf bis zu −35 °C sinken kann. Man hat sie schon steif gefroren in Eis bis zu 14 Meter unter der Oberfläche der Tundra gefunden. Und doch, wenn der Frühling kommt und die Tundra auftaut, tauen auch die Salamander auf, stehen einfach auf und laufen los. Neu geschlüpfte Zierschildkröten, Strumpfbandnattern und Frösche diverser Arten lassen sich im Winter ebenfalls einfach einfrieren. Zoologen, die herausfinden wollen, wie sie das machen, müssen ihre Untersuchungsobjekte ebenfalls tiefkühlen.

Bei der Tiefkühlung muss sichergestellt sein, dass die Eiskristalle nicht zu groß werden, damit sie die Zellmembranen nicht durchstoßen können. Dies wird dadurch erreicht, dass spezielle Proteine als Kristallisationskerne für das Eis dienen. Diese Proteine werden vom Körper gebildet, wenn im Herbst die Temperaturen sinken. Bei der Eisbildung entstehen dann in den Körperflüssigkeiten außerhalb der Zellen tausende winziger Eiskristalle. Im Lauf der Zeit haben diese kleinen Kristalle aber die Tendenz, sich zu größeren zusammenzuschließen, wie man leicht beobachten kann, wenn zum Beispiel Eiskrem längere Zeit im Tiefkühlfach gelegen hat. Um diese Nachkristallisation mit ihren potenziellen Zellschäden zu verhindern, setzen die Tiere zusätzliche Frostschutzproteine ein. Dadurch werden die kleinen, harmlosen Eiskristalle stabilisiert und an der Bildung größerer gehindert. Auf diese Weise wird das Einfrieren zum langsamen, kontrollierten Prozess, der es den Zellen ermöglicht, sich allmählich an die Veränderungen anzupassen.

Ein ernstes Problem für Lebewesen, die sich steif frieren lassen, besteht darin, dass die Zellen Wasser verlieren und schrumpfen, wenn die Körperflüssigkeiten außerhalb der Zellen gefrieren. Dabei kann die Zellwand denaturiert werden. Auch die Zellproteine können Schaden nehmen. Wenn mehr als 65 Prozent des Körperwassers gefrieren, ist das normalerweise tödlich. Frostresistente Tiere umgehen diese Veränderungen des Zellvolumens dadurch, dass sie die Zucker- oder Aminosäurekonzentrationen in ihren Zellen erhöhen. Diese Gefrierschutzsubstanzen reduzieren die Eisbildung, verringern den Wasserverlust der Zellen und stabilisieren die Zellmembranen, so dass die Zellen

größere Schrumpfungen ohne Beschädigungen aushalten können. Diese Substanzen enthalten Glyzerin und bestimmte Zuckerarten wie Trehalose (bei Insekten) oder Glucose (bei Fröschen).
Wie das Einfrieren ist auch das Auftauen ein kontrollierter Prozess. Wenn zum Beispiel gefrorene Frösche auftauen, schmilzt zuerst das Herz. Auf diese Weise können die Vitalfunktionen sofort in Gang gesetzt werden. Durch die Zirkulation warmen Blutes wird dann das Auftauen zusätzlich beschleunigt.

Winterschlaf und tiefgefrorenes Leben

Neuere technologische Fortschritte haben es ermöglicht, dass Zellen und Gewebe von Säugetieren relativ leicht bei sehr tiefen Temperaturen gekühlt werden können. Es handelt sich um die so genannte Kryopräservation (griechisch *kryos*, »Eis, Frost«). Die tiefen Temperaturen verlangsamen den Zellstoffwechsel so sehr, dass ein Zustand latenten Lebens *(suspended animation)* entsteht. So können Zellen wesentlich länger aufbewahrt werden, als es ihrer natürlichen Lebensdauer entspräche. Je tiefer die Temperatur, desto langsamer der Stoffwechsel und desto länger die Aufbewahrungsmöglichkeit. Um Schäden durch Austrocknung oder Eiskristallbildung zu verhindern, müssen Gefriervorgang und Auftauvorgang jedoch sorgfältig kontrolliert werden. Der Lösung, in der die Zellen aufbewahrt werden, müssen Frostschutzmittel zugesetzt werden. Meistens verwendet man Glyzerin, weil dieses selbst bei den Temperaturen von flüssigem Stickstoff noch verhindern kann, dass Wasser zu Eis wird.
Sperma für künstliche Befruchtungen wird routinemäßig in flüssigem Stickstoff eingefroren, bei Temperaturen von unter –196 °C. Diese zunächst für die künstliche Rinderbesamung entwickelte Methode wurde erstmals 1953 bei menschlichem Sperma erfolgreich angewandt. Gefrorenes Samengut kann seine Zeugungskraft jahrzehntelang erhalten, und menschliches Sperma hat schon nach mehr als 15 Jahren noch zur Befruchtung geführt. Viele Männer wollen, bevor sie sich durch Vasektomie sterilisieren lassen oder sich einer chemotherapeutischen bzw. radiologischen Krebsbehandlung unterziehen, für alle Fälle noch etwas Sperma einfrieren lassen. Andere stellen in einer Samenbank ihren Samen für unfruchtbare Paare zur Verfügung. Jedes Jahr werden tausende von Babys geboren, die mit tiefgekühltem Sa-

Kröten können sich tief in der Erde eingraben und verbringen den Winter daher sicher in ihren Höhlen unterhalb der Frostgrenze. Frösche können hingegen nicht graben und überwintern in Laubhaufen auf dem Waldboden, wo die Temperaturen bis −8 °C absinken. Der abgebildete Waldfrosch lässt sich einfrieren – 65 Prozent seines Körperwassers werden zu Eis. Spezielle Proteine sorgen dafür, dass die Eiskristalle klein genug bleiben, damit sie mit ihren scharfen Kanten keinen Schaden anrichten können. Die lebenswichtigen Organe des Frosches werden durch große Mengen Glucosezucker, der in der Leber hergestellt wird, vor dem Einfrieren bewahrt. In den nicht gefrorenen Geweben fungiert die hoch konzentrierte Zuckerlösung als Frostschutzmittel.

men gezeugt wurden. Bei solchen Befruchtungen ist das Risiko genetischer Schäden beim Kind mit ziemlicher Sicherheit nicht höher als bei frischem Sperma.

Auch Embryonen können tiefgekühlt aufbewahrt werden. Diese ursprünglich ebenfalls für die Haustierzucht entwickelte Technik wird inzwischen routinemäßig auch beim Menschen angewandt – im Zusammenhang mit Zeugungsvorgängen »im Reagenzglas« (*in-vitro*-Fertilisation). Meistens werden den betroffenen Frauen bei einer einzigen Operation mehrere befruchtungsfähige Eier entnommen und dann *in vitro* befruchtet. Zwei oder drei der sich entwickelnden Embryonen werden der Frau dann in die Gebärmutter eingepflanzt, alle anderen tiefgefroren – für den Fall, dass es im ersten Anlauf doch noch nicht zu einer Schwangerschaft kommt. Auf diese Weise erspart man den

Frauen den Stress einer wiederholten Eientnahme und senkt außerdem, weil dies der teuerste Teil der Behandlung ist, die Kosten bei nachfolgenden Befruchtungsversuchen. Auch solche überzähligen Embryonen können etliche Jahre aufbewahrt werden – für den Fall, dass sich ein Paar entscheiden sollte, später noch weitere Kinder zu bekommen, oder dass sich die Frau einer Behandlung unterziehen muss, die ihre Fruchtbarkeit beeinträchtigen könnte, oder sogar für den Fall, dass der Embryo einer anderen Frau eingepflanzt werden soll, die selbst keine befruchtungsfähigen Eier produzieren kann. Das erste Kind, das aus einem tiefgefrorenen Embryo entstand, Zoe Leyland, wurde am 28. März 1984 im australischen Melbourne geboren. Inzwischen kam es schon zu erfolgreichen Schwangerschaften mit Embryonen, die fünf Jahre lang tiefgefroren gewesen waren.

Auch andere menschliche Zelltypen können tiefgefroren werden. Die berühmtesten sind sicher die so genannten HeLa-Zellen, die der Patientin Henrietta Lacks (daher der Name »HeLa«) aus einem Tumor entnommen und sofort in flüssigem Stickstoff tiefgefroren wurden. So finden sich viele Jahre nach dem Tod der Patientin noch immer Nachkommen ihrer Originaltumorzellen in Forschungslaboratorien auf der ganzen Welt – als wertvolles Material für die medizinische Forschung. Einzelne Zellen von Menschen und Säugetieren können zwar relativ ungestraft eingefroren und wieder aufgetaut werden, doch für ganze Tiere gilt das nicht, erst recht nicht für Menschen. Trotzdem gibt es in den USA bereits mehrere Kryopräservationsfirmen, die Körper (oder Köpfe) frisch Verstorbener tiefgefrieren – in der Hoffnung, dass diese von zukünftigen Generationen zu neuem Leben erweckt werden können. Dann könnte man – so die Hoffnung der Angehörigen – besser in der Lage sein, die Krankheiten der Verstorbenen zu kurieren, verbrauchte Teile zu ersetzen und eine weitere Spanne nützlichen Lebens zu sichern. Die meisten dieser Firmen haben ihren Sitz in Kalifornien, wo die Gesetze die besten Voraussetzungen für die Kryopräservation von Menschen bieten. Leider werden die Träume der Kunden solcher Firmen indes kaum zu realisieren sein, weil die Körpergewebe nach dem Tod mangels Blutzufuhr sehr schnell irreparable Schäden erleiden.

In einem bestimmten, wenn auch begrenzten Sinn kann die Individualität eines Menschen jedoch tiefgekühlt aufbewahrt werden: Seine genetische Konstitution kann überleben. Doch zur Herstellung eines »genetischen Fingerabdrucks« benötigt man nur wenige Zellen. Oft

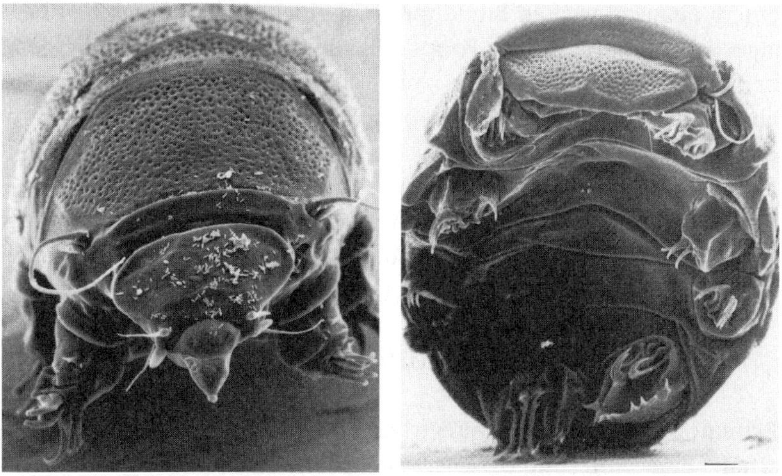

Bärtierchen (links) *sind mikroskopisch kleine Lebewesen, ungefähr 1 Millimeter lang, die in feuchtem Sand, im Schlamm am Boden von Seen und Meeren und in dem dünnen Wasserfilm leben, der die Moose in der arktischen Tundra bedeckt. Wesentlich prosaischer wäre ein anderer Fundort: in den Moospolstern, die sich manchmal in unseren Dachrinnen bilden. Wegen ihrer Füße und ihres Ganges werden sie Bärtierchen genannt, doch ihre bemerkenswerteste Eigenschaft ist die Fähigkeit, noch unter extremsten Bedingungen latent zu überleben. Wenn die Lage schwierig wird, rollt sich das Bärtierchen einfach ein, zieht seine Füße ein und versetzt sich in den Ruhezustand* (rechts), *in dem der Stoffwechsel fast zum Stillstand kommt. Der Wasserverlust wird dramatisch reduziert, eine Anhäufung von Trehalose-Zucker und Spezialproteinen als Kristallisationskernen für die Eisbildung sorgt dafür, dass die Kugel vor Austrocknung und extremer Kälte geschützt ist. Das Bärtierchen kann im Ruhezustand Temperaturen von bis zu –272 °C (nur 1 °C über dem absoluten Nullpunkt) oder +151 °C widerstehen. Es kann extreme Trockenheit aushalten, in Alkohol überleben (der die meisten anderen Lebewesen marinieren würde) und einem Druck von bis zu rund 6000 Atmosphären standhalten (während die meisten Lebewesen, auch Bakterien, schon bei einem Druck von 3000 Atmosphären nicht überleben könnten). In Wasser wird aus der Kugel aber umgehend wieder ein Bärtierchen, dem seine Extremerfahrungen anscheinend überhaupt nichts ausgemacht haben. Man hat sogar Exemplare wiederbeleben können, die 120 Jahre lang in trockenem Moos in einem italienischen Museum ausgestellt gewesen waren.*

reicht ein Tropfen Blut (obwohl die roten Blutkörperchen keinen Zellkern – und damit auch keine DNA mit den Erbinformationen – besitzen, genügen die weißen Blutkörperchen vollauf, um die benötigte DNA bereitzustellen). Eines Tages ist es vielleicht sogar möglich, aus einem einzigen weißen Blutkörperchen einen ganzen Menschen herzustellen, wenn man jene Fortpflanzungstechnik anwendet, die dem berühmten Klonschaf »Dolly« zum Leben verholfen hat. Ob wir das aber wollen oder verantworten können, steht auf einem ganz anderen Blatt. Überdies sollte man bei all solchen Plänen bedenken, dass selbst dann, wenn es gelänge, seine eigenen Zellen zu klonieren, die neue Person einem nicht mehr ähneln würde als ein eineiiger Zwilling. Der Mensch ist immer noch wesentlich mehr als die Summe seiner Gene.

Millionenverdienste durch Mikroben

Extremophile Mikroben werden zunehmend zu einem großen Geschäft. Eine biotechnologische Wachstumsbranche konzentriert sich auf die Erforschung und Nutzbarmachung von Enzymen, die man Organismen entnommen hat, die Extremes aushalten: Hitze, Kälte, Salz, Säure, hohen Druck und Schwermetalle, um nur einige Grenzbereiche zu nennen. Kleine Forschungsfirmen schicken ihre Experten bis an die Enden der Welt, um neue Extremophile zu finden, die vielleicht über bislang nicht bekannte Gene verfügen. Dann rennen die Gentechniker zum Patentamt, um ihre Funde patentieren zu lassen. Der Wettbewerb ist immens, denn die potenziellen Gewinne, die den Erfolgreichen winken, sind enorm.

Tagtäglich nutzen tausende von Molekularbiologen in ihren Labors die besonderen Fähigkeiten der Hyperthermophilen aus. Man benutzt hitzeresistente Enzyme, um multiple Kopien ausgewählter DNA-Bruchteile herzustellen – bei einem Prozess, der unter der Bezeichnung Polymerase-Kettenreaktion (PCR, *polymerase chain reaction*) bekannt ist. Wie der Name schon sagt, besteht dieser Prozess aus mehreren sukzessiven Reaktionszyklen. Zunächst muss die DNA erhitzt werden, um ihre beiden Stränge zu entflechten. Dann wird die DNA wieder abgekühlt und jeder der beiden Stränge anschließend mit Hilfe eines Enzyms vervielfältigt. Diese beiden Schritte werden noch mehrfach wiederholt, wobei sich die Zahl der DNA-Moleküle exponentiell vervielfältigt. Unverzichtbarer Bestandteil der PCR-Technik ist ein die DNA replizierendes Enzym, das bei den hohen Temperaturen (95 °C), die erforderlich sind, um die DNA-Stränge zu trennen, nicht zerfällt. Zum Glück haben sich im Lauf der Evolution hyperthermophile Enzyme wie die *Taq*-Polymerase entwickelt, die genau diese Aufgabe gut übernehmen können. Die PCR-Methode ist nicht auf Forschungslabors beschränkt, sondern wird in der Medizin vielfältig eingesetzt: zum Beispiel, um Bakterienstämme zu identifizieren oder Gentests durchzuführen. Außerdem hat sie die Gerichtsmedizin revolutioniert. Denn diese Technik ist so robust und gleichzeitig so empfindlich, dass man aus wenigen Molekülen Milliarden DNA-Kopien herstellen kann. Auf diese Weise wird es möglich, einen Verbrecher noch anhand einer einzigen Körperzelle zu identifizieren, die er zufällig am Tatort hinterlassen hat (»genetischer Fingerabdruck«).

Die *Taq*-Polymerase wurde aus dem Archaeon *Thermophilus aquaticus* isoliert (dessen Anfangsbuchstaben sich im Namen der betreffenden Polymerase finden), das Thomas Brock in den überhitzten blubbernden Teichen des Yellowstone-Nationalparks gefunden hatte. Mehr als zwei Jahrzehnte hatte dieses Archaeon im Labor geschlummert, bis Kary Mullis auf den Gedanken kam, dass man es doch verwenden könne, um multiple DNA-Kopien herzustellen. Mullis, ein brillanter Kopf und farbiger Charakter, stieß mit seinem aufreizenden Gehabe, seinen plakativen Sprüchen und unkonventionellen Vorträgen (in denen er auch Dias vom Surfen und von seinen Freundinnen in lasziven Posen zeigte) viele Mitglieder des wissenschaftlichen Establishments vor den Kopf. Trotzdem bekam er den Nobelpreis – zu Recht, denn seine Arbeit transformierte den gesamten Bereich der Life Sciences (Mikrobiologie, Biochemie, Biophysik, Genetik und so weiter). Die von ihm entwickelte PCR-Technologie wurde zur Grundausstattung der gesamten modernen Molekularbiologie. Die *Taq*-Polymerase war das erste aus einem extremophilen Archaeon gewonnene Enzym, das kommerziell ausgebeutet wurde. Die Verkäufe erreichen inzwischen einen Jahresumsatz von 80 Millionen Dollar, und um das Patent streiten sich immer noch mehrere Firmen.

Enzyme aus alkaliphilen Mikroben sind bei Waschmittelherstellern sehr gefragt. Denn biologischen Waschmitteln werden Enzyme zugesetzt, die dabei helfen sollen, Proteine, Zuckerreste und Fette aufzubrechen, die an der Schmutzwäsche haften. Die anderen Bestandteile der Waschmittel sind allerdings hochgradig alkalin, so dass die meisten Enzyme in diesem Umfeld nicht wirksam arbeiten können. Die Enzyme der alkaliphilen Mikroben indes arbeiten gerade bei hohen pH-Werten am besten. Im Jahre 1997 brachte die amerikanische Firma Genecor ein Waschmittel auf den Markt, das ein alkaliphiles Enzym enthält, welches aus Mikroben in einem Natronsee gewonnen worden war. Wenn man den Behauptungen der Firma glauben darf, kann man damit seine Wäsche etliche hundert Mal waschen, ohne dass sie altert. Dieses Enzym funktioniert nämlich so, dass es sich allein auf die feine flauschige Oberfläche des Gewebes konzentriert, die den Schmutz enthält, und die tieferen Textilschichten unbehelligt lässt. So kann die Wäsche immer wie neu aussehen. Hier wurde erstmals ein Produkt aus einem extremophilen Lebewesen in großem industriellen Maßstab eingesetzt.

Es gibt noch eine Fülle weiterer Anwendungsmöglichkeiten für organische Substanzen aus Extremophilen. Mit Hilfe acidophiler (Säure liebender) Mikroben kann es leichter gelingen, wertvolle Metalle aus geringwertigem Erz zu lösen. Dieser Prozess, mikrobielle Auslaugung genannt, wird bei der Gold-, Kupfer- und Urangewinnung immer beliebter. Aus psychrophilen (Kälte liebenden) Mikroben gewonnene Enzyme kann man für Kaltwasserwaschmittel und -seifen verwenden, aber auch als Katalysatoren bei Reaktionen, die in der Kälte durchgeführt werden müssen. Bakterien und Archaeen werden zunehmend auch für die biologische Entsorgung von Abfall und Schadstoffen eingesetzt, etwa wenn es darum geht, giftige Verbindungen wie Pflanzenschutzmittel, Erdölprodukte und Lösungsmittel abzubauen. Mag die kommerzielle Ausbeutung von Extremophilen auch noch ganz am Anfang stehen, das Anwendungspotenzial ist zweifellos enorm.

Gibt es Leben außerhalb der Erde?

Im August 1996 geriet ein kleiner, recht unscheinbar aussehender Gesteinsbrocken mit der Bezeichnung ALH 84 001 in die Schlagzeilen.[5] Während es bei den meisten wissenschaftlichen Artikeln schon etwas Besonderes ist, wenn sie von mehr als einer Handvoll hingebungsvoller Forscher gelesen werden, wurden die Ergebnisse dieses Artikels auf der ganzen Welt ausführlich in Zeitungen und in den Nachrichten in Radio und Fernsehen erörtert, und zwar noch bevor der Artikel überhaupt veröffentlicht worden war. Die Aufregung war verständlich, denn NASA-Wissenschaftler behaupteten, sie hätten jetzt Beweise für Leben auf dem Mars in der Hand.

Vor 16 Milliarden Jahren waren bei einem Meteoriteneinschlag auf dem Mars viele kleine Gesteinsfragmente von der Oberfläche des Pla-

Ein Foto des Jupitermondes Europa, aufgenommen von der Raumsonde Galileo. Europa, einer von 16 Jupitermonden, wurde 1610 von Galilei entdeckt. Er steht im Sonnensystem deshalb fast einzigartig da, weil er eine glatte Oberfläche mit relativ wenigen Kratern und Gebirgen besitzt. Auf seiner Kruste ist ein komplexes Gewebe dunkler Linien zu sehen, von denen man annimmt, dass es sich um Brüche in der äußeren Eisschicht handelt, die den Jupiter-Trabanten umgibt.

neten abgesplittert und ins All geschleudert worden. Und vor rund 11 000 Jahren war eines dieser Fragmente vom Gravitationsfeld der Erde eingefangen worden und im Allen-Hills-Eisfeld der Antarktis niedergegangen, wo es seither geruht hatte. ALH 84 001 ist somit ein Besucher vom Mars, einer von nur wenigen derartigen Meteoriten, die man bisher entdecken konnte. Dass er tatsächlich vom Mars kommt, beweisen sowohl die Mineralienzusammensetzung des Gesteins als auch die Zusammensetzung der Gaseinschlüsse. Sie entsprechen dem

Oberflächengestein auf dem Mars und der Zusammensetzung der Marsatmosphäre, wie sie die Marssonde *Viking* seit 1976 ermittelt hatte.

Tief im Innern von ALH 84 001 entdeckten die Wissenschaftler unregelmäßig geformte Strukturen, die jenen irdischer Mikrofossilien ähneln, die sich vor fast 4 Milliarden Jahren gebildet hatten. Zusätzliche Daten führten zu der Schlussfolgerung, dass zwar jeder Beleg für sich genommen auch andere Erklärungen zulasse, dass alle Belege im Zusammenhang aber nur so gedeutet werden könnten, dass sie »das Vorhandensein primitiven Lebens auf dem frühen Mars« bewiesen. Doch waren diese Schlussfolgerungen leider wohl voreilig. Motiviert durch die aufregende Möglichkeit, extraterrestrisches Leben nachzuweisen, wandten mehrere internationale Wissenschaftlerteams ihre Aufmerksamkeit dem Gesteinsbrocken ALH 84 001 zu. Sie analysierten ihn immer und immer wieder, doch nach einem Jahr intensiver Arbeit war man allgemein der Ansicht, dass es sich bei den beobachteten Strukturen einfach um Mineralablagerungen handelte und nicht um die fossilen Überreste außerirdischer Formen des Lebens.

Doch die Möglichkeit, dass sich auch an irgendeiner anderen Stelle im Sonnensystem Leben herausgebildet haben könnte, ist nicht so leicht von der Hand zu weisen. Die extremen Bedingungen, die manche Archaeen aushalten können, ähneln schließlich jenen, die auch auf anderen Planeten oder ihren Monden anzutreffen sind. Die kalten trockenen Felstäler der Antarktis sind mit den Bedingungen, die auf dem Mars herrschen, so nahe verwandt, dass man sie benutzt, um Instrumente zu testen, die für Missionen zum roten Planeten gedacht sind. Und doch lebt dort in den Felsen, nur etwa 1 Millimeter unter der Oberfläche, eine dünne Schicht photosynthetischer Mikroorganismen.

Kaum zu glauben, aber wahr: Bakterien können sogar im Vakuum des Weltraums überleben. Die Mondsonde *Surveyor 3* landete im April 1967 auf dem Mond und wurde zweieinhalb Jahre später von den Astronauten der *Apollo-12*-Mission aufgesucht; sie sollten untersuchen, wie die Sonde die harten Bedingungen auf dem Mond überstanden hatte: die intensive Sonnenstrahlung, das weitgehende Vakuum und extreme Temperaturschwankungen. Sie entnahmen der Sonde eine Fernsehkamera und brachten sie in einem versiegelten Behälter zurück zur Erde, wo sie unter strikt sterilen Bedingungen im Labor für Mondmitbringsel geöffnet wurde. Die Mikrobiologen kultivierten aus dem

Innern der Kamera entnommene Mikrobenproben und stellten zu ihrer Verblüffung fest, dass diese Mikroorganismen wieder wuchsen. Dabei handelte es sich allerdings nicht um neuartige Mondbakterien, sondern um von der Erde bekannte Arten. Anscheinend hatte während der Herstellung der Kamera ein Techniker einmal geniest, und so waren einige Bakterien tief im Innern des Instruments gelandet und dort so lange eingeschlossen worden, bis die Kamera im Mondlabor wieder geöffnet wurde. Natürlich könnten Skeptiker jetzt einwenden, dass diese Bakterien überhaupt nicht auf dem Mond gewesen seien, sondern die Kamera erst nach deren Rückkehr zur Erde verunreinigt hätten. Angesichts der streng sterilen Arbeitsbedingungen bei Bergung und Untersuchung der Kamera ist das jedoch sehr unwahrscheinlich. Vielmehr sieht es so aus, als wären die Bakterien tatsächlich in der Lage gewesen, zweieinhalb Jahre auf der Mondoberfläche zu überleben. Natürlich gibt es immer noch einen Unterschied zwischen Überleben und Wachsen. Ohne flüssiges Wasser kann Leben (wenigstens in dem uns geläufigen Sinn) nicht existieren, höchstens im latenten Zustand *(suspended animation)*. Wachstum und Reproduktion sind dann aber unmöglich. So reduziert sich die Suche nach extraterrestrischem Leben zunächst auf die Suche nach Wasser. Und es gibt Orte, an denen flüssiges Wasser existieren könnte. 1979 erreichte die Raumsonde *Voyager* den Jupiter und entdeckte, dass dessen Mond Europa mit einer Eisschicht bedeckt ist. Neuere Daten der Raumsonde *Galileo* legen den Schluss nahe, dass sich etliche Kilometer unter der vereisten Oberfläche dieses Mondes ein Ozean aus flüssigem Wasser befinden könnte – wie die großen Seen, die tief unter dem Eis der Antarktis liegen. Wissenschaftler planen gegenwärtig, eine weitere Raumsonde ins All zu schicken, um diese Möglichkeit näher zu erkunden und zu untersuchen, ob auf dem Jupitermond Europa Leben existiert. Das wird eine spannende Angelegenheit werden.

ANMERKUNGEN

1. Leben in der Höhe

1 Zitat aus W.J. Turner (1889-1946), »Romance«.

2 Paul Bert hatte sie vor diesem Problem gewarnt, aber sein Brief kam zu spät, weil das Flugdatum bereits festgelegt war. So beschlossen die Ballonfahrer, auf jeden Fall zu fliegen.

3 Die genaue Kohlendioxidkonzentration in der Atmosphäre ist immer umstritten gewesen. Anfang des 20. Jahrhunderts ging man von 0,04 und 0,033 Prozent aus. John Scott Haldane experimentierte auf dem Dach des Physiologischen Laboratoriums in Oxford, um den genauen Wert zu ermitteln. Heute ist das große Thema, ob das gesamte CO_2-Niveau der Erdatmosphäre durch die Verbrennung fossiler Brennstoffe ansteigt. Interessanterweise kann es sein, dass das CO_2-Niveau in der Erdatmosphäre örtlich variiert. Bei Temperaturen unter −70 °C, wie sie manchmal in der Antarktis herrschen, gefriert CO_2 und dann sinkt seine Konzentration bis fast auf Null. Auf dem Mars ist dieses Phänomen noch viel extremer, denn dort besteht die Atmosphäre fast nur aus CO_2 und wird im Winter, wenn CO_2 gefriert, sehr dünn, im Frühjahr, wenn die Temperatur ansteigt, aber wiederhergestellt. Dann verdampft das fest gefrorene Gas wieder.

4 Der Fachausdruck lautet Ventilation, definiert als das Volumen der pro Minute ein- (und aus-)geatmeten Luft. Menschen atmen im Durchschnitt bei jedem Atemzug rund einen halben Liter Luft ein. Bei zwölf Atemzügen pro Minute beträgt die durchschnittliche Ventilationsrate also 6 Liter/min. Die größtmögliche Ventilationsrate (bei Hochleistungssportlern) beträgt 150 Liter/min.

5 Genau genommen messen die Karotisdrüsen den Sauerstoffpartialdruck im Blut. In der Physiologie haben (mit gutem Grund) die Begriffe, die die Sauerstoffkonzentration im Blut beschreiben, eine sehr präzise Bedeutung. Der Sauerstoffpartialdruck ist der Partialdruck des im Blut gelösten Gases. Der Sauerstoffgehalt dagegen, die

Gesamtmenge des Sauerstoffs im Blut, entspricht ziemlich genau der Menge des an das Hämoglobin gebundenen Gases. Der Sauerstoffgehalt hängt somit von der Anzahl der roten Blutkörperchen ab; er steigt mit dem Hämatokritwert des Blutes. Sauerstoffsättigung schließlich beschreibt den Prozentsatz des Hämoglobins, das Sauerstoff an sich gebunden hat.

6 Beschleunigt werden kann die Akklimatisierung durch das Medikament Acetazolamid, welches die Nieren anregt, Bikarbonat-Ionen abzusondern, so dass die Blutacidität wieder normale Werte erreicht. Auf diese Weise wird auch die Kohlendioxidkonzentration in der Nähe der zentralen Chemorezeptoren hoch gehalten. Acetazolamid beschleunigt nicht nur die Akklimatisierung, sondern wirkt auch bei akuter Höhenkrankheit lindernd.

7 Neuere Studien von Luke Howard und Peter Robbins bieten neue Einsichten in die Prozesse, die den anfänglichen Veränderungen der Atmung in Höhenlagen zugrunde liegen. In ihrem Labor in Oxford konnten sie zeigen, dass die Ventilation bei niedrigem Sauerstoffniveau in der Atmosphäre selbst dann zunimmt, wenn die Blutacidität durch sorgfältige Anpassung des Kohlendioxidniveaus in der eingeatmeten Luft konstant gehalten wird. Das legt den Schluss nahe, dass ein niedriges Sauerstoffniveau wohl schon per se wichtigere Auswirkungen auf die Atmung hat als bisher angenommen. Wir kennen den diesem Phänomen zugrunde liegenden Mechanismus nicht, aber es liegt die Vermutung nahe, dass dabei eine gesteigerte Sensibilität der Karotisdrüsen eine Rolle spielt.

8 Der Luftdruck ist in Äquatornähe höher, weil eine große Masse kalter Luft in der Atmosphäre über dem Äquator starken Druck auf die darunter liegenden Luftschichten ausübt.

2. Leben unter Druck

1 Der Krake ist ein mythisches Seeungeheuer von enormer Größe, das angeblich vor der norwegischen Küste lebt. Alfred Lord Tennyson hat es in seinem gleichnamigen Gedicht unsterblich gemacht.

2 Einer der Ersten, die dieses Phänomen beschrieben, war Robert Boyle; 1670 beobachtete er, wie sich bei schneller Dekompression im Auge einer Viper eine Blase bildete.

3 John Scott Haldane erzählte später, dass dies durchaus keine ange-

nehme Erfahrung war. Sein Taucheranzug endete an den Handgelenken in Gummimanschetten, die das Wasser fern halten sollten, wegen seiner geringen Körpergröße aber nicht dicht genug schlossen, so dass Wasser in den Taucheranzug eindrang, bis es ihm bis zum Hals stand. Zum Glück verhinderte die hinabgepumpte Luft, dass das Wasser noch höher stieg. Doch kühlte Haldane unter Wasser stark aus.

4 Höhlentaucher benutzen manchmal reinen Sauerstoff, weil der kleinere Zylinder von Vorteil ist, wenn man versucht, sich durch enge Löcher zu zwängen.

5 Sie hatten dafür alle im Spanischen Bürgerkrieg gegen Franco gekämpft (Haldane war damals ein großer Sympathisant der Kommunisten). Haldane wollte vor allem mutige, kampferprobte Männer an seiner Seite haben, weil er davon ausging, dass solche Kollegen auch unter Druckbedingungen die Ruhe bewahrten.

3. Leben in der Hitze

1 Eine Kalorie ist die Energiemenge, die benötigt wird, um die Temperatur von 1 Gramm Wasser um 1 °C zu erhöhen. Weil diese Menge je nach Ausgangstemperatur und Luftdruck leicht variiert, lautet die präzise Definition: die Energiemenge, die benötigt wird, um 1 Gramm Wasser von 15 °C auf 16 °C zu erhitzen. Bei dieser Einheit handelt es sich um exakt ein Tausendstel jener gleichnamigen Einheit, die bei der Angabe von Nährwerten verwendet wird, die genau genommen aber Kilokalorie heißen müsste. Die für die Verdampfung des Wassers verwendete Energie wird als Wärme freigesetzt, wenn der Wasserdampf kondensiert. Hier liegt der Grund, warum Verbrennungen durch Wasserdampf viel intensiver sind als Verbrühungen durch genauso heißes Wasser.

2 Les A. Murray, »A Retrospect of Humidity«.

3 Der wissenschaftliche Name von Ecstasy lautet 3,4-Methylen-Dideoxymeth-Amphetamin. Es handelt sich also um eine Amphetaminart.

4 Das gilt allerdings nur für Erwachsene. Kleine Kinder können Fieberkrämpfe bekommen, und darum sind hier Fiebersenkungsmaßnahmen sinnvoll und angeraten.

5 Bei körperlicher Arbeit in der Hitze werden bis zu 18 Liter Flüssigkeitszufuhr am Tag benötigt, um die Austrocknung zu verhindern.

4. Leben in der Kälte

1 Bei gleichem Gewicht enthält Fett mehr Kalorien als Proteine oder Kohlehydrate. Darum basierte ihre Ernährung überwiegend auf Fett: 57 Prozent Fett, 35 Prozent Kohlehydrate, 8 Prozent Eiweiß. Selbst warmem Kakao wurde Butter zugesetzt. Hier liegt wohl auch einer der Gründe dafür, dass die Tibeter Tee mit Yak-Butter verquirlen (was eine für westliche Gaumen nur schwer genießbare Mischung ergibt).

2 Unterkühlung kann bizarres Verhalten provozieren. Ein Kanalschwimmer, der sich ein Tuch geben ließ, um sich die Augen abzuwischen, verspeiste es stattdessen. Ein anderer Schwimmer war fest davon überzeugt, dass er von Pelztieren gejagt würde.

3 Diese Geschichte findet sich wie die der Tragödie auf dem Mount Everest in jenem Mai in John Krakauers packendem Bericht »Into Thin Air« (dt. Titel: *In eisigen Höhen*). Die Zitate stammen aus diesem Buch.

5. Leben auf der Überholspur

1 Diese Werte gelten für männliche Athleten, Sportlerinnen benötigen weniger Kalorien. Wenn im Zusammenhang mit dem Nährwert nicht ganz exakt von Kalorien die Rede ist, so sind meistens Kilokalorien gemeint (bezogen auf 1 Kalorie als klar definierte Wärmeeinheit). Wenn man täglich 2000 Kilokalorien zu sich nimmt, entspricht dies ungefähr der Wärme, die erforderlich ist, um 20 Liter Wasser von 0 °C auf 100 °C zu erhitzen. Kein Wunder, dass einem beim Laufen so warm wird.

2 Bei den Olympischen Spielen 1908 in London verlief die Marathonstrecke von Windsor Castle nach White City über 26 Meilen (42,195 Kilometer). Seither ist dies die Regeldistanz moderner Marathonläufe.

3 Die Herzfrequenz nimmt mit zunehmendem Alter ab. Man kann seinen eigenen Normalhöchstwert ganz einfach berechnen, wenn man die Anzahl der Lebensjahre von 220 abzieht.

4 Bei den Olympischen Spielen der Antike waren verheiratete Frauen nicht nur von den Wettkämpfen ausgeschlossen, sondern sie durften unter Androhung der Todesstrafe auch nicht zuschauen. Pausanias berichtet, dass sich einst Kallipateira als Gymnastiktrainer verkleidete, um ihrem Sohn beim Wettkampf zuschauen zu können. Sie wur-

de entdeckt, aber aus Rücksicht auf ihren Vater, ihre Brüder und ihren Sohn, allesamt Olympiasieger, nicht bestraft. Doch die Griechen legten daraufhin, um Nachahmerinnen abzuschrecken, gesetzlich fest, dass sich alle Trainer vor dem Eintritt in die Arena nackt ausziehen mussten.

5 Das Doping-Eingeständnis ehemaliger Athleten, Athletinnen und Trainer aus der DDR hatte weit reichende Folgen. 1998 beantragten vier US-Schwimmerinnen, die 1976 bei den Olympischen Spielen in Montreal in der Lagenstaffel von den DDR-Schwimmerinnen geschlagen worden waren, ihre Silbermedaillen in Goldmedaillen zu verwandeln. Auch die britische Schwimmerin Sharon Davies, die 1980 in Moskau Petra Schneider knapp unterlegen war, beantragte eine Ergebniskorrektur.

6. Die letzte Grenze

1 Um überhaupt eine Umlaufbahn um die Erde zu erreichen, ist eine Geschwindigkeit von 40 000 Stundenkilometern (km/h) erforderlich. Die exakte Geschwindigkeit hängt dann davon ab, wie hoch oder flach die Umlaufbahn sein soll.

2 Am Äquator beträgt die Rotationsgeschwindigkeit 1670 km/h. In Großbritannien sind es wegen des hier geringeren Erdumfangs nur 1075 km/h und am Nordpol fast 0 km/h.

3 Die für Gramm verwendete Abkürzung g ist nicht mit der hier für die Gravitationskraft verwendeten zu verwechseln. (Anm. d. Übers.)

4 In der Vergangenheit waren Strahlungen aus natürlichen Quellen in gesetzlichen Regelungen nicht enthalten (es handelte sich ja um Naturphänomene); die Höchstwerte hatten nur Empfehlungscharakter. In die neue Gesetzgebung, die von der EU allerdings noch umgesetzt werden muss, sind kosmischen Strahlungen, denen Flugzeugbesatzungen ausgesetzt sind, als berufliche Belastung einbezogen; es werden diverse Schutzmaßnahmen vorgeschrieben. Das Risiko, bei einer Strahlendosis von 1 Millisievert (mSv), der gegenwärtig die für die Allgemeinheit empfohlenen Jahreshöchstgrenze, tödlich an Krebs zu erkranken, beträgt 1:20 000. Für Personen, die freiwillig in Berufen arbeiten, die mit einem Strahlungsrisiko verbunden sind, beträgt die empfohlene Höchstgrenze 20 mSv. Das entspricht einem jährlichen Todesfallrisiko durch Strahlungseinwirkung von 1:1000.

5 »High Flight« von John Gillespie Magee. Magee war im Zweiten Weltkrieg Pilot bei der Royal Canadian Air Force. Er begann dieses Sonett, als er in einer Höhe von 9000 Metern flog, und beendete es kurz nach der Landung. Schon bald darauf starb er, gerade erst neunzehnjährig.
6 Ähnlich ist es bei Autoreifen. Die Karkassen werden mit Draht verstärkt, um eine Reifenexplosion zu verhindern, weil der Druck im Reifeninnern sechsmal so hoch sein kann wie der äußere Luftdruck.
7 Das Volumen der Körperflüssigkeiten reduziert sich im All um rund 0,8 Liter. Darum soll diese Menge Salzlösung, von den Astronauten direkt vor der Rückkehr zur Erde getrunken, den Verlust wieder ausgleichen. Eine sehr ähnliche Lösung wird – hier auf der Erde – Kranken verabreicht, die bei Erbrechen oder Durchfall einen hohen Flüssigkeitsverlust erlitten haben.
8 Die Astronauten hinterließen diese Andenken heimlich und brachten die Sache erst zur Sprache, als sie bereits zur Erde zurückgekehrt waren.

7. Die äußersten Grenzen des Lebens

1 *Deinococcus radiodurans* scheint seine Resistenz gegen radioaktive Strahlen als zufälligen Nebeneffekt seiner Trockenresistenz entwickelt zu haben. Es ist in der Lage, seine Chromosomen zu rekonstruieren, selbst wenn die Strahlung sie in Myriaden kleinster Einzelteilchen zerlegt hat. Wie es dazu in der Lage ist, bleibt nach wie vor weitgehend rätselhaft.
2 In einer Tiefe von 3000 Metern ist der Druck so groß, dass Wasser erst bei 400 °C zum Sieden kommt.
3 Die Bewegung erfolgt immer von einem sehr geordneten Zustand hin zu einem Zustand totaler Unordnung. Dieses Prinzip ist im Zweiten Thermodynamischen Gesetz festgehalten – einem Gesetz, das, wie Tom Kirkwood es einmal so herrlich formuliert hat, beschreibt, wie »schmutziges Geschirr dazu tendiert, sich in der Spüle anzusammeln«.
4 Natürlich kann es sein, dass die Laborbedingungen nicht optimal sind. Das würde zu einer Unterschätzung der tatsächlichen Bakterienzahl im Originallebensraum führen.
5 Benannt nach Ort und Jahr seiner Entdeckung: Allen Hills (19)84.

Eine Anmerkung zu den Maßeinheiten

Alle Wissenschaftler verwenden gemeinsame, einheitliche Maßeinheiten. So lautet jedenfalls das Ziel, und im Wesentlichen trifft es auch zu. Aber es ist nicht immer so gewesen, und darum wimmelt es in den älteren wissenschaftlichen Texten noch von unterschiedlichen Einheiten und Maßen, bis hin zu Kuriositäten. Auch zu meinen Lebzeiten haben sich schon wieder Maßeinheiten verändert. In meinem Buch habe ich mich bemüht, so weit wie möglich die wissenschaftlichen Standardeinheiten zu verwenden, auch das für Briten und (teilweise) Amerikaner noch ungewohnte metrische System.

Höhen und Tiefen habe ich immer in Metern oder Kilometern angegeben. Bei Luftdruckangaben variieren die wissenschaftlichen Maßeinheiten: Torr (= Millimeter der Quecksilbersäule) oder neuerdings Kilopascal (kPa). Ich folge der Praxis der meisten historischen Schriften und physiologischen Lehrbücher, den Druck in Torr anzugeben. Um von Torr auf Kilopascal umzurechnen, muss man die Torr-Werte mit 0,133 multiplizieren.

Der Druck unter Wasser wird normalerweise in Atmosphären (oder Bar) angegeben, auch in diesem Buch. 1 bar (1 Atmosphäre) entspricht 760 Torr.

Zur Temperaturmessung werden in der deutschen Fassung des Buches nur Celsiusgrade verwendet. Die im angloamerikanischen Bereich üblichen Messwerte in Fahrenheit wurden umgerechnet. Die Physiker verwenden die Kelvin-Skala, die vom absoluten Nullpunkt ausgeht (−273 °C). Um Kelvin-Werte zu bekommen, muss man einfach bei den Celsiuswerten 273° hinzurechnen.

DANKSAGUNG

DIESES BUCH ENTSTAND auf höchst ungewöhnliche Weise. 1998 schrieb der Wellcome Trust einen Preis für aktiv im Beruf stehende Wissenschaftler aus den Biowissenschaften aus, die mit dem Preisgeld in die Lage versetzt werden sollten, sich für eine bestimmte Zeit beurlauben zu lassen, um ein allgemeinverständliches Buch über ihr Fachgebiet zu schreiben. Obwohl ich nicht beabsichtigte, eine Auszeit zu nehmen (meine Forschungen waren viel zu interessant, als dass ich sie einfach hätte unterbrechen können), hatte mich das Schreiben schon immer interessiert. Und dieser Wettbewerb gab mir jetzt den nötigen Anreiz. Unablässig sprach ich mit Freunden und Kollegen über dieses Vorhaben und quälte mich mit der Auswahl eines geeigneten Themas. Darüber vergingen Monate. Drei Wochen vor Einsendeschluss hatte ich immer noch nichts zu Papier gebracht – es gab einfach zu viele interessante Themen zur Auswahl und zu wenig Freizeit. Dann machte ich eines Abends auf dem Heimweg noch kurz Station bei einer Freundin. Zu meiner Überraschung zeigte sie mir ihren kompletten Wettbewerbsbeitrag für den Wellcome-Trust-Preis (ein Exposé des Buches und ein Musterkapitel). Und sie verriet mir auch, dass mein Enthusiasmus sie motiviert habe, sich zu beteiligen. Ich war sprachlos – und wurde umgehend selbst aktiv. Kaum zu Hause angekommen, begann ich mit der Arbeit an meinem Exposé. Als Thema wählte ich die Anpassungen, die es Menschen ermöglichen, unter Extrembedingungen zu überleben – ein Teilgebiet der Physiologie, das ich damals gerade unterrichtete. Den Preis gewann ich dafür zwar nicht, aber ich hatte das Glück, dass Philip Gwyn-Jones und Toby Mundy mir trotzdem den Auftrag erteilten, dieses Buch zu schreiben. Das Ergebnis liegt vor Ihnen.

Ohne beträchtliche Unterstützung hätte ich das Buch nicht schreiben können. Ich bin zahlreichen Leuten sehr dankbar dafür, dass sie Kapitel gelesen und Fakten verifiziert haben. Meine Eltern, mein Bruder

Charles, Fiona Gribble und Stefan Trapp waren sogar so tapfer, das ganze Buch zu lesen und zu kommentieren. Viele andere haben einzelne Kapitel gelesen und äußerst wertvolle Anmerkungen zu Inhalt und Stil gemacht. Mein Dank gilt Judy Armitage, Hilary Brown, John Clarke, Jonathan Deane, Keith Dorrington, Clive Ellroy, Don und Mary Gribble, Abe Guz, Albert Harrison, Michael Horsley, Sally Krasne, Ann Lingard, Philippa Jones, Cathy Morriss, David Paterson, Peter Robbins, David Rogers, Janet und Ken Storey, Zbigniew Szydlo, Michael Vickers, Martin Wells, Graham Wilson und Gary Yellen. Verschiedene andere haben mir auf unterschiedliche Weise geholfen. Sandra Moony, David Flowers und David Irvine von British Airways waren so freundlich, mir etliche Stunden ihrer Zeit zu schenken, damit ich Fragen der Luftfahrtmedizin mit ihnen erörtern konnte. Außer den Genannten gab mir auch David Bartlett wertvolle Hinweise auf die Auswirkungen kosmischer Strahlungen. Roger Black beantwortete meine zahlreichen naiven Fragen zum Thema Sport; Edith Hall gab mir Hinweise und Belegstellen zu Tauchern im antiken Griechenland. Gildas Loussouan war mir bei der Übersetzung verschiedener französischer Texte behilflich. Laurence Waters half bei der Auswahl der Fotos. Justin Walk beantwortete geduldig meine Fragen zu den Grundlagen der Physik; Judy Armitage korrigierte meine falschen Vorstellungen im Gebiet der Mikrobiologie. Bei der Überprüfung physiologischer Fakten halfen Hilary Brown, Keith Dorrington, Abe Guz, Michael Horsley, David Paterson, Peter Robbins, Janet und Ken Storey und Martin Wells. Meine Mutter versorgte mich kontinuierlich mit relevanten Zeitungsausschnitten, und mein Bruder kannte jede Menge interessanter Geschichten. Ich danke ihnen allen. Wie sagte doch Isabel Allende im Vorwort zu *Aphrodite*? »Wenn man bei einem Autor abschreibt, nennt man das Plagiat; wenn man bei vielen abschreibt, heißt es Forschung.« Ich danke also auch meinen vielen Quellen der Information und Inspiration – gelegentlich habe ich mir auch erlaubt, besonders gelungene Phrasen wörtlich zu übernehmen.

Ganz besonderen Dank schulde ich Peter Atkins, der dafür gesorgt hat, dass ich das Buch fertig gestellt habe – indem er mir sagte, für so etwas würde ich niemals genug Disziplin aufbringen! (Er wusste, dass ich mich der Herausforderung stellen und an ihr wachsen würde.) Sarah Randolph hat mich ermutigt, als das Schreiben überhaupt kein Ende zu nehmen schien, und sie hat mir anfangs auch Mut zugesprochen, mich dieser Aufgabe überhaupt zu stellen. Mein Dank gilt ferner dem

Wellcome Trust – dafür, dass er die Biowissenschaftler ermutigt, allgemein verständliche Bücher über ihr Fachgebiet zu schreiben, und natürlich auch für die finanzielle Unterstützung meiner wissenschaftlichen Forschungen.
Ohne die Hilfe von Jenny Griffiths hätte ich dieses Buch niemals schreiben können. Unermüdlich fotokopierte sie Zeitschriftenartikel und holte obskure Bücher aus den Tiefen der Bodleian Library in Oxford. Cathy Morriss war am Umschlagdesign [der Originalausgabe] beteiligt, Suzanne Collins schlug sich blendend beim Heraussuchen von Illustrationen. Terence Caven zeichnete für das Buchdesign verantwortlich, und Janet Law war eine großartige Redakteurin. Ganz besonders zu danken habe ich jedoch meinen wunderbaren Lektoren, Philip Gwyn-Jones und Georgina Laycock von HarperCollins und Howard Boyer von der University of California Press – für ihre beständige Unterstützung, Ermutigung und kluge Beratung.

Frances Ashcroft